Wolfgang Neumann, Klaus-Werner Benz
Kristalle verändern unsere Welt

Struktur – Eigenschaften – Anwendungen

DE GRUYTER

Autoren
Prof. Dr. Wolfgang Neumann
Humboldt-Universität zu Berlin
Institut für Physik
Newtonstr. 15
12489 Berlin
wolfgang.neumann@physik.hu-berlin.de

Prof. Dr. Klaus-Werner Benz
Albert-Ludwigs-Universität Freiburg
Freiburger Materialforschungszentrum (FMF)
Stefan-Meier-Str. 21
79104 Freiburg
klaus-werner.benz@fmf.uni-freiburg.de

ISBN 978-3-11-043889-5
e-ISBN (PDF) 978-3-11-043907-6
e-ISBN (EPUB) 978-3-11-043911-3

Library of Congress Control Number: 2018934292

Bibliographic information published by the Deutsche Nationalbibliothek
Die Deutsche Nationalbibliothek verzeichnet diese Publikation in der Deutschen Nationalbibliografie; detaillierte bibliografische Daten sind im Internet über http://dnb.dnb.de abrufbar.

© 2018 Walter de Gruyter GmbH, Berlin/Boston
Einbandabbildung: HRTEM-Abbildung von (001) GaAs, Aufnahme: Dr. Ines Häusler, AG Kristallographie, Institut für Physik, Humboldt-Universität zu Berlin.
Druck und Bindung: CPI books GmbH, Leck
♾ Gedruckt auf säurefreiem Papier
Printed in Germany

www.degruyter.com

Danksagung

Unser Dank gilt all denen, die uns in vielfältiger Weise bei der Abfassung des Buches unterstützt haben.

Besonders bedanken möchten wir uns bei Frau *Dr. Ines Häusler*, Berlin, und *Dr. Sebastian Schütt*, Freiburg, für die viele Mühe und Zeit, die sie für die Anfertigung der zahlreichen Zeichnungen und Abbildungen aufgebracht haben.

Für wertvolle Hinweise zur Entwicklung des Kristallbegriffs in China und die Bereitstellung des chinesischen Schriftsatzes danken wir Herrn *Prof. Dr. Changlin Zheng*, Fudan Universität Shanghai, *Volksrepublik China*.

Herrn Dr. *Walid Hetaba*, Fritz-Haber-Institut Berlin, und Herrn *Mohammad Fotouhi Ardakani*, Laboratorium für Elektronenmikroskopie, Karlsruher Institut für Technologie (KIT) danken wir für die Erläuterungen zur Bedeutung des Wortes „Kristall" in Persien und in den arabischen Ländern als auch für die Bereitstellung des arabischen Schriftsatzes.

Besonders bedanken möchten wir uns bei folgenden Personen, die uns die Reproduktion eigenen Bildmaterials erlaubten:
- Herrn *Uwe Neumann*, Koblenz (Abb. 1.6).
- Herrn *Dr. rer. nat. Gernot Schubert*, Fachkristallograph in der Medizin, ehemaliger Leiter des Harnsteinlabors Berlin, Charité-Vivantes (Abb. 1.8).
- Herrn *Prof. Dr. Thomas Höche*, Fraunhofer-Institut für Mikrostruktur von Werkstoffen und Systemen (IMWS) Halle (Saale) (Abb. 1.21).
- Herrn *Prof. Dr. Peter Gille*, Sektion Kristallographie der Ludwig- Maximilians-Universität (LMU) München (Abb. 1.49).
- Herrn *Dr. Michael Feuerbacher* und Herrn *Dr. Marc Heggen*, Ernst Ruska Centre for Microscopy and Spectroscopy with Electrons (ER-C), Forschungszentrum Jülich (Abb. 1.52).
- Herrn *Dr. Gert Nolze*, Bundesanstalt für Materialprüfung (BAM) Berlin (Abb. 1.67).
- Herrn *PD Dr. Reinhard Schneider*, Laboratorium für Elektronenmikroskopie, Karlsruher Institut für Technologie (KIT) (Abbn. 3.2, 3.4).
-

Unser besonderer Dank gilt folgenden Institutionen:
- *Technion – Israel Institute of Technology*, Haifa (Abb. 1.43).
- *Special Collections and Archives Research Center, Oregon State University Libraries*, das uns freundlicherweise das Porträt von *Linus Pauling* (Abb. 1.48) aus dem umfangreichen Fundus der „*Ava Helen and Linus Pauling Papers*" zur Verfügung gestellt hat.
- *Leibniz-Institut für Kristallzüchtung (IKZ) Berlin* (Abbn. 1.10, 2.7, 2.18 a). Unser besonderer Dank gilt Frau *Dr. Maike Schröder (*Wissenschaftsmanagement/Verwaltung), die uns bei der Auswahl der Bilder hilfreich zur Seite stand.

– *Physikalisch-Technische Bundesanstalt (PTB)Braunschweig* (Abb. 2.18 b).

Abbildungen, die mit der Genehmigung des *Copyright Clearance Center* reproduziert wurden sind zusätzlich in der Bildunterschrift mit *CCC* gekennzeichnet.

Für das stete Interesse und die Unterstützung bei der Verwirklichung unseres Buchprojektes danken wir recht herzlich Frau *Berber-Nerlinger* vom *DeGruyter* Wissenschaftsverlag.

Das Buchmanuskript wurde mit dem *De Gruyter Stylefile* erstellt. Für technische Hilfe und Beratung sind wir besonders Frau *Nancy Christ* von *De Gruyter* zu Dank verpflichtet. Für die zuverlässige Betreuung als Projektmanagerin, insbesondere in der Endphase der Manuskripterstellung, danken wir Frau *Nadja Schedensack*.

Wolfgang Neumann
Klaus-Werner Benz

Inhalt

Danksagung —— v

Abbildungsverzeichnis —— ix

Tabellenverzeichnis —— xiv

Vorwort —— xv

1 Was sind Kristalle? —— 1
1.1 Entwicklungsgeschichte der Kristalle von den Anfängen bis zur Neuzeit —— 23
1.2 Morphologie und innerer Aufbau von Kristallen —— 75
1.3 Die Entdeckung der Quasikristalle – ein Paradigmenwechsel in der Symmetrielehre —— 105
1.4 Was bestimmt die Eigenschaften eines Kristalls? —— 120
Literatur —— 151

2 Das Elektronikzeitalter: Vom Silizium zu den Verbindungshalbleitern —— 166
2.1 Silizium als Basis für die Computertechnologie —— 169
2.2 Hochreines Silizium zur Verwendung als neues Urkilogramm —— 184
2.3 Revolution der Beleuchtung mit Dioden aus Verbindungshalbleitern —— 188
Literatur —— 207

3 Nanokristalline Materialien: Neue Werkstoffe mit extremen Eigenschaften —— 208
Literatur —— 222

4 Die Bedeutung der Kristallographie und ihre wissenschaftliche Entwicklung —— 227
4.1 Kristallographie: national und international —— 227
4.2 Bedeutende Frauen in der Kristallographie —— 233
4.3 Kristallographie im 21. Jahrhundert —— 257
Literatur —— 261

5 Anhang: Tabellen und Darstellungen zur Symmetrie von Kristallen —— 264

Index —— 279

Abbildungsverzeichnis

Abb. 1.1: Handstück eines Granits; (©Foto: WN). —— 2
Abb. 1.2: Teil des Big Obsidian Flow, Oregon/USA   Obsidian (dunkel) auf Bims (hell); (©Fotos: WN). —— 3
Abb. 1.3: Kopie des Willamette Meteoriten, Eugene/Oregon; (©Foto: WN). —— 4
Abb. 1.4: Kristallbeispiele aus der „terra mineralia" Mineralienausstellung der TU Bergakademie Freiberg; a) Zepterquarz, Pyrit, b) Baryt auf Quarz, c) Almandin (Granat), d) Kupfer auf Gips, e) Spodumen (Varietät: Kunzit) auf Quarz, f) Beryll (Varietät: Aquamarin, g) Calcit mit Gips; (©Fotos: WN). —— 8
Abb. 1.5: Gigantische Gipskristalle in der Höhle *cueva de los cristales* (Höhle der Kristalle) der Mine von Naica (©Nachdruck mit CCC-Genehmigung aus *Garofalo, P.S. et al.* [4]). —— 9
Abb. 1.6: Der Salzsee *Salar de Uyuni* in Bolivien; (©Foto: U. Neumann, Koblenz). —— 10
Abb. 1.7: Kalbender Gletscher in der „Glacier Bay" in Alaska; (© Foto: WN). —— 10
Abb. 1.8: Harnsteinkristalle a) Zystin ($C_6H_{12}N_2O_4S_2$), b) überwiegend Weddellit, einzelne kleine braune Kugeln aus Whewellit, c) Weddellit; (© Fotos: G. Schubert, Berlin). —— 14
Abb. 1.9: Kristallformen des Speicherproteins *Apoferritin* (Größe der Kristallite ca. 0, 4mm, Differentialinterferenzkontrast-Aufnahme), (© Nachdruck mit CCC-Genehmigung aus *Nanev, Chr.* [19]). —— 16
Abb. 1.10: Synthetische Einkristalle (©Foto: Leibniz-Institut für Kristallzüchtung (IKZ) Berlin). —— 21
Abb. 1.11: Titelblatt und Tafel I zum Hexaeder aus „Perspectiva Corporum Regularium von Wenzel Jamnitzer, Nürnberg 1568. —— 29
(Bildquelle: SLUB Dresden, digital.slub-dresden.de/ id30409217/100 (CC-BY-SA 4.0). —— 29
Abb. 1.12: Huygen's Vorstellung zum Aufbau des isländischen Kalkspats, Abbildung aus Traité de la luminiere (Leyden, 1690)[51]. —— 32
Abb. 1.13: Zeichnungen von Kristallen, die Robert Hooke im Lichtmikroskop beobachtet hat. Erklärung der Kristallformen durch Kugelpackungen, Abbildungen aus: Robert Hooke: *Micrographia* (London, 1665)[53]. —— 34
Abb. 1.14: Anlegegoniometer von Arnould Carangeot (Abbildung aus *Romé Delisle: Cristallographie*, Paris 1783 [63]. —— 38
Abb. 1.15: Dekreszenzmodelle von Hauy, a) Entstehung des Rhombendodekaeders aus dem Würfel, b) Entstehung des Pentagondodekaeders aus dem Würfel (aus Hauy, R. J.: Traité de minéralogie, Tafelband, Tafel II, Abb. 13 und Abb. 16 [69]). —— 43
Abb. 1.16: Zur Entdeckung der Beugung von Röntgenstrahlen an Kristallen, a) Kopie der von Friedrich und Knipping aufgebauten Apparatur, (Deutsches Museum München) b) erstes Beugungsdiagramm von Kupfervitriol, c) Beugungsdiagramm eines ZnS-Kristalls in Richtung der 4-zähligen Drehachse [150]. —— 68
Abb. 1.17: Sonderbriefmarken anlässlich des 100. Geburtstages von Max von Laue. —— 69
Abb. 1.18: Elektronenmikroskopische Hochauflösungsabbildung von Gold (100) und dazugehöriges Elektronenbeugungsdiagramm. (©Aufnahme: R. Schneider, Labor für Elektronenmikroskopie, KITKarlsruhe). —— 78
Abb. 1.19: Zur Interpretation von Elektronenbeugungsdiagrammen. —— 79
Abb. 1.20: Zur Korrelation von Realstruktur und dazugehörigen Beugungsdiagrammen. —— 81
Abb. 1.21: Zur inkommensurabel modulierten Struktur von $Ba_2TiGe_2O_8$ (BTG), links: Elektronenbeugungsdiagramm von BTG in [001]-Richtung, rechts: Darstellung der modulierten Struktur für zwei unterschiedliche Ausgangsphasen **t** der Modulationswelle (© Thomas Höche [173]). —— 81

Abb. 1.22: Zur Veranschaulichung von inkommensurablen Kompositkristallen, links:schematische Darstellung der strukturellen Unterschiede von Misifitschichtverbindungen und Ferekristallen, rechts: Elektronenmikroskopische Hochauflösungsabbildung des Ferekristalls [(SnSe)$_{1+\delta}$]$_4$ [MoSe$_2$]$_4$ (Querschnittsabbildung) [177]. —— 82
Abb. 1.23: Elektronenbeugungsdiagramm von amorphem Silizium. —— 83
Abb. 1.24: Ordnungszustände von Festkörpern. —— 84
Abb. 1.25: Zur Erläuterung der Begriffe Tracht und Habitus. —— 86
Abb. 1.26: Achsenabschnitte einer Fläche. —— 87
Abb. 1.27: Zum Begriff der Zone. —— 87
Abb. 1.28: Millersche Indizes für Pyramiden-, Prismen- und Endflächen. —— 88
Abb. 1.29: Pyritwürfel (FeS$_2$) mit charakteristischer Flächenstreifung aus der „terra mineralia" Mineralienausstellung der TU Bergakademie Freiberg (© Foto: WN). —— 88
Abb. 1.30: Symmetriegerüste der geometrischen Kristallklassen $m\bar{3}m$ (a), *23* (b) und (c) $m\bar{3}$. —— 89
Abb. 1.31: Flächenstreifung und Flächensymmetrie des Würfels für die Symmetriegerüste von Abb. 1. 30 a – c. Über den Diagrammen: Angabe der Punktsymmetriegruppe. —— 90
Abb. 1.32: Zur Wirkungsweise von Drehspiegelung (S$_2$) undDrehinversion ($\bar{2} \equiv$ m) —— 92
Abb. 1.33: Die 7 Kristallformen der hexakisoktaedrischen Kristallklasse; a) Würfel, b) Rhombendodekaeder, c) Oktaeder, d) Tetrakishexaeder, e) Trisoktaeder, f) Deltoidikositetraeder, g) Hexakisoktaeder. —— 94
Abb.1.34: Zur Wirkungsweise von Spiegelung (a), Gleitspiegelung (b), Drehung (c) und Schraubung (d). —— 95
Abb. 1.35: Die dreizähligen Symmetrieachsen. —— 96
Abb. 1.36: Enantiomorphes Paar von Quarz. —— 97
Abb. 1.37: Klassifikationsschema der kristallographischen Raumgruppen in den Internationalen Tabellen. —— 98
Abb. 1.38: Primitives und zentrierte Translationsgitter. —— 99
Abb. 1.39: Die Kristallstrukturen von Polonium (a), Wolfram (b) und Kupfer (c). —— 100
Abb. 1.40: Spinellstruktur; a) Kugel-Stab Modell, b) Polyedermodell. —— 101
Abb. 1.41: Struktur von Hämoglobin, Protein Datenbank (PDB) Identifikator: 4HHB (DOI: 10.2210/pdb4hhb/pdb), Graphische Darstellung: JMol). —— 103
Abb. 1.42: Zur Struktur des Tabakmosaikvirus (TMV), Protein Datenbank (PDB) Identifikator: 2OM3 (DOI: 10.2210/pdb2om3/pdb). —— 103
Abb. 1.43: Dan Shechtman, Technion, Haifa (©: Mit freundlicher Genehmigung des Technion - Israel Institute of Technology). —— 106
Abb. 1.44: Elektronenbeugungsdiagramm eines ikosaedrischen Quasikristalls entlang einer 5-zähligen Drehachse (Nachdruck mit CCC-Genehmigung aus *Shechtman, D. et al.* [183].Copyright 1984 by The American Physical Society). —— 107
Abb.1. 45: TEM-Abbildung und Elektronenbeugungsdiagramm eines Palladium-Dekaeders (Nachdruck mit CCC-Genehmigung aus H. Hofmeister [180]). —— 108
Abb. 1.46: HRTEM Abbildung eines zirkular mehrfachverzwillingten Teilchens in nanokristallinem Germanium (Nachdruck mit CCC-Genehmigung aus H. Hofmeister [181]). —— 108
Abb. 1.47: Ikosaeder in Blickrichtung einer 2-, 3- und 5-zähligen Drehachse (von links nach rechts) —— 110
Abb. 1.48: Linus Pauling, 1985 (©mit freundlicher Genehmigung von "Ava Helen and Linus Pauling Papers", Special Collections and Archives Research Center (SCARC), Oregon State University Libraries, Corvallis/OR). —— 111
Abb.1.49: Dekagonaler Al$_{72}$Co$_9$Ni$_{19}$ Quasikristall und Elektronenbeugungsdiagramm in Richtung der 10-zähligen Drehachse (©: P. Gille, LMU München; Kristallzüchtung: P. Gille; Beugungsaufnahme: P. Schall, FZ Jülich). —— 112

Abb. 1.50: Konstruktion eines 1-D-Quasigitters (Fibonacci-Gitter) aus einem 2-D-Translationsgitter nach der Streifenprojektionsmethode. —— 114

Abb. 1.51: *Penrose*-Parkettierung mit spitzen und stumpfen Rhomben. —— 115

Abb. 1.52: a)Pentagondodekaeder {hk0};b)reguläres Pentagondodekaeder {01τ}; c) reguläres Pentagondodekaeder eines ikosaedrischen Zn-Mg-Dy-Quasikristalls (©:Bildautoren: M. Feuerbacher und M. Heggen, Ernst Ruska Centre for Microscopy and Spectroscopy with Electrons (ER-C), FZ Jülich). —— 116

Abb. 1.53: HRTEM-Aufnahme einer γ/γ'-Grenzfläche einer Nickelbasis-Superlegierung [194]. —— 117

Abb. 1.54: Hochauflösungsabbildung eines dekaedrischen $Al_{70}Mn_{17}Pd_{13}$-Quasikristalls (Nachdruck mit CCC-Genehmigung aus E. Abe [195]). —— 118

Abb. 1.55: Hysteresekurven von ferroischen Kristalle. —— 122

Abb. 1.56: Kristallstrukturen der Kohlenstoffmodifikationen; a)Diamant, b) Graphit, c) C_{60}-Fullerit. Untere Reihe: Projektion der Strukturen in [111] (a), (c) und in [00.1] (b). —— 124

Abb. 1.57: Granatstruktur (*Almandin $Fe_3Al_2[SiO_4]_3$*), Software: http://jp-minerals.org/vesta/en. —— 127

Abb. 1.58: Zur Kristallstruktur von *Kaolinit,* Software: http://jp-minerals.org/vesta/en. —— 128

Abb. 1.59: Zur Kristallstruktur von Talk, Software: http://jp-minerals.org/vesta/en. —— 129

Abb. 1.60: Struktur von Natrolith. —— 130

Abb. 1.61: Zur Struktur des globulären Proteins *Ferritin* und des Faserproteins *Kollagen*. —— 131 (Protein Datenbank (PDB) Identifikator: 1FHA für Ferritin (**DOI**: 10.2210/pdb1fha/pdb), 1 BKV (**DOI**: 10.2210/pdb1bkv/pdb) und 1CAG (**DOI**: 10.2210/pdb1cag/pdb)für Kollagen, Graphische Darstellung JMol, **Jena Library** of Biological Macromolecules). —— 131

Abb. 1.62: Typen von Punktdefekten; a) Leerstelle, b) Zwischengitteratom, c) Antistruktur-Defekt, d) Fremdatom auf Zwischengitterplatz und Gitterplatz. —— 133

Abb. 1.63: Struktur des NV-Farbzentrums im Diamant. —— 135

Abb. 1.64: Schematische Darstellung einer Stufenversetzung in einem Kristall. —— 137

Abb. 1.65: Mikrostruktur einer Nickelbasis-Superlegierung nach verschiedenen Stadien der in-situ Verformung bei 1000°C in einem Höchstspannungselektronenmikroskop[197]. —— 138

Abb. 1.66: Schematische Darstellung zur Erzeugung von Kipp- und Drehkorngrenzen. —— 141

Abb. 1.67: Orientierungsbestimmung der Körner eines Korundvielkristalls (©: G. Nolze, Bundesanstalt für Materialprüfung (BAM) Berlin). —— 142

Abb. 1.68: Schichten von Atomen in einer dichtesten Kugelpackung. —— 144

Abb. 1.69: Zur Bildung von Antiphasengrenzen (APG), (a) zweidimensionale Ausgangsstruktur, (b) konservative APG, (c) nicht konservative APB. —— 146

Abb. 1.70: Zwillingskristalle; a) Gips, Zwilling nach (100), Schwalbenschwanzzwilling, b) Quarz, Zwilling nach [00.1], Alpines Gesetz(Dauphinéer Gesetz), c) Quarz, Zwilling nach (11$\bar{2}$0), Brasilianer Gesetz. —— 148

Abb. 2.1: Polykristalline Silizium-Bruchstücke (©Foto: KWB). —— 169

Abb. 2.2: Lichtbogenofen zur Herstellung von metallurgischem Silizium. —— 170

Abb. 2.3: Wirbelschichtreaktor zur Abscheidung von polykristallinem Silizium. —— 171

Abb. 2.4: Anlage zum Tiegelziehen von Silizium und Abfolge beim Ziehen; a) Aufschmelzen, b) Vorbereiten des Si-Impfkristalls, c) Eintauchen des Impfkristalls in die Schmelze, d) Kristallziehen, e) Beenden des Ziehprozesses durch Herausziehen des Kristalls aus der Restschmelze. —— 173

Abb. 2.5: Wichtige Anwachsflächen bei der Einkristallzüchtung von Silizium: (100), (110), (111). —— 174

Abb. 2.6: Kristallstruktur des Siliziums —— 174

Abb. 2.7: CZ-SiGe-Kristalls (©: Leibniz Institut für Kristallzüchtung (IKZ) Berlin, Aufnahme: M. Thau). —— 175

Abb. 2.8: Zonenziehen von Silizium —— 176
Abb. 2.9: Kennzeichnung von Si-Wafern zur Oberflächenorientierung. —— 178
Abb. 2.10: Sägen des zylinderförmigen Einkristalls in Scheiben(Wafer); a) Innenlochsäge, b) Mehrfachdrahtsäge. —— 178
Abb. 2.11: Abrundung der Scheiben mit einem Diamantfräser. —— 179
Abb. 2.12: Atombindung in der Siliziumstruktur. —— 180
Abb. 2.13: Phosphor Atom in der Si-Struktur. —— 181
Abb. 2.14: Bor-Atom in der Si-Struktur. —— 181
Abb. 2.15: Mögliche Diffusionsvorgänge in kristallinen Festkörpern. —— 182
Abb. 2.16: Dotierung von Si mit gasförmiger Dotierstoffquelle. —— 183
Abb. 2.17: Fotolithographie: An den belichteten Stellen wird der Lack abgelöst. —— 184
Abb. 2.18: Zum Avogadro-Projekt; a) Si-Einkristall hergestellt nach dem Zonenzieh-Verfahren. Der Einkristall besteht zu mehr als 99 % aus dem Isotop Silizium 28 (©: Leibniz Institut für Kristallzüchtung (IKZ) Berlin, Aufnahme: T. Turschner, b) Si-Kugel, gefertigt aus dem Si-Kristall, zur Bestimmung der Avogadro-Konstante (Quelle: Physikalisch Technische Bundesanstalt (PTB), Braunschweig, Creative Common Lizenz CC-BY 4.0). —— 187
Abb. 2.19: Entstehung der III-V-Verbindungen aus den Elementen der III. und V. Hauptgruppe des Periodensystems. Die Elemente der IV. Hauptgruppe und die III-V-Verbindungen mit halbleitendem Charakter sind hervorgehoben (adaptiert von H. Welker [2, 3]). —— 189
Abb. 2.20: Zinkblendestruktur der III-V-Verbindungshalbleiter. —— 190
Abb. 2.21: Bänderstruktur von Nichtleitern, Halbleitern und Leitern. —— 190
Abb. 2.22: Modifizierte Czochralski-Züchtung von GaAs mit zusätzlicher As-Dampfdruckkontrolle und Bortrioxid Abdeckschmelze (adaptiert von Benz, K.W., Neumann, W.: *Introduction to Crystal Growth and Characterization*, WILEY-VCH, Weinheim, 2014,Seite 231). —— 193
Abb. 2.23: Homoepitaxie, Heteroepitaxie. —— 194
Abb. 2.24: Schriftgranit (Runit). Die Quarze stecken in Blickrichtung im Alkalifeldspat. Die Bruchfläche ergibt dann das keilschriftartige Schriftbild (© Foto: KWB). —— 194
Abb. 2.25: Verschiedene LPE-Techniken: a) Eintauchen, b)Kippen, c)Gleiten. —— 196
Abb. 2.26: Grundprinzip der Metallorganischen Gasphasen Epitaxie (MOVPE). —— 198
Abb. 2.27: Wachstumsmechanismen. —— 199
Abb. 2.28: Prinzip der Molekularstrahlepitaxie. —— 201
Abb. 2.29: Darstellung eines p-GaAs/n-GaAs Übergangs und LED Schaltung mit Vorwiderstand. —— 204
Abb. 2.30: Schematische Darstellung der Struktur einer (AlIn)(GaP) Leuchtdiode. —— 204
Abb. 2.31: LED für die Emission von weißem Licht (schematisch). —— 205
Abb. 3.1: Zur Materialcharakterisierung von Nanostrukturen im Transmissionselektronenmikroskop. —— 212
Abb. 3.2: Elektronenmikroskopische Hochauflösungsabbildung von TiO_2-Nanopartikeln (© TEM-Aufnahme: R. Schneider, Labor für Elektronenmikroskopie, KIT Karlsruhe). —— 214
Abb. 3.3: Illustration zur Erzeugung der verschiedenen Arten von Kohlenstoffnanoröhren. —— 215
Abb. 3.4: Hochauflösungsabbildung einer mehrwandigen Kohlenstoffnanoröhre, gefüllt mit einem Ni-Nanoteilchen (© TEM-Aufnahme: R. Schneider, Labor für Elektronenmikroskopie, KIT Karlsruhe). —— 216
Abb. 3.5: Zur Struktur von ZnTe-Nanodrähten (links: Hochauflösungsabbildung eines Bereiches des Nanodrahtes, rechts oben: Beugungskontrastabbildung eines ZnTe-Nanodrahtes mit einem Goldtröpfchen an der Spitze, rechts unten: Rasterelektronenmikroskopische Übersichtsaufnahme von ZnTe-Nanodrähten auf einem (001) GaAs-Substrat. —— 218
Abb. 3.6: Ga(Sb,As)-Quantenpunkte in GaAs; links: Skizze zum Probenaufbau; rechts: Dunkelfeld-Beugungskontrastabbildung in Draufsicht [20]. —— 219

Abb. 3.7: Chemisch sensitive 002 Beugungskontrast-Dunkelfeldabbildung von Ga(Sb,As)/GaAs Quantenpunkten im Querschnitt [20]. —— 220
Abb. 3.8: Aberrationskorrigierte Hochauflösungsaufnahme einer $GaAs_{1-x}Sb_x$ Benetzungsschicht mit farbcodiertem zweidimensionalen Verschiebungsfeld (REF – das in der GaAs Matrix liegende Referenzgebiet) [20]. —— 221
Abb. 3.9: Strukturuntersuchungen einer $(Fe_{0.5}Co_{0.5})_{80}Nb_4B_{13}Ge_2Cu$-Legierung; a) Hellfeld-Beugungskontrastabbildung; b) Feinbereichsbeugungsdiagramm; c) Nanostrahl-Elektronenbeugungsdiagramm eines einzelnen Kristallits [22]. —— 222
Abb. 3.10: Hochauflösungsabbildung einer $(Fe_{0.5}Co_{0.5})_{80}Nb_4B_{13}Ge_2Cu$-Legierung [22]. —— 223
Abb. 3.11: Magnetische Domänenstruktur von $(Fe_{0.5}Co_{0.5})_{80}Nb_4B_{13}Ge_2Cu$; a) unterfokussierte Lorentzmikroskopie-Abbildung (*Fresnel-Verfahren*); b) rekonstruiertes Phasenbild des Elektronenhologramms [22]. —— 224
Abb. 5.1: Die 14-Bravaisgittertypen. —— 265
Abb. 5.2: Wirkungsweise der Symmetrieachsen (Dreh- und Schraubenachsen) in einer Kristallstruktur. —— 266
Abb. 5.3: Geometrische Kristallklassen mit einer n-zähligen Drehachse (X). —— 270
Abb. 5.4: Geometrische Kristallklassen mit einer n-zähligen Drehinversionsachse ($\bar{X}$). —— 271
Abb. 5.5: Geometrische Kristallklassen mit einer n-zähligen Drehachse und senkrecht dazu einer horizontalen Spiegelebene (Kombination X/m). —— 272
Abb. 5.6: Geometrische Kristallklassen mit einer n-zähligen Drehachse und senkrecht dazu n 2-zählige Drehachsen (Kombination X2). —— 273
Abb. 5.7: Geometrische Kristallklassen mit einer n-zähligen Drehachse und parallel dazu n vertikalen Spiegelebenen (Kombination Xm). —— 274
Abb. 5.8: Geometrische Kristallklassen der Kombination ($\bar{X}$m). —— 275
Abb. 5.9: Geometrische Kristallklassen der Kombination X/mm. —— 276
Abb. 5.10: Die fünf kubischen Kristallklassen —— 277

Tabellenverzeichnis

Kapitel 1
Tab. 1: Eine Auswahl wichtiger Biominerale —— 12
Tab. 2: Zur Besetzung der Punktlagen in der Spinellstruktur —— 101
Tab. 3: Kristallographische Datenbanken —— 105
Tab. 4: Auswahl von Quasikristallphasen (o-oktagonal, d-dekagonal, dd-dodekagonal, i-ikosaedrisch) —— 116
Tab. 5: Kenndaten einiger primärer (p) und sekundärer (s) ferroischer Kristalle —— 124
Tab. 6: Zur Klassifikation der Silikate —— 126
Tab. 7: Substantielle Kristalldefekte – eine Auswahl —— 132

Kapitel 2
Tab. 1: Beispiele für farbige LEDs —— 204
Tab. 2: Zur Effizienz der LEDs —— 206

Kapitel 4
Tab. 1: Nobelpreise mit Bezug zur Kristallographie —— 230

Kapitel 5
Tab. 1: Kristallfamilien, Kristallsysteme, Achsensysteme —— 264
Tab. 2: Die 32 geometrischen Kristallklassen —— 267
Tab. 3: Symmetrierichtungen in den 7 Kristallsystemen —— 268
Tab. 4: Die sechs mit dem Gitterbau der Kristalle verträglichen Kombinationen von drei Drehachsen X_1, X_2, X_3. —— 269

Vorwort

Kristalle umgeben uns in großer Anzahl und Vielfältigkeit in der unbelebten und belebten Natur. Die Bildung von Kristallen findet neben geologischen und anorganischen Prozessen auch durch Biomineralisation, d. h. durch biologische Prozesse in Organismen statt. Für die Entwicklung neuer Materialien, Werkstoffe und Produkte des täglichen Lebens gewinnt die Herstellung synthetischer Kristalle immer mehr an Bedeutung. Mit der Züchtung von hochreinen und perfekten *Silizium*-Einkristallen wurde der Grundstein für Mikroelektronik, Computerherstellung und Kommunikationstechnologien gelegt. Die Mehrzahl der Solarzellen basieren auf polykristallinem und einkristallinem *Silizium*. Grundbestandteile moderner, effizienter Beleuchtungskörper (Leuchtdioden, LEDs) sind kristalline Schichten von binären und ternären Verbindungshalbleitern wie *Galliumarsenid*, *GaAs* und *Indiumgalliumphosphid*, *(In,Ga)P*.

Seit alters her haben kristalline Materialien wie *Eisen* und *Bronze*, eine *Kupfer-Zinn-Legierung*, ganze Epochen kulturell bestimmt und ihnen ihren Namen gegeben. Heutzutage finden wir metallische Werkstoffe wie kristalline Superlegierungen beispielsweise als Grundbestandteile moderner leistungsfähiger Gasturbinen.

Die uns umgebenden Keramiken in technischen Produkten und Haushaltsgegenständen sind kristalline, thermisch und chemisch stabile anorganische Festkörper, die kristallin sind oder kristalline Bestandteile enthalten, deren Eigenschaften durch ihre Mikrostruktur bestimmt werden.

In vielen anderen Industriezweigen wie in der Düngemittelindustrie, der Pharmazie und Kosmetik werden Produkte entwickelt, bei denen kristalline Bestandteile wesentlich sind.

Um die komplexen Vorgänge in Lebewesen aufzuklären, ist die Kenntnis der Struktur von biologischen Makromolekülen in kristalliner Form erforderlich. Das Verständnis der Lebensvorgänge einerseits als auch die Entwicklung von Wirkstoffen und Medikamenten andererseits ist ohne das Wissen über die Kristallstruktur von Proteinen und Nukleinsäuren nicht möglich. Proteine sind Bestandteile vieler biologischer Stoffe (z. B. Enzyme, Hormone, Antikörper) und weisen eine außerordentliche Funktionsvielfalt auf.

Anliegen dieses Buches ist es, dem Leser in einer allgemein verständlichen Form nicht nur in die faszinierende Vielfalt der Kristallwelt einzuführen sondern auch aufzuzeigen wie Kristalle unsere Welt verändert haben und verändern.

In Kap. 1 „*Was sind Kristalle*" werden die Zusammenhänge zwischen Gesteinen, Mineralen und Kristallen erläutert. Das Auftreten natürlicher Kristalle wird an ausgewählten Beispielen diskutiert. Die Definition des Begriffs „*Kristall*" hat sich über die Jahrhunderte mit der Erforschung seiner Natur und Eigenschaften verändert, was an Hand der Entwicklungsgeschichte der Kristalle von den Anfängen bis zur Neuzeit verdeutlicht wird. Es wird ferner anschaulich erläutert was *periodische* und *aperiodische*

Kristalle sind, wie sie aufgebaut sind, welche Symmetrie sie besitzen und wie die Kristalleigenschaften durch die strukturelle Symmetrie und durch die vorhandenen Kristallbaufehler beeinflusst werden. Der Paradigmenwechsel in der Symmetrielehre der Kristalle wird am Beispiel der Entdeckung der Quasikristalle erläutert.

Im Kap. 2 *„Das Elektronikzeitalter: Vom Silizium zu den Verbindungshalbleitern"* wird ausführlich die Geschichte der Kristallzüchtung des *Siliziums* behandelt und dargestellt wie der Kristall *Silizium* eine technische Revolution ausgelöst hat. Die Entwicklung neuartiger kristalliner Verbindungshalbleiter ist die Grundlage für die Herstellung von Leuchtdioden als ein neues, energiesparendes Beleuchtungsmittel.

Das **Kap. 3** *„Nanokristalline Materialien: Neue Materialien mit extremen Eigenschaften"* zeigt an Hand von ausgewählten Beispielen die Entwicklung von besonderen Materialien mit Abmessungen im Submikrometerbereich und die damit verbundenen Anforderungen an die Analyse dieser Nanostrukturen. Im Vergleich zu makroskopischen Strukturen weisen diese veränderte physikalische, chemische und biologische Eigenschaften auf. Die Anwendungen von Strukturen mit Abmessungen von 1 – 100 nm sind Bestandteil der *„Nanotechnologie"*.

In **Kap. 4** *„Die Bedeutung der Kristallographie und ihre wissenschaftlichen Meilensteine"* wird aufgezeigt wie die Kristallographie auf nationaler und internationaler, Ebene als stark interdisziplinäre Wissenschaft betrieben wird. Ein wichtiges Ereignis war dabei *„das Internationale Jahr der Kristallographie 2014"*, initiert durch die UNESCO und die *Internationale Vereinigung für Kristallographie*.

Ein besonderes Anliegen war es in einem Teilkapitel anhand von sechs Biographien die Rolle bedeutender Frauen in der Kristallographie zu beschreiben.

Kap. 5 *„(Anhang) Tabellen und Darstellungen zur Symmetrie von Kristallen"*
In diesem Kapitel werden einige wichtige Grundlagen zur Beschreibung von Kristallen, die in den Kapiteln 1.1 und 1.2 allgemein erörtert wurden, zusammenfassend und vertiefend dargestellt.

Das vorliegende Buch bietet einerseits eine umfassende Einführung in die geometrisch-strukturelle Kristallographie auf elementarer Grundlage, wobei auf eine vertiefte mathematische Behandlung bewusst verzichtet wurde. Zum anderen wird an vielen Anwendungsbeispielen der interdisziplinäre Charakter der Kristallographie aufgezeigt, so dass damit der Leser einen detaillierten Einblick in die Anwendungen von Kristallen in Wissenschaft und Technik erhält. Zum Verständnis des dargebotenen Stoffes reichen allgemeine, einfache Kenntnisse in Naturwissenschaften (Physik, Mathematik und Chemie) aus, wie sie in der Schule vermittelt werden.

Wir hoffen, dass dieses Buch für interessierte Laien, viele Schüler, aber auch Studenten der Geowissenschaften, Materialwissenschaften, Physik und Chemie eine Anregung ist, sich intensiv mit dem breit gefächerten Fachgebiet der Kristallographie zu beschäftigen.

Berlin und Freiburg im Breisgau 2017

Wolfgang Neumann
Klaus-Werner Benz

1 Was sind Kristalle?

Es liegt etwas Atemberaubendes in den Grundgesetzen der Kristalle. Sie sind keine Schöpfungen des menschlichen Geistes. Sie sind – sie existieren unabhängig von uns. In einem Moment der Klarheit kann der Mensch höchstens entdecken, dass es sie gibt und sich Rechenschaft davon ablegen.
Mauritius Cornelis Escher (1959)

Kristalle sind eine Form der kondensierten Materie und kommen in großer Anzahl überall in der Natur vor. Unsere feste Erdkruste besteht aus verschiedenen Gesteinen, die nach ihrer Entstehungsgeschichte in drei Gruppen unterteilt werden können:
- *Erstarrungsgesteine* (*Magmatite*, z. B. Granit, Porphyr, Basalt, Obsidian)
- *Umwandlungsgesteine* (*Metamorphite*, z. B. Schiefer, Gneise, Granulite, Marmore)
- *Ablagerungsgesteine* (*Sedimentite*, z. B. Kalkgesteine, Sandgesteine, Salzgesteine).

Die meisten *Gesteine* sind ein *vielkörniges Gemenge von verschiedenen Mineralen*, welche ausgedehnte geologische Körper bilden und wesentliche Bestandteile der Erdkruste und des Erdmantels sind.

Sie können jedoch auch nur eine einzige Mineralart enthalten und werden dann als *monomikte Gesteine* bezeichnet. So bestehen reiner *Quarzit* nur aus dem Mineral *Quarz* (SiO_2) und *Marmor* nur aus dem Mineral *Calcit* ($CaCO_3$). *Gletschereis* ist auch ein monomiktes Gestein, da Eis zu den oxidischen Mineralen zählt. Die Mehrzahl der Gesteine setzt sich aus mehreren Mineralen zusammen und bildet die Klasse der *polymikten Gesteine*. Bisher wurden etwas mehr als 5000 Minerale entdeckt und von der *International Mineralogical Association* (*IMA*, https://www.ima-mineralogy.org) geprüft und als solche anerkannt. Die „New IMA List of Minerals" wird ständig aktualisiert und enthielt im September 2017 Angaben zu 5291 Mineralen. Von den etwa 400 Mineralen, die in Gesteinen nachgewiesen wurden, kommen ca. 40 in großer Häufigkeit vor und werden deshalb als *gesteinsbildende Minerale* bezeichnet. Nahezu 90 % der gesteinsbildenden Minerale sind *Silikate*. Ein Handstück eines rosa Granits ist in Abb. 1.1 zu sehen.

Der Granit ist ein magmatisches Tiefengestein und weist im größeren Umfang als Mineralkomponenten *Quarz* und *Feldspäte* auf. Daneben sind im Granit geringere Anteile von *Glimmer* und/oder Amphibolen (Hornblenden) vorhanden. All diese am Aufbau des Granits beteiligten Minerale sind Silikate. Im vorliegenden Bildbeispiel ist an Hand der unterschiedlich gefärbten Körner ersichtlich, dass vier verschiedene Minerale vorliegen, die drei Mineralarten zugeordnet werden können. Die in geringer Häufigkeit vorhandenen kleinen schwarzen Körner sind *Biotit*, ein Mineral der Glimmer-Familie. Die grauen Mineralkörner sind *Quarz*, die weißen und rosafarbenen Bestandteile sind *Feldspäte*. Bei den weißen Körnern handelt es sich um einen Natrium reichen *Plagioklas*. Die zum Teil mehr als einen Zentimeter großen rosa farbigen Mineralkörner sind *Alkalifeldspat*, der in diesem Handstück – wie bei den meisten Graniten – prozentual den Hauptanteil am Granit ausmacht. Für eine umfassende Charakterisierung eines Gesteins ist neben der Kenntnis des vorhandenen Mineralbestandes das *Gefüge eines Gesteins* zu bestimmen, aus welchem sich Rückschlüsse auf die Entstehungsgeschichte des Gesteins ziehen lassen. Unter Gefüge eines Gesteins wird folgendes verstanden:

Gesteinsstruktur: Ausbildung der einzelnen Mineralkomponenten (z. B. Form, Größe, Orientierung und Verteilung der einzelnen Körner).

Gesteinstextur: Anordnung der Mineralkomponenten zueinander.

Abb. 1.1: Handstück eines Granits; (©Foto: WN).

Das *Gefüge des Granits* (Abb. 1.1), d. h. die Größe, Form und Anordnung der Mineralkörner zueinander kann als *massig*, *richtungslos* und *grobkörnig* bezeichnet werden. Die beiden Feldspäte, insbesondere der Alkalifeldspat, besitzen große Mineralkörner, an denen teilweise Flächen ausgebildet sind, was durch eine langsame Abkühlung der Gesteinsschmelze bewirkt wird.

Nach der Größe der Mineralkörner werden die Gesteine klassifiziert als:
- Grobkörnig (Korndurchmesser d > 5 mm)
- Mittelkörnig (d: 5 mm – 1 mm)
- feinkörnig (d: 1 mm – 0,1 mm)
- dicht (Körner visuell einzeln nicht erkennbar, d < 0,1 mm).

So weist beispielsweise die Mehrzahl der Basaltgesteine ein feinkörniges bis dichtes Gefüge auf.

Zu den Gesteinen zählen auch die vulkanischen Gläser, wie *Obsidian*, *Bims* und *Pechstein*, die durch eine schnelle Abkühlung einer Lava oder eines Magmas entstanden sind. Ein beeindruckendes Beispiel für ein ausgedehntes Obsidian Lavafeld ist der „*Big Obsidian Flow*", ein Teil des „*Newberry National Volcanic Monument*" in Oregon/USA. Eine Felsformation aus schwarzen Obsidian des „*Big Obsidian Flow*" zeigt Abb. 1.2 (Teilbild: links). Neben dem schwarzen Obsidian findet man größere Anteile von hellgrauen und dunkelgrauen Bims (Abb. 1.2, Teilbild: rechts). Im Gegensatz zu dem sehr dichten Obsidian enthält Bims Blasen. Die hellgraue Farbe wird durch sehr kleine Blasen verursacht, größere Blasen führen zu der dunkleren Färbung.

Abb. 1.2: Teil des Big Obsidian Flow, Oregon/USA   Obsidian(dunkel) auf Bims(hell); (©Fotos: WN).

Meteoriten (Gesteine des Weltalls), die als Bruchstücke von Kometen und Asteroiden auf die Erde fallen, werden auch als Gesteine klassifiziert, da sie einen Mineralbestand aufweisen. Nach ihrer stofflichen Zusammensetzung werden die Meteoriten in folgende Gruppen eingeteilt:
- *Steinmeteorite (Silikatmeteorite)*
- *Eisenmeteorite*
- *Steineisenmeteorite*.

Bei den *Steinmeteoriten* unterscheidet man zwei Arten, die *Chondrite* und die *Achondrite*. Erstere weisen kleine radialstrahlige Kügelchen auf, sogenannte *Chondren*, die von einer feinkristallinen Grundmasse umgeben sind. Bei den *Achondriten* fehlen diese Kügelchen.

Die äußerst selten vorkommenden *Steineisenmeteorite* können hinsichtlich ihrer Zusammensetzung als Übergangsformen zwischen den *Stein-* und *Eisenmeteoriten* aufgefasst werden.

Die *Eisenmeteorite* bestehen hauptsächlich aus einer Eisen-Nickel-Legierung. Inwiefern die *Tektite,* auch als *Glasmeteorite* bezeichnet, wirkliche Bruchstücke kosmischer Festkörper sind oder erst nach einem Aufprall eines Meteoriten auf der Erde durch Aufschmelzen der Gesteine am Einschlagsort entstanden sind, ist bisher noch nicht eindeutig geklärt.

Eine in Eugene/Oregon aufgestellte Kopie des größten in den USA gefundenen Meteoriten, des *Willamette Meteoriten,* zeigt Abb. 1.3. Er wurde 1902 in Oregon im *Willamette Valley* in der Nähe der Stadt *West Linn* von *Ellis Hughes* gefunden. Es handelt sich dabei um einen *Eisenmeteoriten* mit einer Zusammensetzung von 92 % Eisen und 8 % Nickel. Seine Ausmaße (Länge x Breite x Höhe) sind mit 3m x 2,16m x 1,26m beträchtlich. Sein Gewicht beträgt 15,5 t. Das Original des Meteoriten befindet sich im *American Museum of Natural History* in New York.

Abb. 1.3: Kopie des Willamette Meteoriten, Eugene/Oregon; (©Foto: WN).

Betrachten wir ein Gestein, in unserem Beispiel einen Granit, als Ganzes hinsichtlich seiner stofflichen Zusammensetzung, so ist schon makroskopisch erkennbar, dass diese nicht einheitlich und gleichmäßig ist. **Das Gestein ist stofflich heterogen.** Ein Basalt mit einem dichten Gefüge erscheint uns makroskopisch als homogen. Erst eine mikroskopische Untersuchung zeigt uns, dass dieses Gestein aus mehreren Mineralkomponenten besteht, somit uneinheitlich (heterogen) aufgebaut ist. Was zeichnet die Minerale als Bestandteile der Gesteine aus? Charakteristische Merkmale der meisten Minerale sind:
- natürliches Vorkommen
- anorganischer Festkörper
- definierte chemische Zusammensetzung (chemisches Element, chemische Verbindung, Mischkristalle)

- makroskopisch homogen
- geordnete innere Struktur.

Minerale sind im Gegensatz zu den Gesteinen makroskopisch *homogen*. Dies bedeutet, dass sie stofflich einheitlich sind und damit in parallelen Richtungen gleiche physikalische und chemische Eigenschaften aufweisen.

Einige wenige chemische Elemente kommen in reiner Form als Minerale vor. Diese werden dann als „*gediegen*" bezeichnet. Dazu gehören beispielsweise die Metalle *Gold* (Au), *Silber* (Ag), *Kupfer* (Cu), *Platin* (Pt), *Eisen* (Fe), die Halbmetalle *Arsen* (As), *Antimon* (Sb), *Wismut* (Bi) und von den Nichtmetallen die Elemente *Schwefel* (S) und *Kohlenstoff* (C). Die meisten Minerale sind chemische Verbindungen mit definierter chemischer Zusammensetzung (z. B. *Spinell* ($MgAl_2O_4$), *Halit* (NaCl), *Bleiglanz* (PbS), *Zinkblende* (ZnS)). Minerale mit einer ausgeprägten Molekülstruktur sind *Schwefel*(S_n), *Kalomel* (Hg_2Cl_2) und *Realgar* (As_4S_4). Hinsichtlich ihrer Zusammensetzung spielen Minerale eine besondere Rolle, die Mischkristalle bilden können. Die weißen Körner im Granit (Abb. 1.1) wurden als Natrium reicher *Plagioklas* beschrieben. *Plagioklas* ist die Bezeichnung für alle Na, Ca-Feldspäte, einschließlich der Endglieder, *Albit* $Na[AlSi_3O_8]$ und *Anorthit* $Ca[Al_2Si_2O_8]$ und der Mischungen zwischen ihnen. Ein *Plagioklas* $Ab_{80}An_{20}$ (Oligoklas) ist ein Mischkristall, der zu 80 % aus *Albit* und zu 20 % aus *Anorthit* besteht.

Für den Ordnungsgrad der inneren Struktur der Minerale, d. h. die Anordnung der Atome, Ionen und Moleküle, gibt es zwei Grenzfälle. Eine maximale Ordnung der atomaren Bausteine bedeutet, das Mineral ist *kristallin*. Im Falle einer maximalen Unordnung (regellose Anordnung der atomaren Bausteine) ist das Mineral ein *amorpher Festkörper*. Eine detaillierte Beschreibung der inneren Struktur und der möglichen Ordnungszustände zwischen den beiden Extrema erfolgt in Kap. 1.2. Die allermeisten **Minerale sind anorganische kristalline Festkörper.** Naturgemäß gibt es davon Ausnahmen. So ist gediegenes Quecksilber das einzige Mineral, welches unter Normalbedingungen flüssig ist (Schmelzpunkt: -38,9° C). Einige wenige Minerale sind organischer Natur (z. B. *Mellit* (Honigstein, $Al_2C_6(COO)_6 \cdot 16H_2O$), *Humboldtin* ($FeC_2O_4 \cdot 2H_2O$), *Kratochvilit* ($C_{13}H_{10}$)). Amorphe Modifikationen von Mineralen sind äußerst selten. So gibt es zum *Antimonglanz* (Sb_2S_3, *Stibnit*, *Grauspießglanz*) eine amorphe rote Modifikation, die als *Metastibnit* bezeichnet wird. *Quarz* (SiO_2) ist nach den *Feldspäten* das zweithäufigste Mineral auf der Erde und kommt in mehreren kristallinen Modifikationen vor. *Lechatelierit* (natürliches Kieselglas) ist amorphes SiO_2. Das wohl am häufigsten in der Natur vorkommende amorphe Mineral ist der *Opal* ($SiO_2 \cdot nH_2O$), bei dem im amorphen SiO_2 1 % bis maximal 20 % Kristallwasser gebunden sind.

Es soll jedoch nicht unerwähnt bleiben, dass in der englischsprachigen Fachliteratur [1] und auf den geowissenschaftlichen Internetplattformen Amerikas (z. B. http://geology.com/minerals/, https://www.mindat.org/glossary/mineraloid) die

Begriffe „*mineral*" (Mineral) und „*mineraloid*" (Mineraloid) verwendet werden. Natürlich vorkommende kristalline Festkörper werden als Mineral bezeichnet. Alle amorphen natürlich vorkommenden Festkörper werden als Mineraloide bezeichnet. Vulkanische Gläser wie Obsidian und Bims werden dabei sowohl als Mineraloid als auch als vulkanisches Gestein beschrieben.

In den Gesteinen liegen die Minerale meist als Kristallkörner von unregelmäßiger Gestalt vor. Am Beispiel des Granits (Abb. 1.1) sehen wir, dass sowohl *Biotit* als auch *Quarz* keine eigene Gestalt aufweisen, sie liegen in den Zwickeln zwischen den Feldspatkörnern. Beide Feldspäte weisen teilweise Kristallflächen auf, wobei dies am deutlichsten bei den rosa farbigen Alkalifeldspatkörnern zu beobachten ist. Je nach Ausbildung der Kristallform spricht man von:
- *idiomorph* (eigengestaltig) Vorhandensein einer vollständig ausgebildeten Kristallform
- *hypidiomorph* teilweise eigengestaltig, teilweise fremdgestaltig
- *xenomorph* (fremdgestaltig) vollständiges Fehlen einer eigenen Kristallform.

Die volle Schönheit eines Minerals kann sich immer dann entfalten, wenn Entstehungsbedingungen vorherrschen, die zu Mineralstufen mit besonders morphologisch gut ausgebildeten Kristallen führen. Seit Menschen Gedenken sind es vor allem die Kristallpolyeder, ihre Symmetrie, die Farbvielfalt und der Glanz was die magischen Wirkungen der Minerale und Kristalle ausmachte. War es früher nur Wenigen vorbehalten sich an der Pracht der Minerale und Edelsteine zu erfreuen, so kann heute jeder in vielen Ländern der Erde in den mineralogischen Museen und Sammlungen eine Entdeckungsreise in die Welt der Minerale und Kristalle unternehmen. Eine Übersicht in Englisch über alle mineralogischen Museen weltweit, alphabetisch geordnet nach Ländern, Bundesstaaten (falls vorhanden) und Städten, findet man auf der „*mineral collectors page*" (http://www.minerant.org/home). Eine Zusammenstellung der mineralogischen Museen in Deutschland und Österreich, die öffentlich besichtigt werden können findet man bei Wikipedia unter „*Liste mineralogischer Museen*" (https://de.wikipedia.org/wiki/Liste_mineralogischer_Museen). Eine der wohl weltweit schönsten Mineraliensammlungen ist die „*terra mineralia*" der TU Bergakademie Freiberg im *Schloss Freudenstein* in Freiberg/Sachsen [2], die im Oktober 2008 eröffnet wurde. Der Besucher begibt sich auf eine mineralogische Weltreise und kann nahezu 5000 Ausstellungsstücke (Minerale, Edelsteine, Meteoriten) aus Europa, Afrika, Amerika, Australien und Asien der *Dr. Pohl-Ströher-Stiftungssammlung*[1] bewun-

---

[1] *Dr. Erika Pohl-Ströher (1919 – 2016)* studierte in Jena Chemie und Biologie und schloss ihr Studium 1944 mit der Promotion im Fach Biologie ab. Neben ihrer Tätigkeit als Unternehmerin (Kosmetikfirma *Wella*) war sie eine leidenschaftliche Mineraliensammlerin. Ihre umfangreiche Sammlung (ca. 90000 Mineralstufen) sind seit 2004 Bestandteil der *Pohl-Ströher-Mineralienstiftung*. Diese Stiftungssamm-

dern. In das moderne Ausstellungskonzept wurde das Wissenschaftszentrum „Forschungsreise" integriert, wo Schüler unter Anleitung experimentieren und dabei erste Grundkenntnisse über Minerale erlangen können. Unmittelbar neben dem Schloss Freudenstein befindet sich das *Krügerhaus*, in welchem die Minerale deutscher Fundorte ausgestellt sind [3]. Die in Abbildung 1.4 gezeigten Minerale der „terra mineralia" liefern ein beredtes Beispiel für die Vielfalt der äußeren Merkmale der Minerale und Kristalle. Die Farbpalette der Kristalle ist wahrlich breitgefächert und hat dazu geführt, dass manche Farbbezeichnungen mit Mineralnamen gekoppelt sind: z. B. **sil**berschwarz, **saphir**blau, **smaragd**grün, **malachit**grün, **rubin**rot, **schwefel**gelb. Die Farbe der Minerale kann durch verschiedene physikalische Prozesse verursacht werden. Einige Minerale treten in verschiedenen Farben auf. Farbvarietäten von *Quarz* sind beispielsweise: der *Bergkristall* (farblos), der *Rauchquarz* (braun bis braunschwarz), *Rosenquarz* (rosarot), *Amethyst* (violett), *Citrin* (gelb). Die Farbvielfalt von *Fluorit* (CaF_2) reicht von farblos, gelb, rosa, grün, violett bis hin zu schwarz. Andere Minerale weisen dahingegen nur eine charakteristische Farbe auf (z. B. *Pyrit* (FeS_2) messinggelb, *Krokoit* ($PbCrO_4$) rot, *Schwefel* (gelb), *Malachit* ($Cu_2CO_3(OH)_2$) (grün), *Azurit* ($Cu_3CO_3(OH)_2$) (blau)).

In unseren Bildbeispielen sehen wir ferner, dass einige Kristalle *lichtdurchlässig* sind (z. B. der *Bergkristall, Gips)*. Andere Kristalle wie der *Granat* (Almandin) oder der *Pyrit* sind *lichtundurchlässig (opak)*. Dabei hängt die Transparenz eines Kristalles auch von der Körnigkeit ab. Die gut ausgebildeten Gipskristalle sind farblos und durchsichtig, wohingegen die geschwungenen feinkörnigen Aggregate weiß und undurchsichtig sind.

Erste Aussagen über die Symmetrie der Kristalle sind schon visuell möglich, wenn gut ausgebildete Kristallpolyeder vorhanden sind. Die Größe der Kristalle hängt von den herrschenden Wachstumsbedingungen (Druck, Temperatur, chemische Zusammensetzung der Schmelze bzw. Lösung) ab. Die Gipskristalle in Abb. 1.4 d sind tafelig gewachsen. Die großen Tafelflächen entstehen dadurch, dass sie im Vergleich zu den anderen am Gips vorhandenen Flächen mit einer viel geringeren Wachstumsgeschwindigkeit gewachsen sind. Das Wachstum erfolgt nicht *isotrop*, nach allen Richtungen gleichförmig. Es erfolgt *anisotrop*, d. h. in unterschiedlichen Richtungen mit unterschiedlicher Geschwindigkeit. **Anisotropie der physikalischen Eigenschaften ist ein charakteristisches Merkmal für Kristalle**. Dies bedeutet aber nicht, dass ein Kristall hinsichtlich aller physikalischen Eigenschaften anisotrop sein muss.

---

lung wurde der *TU Bergakademie Freiberg* als Dauerleihgabe zur Verfügung gestellt. Für ihr großherziges Engagement erhielt sie zahlreiche Ehrungen (Sächsischer Verdienstorden, Ehrensenatorin der *TU Bergakademie Freiberg*, Dr. h.c. der Fakultät für Geowissenschaften, Geotechnik und Bergbau). Im Jahre 2013 wurde ein neues und seltenes Mineral ($Cu_3(Zn, Cu, Mg)_4Ca_2[AsO_4]_6 \bullet 2H_2O$, Fundort Tsumeb, Namibia) ihr zu Ehren *ErikaPohlit* genannt.

Abb. 1.4: Kristallbeispiele aus der „terra mineralia" Mineralienausstellung der TU Bergakademie Freiberg; a) Zepterquarz, Pyrit, b) Baryt auf Quarz, c) Almandin (Granat), d) Kupfer auf Gips, e) Spodumen (Varietät: Kunzit) auf Quarz, f) Beryll (Varietät: Aquamarin, g) Calcit mit Gips; (©Fotos: WN).

In der Mine von *Naica*, einem Silber-, Zink-, Bleierzbergwerk, im Bundesstaat *Chihuahua* in Mexiko wurden in drei Höhlen (*cueva de los cristales* – Höhle der Kristalle, *cueva el ojo de la reina* – Höhle Auge der Königin, *cueva de la velas* – Höhle der Kerzen), die im Jahre 2000 zufällig entdeckt worden sind, die bisher größten natürlichen Kristalle gefunden. Es handelt sich dabei um säulenförmige Gipskristalle ($CaSO_4 \cdot 2H_2O$) der Varietät *Selenit*, die bis zu 12m lang sind, einen Durchmesser von mehr als 1m besitzen und bis zu 50t wiegen. Abb. 1.5 zeigt einige dieser Riesengipskristalle in der Höhle der Kristalle [4]. Die wissenschaftliche Untersuchung der Höhlen und des Kristallbestandes im Rahmen des sogenannten *Naica-Projektes* war recht schwierig, da in der Höhle Temperaturen von über 50 °C bei einer Luftfeuchtigkeit von 90 – 99 % herrschen. Mit einem sehr aufwendigen Messverfahren gelang es, direkt die Wachstumsgeschwindigkeit der {010}-Gipsflächen in den Höhlen zu messen [5,6]. . Es zeigte sich, dass bei einer Temperatur von 50° C weder Wachstum noch eine Auflösung der Gipskristalle stattfindet. Die gemessene Wachstumsrate für eine Wachstumstemperatur von 55 °C betrug $1{,}4 \pm 0{,}2 \cdot 10^{-5}$ nm/s. Dies ist eine unwahrscheinlich geringe Wachstumsrate, denn in 1 s würde der Kristall nur 14 Billiardstel Meter wachsen. Das Wachstum von einem Gipskristall mit 1 m Dicke senkrecht zur {010}-Fläche erfordert dann eine Zeitspanne von ca. 10^5 Jahren.

Beeindruckende Naturschauspiele für die Kristallbildung aus Lösungen auf der Erde sind die Salzseen. Diese sind abflusslose Endseen, die sich meistens in Gebieten mit aridem Klima befinden. Als arid (trocken) wird ein Klima bezeichnet, bei dem im Mittel die Niederschlagsmenge geringer als die Verdunstungsmenge ist. Die hohen

Temperaturen und die trockene Luft bewirken eine sehr schnelle Verdunstung des Wassers und führen zur Entstehung konzentrierter Salzlösungen. Das Abscheiden der Salzkristalle erfolgt dann am Boden des Sees und an den Uferrändern, wenn eine Sättigung der Lösung erreicht ist. Bei Seen ohne Zufluss bzw. wenn die Verdunstung größer als der Wasserzufluss ist, können dann Salzwüsten entstehen.

Abb. 1.5: Gigantische Gipskristalle in der Höhle *cueva de los cristales* (Höhle der Kristalle) der Mine von Naica (©Nachdruck mit CCC-Genehmigung aus *Garofalo, P.S. et al.* [4]).

Der weltweit größte Salzsee ist der *Salar de Uyuni* in Bolivien mit einer Ausbreitung von 10582 km^2 (Abb. 1.6). Er liegt in einer Höhe von 3653 m. Seine Salzvorräte werden auf ca. 10 Milliarden Tonnen Salz geschätzt. Jährlich werden 25.000 Tonnen gefördert. In der Trockenzeit wird der See zu einer Salzwüste. Die Salzschicht über dem See kann dann bis zu 30 m betragen. Das Tote Meer (Ausdehnung: 900 km^2), wahrscheinlich der bekannteste Salzsee der Welt mit einem durchschnittlichen Salzgehalt von 28 %, liegt 428 m unter dem Meeresspiegel und wird mit dem Wasser vom Jordan gespeist.

Ein sehenswertes Beispiel für die Bildung natürlicher Kristalle aus der Gasphase sind die „*Sulphur banks*" (Schwefelbänke), die sich 600 m entfernt vom *Kilauea Besucherzentrum* des *Hawaii Volcanoes National Park* auf *Big Island/Hawai* befinden. Man sieht wie die schwefelhaltigen vulkanischen Dämpfe aus dem Boden austreten, aus denen dann Schwefelkristalle durch Resublimation (direkter Übergang von der Gas- in die Festphase) auf dem vulkanischen Gestein abgeschieden werden.

Abb. 1.6: Der Salzsee *Salar de Uyuni* in Bolivien; (©Foto: U. Neumann, Koblenz).

Die Gletscher unserer Erde bestehen hauptsächlich aus Schnee, Firn (grobkörniger Schnee) und Eis. Einen Gletscher der „*Glacier Bay*" in Alaska zeigt Abb. 1.7.

Abb. 1.7: Kalbender Gletscher in der „Glacier Bay" in Alaska; (© Foto: WN).

Das Gletschereis besteht aus einer Vielzahl von Eiskristallen. Eis ist nach wie vor ein faszinierender Festkörper, dessen physikalische Eigenschaften hinsichtlich Plastizität und Deformation noch nicht vollständig aufgeklärt sind. In Abhängigkeit von den

Temperatur- und Druckverhältnissen wurden bisher 17 verschiedene Modifikationen von Eis nachgewiesen.

Die wunderschönen Formen der Schneekristalle haben schon Forscher wie *René Descartes* (1596 – 1650) und *Johannes Kepler* (1571 – 1630) vor Jahrhunderten zu Untersuchungen angeregt. Ein Schneekristall ist ein Einkristall aus Eis. Eine Schneeflocke kann ein Eiskristall sein, aber auch eine Anhäufung von Eiskristallen.

Der Amerikaner *Wilson A. Bentley* (1865 – 1931) hat in seinem Leben mehr als 5000 Schneekristalle fotografiert, was ihm die liebevolle Bezeichnung „*Schneeflocken Bentley*" einbrachte. In seinem Buch „*Snow crystals*" aus dem Jahre 1931 sind mehr als 2400 Schneekristalle abgebildet [7]. Eine Nachauflage erschien 1962. Nicht nur eine sehenswerte Galerie sondern auch umfangreiches Grundlagenwissen zur Morphologie, Struktur und Wachstum von Schneekristallen liefert die Internetseite des amerikanischen Physikers *Kenneth G. Libbrecht* (http//:www.snowcrystals.com), der einige lehrreiche und unterhaltsame Bücher über Schneekristalle verfasst hat (s. z. B. [8]).

Die uns umgebende Luft enthält Stäube und Aerosole. Sowohl in den Stäuben als auch in den Aerosolen findet man kleinste Kristalle, die nur Ausmaße von wenigen μm aufweisen und mit Hilfe eines Elektronenmikroskops identifiziert werden können. Die Analyse der Stäube ist besonders wichtig, um nachzuweisen, ob sich gesundheitsschädigende Bestandteile wie beispielsweise kleinste Chrysotilasbestfasern oder SiO_2-Kristallite (*Quarz* und dessen Hochtemperaturmodifikationen *Tridymit* und *Cristobalit*) in der Luft befinden, welche bei längerer Einwirkung auf die Atemwege zu *Pneumokoniosen* (Staublungenkrankheiten) wie *Asbestose* und *Silikose* führen.

Bisher haben wir die verschiedenen Formen der Bildung von Kristallen behandelt, die durch geologische und anorganische Prozesse entstehen. Kristalle können aber ebenso durch biologische Prozesse in Organismen gebildet werden. Dieser Vorgang wird als *Biomineralisation* bezeichnet. Unter dem Begriff *Biominerale* werden alle Minerale erfasst, die von Organismen gebildet werden. Der Begriff *Biomineral* bezieht sich dabei auf das gesamte entstandene mineralisierte Produkt, welches fast immer ein Verbund zwischen Mineral (kristallin oder amorpher Festkörper) und organischen Verbindungen ist. In vielen Fällen bestehen große Unterschiede hinsichtlich Morphologie, Größe und Kristallinität eines Biominerals und einem durch anorganische Prozesse gebildeten Minerals gleicher chemischer Zusammensetzung. Gegenwärtig sind mehr als 70 Biominerale bekannt. Nach den bisherigen Erfahrungen ist davon auszugehen, dass die Anzahl weiter ansteigt. Eine kleine Auswahl wichtiger Biominerale enthält Tab. 1. Das am häufigsten vorkommende und wichtigste Element in Biomineralen ist *Calcium*, es ist Bestandteil von ca. 50 % aller Biominerale. Neben den *Carbonaten* sind es vor allem *Phosphate* (ca. 25 %), die eine wichtige Rolle bei der Biomineralisation spielen. Im Folgenden sollen anhand ausgewählter Beispiele Vorkommen und Funktion einiger Biominerale beschrieben werden.

Biogenes $CaCO_3$ ist kristalliner Bestandteil vieler biologischer Verbundmaterialien. Beispiele hierfür sind die Exoskelette von Muscheln, Schnecken und Krebstieren. Der äußere Teil einer Muschelschale besteht aus *Calcit*, der innere Teil aus *Perlmutt*. *Perlmutt* ist ein Verbund aus *Aragonit* und einer organischen Matrix bestehend aus *Chitin* und verschiedenen *Proteinen*. Die in Muscheln gebildeten Perlen bestehen ebenfalls aus *Perlmut* (95 % Aragonit, 5 % organische Matrix). Das Exoskelett des amerikanischen Hummers (*Homarus americanus*) besteht aus den kristallinen Phasen *Calcit* und *Chitin* und enthält amorphe Anteile von *Proteinen* und Calcit. Bei den kristallinen Phasen handelt es sich um keine Einkristalle sondern um Polykristalle, d.h es liegen viele kleine Kristallite in unterschiedlicher Orientierung vor. Durch Röntgenuntersuchungen (Texturmessungen) konnte gezeigt werden, dass es eine definierte Orientierung zwischen den Kristalliten der Chitin-Matrix und denen der Calcit-Phase gibt [9]. Die Schalen der Hühner, Vögel und Reptilien bestehen ebenfalls aus Calcit. Ein Beispiel für einkristallines biogenes $CaCO_3$ sind die *Otolithen* (Ohrsteine) des Menschen, die für den Gleichgewichtssinn verantwortlich sind. Die *Otolithen* befinden sich im Gleichgewichtsorgan im Innenohr. Es sind eine Vielzahl kleiner Calciteinkristalle (Kristallitgröße 0,05 mm), die in einer gelartigen Matrix eingelagert sind.

Tab. 1: Eine Auswahl wichtiger Biominerale

Formel	Mineral	Kristallsystem
$CaCO_3$	Calcit	trigonal
$CaCO_3$	Aragonit	orthorhombisch
$CaCO_3$	Vaterit	tetragonal
$CaCO_3$	amorph	
$Ca_5[OH|(PO_4)_3]$	Hydroxylapatit	hexagonal
$Ca_5[F|(PO_4)_3]$	Fluorapatit	hexagonal
$CaSO_4 \cdot 2H_2O$	Gips	monoklin
$BaSO_4$	Baryt	orthorhombisch
$SrSO_4$	Cölestin	orthorhombisch
$SiO_2 \cdot nH_2O$	Opal, amorph	
Fe_3O_4	Magnetit	kubisch
Fe_3S_4	Greigit	kubisch
$Ca[C_2O_4] \cdot H_2O$	Whewellit	monoklin
$Ca[C_2O_4] \cdot 2H_2O$	Weddellit	tetragonal

Als Biomineral kommt SiO$_2$ nur in amorpher Form vor. Die Skelette von Kieselalgen (Diatomeen) und Strahlentierchen (Radiolarien) bestehen aus amorphen SiO$_2$, bei dem es sich meist um *Opal* handelt. Eine Ausnahme bilden hierbei unter den Radiolarien die Arten der *Acantharia*, welche ein Skelett aus Stacheln besitzen, welches aus einkristallinem *Cölestin* besteht. In Kieselschwämmen findet man Skelettnadeln von amorphen SiO$_2$.

Biogene *Calciumphosphate* sind wichtige Bestandteile der Knochen und Zähne der Säugetiere (Mammalia). Wichtigste Mineralphase hierbei ist der *Hydroxylapatit* (Ca$_5$(PO$_4$)$_3$OH). Der in biologischen Systemen nachgewiesene Hydroxylapatit ist jedoch nichtstöchiometrisch. Er weist einerseits einen Mangel an Calcium auf. Zum anderen sind Fremdionen (Na$^+$, K$^+$, Mg^{2+}, Sr^{2+}) enthalten und Phosphatanteile (PO$_4$)$^{3-}$ durch Karbonatanteile [(CO$_3$)OH]$^{3-}$ ersetzt. Apatitphasen dieser Zusammensetzung werden als *biologischer Apatit* oder *Dahllit*[2] bezeichnet. Menschliches Knochenmaterial besteht aus biologischem Apatit (ca. 60 %), aus dem Strukturprotein *Kollagen* (ca. 30 %) und aus Wasser (ca. 10 %). Die mikroskopische Struktur der Knochen kann als Kollegenmatrix beschrieben werden, in welche die Knochenzellen (Osteozyten) und der biogene Apatit eingelagert sind. Die Kollagenmatrix besteht aus Kollagenfibrillen (Durchmesser ca. 100 nm, Länge einige 10 μm), in welche parallel zu den Kollagenmolekülen sich 2–4 nm dünne, plättchenförmige biologische Apatitkristalle befinden (Kristallitgröße: 50 nm x 25 nm x 4nm). Der Kristallisationsindex, d. h. der Quotient aus dem kristallinen Anteil und der Summe aus kristallinen und amorphen Anteilen, beträgt im Knochen nur 0,33 – 0,37. Biominerale des Zahnes sind der *Zahnschmelz (Enamel)* und das *Zahnbein (Dentin)*. Der das Zahnbein ummantelnde Zahnschmelz besteht aus biologischem Apatit und weist einen Kristallisationsindex von 0,70 – 0,75 auf. Der Zahnschmelz wird von parallel angeordneten länglichen Kristallprismen gebildet (Kristallitgröße: 100 μm x 50 nm x 50nm). Der Zahnschmelz ist es, der die Härte und Festigkeit der Zähne bedingt. Es ist das härteste Gewebe im menschlichen Körper. Das Zahnbein weist einen analogen Aufbau wie der Knochen auf (biologischer Apatit, Kollagen und *Wasser*). Das Zahnbein (Kristallisationsindex: 0,33 – 0,37, Kristallitgröße: 35 nm x 25 nm x 4nm) ist wesentlich weicher als der Zahnschmelz.

Zweifelsohne zählt die Entdeckung von biogenem *Magnetit* (Fe$_3$O$_4$) in Käferschnecken (Polyphera) durch *Heinz Adolf Löwenstam* (1912 – 1993) im Jahre 1962 zu den Meilensteinen auf dem Gebiet der Biomineralisation [10]. Im Jahre 1975 entdeckte *Richard Blakemore*, dass einige Bakterien in großem Umfang *Magnetit* bilden [11]. Im

---

2 *Dahllit* ist der Mineralname für einen Carbonat-Hydroxylapatit (Ca$_5$(PO$_4$, CO$_3$)$_3$(OH)), der zuerst in Norwegen gefunden und 1888 von *Waldemar Christofer Brøgger* und *Helge Matthias Bäckström* als neues Mineral beschrieben wurde. Zu Ehren der Norwegischen Geologen und Mineralogen, der Gebrüder *Tellef Dahll* (1825 – 1893) und *Johan Martin Dahll* (1830 – 1877) wählten sie für dieses Mineral den Namen „Dahllit".

Inneren dieser magnetotaktischen Bakterien befinden sich kettenförmig angeordnete *Magnetosomen*, in denen sich hauptsächlich Nanokristalle mit einem Durchmesser von 40 nm – 90 nm von *Magnetit*, seltener von *Greigit* (Fe_3S_4) befinden, die von einer Membran umgeben sind. Diese Bakterien sind in der Lage mittels ihres Magnetsensors ihre Bewegung am Magnetfeld der Erde auszurichten.

Eine meist mit großen Schmerzen verbundene Form der Biokristallisation im menschlichen Körper ist die Bildung von Harn- (Nieren- und Blasen-) und Gallensteinen. Bei den Nierensteinen werden dabei hauptsächlich Kristalle von Calciumoxalat ($CaC_2O_4 \cdot H_2O$, *Whewellit*, $CaC_2O_4 \cdot 2H_2O$, *Weddellit*), Uraten (Salze der Harnsäure), Magnesiumammoniumphosphat ((NH_4)$Mg[PO_4]$, *Struvit*) und Carbonat-Hydroxylapatit ($Ca_5(PO_4, CO_3)_3(OH)$), *Dahllit*) gebildet. Einige Beispiele der Kristallformen von Harnsteinen zeigt Abb. 1.8. Bei den zwei Typen von Gallensteinen handelt es sich um kristalline Ablagerungen von *Cholesterin* (Cholesterinsteine) bzw. *Bilirubin* (Pigmentsteine).

Abb. 1.8: Harnsteinkristalle a) Zystin ($C_6H_{12}N_2O_4S_2$), b) überwiegend Weddellit, einzelne kleine braune Kugeln aus Whewellit, c) Weddellit; (© Fotos: G. Schubert, Berlin).

Mineralisationsprozesse finden auch im pflanzlichen Organismus statt. So bilden sich *Calciumoxalat*-Kristalle, vorwiegend als monoklines *Whewellit*, aber auch als tetragonales *Weddelit*, mehrheitlich in den Vakuolen, aber auch in den Zellwänden und in den Cuticulae (oberste Schicht der Pflanzenhäute) der Pflanzenzellen. Dabei wurde eine große Formenvielfalt beobachtet. Diese umfasst idiomorphe Kristalle, welche sehr gut ausgebildete Prismen zeigen. Oft liegen auch Bündel aus dünnen Kristallnadeln (*Raphiden*) vor. Beeindruckend sind auch die sternförmigen Verwachsungen von Prismen. Als *Kristallsand* wird das Vorhandensein einer größeren Anzahl von kleineren Kristallen (1 – 3 µm) bezeichnet. Ein weiteres wichtiges Produkt der Biomineralisation in Pflanzen sind die *Phytolithe* (*Pflanzensteine*). Man findet diese in den Stängeln, Blättern, Wurzeln und Blüten. Es handelt sich hierbei um SiO_2-Ablagerungen, die oft in Form von gelähnlichem amorphen *Opal $SiO_2 \cdot nH_2O$* abgeschieden werden. Die Pflanzen nehmen das *Silizium* in Form von Kieselsäure mit dem Wasser und den Nährstoffen aus dem Boden auf und während des Transportes durch die Pflanze werden durch biologische und physikalische Prozesse die *Phytolithe* gebildet. Auch nach der Verwesung der Pflanzen bleiben diese erhalten. Sie sind die stabilsten terrestrischen Pflanzenfossilien. Eine wichtige Rolle für die Pflanzen spielen die beim Stoffwechsel entstehenden *Proteinkristalle*. Sie treten auch als Einschlusskörper bei virusbefallenen Pflanzen auf.

Proteine – früher als *Eiweiße* bezeichnet – sind biologische Makromoleküle, die in allen Zellen vorkommen und eine Vielzahl von Funktionen ausüben. Nach ihrer Funktion in den Organismen werden Proteine in verschiedene Klassen unterteilt, zu denen zählen:

- *Enzyme* zur Katalyse von Stoffwechselreaktionen (z. B. Verdauungsenzym **Pepsin**)
- *Transportproteine* (z. B. Sauerstofftransport durch **Hämoglobin**)
- *Strukturproteine* (z .B. **Kollagen** in Knochen und Knorpeln**)**
- *Kontraktile Proteine* (z. B. **Aktin** für die Muskelbewegung)
- *Regulatorproteine* (z. B. Hormone, **Insulin**)
- *Schutzproteine* (z. B. Antikörper).

Nach ihrer Gestalt werden die *Proteine* in **Faserproteine** (Vorhandensein von gestreckten Molekülen) und **Globuläre Proteine** (kugelförmige Moleküle) eingeteilt. Die Funktion der Proteine wird durch ihre räumliche Struktur bestimmt. Isolierung, Reinigung und Kristallisation des Proteins sind die Voraussetzungen für die Bestimmung der Struktur. Beispiele für die erfolgreiche Kristallisation von Proteinen gab es bereits Ende des 19. Jahrhunderts (z. B die Kristallisation von *Albumin* aus dem Hühnerei durch den böhmischen Biochemiker *Franz Hofmeister* (1850 – 1922) im Jahre 1890) [12]. Es waren jedoch die bahnbrechenden Arbeiten von *James Batcheller Sumner* (1887 – 1956) und *John Howard Northrop* (1891 – 1987), welche die Voraussetzungen für den Beginn der Proteinkristallographie schufen. *Sumner* gelang es 1926 erstmalig das **Enzym Urease** zu isolieren und zu kristallisieren [13]. Wenige Jahre später kristallisierte *Northrop* die Proteine **Pepsin, Trypsin** und **Chymotrypsin** [14, 15][3]. Bis zur ersten Strukturbestimmung eines Proteinkristalls, dem **Myoglobin,** durch *John Cowdery Kendrew* (1917 – 1997) im Jahre 1958 war noch ein weiter Weg zurückzulegen [16]. Nur wenig später bestimmte *Max Perutz* (1914 – 2002) die Struktur des viermal so großen Proteins **Hämoglobin** [17, 18][4].

Für die Züchtung von Proteinkristallen war es notwendig spezielle Züchtungsstrategien zu entwickeln. Die Größe der gezüchteten Proteinkristalle umfasst den Bereich von *μm* bis einige *mm*. Lichtmikroskopische Abbildungen von Kristalliten des

---

[3] Im Jahre 1946 erhielten *J. B. Sumner* für die *Entdeckung der Kristallisierbarkeit von Enzymen* und *J. H. Northrop* und *W. M. Stanley* für die *Darstellung von Enzymen und Virus-Proteinen in reiner Form* den *Nobelpreis für Chemie*.

[4] Für die *Strukturbestimmung globularer Proteine (Myoglobin und Hämoglobin)* wurde 1962 der *Nobelpreis für Chemie* an *M. F. Perutz* und *J. C. Kendrew* verliehen.

Proteins **Apoferritin** zeigt Abb. 1.9 [19]. Im linken Teilbild weisen die kubischen Kristallite Würfel-, Oktaeder- und Rhombendodekaederflächen auf. Die Kristalle im rechten Teilbild werden von Würfel- und Oktaederflächen gebildet.

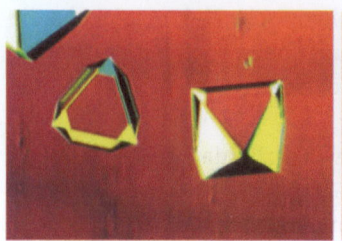 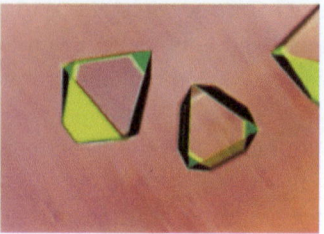

Abb. 1.9: Kristallformen des Speicherproteins *Apoferritin* (Größe der Kristallite ca. 0, 4mm, Differentialinterferenzkontrast-Aufnahme), (© Nachdruck mit CCC-Genehmigung aus *Nanev, Chr.* [19]).

Der amerikanische Biochemiker *Wendell Meredith Stanley* (1904– 1971) war der Erste, welchem es 1935 gelang ein Virus, das **Tabakmosaikvirus (TMV),** zu kristallisieren [20]. Nur drei Jahre später wurden von *Helmut Ruska* (1908–1973) in Berlin die ersten Strukturuntersuchungen von *Viren* und *Bakteriophagen* (Viren, die Bakterien infizieren) im Transmissionselektronenmikroskop durchgeführt (s. hierzu [21, 22]). Sein Bruder *Ernst Ruska* (1906–1988) hatte gemeinsam mit *Max Knoll* (1897-1969) das erste Elektronenmikroskop der Welt 1931/32 in Berlin erfunden. Von 1937 entwickelten *Ernst Ruska* und *Bodo von Borries* (1905–1956) mit ihren Mitarbeitern im *Laboratorium für Übermikroskopie der Siemens & Halske AG* in Berlin Spandau das weltweit erste serienmäßige Elektronenmikroskop, das „*Siemens Übermikroskop ÜM 100*". *Helmut Ruska* leitete bei Siemens des Laboratoriums für angewandte Elektronenmikroskopie und war der Pionier der Elektronenmikroskopie von biologischen Strukturen.

Im Jahre 1941 konnten *John Desmond Bernal* (1901 – 1971) und *Isidor Fankuchen* (1905 – 1964) mit Röntgenbeugung nachweisen, dass das *Tabakmosaikvirus* eine stäbchenförmige Struktur hat [23]. Pionierarbeit auf dem Gebiet der Strukturaufklärung von Viren haben *Rosalind Franklin* (s. Kap. 4.1), *Aaron Klug*[5], *Kenneth Holmes*, *Donald Caspar* u.a. zunächst in London am *Birkbeck College* und später in *Cambridge* am *Medical Research Centre (MRC)* geleistet. Neben Röntgenbeugungsexperimenten wurde auch die Elektronenmikroskopie zur Strukturaufklärung herangezogen. Dafür wurden u.a. spezielle Methoden der **dreidimensionalen Bildrekonstruktion** entwi-

---

5 *Aaron Klug* (geb. 1926) erhielt 1982 den *Nobelpreis für Chemie* für die *Entwicklung der kristallographischen Elektronenmikroskopie und die Ermittlung der Struktur biologisch wichtiger Aminosäure-Protein-Komplexe*.

ckelt. Die Aufgabe besteht darin aus einem Satz von elektronenmikroskopischen Aufnahmen (zweidimensionale Projektionen der dreidimensionalen Struktur), die unter verschiedenen Kippwinkel aufgenommen wurden, die dreidimensionale Struktur des Untersuchungsobjektes zu bestimmen. In den letzten drei Jahrzehnten wurde in zunehmenden Maße die **Kryo-Elektronenmikroskopie** zur Strukturbestimmung von biologischen Makromolekülen eingesetzt[6].

Im täglichen Leben verwenden wir Kristalle als Lebensmittel wie Zucker und Salz. Selbst wenn wir Schokolade essen, nehmen wir unbewusst kristalline Stoffe zu uns. Zur Geschmacksbildung der Schokolade trägt im wesentlichen Kakaobutter bei, von welcher sechs verschiedene Modifikationen mit Schmelzpunkten im Bereich von 17,3 °C bis 36,7 °C existieren. Bei der Herstellung kommt es also darauf an, dass die Kakaobutter in der Modifikation auskristallisiert, die im Munde schmilzt (Schmelzpunkt in der Nähe der Körpertemperatur), dabei schmackhaft und stabil ist. Wenn Schokolade länger oder bei hohen Temperaturen gelagert wird, bildet sich oft ein graubrauner Belag auf der Oberfläche. Die Konsistenz der Schokolade ist dann grobkörnig, der Geschmack erinnert nur noch wenig an Schokolade. Der Grund dafür ist, dass sich die ursprünglich vorhandene Modifikation in eine andere umgewandelt hat. Diese langsam ablaufende Rekristallisation lässt sich durch zeitnahes Genießen nach dem Erwerb verhindern.

Viele Haushaltsgegenstände sind ähnlich wie die Gesteine heterogen im Aufbau und enthalten kristalline Stoffe. Woraus besteht unser Porzellangeschirr? Ausgangsstoffe für die Herstellung von Porzellan sind Kaolin (Porzellanerde, die hauptsächlich aus dem Tonmineral Kaolinit $Al_2(OH)_4[Si_2O_5]$ besteht), Quarz (SiO_2) und Feldspat (z. B. Orthoklas $K[AlSi_3O_8]$). Über das Mischungsverhältnis Kaolin- Quarz – Feldspat wird festgelegt, ob ein Hartporzellan (Brenntemperatur: 1400 °C – 1500 °C) oder ein Weichporzellan (Brenntemperatur: max. 1350 °C) hergestellt werden soll. Kaolin ist der wichtigste Ausgangsstoff. Das Tonmineral Kaolinit ist sehr quellfähig und plastisch. Es ermöglicht somit die Ausformung der unterschiedlichen Porzellanrohlinge. Quarz dient als Magerungsmittel und setzt den Schwund beim Trocknen und Brennen herab. Der Feldspat wirkt als Flussmittel und führt zu einer Verringerung der Sintertemperatur. Beim Brennvorgang wird der Kaolinit entwässert und bei höheren Temperaturen über Zwischenphasen in Mullit ($Al_6O_8[Si_2O_5]$) umgewandelt, der wesentlich zur Härte und Festigkeit des Porzellans beiträgt. Im Temperaturbereich von 1100 °C – 1200 °C schmilzt der Feldspat und löst Mullit und teilweise den Quarz auf. Nach der Abkühlung besteht das Gefüge der Hartporzellane aus einer Grundmasse aus Silikatglas, in welche Mullit- und Quarzkristallite eingebettet sind.

---

[6] *Jacques Dubochet* (geb. 1942), *Joachim Frank* (geb.1940) und *Richard Henderson* (geb. 1945) wurden im Jahre 2017 für ihre Arbeiten zur Entwicklung der Kryo-Elektronenmikroskopie für die hochauflösende Strukturbestimmung von Biomolekülen in Lösung mit dem Nobelpreis für Chemie ausgezeichnet.

Bei vielen Produkten spielt die Farbgebung eine große Rolle. Welche Stoffe erzeugen die Farbvielfalt? Die farbgebenden Stoffe sind die anorganischen und organischen Pigmente, die in den zur Anwendung kommenden Stoffen (z. B. Lacke, Druckfarben, Kunststoffe, Kosmetika) unlöslich sind. Pigmente sind kristalline Partikel mit einer Partikelgröße im µm-Bereich (1 µm = 0,001 mm). Die Eigenschaften der Pigmente werden durch ihre chemische Zusammensetzung, ihre Kristallstruktur, Größe und Form der Partikel, aber auch ihren Aufbau (z. B. Schicht/Substrat-Pigmente) bestimmt. Natürliche anorganische Pigmente (*Erdpigmente*), die fälschlicherweise oft Erdfarben genannt werden, können aus farbigen Erden und Mineralien gewonnen werden. Das erste synthetische anorganische Pigment, das *Berliner Blau*, auch als *Preußisch Blau* bekannt, ($KFe[Fe(CN)_6]$), wurde im Jahre 1704 hergestellt. Heutzutage wird eine Vielzahl anorganischer Pigmente synthetisch hergestellt. Die folgenden Beispiele sind eine kleine Auswahl aus dem breiten Spektrum der anorganischen Pigmente. Wenn ein Mineralpigment zu der chemischen Verbindung existiert, ist der Mineralname mit angegeben.

Weißpigmente: Titanweiß (TiO_2, *Rutil, Anatas*), Zinkweiß (ZnO), Bleiweiß ($2PbCO_3 \cdot Pb(OH)_2$).

Gelbpigmente: Cadmiumgelb (CdS, *Greenockit*), Chromgelb ($PbCrO_4$), Antimongelb ($Pb_3(SbO_4)_2$), Königsgelb (As_2S_3, *Auripigment*).

Rotpigmente: Cadmiumrot (CdSe), Rauschrot (As_4S_4, *Realgar*), Zinnoberrot (HgS, *Cinnabarit*).

Blaupigmente: Thenard's Blau, Kobaltblau ($CoAl_2O_4$), Azurblau ($2CuCO_3 \cdot Cu(OH)_2$), Ultramarinblau ($Na_8[S_n | Al_6Si_6O_{24}]$, *Lasurit, Lapislazuli*).

Grünpigmente: Malachitgrün ($CuCO_3Cu(OH)_2$, *Malachit*), Kobaltgrün ($ZnCo_2O_4$), Chromoxidgrün (Cr_2O_3).

Neben den anorganischen Pigmenten wurde eine Vielzahl komplexer organischer Pigmente synthetisiert, von denen als Beispiel hier das chemisch und thermisch sehr stabile *Kupferphthalocyanin* (CuPc- $CuC_{32}N_8Cl_{16}$) erwähnt sei. Phthalocyaninblau ist wohl das bekannteste organische Pigment. Neben den Farbpigmenten gewinnen *Effektpigmente* (Metallglanz-, Perlglanzpigmente) immer mehr an Bedeutung. Derartige Farbeffekte lassen sich erzielen, wenn auf plättchenförmigen Substraten (z. B. Biotit, SiO_2, Al_2O_3, Glas) Metalloxidschichten (z. B. TiO_2, Cr_2O_3, Fe_2O_3) abgeschieden werden, die aus Nanopartikeln (1 nm = 10^{-6}mm = 1 Millionstel mm) bestehen.

Die grundlegenden technischen Materialien und Werkstoffe, die wir in irgendeiner Form in den uns umgebenden Produkten wiederfinden, können folgenden Werkstoffklassen zugeordnet werden:
- *Metalle*
- *Keramiken und Gläser*

- *Polymere*
- *Halbleiter*

Eine spezielle Klasse stellen die Verbundwerkstoffe (Kompositwerkstoffe) dar, die aus einer Mischung (Verbund) von zwei oder mehreren Materialien, der vier o.g. Grundklassen bestehen.

Im Allgemeinen sind alle metallischen Werkstoffe (z. B. Metalle: Fe, Cu, Ag, Au, Legierungen: Stahl (Fe-C-Legierung mit einem C-Gehalt von 0 – 2,06 %), Bronze: Legierung aus Cu-Sn, intermetallische Verbindungen: Ni_3Al, Mg_2Si) kristallin. Durch Schnellerstarrung lassen sich jedoch auch amorphe Metalle, sogenannte metallische Gläser, herstellen. Diese sind jedoch immer Legierungen, die wenigstens aus zwei oder mehreren Metallen bestehen.

Eine Keramik bezeichnet einen anorganischen nichtmetallischen Werkstoff, der vollständig kristallin ist, nur kristalline Anteile enthält oder wie im Falle der Gläser vollständig amorph ist. Die überwiegende Mehrzahl von keramischen Materialien sind chemische Verbindungen von Metallen oder Halbmetallen mit Nichtmetallen (z. B. Oxide: Al_2O_3, MgO, SiO_2, Nitride: BN, Si_3N_4, Carbide: BC_4, SiC). Auch die Kohlenstoffmodifikationen Diamant und Graphit werden zu den keramischen Materialien gezählt. Ein keramisches Material muss nicht nur aus einer chemischen Verbindung bestehen, wie wir am Beispiel des heterogen aufgebauten Porzellans gezeigt haben.

Glas ist ein amorpher Festkörper, der bei einer sehr schnellen Erstarrung aus einer Schmelze entstehen kann. Der dabei erreichte Zustand ist metastabil. Man spricht auch von einer eingefrorenen unterkühlten Flüssigkeit. Gläser weisen keine definierte Schmelz- bzw. Erstarrungstemperatur auf. Es gibt einen Glasübergangstemperaturbereich T_g, in welchem bei Erwärmung des Glases dieses wieder in den flüssigen Zustand übergeht, während andere amorphe Festkörper bei Erwärmung auskristallisieren. Beispiel für ein natürliches vulkanisches Glas ist der Obsidian (Abb. 2). Anorganische Gläser werden nach ihrer chemischen Zusammensetzung klassifiziert (z. B. Silikat-, Oxid-, Boratgläser usw.). Ein i. allg. unerwünschter Prozess bei der Glasherstellung ist die sogenannte *Entglasung* (*Devitrifikation*), bei der sich Kristallite in der Glasmatrix bei der Erstarrung bilden.

In vielen Kaufhäusern findet man eine Abteilung für Glas, Kristall und Porzellan. Unter dem Begriff Kristall werden die Angebote von Artikeln aus Kristallglas und Bleikristallglas geführt. Werden bei der Herstellung eines Natrium-Silikatglases ein Metalloxid bzw. eine Mischung von Metalloxiden (PbO, BaO, ZnO, K_2O) zugesetzt, so entsteht ein schweres Glas mit einem hohen Brechungsindex und einer ausgezeichneten Transparenz. Das Glas erscheint kristallklar und ein geigneter Schliff erhöht den Glanz des Glases. Ein Kristallglas weist keine geordnete innere Struktur auf, es ist wie alle anderen Gläser ein amorpher Festkörper.

Polymere sind Makromoleküle, die aus einer oder mehreren Wiederholeinheiten, den sogenannten *Monomeren*, aufgebaut sind. Die Anzahl der Monomere pro Polymermolekül bestimmt den Polymerisationsgrad. Lineare kettenförmige Polymere, wie Polyethylen (($C_2H_2)_n$), sind teilkristallin, d. h. im Feststoff sind amorphe und kristalline Bereiche vorhanden. Die Mehrzahl der komplexen und mehrfachverzweigten Polymere ist amorph. Eine besondere Rolle spielen die Biopolymere, zu denen auch die Eiweiße (Proteine) und Nucleinsäuren zählen. Sowohl Proteine als auch die Nucleinsäuren bilden Kristallstrukturen aus.

Bei der Werkstoffklasse der Halbleiter ist es nicht die Zusammensetzung des Materials, sondern eine Eigenschaft, die elektrische Leitfähigkeit, nach welcher die Einteilung erfolgt. So ist Siliciumcarbid (SiC) hinsichtlich der chemischen Zusammensetzung ein keramisches Material, klassifiziert nach der elektrischen Leitfähigkeit ein Halbleitermaterial. Organische Halbleiter, die aus Makromolekülen bestehen, gehören hinsichtlich ihres Aufbaus zur Klasse der Polymere. Als Halbleiter bezeichnet man Stoffe, deren elektrische Leitfähigkeit zwischen der Leitfähigkeit eines Isolators und eines guten Stromleiters liegt. Der Typ und die Stärke der Leitfähigkeit eines Halbleiters werden durch Zugabe kleinster Mengen von Dotierstoffen (bei anorganischen Halbleitern z. B. P, As, Al, Ga) gesteuert. Nach der chemischen Zusammensetzung können die Halbleitermaterialien eingeteilt werden in:
– Elementhalbleiter (z. B. Si, Ge)
– Verbindungshalbleiter
  anorganisch (z. B. GaAs, GaN, InSb, CdSe, ZnTe, CdS, SiC, $CuInS_2$)
  organisch (z. B. Anthracen ($C_{14}H_{10}$), Pentacen ($C_{22}H_{14}$), Phthalocyanine, Polymere, z. B. Polythiophen, Polypyrrol).

Von allen anorganischen Element- und Verbindungshalbleitern lassen sich Kristalle herstellen. Es können in Abhängigkeit von den Herstellungsbedingungen aber auch diese Halbleiter in amorpher Form vorliegen. So wird sowohl kristallines als auch amorphes Silizium zur Herstellung von Solarzellen verwendet. Einige organische Halbleiter (z. B. Antracen, Pentacen, Phthalocynine) bilden Kristalle. Die meisten Halbleiterpolymere sind amorph, einige weisen teilkristalline Bereiche auf.

Für die Entwicklung neuer Materialien und Werkstoffe gewinnt die Herstellung synthetischer Kristalle immer mehr an Bedeutung. Dass wir nicht nur auf natürliche Kristalle zurückgreifen können, zeigt schon unsere Beschreibung der Pigmente. Zweifelsohne sind auch gegenwärtig Mineralpigmente wichtig. Die natürlichen Ressourcen reichen jedoch nicht aus, um den gesamten Bedarf an Pigmenten für das vielseitige Spektrum der industriellen Anwendungen abzudecken. Ein Vorteil der synthetischen Herstellung ist ferner, dass die Pigmente in größerer Reinheit hergestellt werden können. Minerale enthalten immer Verunreinigungen, welche die Färbung beeinflussen können. Zum anderen werden durch eine gezielte Forschung zur Synthese von Pigmenten die Entwicklung neuer Pigmente, wie beispielsweise die Metalleffekt- und Perlglanzeffektpigmente, ermöglicht.

Mit der Entwicklung neuartiger Pigmente werden neue kristalline Materialien im µm-und nm-Bereich synthetisiert. Für viele technische Anwendungen ist es erforderlich sehr große Kristalle zu züchten. Diese Kristalle bestehen nicht aus vielen Kristallkörnern sondern nur aus einem einzigen und werden deshalb als *Einkristalle* bezeichnet. Die Züchtung von Kristallen kann – in analoger Weise wie unsere natürlichen Kristalle gebildet werden – aus einer Schmelze, einer Lösung, der Gasphase und in festen Stoffen erfolgen. Beispiele für synthetische Einkristalle, welche im *Leibniz-Institut für Kristallzüchtung* (*IKZ*) in Berlin Adlershof gezüchtet wurden, zeigt Abb. 1.10.

Abb. 1.10: Synthetische Einkristalle (©Foto: Leibniz-Institut für Kristallzüchtung (IKZ) Berlin).

Das *IKZ* ist ein weltweit ausgewiesenes Forschungszentrum für Kristallzüchtung. Das Forschungsspektrum des *IKZ* reicht von der Züchtung und Charakterisierung von Volumenkristallen, kristallinen Schichten und nanokristallinen Materialien bis hin zur Entwicklung spezifizierter Kristallzüchtungstechnologien. Ein wichtiger Service des Instituts ist die Züchtung und Bereitstellung von Kristallen mit definierten Eigenschaften für Forschungs- und Entwicklungsaufgaben.

Die verfahrenstechnische Umsetzung von Kristallisationsprozessen von der Auswahl des Verfahrens und der Anlage zur Kristallisation bis hin zur Optimierung des Produktes sind Aufgaben des Forschungsgebietes der „*industriellen Kristallisation*". Dabei gibt es zwei große Felder der industriellen Kristallisation:
- *Einkristallzüchtung*
- *Massen- bzw. Kornkristallisation.*

Die Komplexität der Aufgaben der industriellen Kristallisation wird deutlich, wenn man sich das Spektrum der industriell kristallisierten Materialien ansieht. Durch Massenkristallisation werden Produkte wie Speisesalz, Zucker, Düngemittel, anorganische und organische Feinchemikalien hergestellt. Ein weiteres Anwendungsfeld ist die Herstellung von Farbpigmenten für Lacke und kosmetische Produkte. Die Produktpalette der Einkristallzüchtung reicht von Halbleiterkristallen, optischen Kristallen, akustooptischen Kristallen, Edelsteinen bis hin zu den Proteinkristallen.

Mit der Züchtung von hochreinen und perfekten Siliziumeinkristallen wurde der Grundstein für die Mikroelektronik gelegt, die mit der Erfindung des monolithisch integrierten Halbleiterschaltkreises zu einem nachhaltigen technologischen Fortschritt in nahezu allen Bereichen des menschlichen Lebens geführt hat. Die Miniaturisierung der Schaltkreischips hat es u. a. ermöglicht, dass wir heute leistungsfähige tragbare Computer und Smartphones haben. *Silizium* ist auch das wichtigste anorganische Material für die Herstellung von Solarzellen. Die Namen der großen kulturgeschichtlichen Epochen (Stein-, Bronze- und Eisenzeit) sagen uns, welche Stoffe damals zu grundlegenden Veränderungen geführt haben. Der renommierte Festkörper- und Halbleiterphysiker *Hans Joachim Queiser*, hat deshalb in seinem Buch *„Kristallene Krisen -Mikroelektronik -Wege der Forschung um Märkte"* für unsere Epoche den Namen *„Siliziumzeit"* geprägt [24]. Neben dem Elementhalbleiter Si sind es gegenwärtig auch die Verbindungshalbleiter, die zu vielen neuen technischen Produktentwicklungen führen. In Kapitel 2 wird ausführlich auf die Entwicklung und Anwendungen der Halbleiterkristalle eingegangen.

Neben den Volumenkristallen sind es vor allem nanokristalline Materialien, die zur Entwicklung von Werkstoffen mit extremen Eigenschaften führen. Ein Einblick in die Welt der Nanokristalle gibt Kapitel 3.

Die wohl gewaltigsten Entwicklungen auf dem Gebiet der Kristallforschung sind in den letzten Jahrzehnten auf dem Gebiet der Biokristallographie zu verzeichnen. Die Unterschiede der Kristallstruktur eines anorganischen Kristalls und eines Proteins werden anhand von Beispielen in Kap. 1.2 und 1.4 erläutert.

Unsere bisherigen Ausführungen haben gezeigt, dass Kristalle uns als natürliche Kristalle oder aber als synthetisch hergestellte Kristalle in mannigfaltiger Form direkt sichtbar oder verborgen in einem Gestein, Werkstoff oder einem Gegenstand des täglichen Lebens umgeben. Die Definition des Begriffs *„Kristall"* hat sich über die Jahrhunderte mit der Erforschung seiner Natur und Eigenschaften verändert. Im folgenden Unterkapitel wollen wir den Leser auf eine Kurzreise mitnehmen, die uns von den Anfängen der Entdeckung der Kristalle bis hin zur Entwicklung der Kristallographie als eine eigenständige Wissenschaft führt.

1.1 Entwicklungsgeschichte der Kristalle von den Anfängen bis zur Neuzeit

> Eine jede Wissenschaft hat ihren Werth; nur darinnen sind sie unterschieden, daß bey einer der Nutzen immer ausgebreiteter und von mehrerer Beziehung für das gemeine Leben ist, als bey der andern.
> A. G. Werner, Von den aeußerlichen Kennzeichen der Foßilien (1774)

Der Begriff „Kristall" hat seinen Ursprung in dem griechischen Wort „κρύσταλλος" und bedeutete „Eis". In der „*Ilias*" als auch in der „*Odyssee*" benutzt Homer dieses Wort zur Beschreibung von Eis [25]. Die Textstelle im XXII Gesang in der *Ilias* zur Beschreibung einer der *Quellen des Skamandros* lautet:

> Aber die andere fließt im Sommer auch kalt wie der Hagel oder des Winters Schnee, und gefrorene Schollen des **Eises**.

Carl Michael Marx beschreibt in seiner „*Geschichte der Krystallkunde*" (1825), dass viel später, etwa zur Zeit *Platons* (428/427 v. Chr. – 348/347 v. Chr.) das Wort κρύσταλλος zur Beschreibung des Bergkristalls (Quarz), einem sehr klaren und durchsichtigen Stein, benutzt wurde, den die Eiskälte (**κρύοσ** -kryos) hat erstarren (στελλεσδαι – stellesdai) lassen [26].

In der chinesischen Sprache wird der Begriff Kristall " 晶体", aus zwei einzelnen Zeichen gebildet, 晶(Kristall) und 体 (Objekt). Das Zeichen für Kristall 晶 stellt einen Stapel von drei Sonnen dar. Dieses Zeichen stammt ursprünglich aus der ältesten Form der chinesischen Sprache, der Orakelknochenschrift aus der späten Zhang-Dynastie (~ 1500 v. Chr. - 1100 v. Chr.), wo die Zeichen auf Tierknochen oder Schildkrötenpanzern eingeritzt wurden. In der Orakelknochenschrift wurde das Zeichen 晶 auf folgende Weise geschrieben:

Damit waren viele helle Sterne gemeint. Die spätere Bedeutung dieses Zeichen war „hell und klar", so dass es dann zur Beschreibung des Begriffs „*Kristall*" verwendet wurde.

Das uprüngliche Wort für Kristall in Arabisch ist بلور [balur]. In Persisch ausgeprochen heisst es [bolur] und bedeutet Klarheit, im Sinne von durchsichtig.

Im antiken Griechenland sprach man nur von Steinen bei den festen Stoffen. Der Begriff „*Mineral*" leitet sich von den mittellateinischen Worten *minera* (Erz, Erzstufe) und *minare* (Betreiben von Bergbau) ab. *Georgius Agricola* benutzte in seinem Werk „*De natura fossilium libri* " 1456 als Erster das Wort *Fossil* (lat. *fossilis* - ausgegraben) in seiner ursprünglichen Bedeutung, für alle Dinge, welche aus der Erde ausgegraben werden, wozu dann auch die Steine und Mineralien zählten [27]. Bis zu Beginn des 19. Jahrhunderts wird der Begriff „*Fossil*" noch in einigen Büchern zur Bezeichnung von Mineralien benutzt. Heute ist das Wort „*Fossil*" mit dem Begriff „Versteinerung" verknüpft.

Aus der kulturgeschichtlichen Entwicklung ist bekannt, dass bereits in der Jungsteinzeit (Neolithikum) ca. 8000 v. Chr. aus den gediegenen Edelmetallen Gold, Silber und Kupfer Schmuck hergestellt wurde. Die nachfolgende Epoche, die Bronzezeit (ca. 2200 – 800 v. Chr. in Mitteleuropa), zeigt uns, dass man zu dieser Zeit bereits Legierungen aus den Elementen herstellen konnte. Bronze ist eine Legierung und besteht aus 90 % Kupfer und 10 % Zinn. Die *Himmelsscheibe von Nebra*, eine kreisförmige Bronzeplatte (Durchmesser 32,5 cm, Gewicht 2,3 kg) mit Goldeinlegearbeiten gehört zu einem Bronzeschatz, der 1999 gefunden wurde. Ihr Alter wird auf ca. 3600 Jahre datiert, ist somit ein Fund aus der Bronzezeit. Sie zeigt die älteste konkrete Darstellung von astronomischen Vorgängen, die uns Auskunft über das Wissen über Himmelskörper in der Bronzezeit liefert. Die Herstellung einer solchen Scheibe setzt die Gewinnung der dafür notwendigen Metalle voraus, was durch Förderung der gediegenen Metalle bzw. der Erze durch Betreiben von Bergbau erfolgte. Der Bergbau spielte eine eminent wichtige Rolle für die Entwicklung der kulturgeschichtlichen Epochen. Das anfängliche Wissen über Minerale und damit auch über Kristalle ist eng mit dem Bergbau verbunden. Wir wollen im Folgenden den Weg nachzeichnen wie ausgehend von der Antike (800 v. Chr. – 600 n. Chr.) über die Jahrhunderte hinweg sich unsere Kenntnisse über den Kristall erweitert haben und von welchem Zeitpunkt an die Kristallographie als eigenständige Wissenschaft bezeichnet werden kann. Wichtige Zeugnisse über das Wissen der Mineralien stellen dabei die Steinbücher (*Lapidarien*) der Griechen und Araber dar. Aus den Quellen der antiken Literatur ist ersichtlich, dass *Theophrastos von Eresos* (371 – 288 v. Chr.), ein Schüler und Nachfolger des *Aristoteles*, eine große Abhandlung über Steine verfasst hat, die jedoch verloren gegangen ist. Erhalten geblieben ist uns sein Fragment Περί λίθων (*Peri lithon, Über die Steine*), welches uns Auskunft über das damals vorhandene Wissen über Steine und Erdarten liefert. Von dieser Schrift existieren drei verschiedene deutsche Übersetzungen des Originaltextes. Die im Folgenden angegebenen Zitate sind der Edition „*Von den Steinarten*" aus dem Jahre 1807 entnommen [28]. Der griechische Originaltext wurde von dem Wissenschaftshistoriker *Carl Schmieder* (1778 – 1850) übersetzt und kommentiert. Zu dem „*Begriff der Steinarten*" schreibt *Theophrastus*:

> Die Erzeugnisse der Erde haben theils die Natur des Wassers, theils die der Erde. Zu den erstern gehören die metallischen Substanzen, als Gold, Silber und dergleichen; die erdigen Massen aber sind: die Steinarten, die Edelsteine und die Erdarten selbst, welche sich durch mancherley Eigenschaften als: Farbe, Glanz oder Dichtigkeit, oder durch eigenthümliche Kräfte sich auszeichnen. Von den Metallen habe ich anderswo gehandelt, jetzt wende ich mich zu den Steinarten.

Mit der Natur des Wassers meint Theophrastus, dass die Metalle schmelzbar sind. In den folgenden Paragraphen vermittelt er seine Vorstellungen und Kenntnisse zu dem Ursprung, den Bildungsarten, Eigenschaften und Gebrauch der Steine. Er unterteilt die Steine in schmelzbare und unschmelzbare Steinarten. Neben der Aufzählung einer Vielzahl von Edelsteinen finden wir Beschreibungen zur Steinkohle, aber auch zu

Perlen und Korallen. Ein Paragraph handelt vom Probierstein, mit dem die Echtheit des Goldes nachgewiesen werden kann. Bei der Beschreibung der Erdarten geht Theophrastos auch ausführlich auf die Vorkommen von Farberden ein. Er erörtert ebenso die Herstellung von Farben wie Bleiweiß, Grünspan und Zinnober.

> Vom Bleyweiß: „Desgleichen ist auch das Bleyweiß ein Kunstprodukt. Man stelle nämlich Bley über Essig in Krügen auf und wenn es eine dicke Rinde bekommen hat, welches gemeiniglich in zehn Tagen geschieht, so öffnet man die Krüge, schabt den Rost ab und setzt das Bley immer wieder ein, bis es ganz zerfressen ist. Das Abgeschabte wird nun durch einen Durchschlag gerieben und anhaltend gekocht. Was dann endlich übrig bleibt, ist Bleyweiß."

Das Lapidarium der Antike, welches wohl eine Vielzahl von Wissenschaftshistorikern bei der Entschlüsselung seiner Entstehungsgeschichte vor eine nahezu unlösbare Aufgabe gestellt hatte, ist das *„Steinbuch des Aristoteles"*. Nach den sehr umfangreichen Studien des deutschen Arabisten *Manfred Ullmann* (geb.1931) beruht das *Steinbuch des Aristoteles* auf dem arabischen *„Kitab al Aḥǧär"*, dessen Autor jedoch unbekannt ist [29 – 31]. Dieser hat, wie aus dem Quellenstudium ersichtlich wurde, offensichtlich den Λιθωγνώμων (Lithognomon) des *Xenokrates von Ephesos* ins Arabische übersetzt und entsprechend erweitert. *Xenokrates von Ephesos* lebte um 70 n. Chr. Sein Steinbuch ist leider verloren gegangen. Aus den Zitaten verschiedener Autoren (z. B. *Plinius dem Älteren*) haben wir heute Kenntnis von diesem alphabetisch geordneten Steinbuch. *Xenokrates* wird aber im *Kitab al Aḥǧär* nicht erwähnt, dafür aber das *Steinbuch des Sotakos*, der Ende des 4. Jahrhunderts oder Anfang des 3. Jahrhunderts v. Chr. gelebt haben soll. Aus der Identität von Sotakos- und Xenokratestexten konnte *Ullmann* nachweisen, dass wohl der Ursprung des Steinbuches des Aristoteles auf das Werk „Περί λίθων (Peri lithon)" von *Sotakos* zurückgeführt werden kann und über die Stationen *Sotakos*, *Xenokrates* und den Autor des *Kitab al Aḥǧär* eine stete Veränderung erfahren hat. Durch wissenschaftshistorische Forschung konnte ebenso nachgewiesen werden, dass die vorhandenen arabischen Handschriften als auch die hebräischen und lateinischen Übersetzungen des Steinbuches des Aristoteles keine Originalfassungen des Buches sind. Die in der *Bibliothéque Nationale* in Paris befindliche arabische Handschrift (*Pariser Handschrift*) wurde von dem Wissenschaftshistoriker *Julius Ruska* (1867 – 1949) ins Deutsche übersetzt und ist Bestandteil seines 1912 erschienenen Werkes „Das *Steinbuch des Aristoteles*" [32]. Aus der Übersetzung entnehmen wir, dass in der Originalfassung des Steinbuches von Aristoteles 700 Steinarten beschrieben wurden. Die vorliegenden arabischen Handschriften und Übersetzungstexte enthalten Beschreibungen von 70 bis 100 Steinen, was eine weitere Bestätigung dafür ist, dass diese Schriften nicht Originale von Aristoteles sind. In der Pariser Handschrift werden 72 Steine beschrieben, die *Ruska* in folgende vier Gruppen einteilte:
– Steine mit chemischer Wirkung
– Steine mit medizinischer Wirkung

- Magische Steine
- Farbenzaubersteine.

Ein wesentliches Merkmal dieses Steinbuches ist es, dass neben einer Abhandlung von Herkunft und Eigenschaften der aufgeführten Mineralien häufig noch auf eine etwaige medizinische Wirkung dieser eingegangen wird. Darüber hinaus finden wir Beschreibungen von magnetischen Steinen (z. B. Haarmagnet, Wollmagnet, Skorpionmagnet), Steinen mit magischer Wirkung (z. B. Schlafbringer, Schlafvertreiber, Gebärstein) und von Farbenzaubersteinen, die offensichtlich der Phantasie und dem Aberglauben der Autoren entsprachen, welche die Umschreibungen und Ergänzungen des Originaltextes vorgenommen haben.

Eine weitere umfassende Beschreibung von Mineralien und ihre Anwendung als Heilmittel verdanken wir dem griechischen Arzt und Botaniker *Pedanius Dioskurides*, der im 1. Jahrhundert n. Chr. gelebt hat. Sein fünfbändiges Werk „*Über die Heilmittel*" in Griechisch entstand zwischen 60 und 78 n. Chr. und galt bis in das 17. Jahrhundert als wichtigstes Werk auf dem Gebiet der Pharmazie. Die erste Ausgabe dieses Werkes in lateinischer Sprache als „*De materia medica*" erschien 1478. Dieses umfassende Werk liefert eine Sammlung von über 1000 Heilmitteln aus Pflanzen, von Tieren und Mineralien. Im letzten Teil des V. Bandes werden die Mineralien (Metalle, Erze, Salze) und die daraus gewonnenen 102 mineralischen Heil- und Arzneimittel beschrieben [33].

Eine wichtige Quelle über das antike Wissen über Mineralien stellt die aus 37 Bänden bestehende und vollständig erhaltene Enzyklopädie „*Naturalis historia (Naturgeschichte)*" des römischen Gelehrten *Plinius des Älteren* (23 oder 24 – 25.8.79 n. Chr.) dar [34]. Der Todestag konnte exakt datiert werden, da *Plinius* beim großen Ausbruch des Vesuvs im Alter von 55 Jahren ums Leben kam.

Das Wissen über Mineralien in der Antike finden wir in den Bänden 33 – 37, wo die *Natur der Metalle* (Bd. 33), *Erze* (Bd. 34), *Arten der Erden* (Bd. 35), *Natur der Steine* (Bd. 36) und die *Edelsteine* (Bd. 37) abgehandelt werden. Das große Verdienst von *Plinius* ist es, dass mit seinem Werk das gesammelte Wissen der griechischen Antike vorliegt und aus seinen Quellenangaben Zuordnungen zu nicht mehr vorhandenen Büchern griechischer Autoren möglich sind. *Plinius* selbst hat nichts wesentlich Neues auf dem Gebiet der Mineralogie geschaffen, er hat das vorhandene Wissen zusammengetragen. Vergleichen wir beispielsweise den o.g. Text des *Theophrastus von Ephesos* zum Bleiweiß mit dem nachfolgenden Text von *Plinius*, so finden wir eine große Übereinstimmung. *Plinius* schreibt:

> Man wirft in Essigkrüge Bley, verstopft jene zehn Tage lang, schabt hernach das, was wie ein Schimmel auf dem Bleye sitzt, ab, wirfts aufs neue hinein, bis keine Materie mehr da ist. Was abgeschabt ist, wird gerieben und gesichtet, und in Tiegeln gebrannt, und mit Spaetzeln umgerührt, bis es röthlich, und der Mennige gleich wird. Hernach wird es mit süßem Wasser gewaschen, bis alles trübe ausgespület ist. Es wird hernach getrocknet, und in Küglein vertheilt....

Der 37. Band über die Edelsteine enthält in Kapitel 2 einen kurzen Abschnitt über die Natur des Kristalls:

> Eine dieser entgegengesetzten Ursache macht den Kristall, da er von heftiger Kälte erhärtet. Wenigstens wird er nirgend anderswo gefunden, als wo der größeste Schnee erstarret: und es ist gewiß, daß es ein Eis sey: deswegen haben ihm die Griechen auch den Namen gegeben.

Gemeint ist hier schon der Bergkristall. Nach der Auflistung einiger wichtiger Fundorte schreibt *Plinius*:

> Warum er in sechs Ecken wachse, davon kann man den Grund nicht leicht ausfündig machen, weil auch die Spitzen nicht die gleiche Gestalt haben, und die Glätte der Seiten so vollkommen ist, daß man durch keine Kunst ein gleiches ausrichten kann.

Zur medizinischen Anwendung des Bergkristalls erfahren wir:

> Ich finde Ärzte, welche der Meinung sind, wann etwas an dem Körper zu brennen sey, könne es nicht nützlicher geschehen, als wann man den Sonnenstralen eine Krystallkugel entgegen setze.

Neben dem Steinbuch des Aristoteles, welches auf dem arabischen „*Kitab al Ahǧār*" beruht, sind aus dem arabischen Kulturkreis eine Vielzahl von *Lapidarien* (Steinbüchern) bekannt. Eine umfassende Übersicht darüber findet man in den Arbeiten von *Steinschneider* [35], *Ruska* [36] und *Ullmann* [29 – 31]. Die Ausführungen zur Systematik der Steine in dem Buch „*Kitab al Ŝifä* (Buch der Heilmittel) des in seiner Zeit bedeutendsten islamischen Philosophen, Arztes und Naturforschers *Ibn Sîna* (um 980 - 1037), der auch unter dem lateinischen Namen *Avicenna* bekannt ist, waren wegweisend. Seine Abhandlung zu den Steinen und Mineralien erschien später in lateinischer Sprache als „*De congelatione et conglutinatione lapidum*"(Über die Congelierung und Zusammenfügung der Steine) (s. hierzu [37]). Er teilt die Mineralien in folgende vier Klassen ein: Steine, Metalle (schmelzbare Körper), schwefelhaltige Minerale und Salze. *Ibn Sina* beschreibt die Mineralien hinsichtlich Entstehung, Eigenschaften und insbesondere ihrer medizinischen Wirkungen.

Das wohl bezüglich des wissenschaftlichen Inhaltes wichtigste arabische Steinbuch ist der „*Kitab Azhār alafkār fi jawāhir al-ahjār*" des Tifaschi (1184–1253/54). In seinem 1253 verfassten Buch beschreibt *Tifaschi* 25 Edel- und Halbedelsteine. Die Beschreibung eines jeden Steins erfolgt in fünf Kapiteln, in denen er Angaben zu den Bildungsbedingungen, den Fundorten, der Beschaffenheit, spezifischen Eigenschaften (Kristallformen, Härte, Glanz, Dispersion durchsichtiger Steine) und dem Handelswert der Steine macht. Eine moderne Übersetzung des arabischen Textes des Steinbuches von Tifaschi ins Englische erschien 1998 als:" *Arab Roots of Gemology: Ahmad Ibn Yusuf Al Tifaschi's Best Thoughts on the Best of Stones*" (dt. *Arabische Wurzeln der Gemmologie: Achmet Ibn Yusuf Al Tifaschis „Beste Gedanken über die Besten der Steine*") [38]. Das arabische Wissen über Minerale und deren Anwendung als

Heilmittel gelangte durch Übersetzungen nach Europa. Zahlreiche Übersetzungen der arabischen Werke gehen auf den arabischen Arzt und Lehrer *Constantinus Africanus* (1010/1020 – 22.12.1087) zurück, der aus Nordafrika, dem heutigen Tunesien, stammte. Seine Übersetzungen entstanden in Italien im Kloster Montecassino, wo er ab 1078 bis zu seinem Tode lebte. Die Übersetzungen medizinischer Werke und der Steinbücher führten in Europa zu einem Aufschwung der *Lithotherapie* (Steinheilkunde) im Mittelalter. So finden wir auch bei *Hildegard von Bingen* (1098 -1178) im Band 4 „*De Lapidibus*" (Über die Steine) ihres enzyklopädischen Werkes „*Physica*" eine Abhandlung über die Steinheilkunde [39].

Albertus Magnus (um 1200 – 1280)[7], ein deutscher Bischof und Universalgelehrter fasste das damalige Wissen über Mineralien in der Schrift „*De Mineralibus*" („Über Mineralien") zusammen, die in den Jahren von 1254 – 1257 entstand. Die erste gedruckte Auflage der fünf Bücher „*De mineralibus libri*" erschien in lateinischer Sprache 1476. Darin werden die Minerale in drei Gruppen eingeteilt: 1. Steine, 2. Metalle und 3. Mittlere, die sowohl Eigenschaften der Steine als auch der Metalle aufweisen. Im fünften Band findet man auch ein Kapitel über die Steinheilkunde (für eine Übersicht der zahlreichen Editionen in verschiedenen Sprachen s. [40]).

Konvexe Polyeder haben seit *Plato* und *Archimedes* immer wieder Eingang nicht nur in die Wissenschaft sondern auch in die Kunst gefunden. Besonders viel diskutiert und spekuliert wurde über *Albrecht Dürers* (1471 – 1528) wohl bekanntesten Kupferstich „*Melancolia*" aus dem Jahre 1419 und dass dort gezeigte Polyeder, bei dem es sich um ein abgestumpftes Rhomboeder handelt. In dem wunderschönen Buch „*Dürer Kunst und Geometrie*" des Dresdener Mathematikers und ausgewiesenen Kenners der darstellenden Geometrie *Eberhard Schröder* (1920 – 2011) findet man eine ausführliche Rekonstruktionsanalyse des Kupferstiches „Melancholie" [41]. Er zeigt mit mathematischer Exaktheit, dass Dürer diesen Kupferstich genau nach seiner in der erweiterten Fassung der *Unterweysung* von 1438 [42] gegebenen Anleitung zur Konstruktion zentralperspektivischer Bilder dreidimensionaler Objekte angefertigt hat.

Der berühmteste Goldschmied seiner Zeit *Wenzel Jamnitzer* (1508 – 1586) veröffentlichte im Jahre 1568 in Nürnberg seine Schrift „*Perspectiva Corporum Regularium*. [43]. Das Buch enthält 50 Tafeln mit Kupferstichen, die von *Wenzel Jamnitzer* entworfen und von *Jost Amman* in Kupfer gestochen wurden. Darunter sind jeweils vier Tafeln von Kupferstichen mit sechs Variationen der Polyeder zu jedem der fünf Platonischen Körper, so dass insgesamt 120 teilweise sehr komplexe Polyederentwürfe vorliegen. Den Tafeln zu den Polyedern ist jeweils ein reich illustriertes Titelblatt vorangestellt, in welchem der reguläre Körper kurz beschrieben und gemäß der Lehre von Platon einem Element zugewiesen wird.

---

7 Das genaue Geburtsjahr ist nicht bekannt. Es wird in manchen Quellen als 1193 angegeben.

Abb. 1.11: Titelblatt und Tafel I zum Hexaeder aus „Perspectiva Corporum Regularium von Wenzel Jamnitzer, Nürnberg 1568.
(Bildquelle: SLUB Dresden, digital.slub-dresden.de/ id30409217/100 (CC-BY-SA 4.0).

Für die vier Elemente gilt folgende Zuordnung: *Feuer* – **Tetraeder**, *Luft* – **Oktaeder**, *Erde* – **Hexaeder** (**Würfel**) und *Wasser* - **Ikosaeder**. Das **Dodekaeder** wurde als fünftes Element nach *Aristoteles* als der „Äther" bezeichnet, wofür *Jamnitzer* in seinem Buch die Bezeichnung „*Himmel*" wählt. Abb. 1.11 zeigt das Titelblatt und eine Tafel zum Würfel und daraus durch Abstumpfungen abgeleitete Körper. Wir sehen hier Formen wie wir sie von den Kristallen kennen. Sind diese Entwürfe allein der künstlerischen Phantasie des *Wenzel Jamnitzer* entsprungen oder hatte er bereits Kenntnisse über die Morphologie von Kristallen?

Ein bedeutender Gelehrter des 16. Jahrhunderts war der Sachse *Georgius Agricola, eigentlich Georg Pawer/Bauer* (1494 – 1555), der wegen seiner wegweisenden Arbeiten auf dem Gebiet der Mineralogie noch im 18. Jahrhundert von *Abraham Gottlob Werner* als „*Vater der Mineralogie*" bezeichnet wurde. *Agricola* hat eine Vielzahl von Veröffentlichungen hinterlassen. Neben Arbeiten zum Bergbau, Erzlagerstätten, Lebewesen unter Tage, etc. erfolgte 1546 die Fertigstellung seines wohl wichtigsten naturwissenschaftlichen Werkes, „*De natura fossilium libri X*" („Die Minerale" mit 10 Büchern) [27]. Es gilt als ein erstes Handbuch der Mineralogie. Für seine neue Mineralsystematik hat er folgende Eigenschaften und Merkmale herangezogen: Farbe, Härte, Glanz, Gewicht, Gestalt, Geruch, Geschmack, Schmelzbarkeit und Magnetismus. Er unterteilte die Minerale in folgende Klassen: *Erden, Gemenge, Steine, Metalle und Gemische*. Agricolas eigene praktische Erfahrungen werden verbunden mit dem überlieferten Wissen aus dem Mittelalter und vor allen Dingen aus der Antike.

Im Jahre 1611 verfasste der Naturphilosoph und Astronom *Johannes Kepler* (1571 – 1630) seine Schrift „*Strena seu de nive sexangula*" („*Neujahrsgabe oder über die sechseckige Schneeflocke*"), die er seinem Freund und Unterstützer den kaiserlichen Hofrat *Johannes Mathaeus Wackher von Wackhenfels* (1550 – 1619) widmete [44]. Darin äußert er sich zur sechseckigen Form der Schneekristalle und versuchte diese durch einen Aufbau aus kleinsten identischen Kügelchen mit minimalem Abstand zu erklären. Zur Anordnung der Kugeln schreibt er:

> Wenn man freibewegliche gleich große Kugeln in einer horizontalen Ebene auf einem engen Raum zusammenzwängt, so daß sie sich gegenseitig berühren, so werden sie sich entweder in Dreiecksform oder Vierecksform anordnen; hier werden sechs dort werden vier Kugeln jede einzelne umgeben, in beiden Fällen findet eine gegenseitige Berührung statt, mit Ausnahme der äußersten. In Fünfecksform kann eine gleichmäßige Bedeckung nicht bestehen, die Sechsecksform ist auf eine Dreiecksform zurückzuführen; es gibt also wie gesagt nur zwei Arten der Anordnung.

Kepler führt dann weiter aus, für welche dreidimensionalen Stapelanordnungen der Vierecks- und Dreiecksform die dichteste Packung erreicht werden kann.

> Bei der Quadratform stehen entweder die einzelnen Kugeln der oberen Reihe auf den einzelnen Kugeln der unteren Reihe oder aber es sitzen die Kugeln der oberen Reihe zwischen je vier der unteren. Im ersten Fall wird jede Kugel von vier umstehenden derselben Reihe und von je einer der oberen und unteren Reihe berührt, im ganzen also von sechs; dies ist also eine kubische Anordnung und durch Zusammendrücken entstehen Würfel, es ist aber nicht die engste Anordnung. Bei der zweiten Art der Anordnung wird jede Kugel von den vier umstehenden derselben Reihe, außerdem aber auch von je vier der oberen und unteren Reihe berührt, im ganzen also von zwölf, und durch Zusammendrücken werden aus den Kugeln rhombische Körper. Diese Anordnung schließt sich mehr dem Oktaeder und der Pyramide an. Die Anhäufung ist die möglichst engste, so daß in keiner anderen Weise eine größere Anzahl von Kugeln in demselben Gefäße Platz findet.

In analoger Weise untersucht er dann die Stapelanordnungen für die Dreiecksform. Mit unseren heutigen kristallographischen Kenntnissen wissen wir, dass Kepler bei der ersten Kugelanordnung die Kugelpackung eines primitiven kubischen Gitters (cP) beschreibt, die eine Packungsdichte von 52 % aufweist. Die Packungsdichte ist der Volumenanteil der Kugeln, der im Gefäß eingenommen wird. Bei der zweiten Art der Anordnung liegt eine kubisch dichteste Kugelpackung vor (cF), bei der die Packungsdichte 74 % beträgt. Der durch das Zusammendrücken entstehende Körper ist dann ein Rhombendodekaeder. Kepler konnte nur vermuten, dass dies die dichteste Kugelpackung ist, einen mathematischen Beweis dafür konnte er nicht erbringen. Seitdem wird dieses Problem als **Keplersche Vermutung**[8] bezeichnet. Ein zufälliges Einschütten von kleinen, gleich großen Kugeln in ein Gefäß führt nur zu einer Dichte von 65%. Kepler war jedoch nicht der Erste, der sich der Aufgabe widmete die dichteste Packung von Kugeln zu bestimmen. Die Priorität dafür steht dem englischen Mathematiker und Astronom *Thomas Harriot* (1560 – 1621) zu, der von dem britischen Seefahrer und Vizeadmiral *Sir Walter Raileigh* (1552 – 1618) beauftragt wurde die bestmögliche Stapelung von Kanonenkugeln auf einem Kriegsschiff herauszufinden. *Harriot* übergab im Dezember 1591 *Raileigh* eine Tabelle, aus welcher man ablesen konnte wie viele Kanonenkugeln bei vorgegebener Kantenlänge für eine dreieckige, quadratische und rechteckige Grundfläche in Pyramidenform gestapelt werden können. *Harriot* war ein Verfechter des atomistischen Weltbildes des *Leukipp* (5. Jahrhundert v. Chr.) und des *Demokrit* (460/459 – 371 v. Chr.), welches den Aufbau der Materie aus kleinsten, unteilbaren Teilchen, den Atomen, beschreibt. Deshalb stellte er Überlegungen an inwieweit seine Berechnungen zur Kugelanordnung für einen etwaigen Aufbau eines festen Stoffes herangezogen werden können. Zwischen *Kepler* und *Harriot* bestand in den Jahren von 1606 bis 1609 ein Briefwechsel zur Brechung und Reflexion des Lichtes an einem Festkörper, die *Harriot* anhand seiner Vorstellungen zum atomaren Aufbau erläuterte. Dabei erhielt Kepler offensichtlich auch Kenntnis von den Berechnungen *Harriots* zur Stapelung von Kanonenkugeln. Kepler selbst lehnte die atomistische Denkweise ab und vertrat die Ansichten von Aristoteles.

Der in Kopenhagen tätige Arzt, Physiker und Mathematiker *Erasmus Bertelsen* (lat. *Bartolinus*) mutmaßte in seiner 1661 publizierten Doktorarbeit „*De Figura Nivis Dissertatio*", dass die innere Struktur des Schnees aus winzig kleinen Kugeln besteht [49]. Im Jahre 1669 erschien seine wohl bedeutendste Arbeit „*Experimenta Crystalli Islandici Disdiaclastici* (dt: Versuch mit dem doppelbrechenden isländischen Kristall, Leipzig 1922), in welcher er seine Entdeckung der Doppelbrechung des Lichtes am isländischen Kalkspat beschreibt [50]. Er schlussfolgerte aus seinen Beobachtungen, dass der einfallende Lichtstrahl im Inneren des Kristalls in zwei unterschiedliche Richtungen gebrochen wird, so dass dadurch zwei Bilder entstehen. Bei der Drehung des Kalkspates beobachtete er ferner, dass ein Bild unverändert bleibt während das andere mitgedreht wird. Den Strahl, welcher das unveränderte Bild liefert nannte er den ordentlichen (*solita*) Strahl, den der die Drehung verursacht den außerordentlichen (*insolita*) Strahl.

Mit dem Aufbau des Kalkspatkristalls und dem Phänomen der Doppelbrechung hat sich auch der niederländischen Astronom, Mathematiker und Physiker *Christiaan*

---

[8] Der Beweis der Keplerschen Vermutung (Lösung des 18. Hilbertschen Problems), dass es keine dichtere Kugelpackung als die kubisch-dichteste und die hexagonal dichteste mit einer Packungsdichte von jeweils 74% gibt wurde in einer ersten Arbeit als Computerbeweis im Jahre 1998 von dem amerikanischen Mathematiker T. C. Hales veröffentlicht [45]. Der mathematisch formale Beweis wurde dann in 2005 und 2006 publiziert [46–48].

Huygens (1629 – 1695) beschäftigt. Er nahm zur Erklärung des Phänomens an, dass der Kalkspatkristall nicht aus kugelförmigen, sondern aus geordneten abgeplatteten Sphäroiden besteht, die durch die Rotation einer Ellipse entstehen, wie wir dies aus seinem Werk „*Traité de luminiere*" entnehmen können (Abb. 1.12) [51].

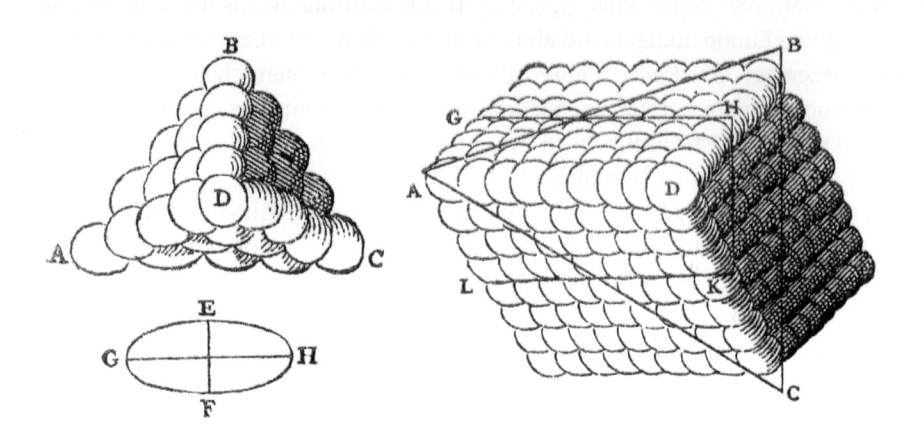

Abb. 1.12: Huygen's Vorstellung zum Aufbau des isländischen Kalkspats, Abbildung aus Traité de la luminiere (Leyden, 1690) [51].

Eine wichtige Arbeit zur Beschreibung von Kristallen im 17. Jahrhundert ist die vom dänischen Universalgelehrten *Niels Stensen* (lt. *Nicolaus Steno(nis)*, 1638 – 1686) verfasste Schrift „*De Solido Intra Solidum Naturaliter Contento Dissertationis Prodromus*" (Florenz, 1669, dt.: *Vorläufer einer Dissertation über feste Körper, die innerhalb anderer fester Körper von Natur aus eingeschlossen sind* (1923)) [52]. Sein Leben und Wirken war gleichermaßen außergewöhnlich. Er hat als Arzt und Naturforscher bedeutende Entdeckungen in der Anatomie, Geologie, Paläontologie und Mineralogie gemacht. Während seines Wirkens in Florenz konvertierte der Protestant *Stensen* im Jahre 1667 zum Katholizismus, wurde Priester und wirkte von 1680–1683 als Weihbischof für Münster und Paderborn in Deutschland. Sein Wirken in den verschiedenen Ländern (Dänemark, Niederlande, Frankreich, Italien, Deutschland) bereitete *Stensen* keinerlei Probleme, da er acht Sprachen beherrschte. Nach Querelen mit der Obrigkeit verließ der sehr asketisch lebende *Stensen* Münster 1683. An seinem Lebensende war er in Schwerin (Mecklenburg) Seelsorger einer unabhängigen Gemeinde, die er selbst gegründet hatte. Im Oktober des Jahres 1988 wurde *Stensen* durch Papst Johannes Paul II. seliggesprochen.

Seine o. g. Schrift wurde in mehrere Sprachen übersetzt und erreichte viele Auflagen. Die wohl wichtigsten Beobachtungen, die er machte, sind:

Das Wachstum eines Kristalls erfolgt durch Anlagerung von außen und nicht durch Materialtransport von innen („*per appositionem partis ad partem*" und nicht „*per intus suceptionem*").

Er beschreibt Bergkristalle, die aus zwei hexagonalen Pyramiden und einem sechsseitigen Prisma bestehen. Dabei beobachtete er, dass die Flächenwinkel sowohl der Pyramiden als auch der Prismenfläche, unabhängig von den Ausdehnungen der Flächen, konstant bleiben. Diese Beobachtungen konnte er auch an anderen Kristallen, beispielsweise am Pyrit von der Insel Elba, bestätigen. Stensen beschreibt damit erstmals das *Gesetz der Winkelkonstanz*, ohne dieses als solches zu benennen. Die Überprüfung und Verallgemeinerung dieses Gesetzes, d. h. die Gültigkeit für alle Kristalle, erfolgte wesentlich später.

In die Zeitspanne von 1660 bis 1690 fallen auch die ersten lichtmikroskopischen Untersuchungen von Kristallen. Der englische Gelehrte *Robert Hooke* (1635 – 1703) veröffentlichte im Jahre 1655 sein Hauptwerk „*Micrographia*"[53]. Dieses Buch gehörte zu den ersten Büchern, welche unter der Schirmherrschaft der 1660 gegründeten Wissenschaftsakademie, der *Royal Society*, erschienen. *Hooke* wurde wegen seiner Entdeckungen und wissenschaftlichen Untersuchungen im Jahre 1663 Mitglied der Royal Society, obwohl er sein Studium in Oxford ohne akademischen Grad beendet hatte. Tafel 7 seines Buches (Abb. 1.13) zeigt *Hooke's* Zeichnungen der Kristalle, die er unter dem Mikroskop untersucht hat. Robert Hooke beschrieb die innere Struktur durch Anordnungen von kugelförmigen Teilchen, die alle den gleichen Durchmesser haben (s. Abb. 1.13 untere Teilbilder). Er konnte damit veranschaulichen, dass mit einem Kugelpackungstyp unterschiedliche Kristallformen auftreten können.

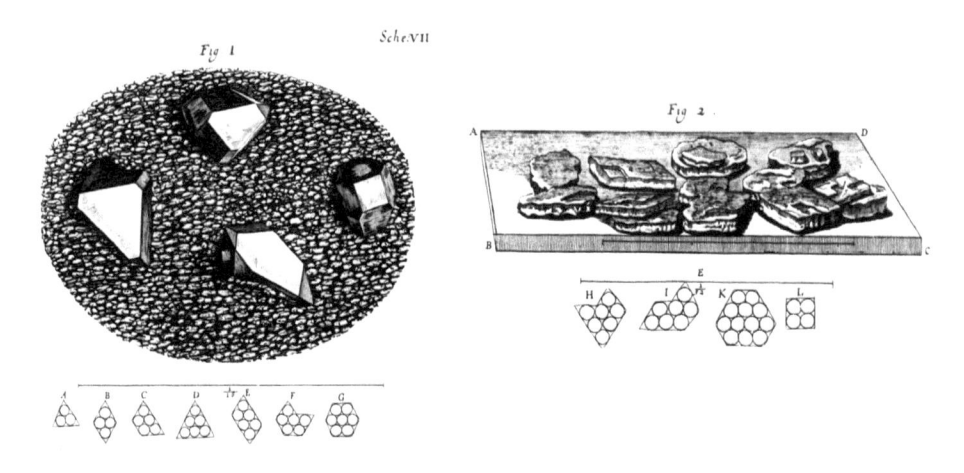

Abb. 1.13: Zeichnungen von Kristallen, die Robert Hooke im Lichtmikroskop beobachtet hat. Erklärung der Kristallformen durch Kugelpackungen, Abbildungen aus: Robert Hooke: *Micrographia* (London, 1665)[53].

Auch der Niederländer *Antoni van Leeuwenhoek* (1632 -1723), der durch seine hochentwickelte Glasschleiftechnik in seiner Zeit wohl die besten Lichtmikroskope fertigte, untersuchte die Kristallisation von Salzkristallen aus der Lösung unter dem Mikroskop. Mehrere seiner Arbeiten sind in den Jahren zwischen 1685 und 1705 in der Zeitschrift „*Philosophical Transactions of Royal Society*", der ältesten Fachzeitschrift Englands (gegründet 1665), erschienen. Bei seinen Untersuchungen beobachtete er, dass die großen Salzkristalle aus kleinen Kristallen der gleichen Form bestehen.

Der italienische Arzt und Mathematiker *Domenico Guglielmini* (1655 – 1710) kam durch seine mikroskopischen Untersuchungen der Salze und Salzbildung zu der Auffassung, dass folgende vier Grundformen auftreten: Der *Würfel des Kochsalzes*, das *Oktaeder des Alauns*, das *sechsseitige Prisma des Salpeters* und das *Parallelepiped des Vitriols*. Ferner fand er für alle untersuchten Salze heraus, dass die Winkel zwischen gleichen Flächen unabhängig von deren Größe immer gleich sind. Die Ergebnisse seiner Untersuchungen stellte Guglielmini erstmals in einem Vortrag an der „*Accademia Filosofica Esperimentale*" in Bologna im Jahre 1688 vor [54]. Im gleichen Jahr erschien die Schrift mit dem Titel „*Riflessioni Filosofiche Dedotte dalle Figuri de'Sali*" (dt.: Domenico Guglielminis *Philosophische Betrachtungen, abgeleitet von den Formen der Salze*) [55].

Die Winkelkonstanz von gleichartigen Flächen an Salpeterkristallen findet man auch als einen der experimentellen Befunde in der Arbeit „*Über die Entstehung und die Natur des Salpeters* (1749)" des russischen Universalgelehrten *Michail Vassilewitsch Lomonossov* (1711 – 1765) [56]. Er versuchte ferner die Gestalt der Kristalle aus der inneren Struktur abzuleiten, wobei er für die Elementarpartikel Kugeln annahm, ähnlich wie es *Kepler* und *Hooke* vor ihm getan hatten. In seiner Arbeit finden sich Zeichnungen von Kugelpackungsmodellen, die der einfachen kubischen bzw. der kubisch- dichtesten Kugelpackung entsprechen. *Lomonossovs* Vita und seine wissenschaftlichen Leistungen sind gleichermaßen außergewöhnlich. Nach ersten Studienjahren in Moskau und an der Akademie in St. Petersburg erhielt *Lomonossov* ein Stipendium, welches ihm ein Vielfächerstudium an der Universität in Marburg bei dem Philosophen und Universalgelehrten *Christian Wolff* (1679 – 1754) ermöglichte. Danach schloss sich eine Ausbildung in Mineralogie, und Bergbaukunde in Freiberg im Laboratorium von *Johann Friedrich Henckel* (1678 -1744) an. Seine bewegte Studienzeit in Marburg von November 1736 – 1739 sind in dem unterhaltsamen Beitrag „*Von Schulden, „Streithändeln" und einer außerordentlichen Begabung*" auf der Internetseite (*https://www.uni-marburg.de/profil/geschichte/Viten/lomonossov*) der Universität Marburg beschrieben. Nach St. Petersburg kehrte er 1741 zurück, wo er ab 1745 als Professor für Chemie an der St. Petersburger Akademie lehrte, die ihn auch als Mitglied wählte. *Lomonossov* war es auch, der an der Gründung der Moskauer Universität im Januar 1755 mitwirkte, die heute seinen Namen trägt. Im Jahre 1760 wurde

Lomonossov Direktor der St. Petersburger Universität. Neben seinen vielfältigen naturwissenschaftlichen Arbeiten verfasste er eine russische Grammatik und schrieb Theaterstücke und Oden.

Einen wesentlichen Fortschritt bei der Beschreibung und Klassifizierung der Kristalle lieferten die Untersuchungen des Schweizer Arztes und Naturforschers *Moritz Anton Cappeller* (1685 – 1769), die er in seiner Schrift „*Prodromus Crystallographiae De Crystallis Improprie Sic Dictis Commentarium*"(Luzern, 1723, dt.: *Abhandlung über die sogenannten Kristalle Vorläufer einer Kristallographie, München, 1922*) darlegte [57]. Die lateinische Originalfassung des „*Prodomus Crystallographiae*" ist wohl die erste Arbeit, in der das Wort **„Kristallographie"** auftaucht, wenn auch noch nicht in der heutigen Bedeutung. *Cappeller* hatte diese Arbeit als Vorläufer einer Monographie über den Bergkristall gedacht, die jedoch nicht zustande kam. Er hat den Begriff des Kristalls nicht mehr nur auf den Bergkristall bezogen, sondern auf alle anderen Kristallformen der Minerale ausgedehnt, die er dann als **„uneigentliche Kristalle"** bezeichnete.

Er definiert die „*uneigentlichen Kristalle* wie folgt:

> Man nennt mit einem übertragenen uneigentlichen Namen jene Körper Kristalle, die ebenfalls eine geometrische Gestalt besitzen, wie jener Stein die seinige: und in Polyedern, Winkeln oder begrenzten Formen auftreten, oder die dem wirklichen Kristall durch eine gewisse Durchsichtigkeit nahestehen.

Die damals bekannte Einteilung der Minerale in die drei Klassen Steine, Erze und Salze erweiterte er dahingehend, dass er die Vertreter der einzelnen Klassen nach ihrer Gestalt in acht Unterklassen einteilte.

In seinem enzyklopädischen Werk „*Systema Naturae*" (1. Auflage 1735, letzte von Linné editierte 12. Auflage 1768) hat der schwedische Naturforschers *Carl von Linné* (lat. *Carl Nilsson Lineaus*, 1707 – 1778) eine Klassifizierung der Pflanzen, Tiere und Mineralien entwickelt. Seine binäre Nomenklatur für Pflanzen und Tiere hat bis heute Gültigkeit. Das von ihm gewählte System der Klassifizierung der Kristalle ausgerichtet an der Morphologie weniger Salzkristalle hatte zwar keinen Bestand, bewirkte aber, dass Forscher wie der Franzose *Jean-Baptiste Louis Romé Delisles* (1736 – 1783) umfassend die unterschiedlichen Kristallformen der verschiedenen Mineralien studierten. Von *Linné* stammen auch sehr exakte Zeichnungen der Kristalle, und er ließ Holzmodelle der Kristalle anfertigen. *Johann Friedrich Gmelin* (1748 – 1804), der in Göttingen neben seiner Medizinprofessur zusätzlich noch eine Professur für Chemie, Botanik und Mineralogie inne hatte, übersetzte die Arbeiten zum Mineralreich der 12. Ausgabe vonLinne's „*Systema naturae*" ins Deutsche und veröffentlichte diese in vier Bänden von 1777 – 1779 [58]. Dass sich Kristalle aus einfacheren Formen aufbauen lassen, wurde durch verschiedene Untersuchungen belegt. So schreibt *Christian Friedrich Gotthard Westfeld* (1746 – 1823) in seinem Buch „*Mineralogische Abhandlungen*" (1767) [59] in der sechsten Abhandlung „*Von dem Kalchspathe*" folgendes:

> Alle Spathkrystalle lassen sich aus rautenförmigen Stücken zusammensetzen, oder vielmehr die Natur setzt sie daraus zusammen, folglich ist die Hauptursache bey allen einerley.

Ausführliche Untersuchungen zur Natur der Morphologie von Kalkspatkristallen führte wenige Jahre später der schwedische Chemiker und Mineraloge *Torbern Olof Bergman* (1735 – 1784) durch. In seiner 1773 erschienenen Abhandlung *„Variae crystallorum formae a Spatho orthae"* (dt. "Verschiedene vom Spath erzeugte Krystallen Gestalten" (1777)) zeigte er, dass sich verschiedene Kristallformen des Kalkspats aus einer Primitivform erzeugen lassen [60]. Eine erweiterte Fassung mit einer ausführlichen Diskussion der Ergebnisse findet man im Band 2 seiner gesammelten Werke *„Opuscula physica et chimica"* (1780) (dt. „Kleine Physische und Chymische Werke") mit dem Titel *„De formis Crystallorum praesertim a Spatho orthis"* (dt. "Von der Figur der Crystalle, vornemlich welche aus dem Spath entstehet" (1782)) [61].
In Paragraph 1 *„Die Figuren der Crystalle sind verschieden"* schreibt Bergman:

> Betrachtet man die grose Menge der Krystalle, so nimmt man eine solche Mannchfaltigkeit unter ihnen wahr, daß es scheinen moechte, es waere hier ein bloses Spiel der Natur……. Nachdem ich aber alle insgesamt wohl untersucht und verglichen habe, so fand ich, daß eine grose Anzahl derselben, die zwar durch die Winkel der Oberflaeche, und durch die Seiten-Flaechen verschieden sind, dennoch von einigen wenigen einfachern abstammen.

Diese werden von ihm als **„Primitivformen"** bezeichnet, aus denen sich dann durch entsprechende Anlagerung von Lamellen die unterschiedlichen Kristallformen ableiten lassen. Seinem Schüler und späterem Assistenten an der Universität in Uppsala *Johan Gottlieb Gahn* (1745 – 1818) gelang es durch geschicktes Spalten eines Kalkspatskalenoeders eine solche Primitivform, einen rhomboedrischen Spatkern, zu erzeugen. Vom Jahre 1770 war Gahn als Assessor des Bergwerkskollegiums in Fahlun tätig. Er gehörte durch seine außergewöhnlichen analytischen Arbeiten auf den Gebieten der Mineralogie, Chemie und Metallurgie zu den herausragenden Forschern in Schweden zu seiner Zeit. Ausgehend von der Primitivform des Kalkspatrhomboeders leitete Bergman dann verschiedene Kristallformen des Kalkspates durch Anlagerung von Lamellen ab. Im Paragraph 2 *„Ursprung verschiedener Figuren aus dem Spathe"* [61]) schreibt Bergman:

> Zuweilen entstehen Flaechen, welche zwar den Grundflaechen gleich, aber doch nach gewissen Regeln abnehmen. Diese Verringerung, man mag sie dem Mangel der Materie, welches am wahrscheinlichsten, oder einer andern Ursache zuschreiben, veraendert nothwendig die Gestalt der Endflaechen, und ihre Anzahl wird entweder vermehrt oder verringert.

Bergman ist somit der Erste der nachweist, dass die entstehenden Kristallformen von der Art der **Dekreszenz** (Abnahme) abhängen, welche durch die Geometrie der Anlagerung bestimmt wird.

Die wohl umfangreichste Beschreibung aller zu seiner Zeit bekannten Kristallformen lieferte der französische Forscher *Jean-Baptiste Louis Romé Delisle* (1736 – 1783). Seine im Jahre 1772 in Paris erschienene Arbeit „*Essai de Cristallographie ou Description des figures geometriques. Propres á différens Corps du Régne Minéral, connus vulgairement sousle nom des Cristaux*" (dt. „*Versuch einer Krystallographie oder Beschreibung der, unter dem Nahmen der Krystalle bekannten, Koerpern des Mineralreichs eigenen, geometrischen Figuren mit Kupfern und Auslegungs-Planen*" [62]) ist wohl das erste Werk, in welchem der Begriff „**Kristallographie**" in der heutigen Bedeutung als Wissenschaft zur Beschreibung der Kristalle verwendet wird. In seiner Vorrede schreibt *Romé Delisle*:

> Eine von diesen Erscheinungen, welche mir am mehrsten auffallend war, sind die regelmaeßigen und bestaendigen Gestalten, welche gewisse Koerper von Natur annehmen, die wir unter dem Nahmen der Krystalle bezeichnen. Die Menge und vielfachen Abaenderungen, dieser besonders gemischten Koerper, erweckten in mir sogleich den Vorsatz, eine Sammlung davon zu machen.

In seinem Werk hat er alle bekannten Kristalle in folgende vier Klassen unterteilt: *Salzkristalle, Steinkristalle, Kieskristalle* und *Erz-* oder *metallische Kristalle*. Ein wichtiges Merkmal für die Klassifikation war für ihn die Kristallform. Er beschreibt hier insgesamt 110 verschiedene Kristallformen, die auch als Kristallzeichnungen abgebildet sind.

Der Erfolg dieses Buches beflügelte *Romé Delisle* eine zweite, sehr viel umfangreichere, Ausgabe seiner „*Cristallographie*" vorzubereiten. Zusätzlich zu der Anfertigung der Kristallzeichnungen erteilte er seinem Kupferstecher *Swebach-Desfontaines* den Auftrag, Kopien der Minerale in Terrakotta herzustellen, die dann als zusätzliches Geschenk dem Besteller eines Buches überreicht werden sollten. Dafür war es erforderlich Tonmodelle anzufertigen. Diese Aufgabe übertrug *Romé Delisle* seinem Studenten und späterem Assistenten *Arnould Carangeot* (1742 – 1806). Nach mehreren erfolglosen Versuchen ein exaktes Tonmodell eines Bergkristalls anzufertigen, schnitt *Carangeot* aus Pappkarton den Winkel aus, den zwei Flächen bildeten. Er war mehr als überrascht, exakt diesen Winkel auch an allen anderen Bergkristallen zu messen. *Carangeot* setzte *Romé Delisle* von seinen Messungen in Kenntnis, dem bis zu diesem Zeitpunkt die Gesetzmäßigkeit der Winkelkonstanz auch nicht bekannt war. *Carangeot* entwickelte ein Model eines Anlegegoniometers (Abb. 1.14). Von diesem Modell fertigte dann der Ingenieur *Nicólas Vincard*, ein Spezialist für die Herstellung mathematischer Instrumente, zwei Anlegegoniometer, eines aus Silber und eines aus Kupfer. Sein Goniometer stellte *Arnould Carangeot* erstmals am 11. April 1782 einem Kreis von Wissenschaftlern vor. In der Folgezeit führte er Winkelmessungen an einer Vielzahl von Kristallen durch. All diese Messungen fanden auch Eingang in

Romé Delisle's zweite Auflage seiner *„Cristallographie"* im Jahre 1783 [63], einem vierbändigen Werk, in dem mehr als 500 Kristallformen beschrieben, durch Kristallzeichnungen illustriert und durch die Angabe der Flächenwinkel charakterisiert wurden.

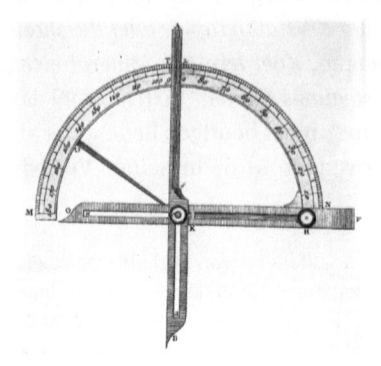

Abb. 1.14: Anlegegoniometer von Arnould Carangeot (Abbildung aus *Romé Delisle: Cristallographie*, Paris 1783 [63]).

Man kann mit Fug und Recht sagen, dass erst durch die Vielzahl der exakten Messungen das **Gesetz der Winkelkonstanz** allgemeingültig bestätigt wurde. Seit der erstmaligen Erwähnung als *Gesetz der Winkelkonstanz* auf einer Widmungsseite der *Cristallographie* ist es mit dem Namen von *Romé Delisle* verbunden. Bei einer genauen Betrachtung der historischen Entwicklung kann man sich nur der Meinung von *John J. Burge* in seinem Buch *„Origins of the Science of Crystals"* [64] anschließen, welcher die Entdeckung des Gesetzes der Winkelkonstanz beiden *Romé Delisle* und *Arnould Carangeot* zuschreibt.

Romé Delisle hat ausgehend von Primitivformen – ein Begriff, den bereits Bergmann verwendete, durch verschiedene Arten der Modifikation (z. B. Abstumpfung, Abplattung) eine Vielzahl von Sekundärformen abgeleitet. Folgende **6 Primitivformen** nahm *Romé Delisle* an: *Tetraeder, Kubus, rektanguläres Oktaeder, rhomboidales Parallelepiped, rhomboidales Oktaeder* und *Dodekaeder mit triangulären Flächen*, die gemäß der jetzt üblichen Terminologie als *Tetraeder, Würfel, Oktaeder, Rhomboeder, rhombische Dipyramide* und *hexagonale Dipyramide* bezeichnet werden. Er war es auch, der den Begriff des **„Molécule intégrante"**, des integrierenden Moleküls, erstmals verwendete, um damit seine Vorstellungen zur Kristallisation und zur Bildung der Kristallformen zu veranschaulichen.

Der sächsische Mineraloge und Geologe *Abraham Gottlob Werner* (1749 – 1817) veröffentlichte 1774 – zu dieser Zeit war er noch Student in Leipzig und gerade 24 Jahre alt – sein System der Mineralklassifikation unter dem Titel *„Von den aeußerlichen Kennzeichen der Foßilien"* [65]. Er zeigte darin, wie wichtig äußere Kennzeichen

(Farbe, Gestalt, Dichte, Härte, Strich, Glanz) der Minerale für deren systematische Beschreibung sind. In seinem Buch gibt *Werner* folgende *6 Grundgestalten für Kristalle* an: *Das Zwanzigeck, das Achteck, die Säule, die Pyramide, die Tafel und der Keil.* Darunter versteht er folgende Formen:

> „Das Zwanzigeck (Dodecaedron), als die erste Art, ist diejenige Grundgestalt, welche aus zwölf regelmäßigen fünfseitigen Flächen unter einerley Winkel zusammengesetzt ist"............"Von zwanzigeckigter Cristallisation ist mir außer dergleichen Schwefelkies noch kein andres Foßile vorgekommen."

Werner ging also davon aus, dass es sich bei dem Pentagondodekader des Schwefelkieses (Pyrit) um ein reguläres Pentagondodekaeder handelt.

> „Das Achteck ist diejenige Grundgestalt, welche aus sechs vierseitigen Flächen zusammengesetzt ist". Als Beispiele führt er hier „würflich cristallisierte Foßile" (Bleiglanz, Schwefelkies, Steinsalz etc.) und „rautenförmig cristallisierten Kalkspat und spätigen Eisenstein" auf..... „Die Säule (Prisma) ist diejenige Grundgestalt, welche aus einer unbestimmten Zahl vierseitigen mit einander gleichlaufenden Seitenflächen bestehet, die alle an zwei Endflächen stoßen, welche jede eben so viel Seiten, als die Cristallisation Seitenflächen hat".... „Pyramide nennt man diejenige Grundgestalt einer Cristallisation, welche aus einer unbestimmten Zahl dreyseitiger Seitenflächen, die in eine Spitze schief zusammenlaufen, und einer so vielseitigen Grundfläche, als die Cristallisation Seitenflächen hat, bestehet"........ „Die Tafel ist diejenige Grundgestalt, welche aus zwey im Verhältniß gegen die übrigen sehr großen Seitenflächen bestehet, welche an ihren Seiten wiederum durch kleine schmale, zuweilen fast unmerkliche Flächen an einander schlüßen. Die Cristallen dieser Art sind daher von einer geringen Dicke, von einer besonders großen Breite, und von einer Höhe, die zwar allemal die Dicke weit übertrifft, doch aber niemals die Breite übersteigt" „Der Keil ist diejenige Grundgestalt, welcher aus lauter dreyseitigen Seitenflächen bestehet, wovon die gegenüber stehenden von zwey Seiten mit ihren Grundlinien an dem eine Ende, und die gegenüber stehenden von den andern beyden Seiten mit ihren Grundlinien an dem andern Ende zusammenstoßen; daß also dieser Cristall an dem einen Ende eine größere Breite und geringere Dicke, und an dem anderen Ende eine größere Dicke und geringere Breite hat. Dieser Cristallisation hat bisher noch kein Mineraloge Erwähnung gethan. Ich habe dieselbe nur allein bey dem magnetischen Eisenstein (von Christoph zu Breitenbrunn ohnweit Schwarzenberg) gefunden".

Die von *Abraham Gottlob Werner* gewählte Einteilung der Grundformen verdeutlicht, dass – sieht man vom Zwanzigeck ab – immer mehrere unterschiedliche Kristallpolyeder bzw. Kombinationen von ihnen den Definitionen der Grundformen entsprechen. So schreibt *Werner* u. a.:

> Übrigens will ich noch anmerken, daß man (ohne eben so auf die Gleichheit der Winkel zu sehen) die dreyseitige einfache Pyramide Tetraedron, und die doppelte vierseitige Pyramide Octaedron nennet.

Dieses für seine Zeit bedeutende Werk wurde in mehrere Sprachen übersetzt. *Werner* verbesserte über die Jahre hinweg nicht nur sein Klassifikationssystem, er erweiterte auch den darin beschriebenen Mineralbestand. Vier Monate nach seinem Tode erschien die letzte Fassung seiner Mineralsystematik mit dem Titel „*Abraham Gottlob Werners letztes Mineral-System*" [66]. Viele von *Werner* vorgeschlagenen Verbesserungen und Erweiterungen wurden erst durch Arbeiten seiner Schüler publik gemacht. So findet man im „*Handbuch der Mineralogie*" von *Hoffmann* (1811), dass *Werner* als Grundgestalten das *Ikosaeder*, das *reguläre Dodekaeder*, das *Hexaeder*, die *Säule*, die *Pyramide*, die *Tafel* und die *Linse* annahm [67]. Die Formenvielfalt der Kristalle erreichte er, indem er entsprechende Abstumpfungen der Ecken oder Kanten der Grundgestalten vornahm. Seine Mineralsystematik musste im Laufe der Zeit einer dem jeweiligen Wissenschaftstand entsprechenden Mineralsystematik weichen. Seine Kennzeichenlehre hat aber nach wie vor Gültigkeit.

Das Wirken von *Abraham Gottlob Werner* ist auf das Engste mit der im Jahre 1765 gegründeten Bergakademie in Freiberg/Sachsen verbunden. Er begann seine Studien dort 1769, setzte diese dann in Leipzig 1771 fort. Im Jahre 1775 wurde er als Inspektor und Lehrer der Mineralogie und Bergbaukunde an die Bergakademie berufen, wo er bis zu seinem Ableben wirkte. Die Berufung erfolgte durch den sächsischen Berghauptmann *Carl Eugenius Pabst von Ohain* (1718 – 1784). Dieser besaß ein umfangreiches Mineralienkabinett, welches die Bergakademie für die studentische Ausbildung nutzen konnte. *Gottlob Abraham Werner* hat von den 7500 Stücken dieser Sammlung ein ausführliches Verzeichnis angefertigt.[9] Mit seinen wissenschaftlichen Arbeiten zur *Geognosie* (Lehre von der Struktur und dem Bau der Erdkruste) und zur Mineralogie wurde er international berühmt, was auch dazu führte, dass Studenten aus vielen Ländern seine wissenschaftlichen Kurse in Freiberg besuchten. *Werner* selbst besaß eine umfangreiche Mineralogische Sammlung, die sich bis heute im Besitz der TU Bergakademie Freiberg befindet. Er war ebenso bestens mit den Arbeiten zur Kristallographie von *Romé Delisle* und *René Just Hauy* vertraut, mit denen er auch in Korrespondenz stand.

Einen richtungsweisenden Fortschritt für die Entwicklung der Kristallographie zu einer Wissenschaft stellen die Arbeiten von *René Just Hauy* (1743 – 1826) dar. Hauy erhielt als Schüler eine klassische und theologische Ausbildung am *Collège de Navarre* in Paris. Nach Abschluss seiner Studien 1764 unterrichtete er dort und später als Professor am *Collège du Cardinal Lemoine* bis zum Jahre 1784. Im Jahre 1770 wurde er zum Priester geweiht. In zunehmendem Maße interessierte *Hauy* sich für Naturwissenschaften, anfangs für Botanik und Chemie. Nachdem er bei dem Mineralogen *Lois-Jean Daubenton* (1716 – 1800) Vorlesungen für Mineralogie besucht hatte, galt sein Interesse nur noch der Mineralogie. Im Jahre 1791 wurde *Hauy* Mitglied des Komitees für Maße und Gewichte. Ein Jahr später, während der französischen Revolution,

---

9 Die Sammlung steht der Bergakademie nicht mehr zur Verfügung, da sie nach dem Tode von C. E. Pabst von Ohain 1785 von den Erben verkauft wurde. Sie befindet sich heute im Nationalmuseum von Brasilien in Rio de Janeiro.

wurde er verhaftet. Hauy hatte sich als Priester geweigert, den Verfassungseid auf die Französische Republik zu schwören. Nur der Unterstützung seines Freundes, des *Zoologen Étienne Geoffroy Saint-Hilaire (1772 – 1844)*, ist es zu verdanken, dass *Hauy* nicht hingerichtet wurde. 1795 wird er Konservator am *Cabinet de Minéralogie* und Professor für Physik an der *École des Mines*, wo er bis 1802 lehrt. Danach ist er Professor für Mineralogie am *Muséum d'Histoire naturell* und nach der Gründung der Pariser Universität im Jahre 1809 auch der erste Professor für Mineralogie. Er wurde durch Napoleon Bonapartes zum Ritter der Ehrenlegion ernannt. Später wurde er durch die Restaurationsregierung aller seiner Ämter und Titel enthoben. Er verlor ebenso seine Pension und starb am 3. Juni 1826 in Paris.

Hauy hat seine Kenntnisse über Minerale und Kristalle ausschließlich aus seiner großen Mineraliensammlung gewonnen und nicht durch mineralogische Exkursionen.

Seine 12000 Objekte umfassende Sammlung wurde 1823 nach England an den *Duke of Buckingham* verkauft. Der französische Staat kaufte die Sammlung 1848 zurück, und sie befindet sich im *Naturhistorischen Museum* in Paris. Die erste zusammenfassende Darstellung seiner Strukturtheorie, die zuvor in verschiedenen Veröffentlichungen zur Struktur von spezifischen Mineralen abgehandelt wurde, ist sein „*Essai du théorie sur la structure des crystaux*", welches 1784 erschien [68]. Die Weiterentwicklungen seiner Theorie findet man in seinem aus 4 Bänden und 1 Atlas bestehenden Hauptwerk „*Traité de minéralogie*" [69] aus dem Jahre 1801. Dieses Werk: „*Das Lehrbuch für Mineralogie*" wurde in den Jahren von 1804 – 1810 von *C.J.B. Karsten* und *C.S. Weiss* ins Deutsche übersetzt [70]. Im Jahre 1824 erschien in St. Petersburg eine russische Übersetzung. Im Jahre 1822 erfolgten die Zweitauflage der „*Traité de minéralogie*" und die 1. Auflage seiner „*Traité de cristallographie*"[71].

In seinem „Lehrbuch der Mineralogie, Bd. 1" würdigt *Hauy* die Arbeiten seiner Vorgänger, darunter auch die Arbeiten von *Bergmann*, *Werner* und *Delisle*. Über den Entwurf der Kristallographie von *Delisle* schreibt er [69]:

> Zu den Beschreibungen und Zeichnungen, welche er von den krystallinischen Formen gab, fügte er auch die Resultate der mechanischen Ausmessung ihrer vorzüglichsten Winkel hinzu, und zeigte (welches ein wesentlicher Punkt war), daß diese Winkel in jeder Gattung sich gleich blieben. Mit einem Wort, seine Krystallographie ist die Frucht einer in Rücksicht ihres Umfanges außerordentlich großen, in Rücksicht ihres Gegenstandes gänzlich neuen, und in Rücksicht ihres Nutzen sehr schätzbaren Arbeit.

Hauy hat aber auch auf die Schwachpunkte der Arbeit von *Delisle* hingewiesen, die er folgendermaßen formulierte:

> Aber in der Wahl der Formen, die De'Lisle als primitiv ansah, war viel willkührliches, weil er nur das äußere Aussehen der Krystalle zu Rathe zog, ohne auf ihre Struktur Rücksicht zu nehmen.

Während *Hauy* schon mit seinen ersten Arbeiten zur Struktur des Granats und Kalkspats (1781), in denen er die grundlegenden Elemente seiner Strukturtheorie entwickelt hatte, bereits 1783 die Aufnahme in die französische Akademie der Wissenschaften (Académie Royale des Sciences) in Paris erreichte, wurden die Arbeiten von *Delisle* nicht als akademiewürdig befunden und er als *Katalogmacher* bezeichnet. Für *Delisle* war *Hauy* ein Vertreter der *Crystalloklasten*, ein *Kristall-Zerbrecher*.

Die **Strukturtheorie von Hauy** hatte das Ziel, aus der inneren Struktur die äußere Gestalt des Kristalls abzuleiten. Dafür entwickelte er spezifische **Deskreszenzgesetze**. Bereits *Westfeld*, *Bergmann* und *Gahn* hatten gezeigt, dass man durch Spaltung eine Kerngestalt, eine Primitivform, erzeugen kann. *Hauy* nahm 6 Kerngestalten an:

> Die bisher beobachten Kerngestalten belaufen sich auf sechs; nämlich, das Parallelepipedon, das Octaëder, das Tetraëder, das reguläre sechsseitige Prisma, das Rhomboidal- (Granat)- Dodecaëder, dessen Flächen lauter gleiche und ähnliche Rhomben sind, und das Dodecaëder mit dreieckigen Flächen, welches zwei mit ihren Grundflächen vereinigte gradstehende Pyramiden bilden.

In der heutigen Bezeichnungsweise sind dies die Formen: *Parallelepiped*, *Oktaeder*, *Tetraeder*, *hexagonales Prisma*, *Rhombendodekaeder* und *hexagonale Dipyramide*. Im Laufe seiner Forschungstätigkeit erweiterte *Hauy* die Anzahl der Kerngestalten auf 18 Polyeder. Diese Kerngestalten bestehen aus den integrierenden Molekülen (**Molécules intégrantes**), ein Begriff, den *Delisle* geprägt hatte. Als Polyeder für die integrierenden Moleküle lässt *Hauy* das *Tetraeder*, das *dreiseitige Prisma* und das *Parallelepiped* zu. Neben den **Molécules intégrantes** spielen die **Molécules soustractives** (subtraktive Moleküle) eine Rolle. Eine Prämisse der Theorie von *Hauy* war, dass eine feste Beziehung zwischen „integrierendem Molekül", Primitivform und einer Substanz mit definierter chemischer Zusammensetzung besteht. Daraus schlussfolgerte er, dass diese Substanz nur Kristallformen aufweisen kann, die sich aus einer einzigen Primitivform (Kerngestalt) ableiten lassen. Diese Prämisse wurden jedoch noch – wie später gezeigt wird- zu Lebzeiten *Hauys* durch die Arbeiten des Chemikers *Eilhard Mitscherlich* (1794 – 1863) in Berlin widerlegt.

An unseren Beispielen werden wir sehen, dass bei der sukzessiven Schichtanlagerung jede Schicht um eine feste Anzahl subtraktiver Moleküle verringert wird. Die Abb. 1.15 a zeigt wie aus einem Würfel als Kerngestalt durch Dekreszenz (Abnahme) entlang der Kanten durch Anlagerung ein Rhombendodekaeder entsteht.

a) b)

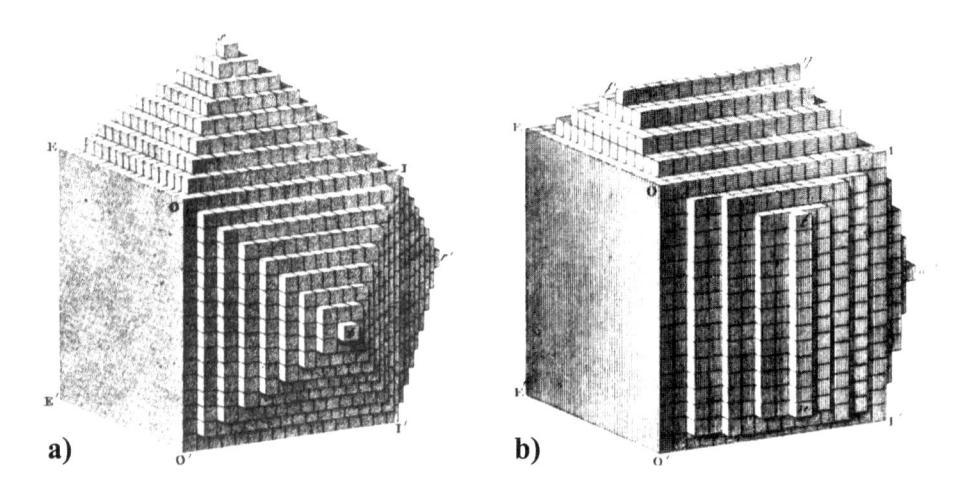

Abb. 1.15: Dekreszenzmodelle von Hauy, a) Entstehung des Rhombendodekaeders aus dem Würfel, b) Entstehung des Pentagondodekaeders aus dem Würfel (aus Hauy, R. J.: Traité de minéralogie, Tafelband, Tafel II, Abb. 13 und Abb. 16 [69]).

Hauy beschreibt dies folgendermaßen:

> Das Dodecaëder, welches wir hier betrachten, ist auf der Fig. 13 so vorgestellt, daß man den fortschreitenden Gang der **Decreszenz** mit dem Auge verfolgen kann. Untersucht man die Figur mit Aufmerksamkeit, so ,wird man sehen, daß sie unter der Voraussetzung gezeichnet ist, daß der kubische Kern auf jeder seiner Kanten siebzehn Kanten von Moleküls hat, woraus folgt, daß jede seiner Flächen aus 289 Moleküls-Facetten zusammengesetzt ist, und daß sein Inhalt gleich ist 4913 Moleküls. Nach eben dieser Voraussetzung giebt es hier acht aufgeschichtete Blättchen, wovon das letzte sich auf einen einfachen Würfel reducirt, und deren Kanten, eine solche Anzahl von Moleküls angeben, durch welche die Reihe 15, 13, 11, 9, 7, 5, 3, 1 entsteht, deren Unterschied 2 ist, weil an jedem Ende immer eine Reihe fehlt.

Die Entwicklung eines Pentagondodekaeders aus einem Würfel durch Dekreszenz veranschaulicht Abb. 1.15 b. Hier erfolgt ebenfalls die Dekreszenz entlang der Kanten, wobei die Abnahme entlang der Kante OI jeweils eine Reihe und entlang der Kante OO' jeweils zwei Reihen subtraktiver Moleküle beträgt. *Hauy* hat auch Dekreszenzen nach den Ecken und Winkeln berechnet. Bei all seinen Berechnungen stellte er fest, dass mit keiner Dekreszenz das reguläre Pentagondodekaeder oder Ikosaeder erzeugt werden kann. Die Verhältnisse der Breiten und Höhen der subtraktiven Moleküle ergeben immer rationale Zahlen und keine irrationalen wie bei den beiden Platonischen Körpern Dodekaeder und Ikosaeder. Hiermit hat *Hauy* unausgesprochen das Rationalitätsgesetz nachgewiesen, was später durch *Christian Samuel Weiss* und *Franz Ernst Neumann* exakt formuliert wurde.

Noch heute findet man in der Literatur, auch bei *Wikipedia,* folgende Geschichte: *Hauy* ließ eines Tages einen Calcit-Kristall aus der Mineraliensammlung zu Boden fallen und stellte dabei fest, dass die Bruchstücke wieder dieselbe Form hatten wie der ursprüngliche Kristall. Er rief, *„ich hab es gefunden"* und formulierte dann das sogenannte **Symmetriegesetz.** Diese Geschichte ist seit langem durch verschiedene Wissenschaftshistoriker in das Reich der Legendenbildung verwiesen worden. Sie wurde von Hauys Biographen *Georges de Cuvier* (1769 – 1832) verbreitet. Die Arbeit zum Symmetriegesetz erschien 1815 [72]. Sie wurde 1819 von *Hessel* ins Deutsche übersetzt (s. Biographie *Hessel*).

Allgemein ausgedrückt, besagt das **Symmetriegesetz** folgendes: **Gleiche Begrenzungselemente an einem Kristall werden in gleicher Weise verändert, ungleiche Begrenzungselemente in ungleicher Weise.**

Hauy war ein unwahrscheinlich produktiver Wissenschaftler. Er veröffentlichte mehr als hundert Arbeiten. Neben den genannten Lehrbüchern zur Mineralogie und Kristallographie verfasste er 1803 noch ein Physiklehrbuch (*Traité elementaire de physique*), welches von *Christian Samuel Weiss* ins Deutsche übersetzt wurde und als *„Handbuch der Physik für den Elementarunterricht"* in zwei Bänden im Reclam Verlag in Leipzig 1804/1805 erschien [73]. Seine Arbeiten zur Doppelbrechung und zu den elektrischen Eigenschaften an Kristallen belegen, dass er auch kristallphysikalische Untersuchungen durchgeführt hat. Seine Arbeit *„ Sur l Électricité de Minéraux"*(1810), in welcher er das Phänomen der Pyroelektrizität beschreibt, wurde ins Deutsche übersetzt und erschien im Jahre 1811 als *„Über die Elektrizität der Mineralkörper"* [74]. Sein 1817 erschienenes Buch *„Traité des charactéres physiques des pierres précieuses pour servir a leur d'etermination lorsqu'elles ont 'et'e taill'ees"* (dtsch. *„Über den Gebrauch physikalischer Kennzeichen zur Bestimmung geschnittener Edelsteine",* Leipzig 1818) [75] beschreibt die Kristallographie und physikalischen Eigenschaften der Edelsteine und zeigt wie man diese zur Bestimmung heranziehen kann.

Nach *Hauy* war es vor allem *Christian Samuel Weiss* (1780 – 1856), der durch seine Arbeiten wesentlich zur Entwicklung der geometrischen Kristallographie beitrug. *Weiss* studierte an der Universität seiner Geburtsstadt Leipzig Medizin und Physik. Bereits ein Jahr nach seiner Promotion habilitierte er sich im Jahre 1801 mit der Arbeit *„De notionibus rigidi et fluidi accurate definiendis"* (dt.: *Über sorgfältig zu definierende Begriffe des Flüssigen und Starren"*) [76]. Danach setzte er 1801-1802 seine Studien in Berlin bei dem Chemiker *Martin Heinrich Klaproth* (1743 – 1817), dem Geologen *Leopold von Buch* (1774 – 1853) und dem Mineralogen *Dietrich Ludwig Gustav Karsten* (1768 – 1810) fort. *Karsten* war es auch, der die deutsche Ausgabe von *Hauy's „Traité de Minéralogie"* vorbereitete und mit der Übersetzung seinen Neffen *C. J. B. Karsten* und *Chr. S. Weiss* beauftragte. Neben den Übersetzungsarbeiten vertiefte *Christian Samuel Weiss* seine mineralogischen Kenntnisse in den Jahren 1802 und 1803 in Freiberg bei *Abraham Gottlob Werner*. Nach seiner Tätigkeit als Privatdozent (1803 – 1805) in Leipzig unternahm *Weiss* (1806 – 1808) ausgedehnte Studienreisen, die ihn auch nach Paris zu *Hauy* führten. Dieser war anfangs von *Weiss* und seinen wissenschaftlichen Kenntnissen sehr angetan. Allerdings änderte *Hauy* seine Meinung drastisch nachdem *Weiss* offen Kritik an der Lehre von *Hauy* geübt hatte. *Hauys* Worte an *Weiss*: *Vous etes perdu de reputation*-(Sie haben ihren Ruf verspielt) [77].

Im August 1808 wurde *Weiss* als ordentlicher Professor an die Universität in Leipzig berufen. In seinen Schriften der Antrittsvorlesungen im März 1809 „*De indagando Formarum crystallinarium charactere Geometrico principale Dissertatio*" (dt.: „*Über das Aufspüren des wesentlichen geometrischen Charakters von Kristallformen*") [78] und „*De Charactere Geometrico principali Formarum crystallinarum octaedricarum Pyramidus rectis basi rectangula oblanga Commentatio*" (dt.: „*Über den grundsätzlichen geometrischen Charakter der oktaedrischen Kristallformen und geraden Pyramiden von rechteckiger Grundfläche*") [79] führte er als Erster wichtige geometrische Grundelemente eines Kristalls ein (z. B. Kristallachsen, Richtungen, Winkelfunktionen der Neigungswinkel gegen die Hauptachsen). Nur ein Jahr später erhielt *Christian Samuel Weiss* einen Ruf an die neugegründete *Friedrich-Wilhelms-Universität* zu Berlin, an der er 46 Jahre bis zu seinem Tode im Jahre 1856 als ordentlicher Professor für Mineralogie und Direktor des Mineralogischen Museums über alle Maße sehr erfolgreich wirkte. *Weiss* starb am 1. Oktober 1856 auf einer Urlaubsreise im böhmischen Eger (Cheb) und wurde dort auch beigesetzt. Der Friedhof und seine Grabstelle existieren jedoch nicht mehr. Bereits zu Beginn seiner Tätigkeit in Berlin hielt *Weiss* neben Vorlesungen über Mineralogie und Naturphilosophie auch Vorlesungen über Kristallographie. *Weiss* genoss an der Berliner Universität ein hohes Ansehen. Er wurde in seiner Amtszeit fünfmal zum Dekan und zweimal zum Rektor der Universität gewählt (1818/1819, 1832/1833).

Weiss vertrat, im Gegensatz zu *Hauy*, der ein Anhänger der atomistischen Denkweise war, die Ansichten der *Dynamiker*, bei denen zur Erklärung der Vorgänge zwei Grundkräfte, Attraktion (Anziehung) und Repulsion (Abstossung), angenommen werden. Er betrachtete den Kristall als Ganzes, verfolgte eine morphologische Denkweise. Die Flächengestalt in ihrer Vielfalt kommt nicht durch *Dekreszenz*, sondern durch die Einwirkung der gegensätzlichen Kräfte zustande. So konnte er den Bergrat *Karsten* überzeugen, dass im 1. Band der deutschen Ausgabe von *Hauy's* „*Lehrbuch der Mineralogie*" sein eigenes Kapitel „*Dynamische Ansicht der Kristallisation*" mit aufgenommen wurde [80].

Nach seiner Theorie gilt für die Kristallbildung:

Die Krystallisation ist ein Phänomen der chemischen Repulsion, bei welcher es nicht zum Auseinandertreten, zur Absonderung der Produkte voneinander, gekommen ist, sondern wo die chemische Trennungskraft noch gehemmt worden ist, ohne ihr Ziel erreichen zu können, und daher bloss als Tendenz erscheint.

Er beschreibt dann, auf welche Weise nach den Vorstellungen seiner Kristallisationslehre die wahren Flächen der sekundären Kristalle entstehen. Über die *Hauy'sche* Methode der Dekreszenz schreibt er:

> Ist irgendeine physikalische Hypothese ein wahres Räthsel, muß irgend eine allen Anspruch auf künftig einmal mögliche Deutlichkeit und Erklärung geradezu aufgeben, so ist es gewiß die Annahme der Dekreszenzen (décroissemens) und ihrer Gesetze, wie sie uns Haüy ganz consequent, wie sie uns die atomistische Naturlehre selbst unvermeidlich aufdrängt. Ich darf hoffen, die Lehre an einen Ort geführt zu haben, wo Licht schon schimmert, und wo ein werdender Tag mit freudiger Zuversicht zu erwarten ist.

Weiss war jedoch nicht der einzige Vertreter der dynamischen Schule, welcher die Theorie von *Hauy* kritisierte.

Viele Grundlagen der geometrischen Kristallographie verdanken wir *Christian Samuel Weiss*. Er führte den Begriff der **Kristallelemente** ein, worunter man das Längenverhältnis der Kristallachsen a : b : c und die drei zugehörigen Achsenwinkel α ($\angle$ b,c), β ($\angle$ a,c), γ ($\angle$ a,b) versteht.

In seiner 1818 erschienenen Abhandlung „Übersichtliche Darstellung der verschiedenen natürlichen Abteilungen der Krystallisationssyteme" gruppierte er die Kristalle in vier Abtheilungen und drei Unterabtheilungen [81], die den heutigen **7 Kristallsystemen** entsprechen. Diese Abhandlung hatte er am 12. Dezember 1815 nach seiner Wahl in die Königlich-Preußische Akademie der Wissenschaften zu Berlin in der physikalischen Klasse vorgetragen. Allerdings verwendete Weiss für das monokline und trikline System ein der Symmetrie nicht entsprechendes rechtwinkeliges Koordinatensystem. Weiss erkannte bei seinen Untersuchungen den Symmetriecharakter der Achsen. Er bestimmte auch die Kristallformen, welche sich durch Abstumpfung aus den Primärformen ergeben. Bei seinen Symmetriebetrachtungen konnte er so auch beweisen, dass beispielsweise die maximale Flächenzahl einer Form im gleichgliedrigen Achsensystem (heutige Bezeichnung: kubisch, drei rechtwinkelige Achsen gleicher Länge) 48 ist. Mit der Einführung der Kristallelemente hatte Weiss auch die Grundlage für die exakte Charakterisierung der Kristallflächen, d. h. die Bestimmung ihrer Lage und Orientierung vorbereitet. In seiner Arbeit „Krystallographische Fundamentalbestimmung des Feldspats", vorgetragen am 13.6.1816 in der Berliner Akademie, benutzte er erstmals zur Beschreibung der Flächen das Verhältnis der Achsenabschnitte [82]. Eine Verallgemeinerung seiner Methode erfolgte ein Jahr später in seinem am 20.2.1817 gehaltenen Akademievortrag: "Über eine verbesserte Methode für die Bezeichnung der verschiedenen Flächen eines Krystallisationssystems, nebst Bemerkungen über den Zustand der Polarisierung der Seiten in den Linien der krystallinischen Struktur" [83]. Weiss schreibt:

> Die Richtung der Fläche eines Krystallisationssytemes aber wird sich jederzeit in einem einfachen Zahlenverhältnis der drei Dimensionen oder Coordinaten a, b, c ausdrücken lassen. Man

darf also diese Zahlen nur zu den Dimensionen, welchen sie zugehören, hinzusetzen, so ist die Lage der Fläche bezeichnet.

Es folgen dann Beispiele für die unterschiedlichen Flächentypen. *Christian Samuel Weiss* zeigte, dass jede Kristallfläche durch ihre Achsenabschnitte *m* ·a: *n* ·b: *p* ·c eindeutig bestimmt ist [83]. Die Koeffizienten (Maßzahlen) *m, n, p* werden heute als **Weisssche-Koeffizienten** bezeichnet. Läuft die Fläche parallel zu einer Achse, ist der Koeffizient für diesen Achsenabschnitt ∞. *Weiss* hat mit seinem Ausdruck „einfaches Zahlenverhältnis" nicht explizit ausgedrückt, dass es sich dabei um kleine ganze Zahlen handelt. Seine Darstellung liefert aber den mathematischen Beweis für das Rationalitätsgesetz, welches besagt, dass bei Verwendung eines kristalleigenen Koordinatensystems **a, b, c** die Koeffizienten *m, n, p* der Flächen sich zueinander wie kleine ganze Zahlen verhalten.

Der Begriff der **Zone** wurde ebenso von *Weiss* eingeführt. Er verwendete ihn zuerst in der Übersetzung des Hauyschen Lehrbuches (Bd. 2, 1804) in dem Nachtrag „*Über die Kristallisation des Feldspathes*". Auch im Band 3 der deutschen Übersetzung von Hauys Lehrbuch der Mineralogie (1806) hat *Weiss* am Beispiel vom Epidot und Glimmer Ausführungen zur Zone und dem Zonengesetz gemacht. Eine grundlegende Zusammenfassung seiner Zonenlehre findet man in der Arbeit „*Über mehrere neu beobachtete Krystallflächen des Feldspathes und die Theorie seines Kristallsystems im Allgemeinen*", die er am 30.11.1820 in der Akademie vortrug und in den Abhandlungen der Akademie 1822 veröffentlicht wurden [84]. Seine Definition lautet: „*Eine Zone ist eine Mehrheit von Flächen, welche sich in parallelen Kanten schneiden*". Die Schnittkanten, d. h. die Richtung zu der die Flächen parallel sind, ist die **Zonenachse**. Weiss zeigte auch, auf welche Weise aus zwei Zonen sich das Symbol der gemeinsamen Fläche ableiten lässt. Er formulierte in der o. g. Arbeit das **Zonenverbandsgesetz**:

Alle Flächen eines Kristalls stehen untereinander im Zonenverband und somit lassen sich aus 4 Flächen eines Kristalls, von denen keine drei derselben Zone angehören, sämtliche Flächen und Zonen des Kristalls ableiten.

Eine sehr ausführliche Beschreibung des Lebens und Wirkens von *Christian Samuel Weiss* in Berlin findet man in dem Beitrag von *Günter Hoppe* (geb. 1919) „*Zur Geschichte der Geowissenschaften im Museum für Naturkunde zu Berlin, Teil 4: Das Mineralogische Museum der Universität Berlin unter Christian Samuel Weiss von 1810 bis 1856* [85].[10] Eine empfehlenswerte zusammenfassende Darstellung und Einordnung des wissenschaftlichen Werkes von *Weiss* liefert die Arbeit von *Emil Fischer*

---

10 *Günter Hoppe* studierte Mineralogie an der *Martin-Luther-Universität* in Halle(Saale), wo er 1950 promovierte und 1960 habilitierte. Im Jahre 1961 wurde er als Professor für Mineralogie und Petrographie an die *Universität Greifswald* berufen und übernahm ein Jahr später das Direktorat des Institutes. Von 1968 – 1984 wirkte er als *Professor für Mineralogie und Petrographie* an der *Humboldt-Universität zu Berlin* und war gleichzeitig *Direktor des Mineralogischen Bereiches des Museums für Naturkunde*.

(1895 – 1975)[11]:Von „*Christian S. Weiss und seine Bedeutung für die Kristallographie*" [86].

Der wissenschaftliche Werdegang von Eilhard Mitscherlich (1794 – 1863), der an seinem Lebensende einer der bedeutendsten Chemiker seiner Zeit war, hatte seinen Ausgangspunkt in den Geisteswissenschaften. Im Jahre 1811, im Alter von 17 Jahren, begann er ein Studium der Geschichte und Orientalistik an der Universität in Heidelberg, welches er zwei Jahre später in Paris fortsetzte. Auf dem Gebiet der Orientalistik promovierte er mit einer Doktorarbeit in Persisch und Latein (*Historia regum sedjestanae, Historia Ghuridorum*). Im Jahre 1817 wechselte *Eilhard Mitscherlich* an die Universität nach Göttingen, um Medizin zu studieren. Hier hörte er auch Physik- und Chemievorlesungen. Insbesondere die praktischen Arbeiten im Chemielabor waren es, die dann seine vollständige Hinwendung zur Chemie bewirkten.

Ein Jahr später setzte er seine medizinischen Studien in Berlin fort. Hier wurde ihm das Privileg zu teil, dass er für seine praktischen chemischen Arbeiten, das Privatlabor des berühmten Botanikers und Chemikers *Heinrich Friedrich Link* (1767 – 1851) benutzen durfte.

Von 1819 – 1821 weilte *Mitscherlich* auf Einladung des berühmten schwedischen Chemikers *Jöns Jacob Berzellius* (1779 – 1848) in Stockholm, wo er insbesondere seine Kenntnisse auf dem Gebiet der analytischen Chemie erweiterte. *Berzellius* war es auch, der *Eilhard Mitscherlich* für die Besetzung der Professur für Chemie an der Berliner Universität vorschlug. *Mitscherlich* war von 1822 außerordentlicher Professor und von 1825 bis zu seinem Lebensende ordentlicher Professor für Chemie an der *Friedrich-Wilhelms-Universität Berlin*. Eilhard Mitscherlich war bekannt für seine außerordentlich lebendigen Vorlesungen. Er schrieb ein zweibändiges *Lehrbuch der Chemie* (1829/1830), welches in mehreren Auflagen erschien. Von 1854 – 1855 war er *Rektor der Friedrich-Wilhelms-Universität* zu Berlin. Seine wichtigen kristallographischen Entdeckungen machte er bereits am Anfang seiner wissenschaftlichen Laufbahn. In Berlin stellte er im Dezember 1818 bei seinen Untersuchungen von *Kaliumhydrogenphosphat (KH$_2$PO$_4$)* und *Kaliumhydrogenarsenat (KH$_2$AsO$_4$)* fest, dass diese unterschiedlichen chemischen Verbindungen in nahezu identischen Kristallformen

---

11 Der Studienrat Dr. *Emil Fischer* (Fächer: Mathematik, Physik, Chemie) wirkte von 1954 – 1963 als Lehrbeauftragter am Institut für Mineralogie, Petrographie und Kristallographie der Humboldt-Universität zu Berlin und war gleichzeitig *Kustos der Mineralogischen Sammlungen* des Naturkundemuseums. Er ist Autor des Buches „*Einführung in die geometrische Kristallographie*"(Akademie Verlag Berlin 1956) und der „*Einführung in die Mathematischen Hilfsmittel der Kristallographie*" (1. und 2. Lehrbrief „*Geometrie der Gitter*, 3. Lehrbrief „*Gruppentheorie*", 4. und 5. Lehrbrief „*Fouriertheorie*", Bergakademie Freiberg, Fernstudium 1966). Wegen seiner brillanten Vorlesungen und Übungen „*Mathematik für Kristallographen*" und seine umsichtige, einfühlsame Art, den schwierigen Stoff verständlich zu vermitteln, wurde er von den Studenten bewundert.

kristallisieren. Da *Mitscherlich* sich bisher noch nicht mit Kristallographie näher beschäftigt hatte, bat er seinen Freund *Gustav Rose* (1798 – 1873)[12], der bei *Christian Samuel Weiss* Mineralogie studierte, um Unterstützung. Beide konnten dann durch Messung der Flächenwinkel mit Hilfe des Reflexionsgoniometers nachweisen, dass die chemisch unterschiedlichen Substanzen in ihren tetragonalen Kristallformen übereinstimmen. Die Befunde wurden durch Untersuchungen an weiteren Verbindungen bestätigt und veröffentlicht. Dabei ging *Mitscherlich* davon aus, dass zwischen den Verbindungen und ihren austauschbaren Elementen eine kristallchemische Verwandtschaft gegeben sein muss. Die austauschbaren Elemente bezeichnete er als „*isomorph*". Für die Beziehung zwischen ähnlicher bzw. analoger Konstitution der Kristalle und der äußeren Kristallform führte er 1821 den Begriff „**Isomorphie**"[13] ein. Drei Jahre nach der Entdeckung der Isomorphie beobachtete Mitscherlich bei seinen Untersuchungen des *phosphorsauren Natrons* (Na_2HPO_4 $12H_2O$), dass diese Kristalle in zwei unterschiedlichen Modifikationen auftreten, die mit *Calcit* (trigonale Symmetrie) und *Aragonit* (orthorhombische Symmetrie) vergleichbar sind (für eine ausführliche Beschreibung s. [87 – 90]). Diesen Befund der **Dimorphie** konnte er 1823 am Schwefel bestätigen, wo es ihm gelang neben der orthorhombischen eine monokline Modifikation nachzuweisen. Ganz allgemein bezeichnet man seit dieser Entdeckung durch *Mitscherlich* die Tatsache, dass ein Element oder eine chemische Verbindung in zwei oder mehreren kristallinen Modifikationen auftreten kann als **Polymorphie**. Bemerkenswerte kristallphysikalische Ergebnisse enthält seine 1824 erschienene Arbeit: „*Über das Verhältnis der Form der krystallisirten Körper zur Ausdehnung über die Wärme*" [91]. Er wies mit seinen Messungen die Temperaturabhängigkeit der Flächenwinkel an verschiedenen Kristallen nach (Gips, Kalkspat). Bei den Messungen am Kalkspatrhomboeder zeigte sich, dass die thermischen Ausdehnungskoeffizienten parallel und senkrecht zur dreizähligen Achse verschieden sind. Aus Daten für die Volumenausdehnung und seinen experimentellen Messungen fand er wohl als Erster, dass im Kalkspat bei Erwärmung eine Kontraktion senkrecht zur 3-zähligen Drehachse und eine Dilation parallel dazu erfolgen.

In der Arbeit „*Gedanken über Krystallogenie und Anordnung der Mineralien, nebst einiger Beilagen über die Krystallisation verschiedener Substanzen*" (1809) wurden ebenso von *Johann Jakob Bernhardi* (1774 – 1850) die Schwachpunkte der *Hauyschen*

---

[12] *Gustav Rose* war von 1817 – 1820 Student bei *Ch. S. Weiss*. Seine Dissertation 1820 war die erste naturwissenschaftliche Promotion an der Berliner Universität. An dieser erhielt er 1826 eine außerordentliche und 1839 eine ordentliche Professur für Mineralogie. Von 1839 bis zum Ableben von *Weiss* im Jahre 1856 gab es somit zwei ordentliche Professuren für Mineralogie. Ab 1856 übernahm *Rose* als Nachfolger von *Weiss* auch die Leitung des Mineralogischen Museums, in dem er einst als wissenschaftlicher Gehilfe begonnen hatte.

[13] Heute werden Kristalle hinsichtlich ihrer Kristallstruktur klassifiziert. Zwei Kristallstrukturen sind „*isotyp*", wenn sie die gleiche Symmetrie (identische Raumgruppe) und den gleichen Aufbau (identische Anzahl von Atomen in der Einheitszelle, identische Besetzung der Punktlagen) aufweisen.

Theorie aufgezeigt [92]. Die dynamische Kristallisationstheorie von *Weiss* hält er zwar für besser, sieht aber auch hier noch Schwachpunkte, die es zu verbessern gilt. Den kristallinen Zustand beschreibt er folgendermaßen:

> Nach der Erscheinung von Kant's Anfangsgründen der Naturwissenschaft zweifeln scharfsinnigere Denker leicht nicht mehr daran, dass der Unterschied zwischen Flüssigem und Starrem nicht auf dem Grade des Zusammenhangs beruhe. Es kommt vielmehr auf die Verschiebbarkeit der Theile an, d.h., auf die Fähigkeit derselben, aus ihrer Lage gebracht zu werden, ohne dabei an Zusammenhang zu verlieren. Können die Theile durch jede noch so kleine bewegende Kraft verschoben werden, setzen sie dem Verschieben nicht den geringsten Widerstand entgegen, so heißt der Körper flüssig; im Gegentheil, wenn sie nicht durch jede Kraft verschoben werden können, starr. In einem füssigen Körper ist die Anziehung nach allen Richtungen gleich; so viel ein Theilchen nach einer Seite gezogen wird, genau so viel wird es nach allen übrigen gezogen. In einem starren ist sie nach verschiedenen Richtungen verschieden, so daß also die einzelnen Theile einander hindern ihre Lage zu verändern, und wegen der entstehenden Reibung eine gewisse Kraft erfordert wird, um die Theile aus ihrer Lage zu bringen, welche den Grad des Starren, der Geschmeidigkeit und Sprödigkeit bestimmt. Sind die Richtungen geometrisch bestimmt, so ist der Körper krystallisirt im weitläufigern Sinne des Wort«, da wir im engern unter krystallisirten Körpern nur diejenigen verstehen, an welchen wir äußerlich ebene Flächen bemerken, die unter bestimmten Winkeln zusammen stoßen.

In der dreiteiligen Veröffentlichung „*Darstellung einer neuen Methode, Kristalle zu beschreiben*" [93] stellt *Bernhardi* 7 Grundformen (Primitivformen) auf und verwendet eine eigene Symbolik zur Ableitung der Sekundärformen. Bereits in seiner 1807 veröffentlichten Arbeit „*Beobachtungen über doppelte Strahlenbrechung einiger Körper, nebst einigen Gedanken über die allgemeine Theorie derselben*" formuliert Bernhardi [94]:

> Man solle aus einer möglichst kleinen Anzahl einfacher Formen alle Krystallisationen nach möglichst einfachen Gesetzen der Dekreszenz herleiten.

Das Resultat seiner Untersuchungen lautet:

> Alle bekannten Krystallisationen lassen sich demnach unter sieben Hauptformen bringen, nämlich unter regelmäßige Formen, Rhomboeder und fünf verschiedene Oktaeder.

Seine Einteilung entspricht den Kristallsystemen, denen er allerdings keine Namen zugewiesen hat.[14] Im Jahre 1826 erschien sein Buch „*Beiträge zur nähern Kenntniss der regelmässigen Krystalformen*" [95]. *Bernhardi*, der in seiner Heimatstadt Erfurt von 1792 Medizin und Botanik studierte, war von 1799 bis zu seinem Tode Leiter des Botanischen Gartens der Erfurter Universität. Im Jahre 1800 wurde er Privatdozent für

---

14 Seine wissenschaftliche Leistung hinsichtlich des Auffindens der Kristallsysteme wird in dem Buch von *Moritz Ludwig Frankenheim* „*System der Krystalle – ein Versuch*" bei der Abhandlung der Kristallsysteme erwähnt.

Botanik und Mineralogie und von 1805 war er *Professor für Botanik, Zoologie, Mineralogie und Naturgeschichte* an der philosophischen Fakultät und von 1809 Ordinarius an der medizinischen Fakultät. Obwohl seine wichtigsten Werke zweifelsohne auf dem Gebiet der Botanik angesiedelt sind, hat sich *Bernhardi* auch durch seine Arbeiten zum Kristallbegriff und zur Kristallisation Verdienste erworben.

Unabhängig von *Weiß* hat *Friedrich Mohs* (1773 – 1839) eine Einteilung der Kristalle in Kristallsysteme vorgenommen, wobei er schon die schiefwinkeligen Achsensysteme mit berücksichtigte. Seine Systematik findet man im ersten Band seines Buches *„Grund-Riß der Mineralogie* (1822) [96]. Friedrich Mohs war zu dieser Zeit *Professor für Mineralogie* in Freiberg/Sa. als Nachfolger seines Lehrers *Abraham Gottlob Werner* (1750 – 1817). Zwischen *Weiß* und *Mohs* entbrannte ein heftiger Prioritätsstreit, über welchen in der *Jenaischen Allgemeinen Literaturzeitung* (Bd. 66, No. 39, April 1830) bei einer Buchbesprechung von *Wilhelm Haidingers „Anfangsgründe der Mineralogie – zum Gebrauche bei Vorlesungen"* folgendes berichtet wurde:

> Hr. Haidinger irrt jedoch, wenn er S. 49 sagt, dass der allgemeine Begriff von den Krystallsystemen vorzüglich durch Mohs festgestellt worden sey. Weit früher ist dies von Weiss geschehen; allein da der Gegenstand der Krystallographie so rein mathematisch ist, so kann man sich nicht wundern, wenn verschiedene Forscher zu gleichen Resultaten gelangen, und der Prioritätsstreit der beiden berühmten Mineralogen war daher ganz unnöthig.

Von 1796 – 1798 studierte *Friedrich Mohs* Mathematik, Physik und Chemie an der Universität in Halle. Zwei Jahre später wechselte er nach Freiberg, wo er als Schüler von *Abraham Gottlob Werner* sich unter anderem den Bergwissenschaften widmete. Seine wohl bedeutsamsten Schaffensperioden hatte *Mohs* in Graz, Freiberg und Wien. Von 1812 bis zu seinem Wechsel nach Freiberg als Nachfolger von *Werner* im Jahre 1818 war *Friedrich Mohs* Professor für Mineralogie am neugegründeten *Johanneum* in Graz. In dieser Zeit veröffentlichte er die Arbeit *„Versuch einer Elementarmethode zur naturhistorischen Erkennung und Bestimmung der Fossilien"* [97], in welcher er die Mineralien (damals wie bei seinem Lehrer *Werner* noch als Fossilien bezeichnet) hinsichtlich ihrer physikalischen Eigenschaften (z. B. Härte, Sprödigkeit, spezifisches Gewicht) klassifizierte. Diese Arbeit enthält auch die von *Friedrich Mohs* entwickelte **Ritzhärteskala** mit einer Einteilung von **10 Härtegraden**, die heute als **Mohssche Härteskala** bezeichnet wird. In seiner Freiberger Zeit entstand das zweibändige Werk *„Grund-Riß der Mineralogie"*, Teil I (1822), Teil II (1824). Der *Grund-Riß* wurde 1823 von seinem Schüler *Wilhelm Haidinger (1795 – 1871)* ins Englische übersetzt und durch *Haidinger's* Ergänzungen verbessert. Von 1826 bis 1834 war *Mohs* wieder in Wien tätig, wo er als *Professor für Mineralogie und Kustos des Mineralienkabinetts* wirkte. *Friedrich Mohs* starb 1839 auf einer Reise nach Italien in Agordo und wurde als Protestant außerhalb des Friedhofs an der Friedhofsmauer beigesetzt. Seine sterblichen Überreste wurden erst 1865 nach Wien überführt, wo er ein Ehrengrab erhielt.

Das kristallographische Hauptwerk von *Johann Friedrich Christian Hessel* (1796 – 1872), der seit 1821 bis zu seinem Lebensende als *Professor für Mineralogie, Berg- und Hüttenkunde* an der *Universität Marburg* wirkte, erschien zuerst im Jahre 1830 in Gehler's physikalischem Wörterbuche als Artikel „Krystal". Der Titel seines Werkes lautet: *„Krystallometrie oder Krystallonomie und Krystallographie auf eigenthümliche Weise und mit Zugrundelegung neuer allgemeiner Lehren der reinen Gestaltenkunde etc."* Im Jahre 1897 erfolgte eine Nachauflage, herausgegeben von seinem Schüler *Edmund Hess* (1843 – 1903), in *Ostwald's Klassiker der exakten Naturwissenschaften* in den zwei Bändchen Nr. 88. und 89 [98]. In seinem Buch hat *Hessel* die 32 möglichen Kristallklassen hergeleitet. *Hessel* erkannte bei seinen Untersuchungen den Symmetriecharakter der Achsen und dass als solche nur 2-, 3-, 4-, und 6-zählige Drehachsen, d. h Achsen mit Drehungen um 180°, 120°, 90° und 60°, an einem Kristall möglich sind. Dies bewies er unter Anwendung des *Rationalitätsgesetzes*, welches bei *Hessel* als *„Gerengesetz"* bezeichnet wird. Das Werk blieb bis zum Jahre 1891 völlig unbeachtet. Die Arbeit von *Hessel* ist sowohl hinsichtlich der gewählten Kunstausdrücke (z. B. *Gerengesetz*) als auch der auf umständliche Weise geführten mathematischen Ableitungen schwer lesbar. Diese Tatsachen haben mit Sicherheit mit dazu beigetragen, dass seine große wissenschaftliche Leistung zu seinen Lebzeiten nicht entsprechend gewürdigt wurde. Erst *Leonhard Sohncke* hat mit seiner Arbeit *„Die Entdeckung des Eintheilungsprinzips der Krystalle durch J.F.C. Hessel"* [99] sie einem breiten Publikum bekannt gemacht. Bis zum Jahre 1984 galt Hessel als Erstentdecker der Kristallklassen. *Hessel* war es auch, der *Haüy's* 1815 erschienene Abhandlung zum Symmetriegesetz übersetzte und 1819 unter dem Titel *„Hauy's Ebenmaaßgesetz der Krystall-Bildung"* veröffentlichte [100]. Im 2. Band von *Hessels „Kristallometrie"* findet man einen Abschnitt *„Das Wichtigste aus der Geschichte der Krystallkunde"* in welchem unter Punkt 7 kurz auf die Arbeit von *Justus Günther Graßmann* (1779 – 1852) *„Zur physischen Krystallonomie und geometrischen Kombinationslehre"* (Stettin 1829) eingegangen wird [101]. Eine kürzere Fassung seiner Lehre erschien 1833 in den *Annalen der Physik* mit dem Titel *„Combinatorische Entwicklung der Kristallgestalten"* [102]. In der Einleitung schreibt er:

> Wenn man drei sich gegenseitig halbierende Linien im Raume annimmt, und zwischen ihren Schenkeln combinirt, so gelangt man auf eine höchst einfache Weise zu einem Aggregat von **Complexionen**, welche unter gewissen Bedingungen alle in der Natur vorkommenden Kristallgestalten darstellen können.

Grassmann beschrieb die Symmetrie der Kristalle in den Kristallsystemen mittels eines algebraischen Systems von Linearkombinationen, welches er als **„Geometrische Kombinationslehre"** bezeichnete. *Justus Günther Graßmann* hatte in Halle(Saale) Theologie studiert, aber auch Vorlesungen zur Mathematik und Physik besucht. Von 1806 war er am *„Königlichen und Stadtgymnasium"* in Stettin Lehrer und ab 1815 *Professor für Mathematik und Physik*. Sein heute fast in Vergessenheit geratenes Werk brachte ihm zu Lebzeiten die Mitgliedschaft zahlreicher naturhistorischer Gesellschaften ein. Der englische Mineraloge *William Hallowes Miller* hat im Vorwort seines Buches "*Treatise on Crystallography*" darauf hingewiesen, dass er zur Darstellung der Kristallgestalten die von *Franz Ernst Neumann* und unabhängig davon von *Justus Günther Graßmann* entwickelte Methode angewandt hat.

Bei seinen Studien fand der Schweizer *Mathematiker Johann Jakob Burckhardt* (1903 – 2006) im Jahre 1984 heraus, dass die 32 Kristallklassen von *Moritz Ludwig Frankenheim* (1801 – 1869) bereits im Jahre 1826, also vier Jahre vor Hessel, entdeckt worden waren [103]. Frankenheim's Arbeit erschien in der Zeitschrift *Isis*, die von *Lorenz Oken* (1779 – 1851) als enzyklopädische Zeitschrift herausgegeben und von *Friedrich Arnold Brockhaus* (1772 – 1823) verlegt wurde. Die erste Ausgabe von *Isis* erschien 1816 in Jena, die letzte Ausgabe 1850. Als *Frankenheims* Artikel erschien, hatte die Zeitschrift noch eine Auflage von ca. 400 Exemplaren.

So ist es verständlich, dass diese grundlegende wissenschaftliche Arbeit keine große Verbreitung fand und für lange Zeit in Vergessenheit geriet. *Moritz Ludwig Frankenheim* fasste seine Ergebnisse in seiner Arbeit „*Krystallonomische Aufsätze II*" wie folgt zusammen [104]:

> „Wir haben
> in dem regulären Systeme 5 (**kubisch**)
> im viergliedrigen – – 7 (**tetragonal**)
> *im zweigliedrigen* – – –8 (umfasst: **orthorhombisch, monoklin und triklin**)
> im sechsgliedrigen – –12 (umfasst: **hexagonal und trigonal**) angeführt, also im Ganzen 32".

Er verwendet nicht den Begriff *Kristallklasse* sondern spricht von *Ordnungen*. Die Bezeichnungen in Klammern enthalten die heute verwendeten Begriffe für die 7 Kristallsysteme.

Frankenheim verwendete im Abschnitt III der ersten Arbeit „*Krystallonomische Aufsätze*" zur Beschreibung der Kristallflächen nicht die Symbole von *Weiss* sondern arbeitete mit den reziproken Werten [105]. In seinem Buch „*Die Lehre von der Cohäsion umfassend die Elasticität der Gase, die Elasticität und Cohärenz der flüssigen und festen Körper und die Krystallkunde (Breslau 1835)*" schreibt er im Abschnitt „*Krystallophysik*" u. a. folgendes [106]:

> **Der feste Körper besteht aus Theilchen, welche durch Zwischenräume von einander getrennt sind.** Für die Krystallographie braucht man sich über die Gestalt der Theile und die verhältnismäßige Größe der Intervalle, und ob die flüssigen und gasförmigen Körper ebenfalls aus solchen Theilen bestehen, nicht auszusprechen. Indessen würde ich vom atomistischen Standpuncte aus die Theilchen als mathematische Puncte, bloß als Sitze der Kräfte ansehen.
> **In den krystallisirten Körpern liegen die Theilchen völlig symmetrisch neben einander**, d. h. wenn man von zwei Theilchen im Innern des Krystalls parallele Linien zieht, so wird, wenn von dem einen ein Theilchen getroffen wird, auch von dem anderen ein Theilchen nach dem gleichen Intervall ein Theilchen getroffen werden.

Daraus schlussfolgert *Frankenheim* wenige Sätze später, dass auch nur *15 Kristallfamilien* möglich sind, die den sechs bekannten Klassen angehören. Gemeint sind hier *15 Raumgitter* der *sechs Kristallsysteme*. Im Jahre 1842 erschien sein Buch *„System der Kristalle ein Versuch"* [107]. Hier verwendet er allerdings unterschiedliche Begriffe bei der Klassifikation: *Kristallsystem* wird als *Classe*, *Kristallklasse* als *Familie* und *Gitter* als *Ordnung* bezeichnet. In seiner in den *Annalen der Physik* 1856 erschienenen Arbeit *„Über die Anordnung der Molecüle im Krystall"* korrigierte *Frankenheim* die Anzahl der Gitter auf 14 [108]. Die Arbeit erschien nach der Ableitung der *14 Gitter* durch *Bravais*. Es ist denkbar, dass *Frankenheim* die *Bravaische* Arbeit kannte,

Frankenheim studierte an der *Friedrich-Wilhelms-Universität* in Berlin Physik, wo er im Jahre 1823 promovierte. Einer seiner Lehrer war *Christian Samuel Weiss*. Angeregt durch dessen Arbeiten widmete sich *Frankenheim* in zunehmendem Maße der Kristallographie, wobei er sich neben seinen grundlegenden Arbeiten zur Kristallsymmetrie, die leider lange Zeit unerkannt blieben, insbesondere Verdienste durch seine kristallphysikalischen Untersuchungen erwarb. Von 1827 bis zu seiner Emeritierung wirkte er zunächst als außerordentlicher und ab 1850 als ordentlicher *Professor für Physik, Geographie und Mathematik* an der *Universität* in Breslau.

Der Mathematiker *Ludwig August Seeber* (1793 – 1856), Schüler von *Carl Friedrich Gauß* (1777 – 1855) in Göttingen, war von 1823 – 1834 als *Professor für Physik* in Freiburg i. Breisgau tätig. In dieser Zeit veröffentlichte er zwei für die Entwicklung der Strukturtheorie wichtige Arbeiten, die lange Zeit unbeachtet blieben. In seiner 1824 in den *Annalen der Physik* publizierten Arbeit *„Versuch einer Erklärung des inneren Aufbaus der festen Körper"* [109] vertritt er die Auffassung, dass weder die atomistische Theorie von *Hauy* noch die dynamische Theorie von *Weiss* wegen der Annahme einer kontinuierlichen Raumerfüllung der Kristalle geeignet sind, um den inneren Aufbau der Kristalle zu erklären. Er schlussfolgert, dass ein fester Körper unter der Einwirkung eines elektrischen oder magnetischen Feldes, einer mechanischen Spannung oder bei einer Temperaturänderung eine Veränderung erfährt, welche offensichtlich durch eine Auslenkung der einzelnen Massenpunkte bewirkt wird. *Seeber* ersetzt den polyedrischen Aufbau eines Kristalls wie ihn *Hauy* annahm durch *Parallelepipede*, bei denen in den Schnittpunkten der Ebenen kleine kugelförmige Teilchen sind, welche die Atome bzw. Moleküle darstellen und so ein *Raumgitter* bilden. Der Begriff des *Raumgitters* wurde jedoch von *Seeber* noch nicht verwendet. Vergleichbare Annahmen eines inneren Raumgitters wurden 1856 von *Gabriel Delafosse* (1796 – 1878), einem Schüler *Hauys*, postuliert, welcher offensichtlich keine Kenntnis von *Seeber's* Arbeit hatte. Im Jahre 1831 veröffentlichte *Seeber* in seinem Buch *„Mathematische Abhandlungen"*, die Schrift *„Untersuchungen über die Eigenschaften der positiven ternären quadratischen Formen"* [110]. Erst durch eine Rezension dieser Arbeit durch seinen Lehrer *Carl Friedrich Gauß* wurden die Ausführungen einem größeren Kreis von Mathematikern bekannt. Jedoch wurde der Einfluss dieser Arbeit für die Strukturtheorie von Kristallen lange Zeit nicht bemerkt. Die Idee von *Seeber* war es, dass mit Hilfe der ternären quadratischen Formen die Abstände zwischen zwei Gitterpunkten berechnet werden können und er damit alle möglichen Gitterformationen ableiten wollte.

Die bedeutenden Arbeiten von *Auguste Bravais* (1811 – 1863) zu Fragen der Kristallsymmetrie und Kristallstruktur entstanden nach 1845 als er *Professor für Physik* an der *École Polytechnique* in Paris war. Vorher hatte er Forschungen auf den Gebieten der Botanik, Mathematik, Astronomie, Geodäsie und Physik durchgeführt. Im Jahre 1849 veröffentlichte er eine systematische Abhandlung über symmetrische Polyeder und leitete daraus auf sehr elegante Weise die 32 möglichen Kristallklassen her [111]. Die Ableitungen von *Frankenheim* (1826) und *Hessel* (1830) waren ihm offensichtlich nicht bekannt. Nur ein Jahr später erschien seine Arbeit „*Mémoire sur les systèmes formés par des points distribuées régulièrement sur un plan ou dans l`space*" (dt. „*Abhandlung über die Systeme von regelmässig auf einer Ebene oder im Raum vertheilten Punkten. (1897))*" [112], in der er die 5 ebenen Netze und die 14 möglichen Raumgitter herleitete. In seiner Arbeit erwähnt er die Untersuchungen von *Frankenheim* zu den Gittern.

Eine weitere Herleitung der 32 Kristallklassen wurde von *Axel V. Gadolin* (1828 – 1893) in russischer Sprache (1868) und in französischer Sprache (1871) publiziert. Die deutsche Übersetzung „*Abhandlung über die Herleitung aller krystallographischen Systeme mit ihren Unterabtheilungen aus einem einzigen Prinzipe*" erschien in der Übersetzung von *Paul von Groth* im Jahre 1896 [113]. Bei der Herleitung ging *Gadolin* vom Rationalitätsgesetz aus und leitete die Anordnung aller möglichen Kombinationen der Symmetrieelemente ab. Dabei verwendete er zur Darstellung des Symmetriegerüstes der Kristallklassen und der Flächenpole der allgemeinen Kristallform die stereographische Projektion in der heute noch allseits angewandten Art und Weise. *Gadolin* wurde in Finnland geboren und besuchte dort das Kadettenkorps. Danach diente er als Offizier in der russischen Armee. Von 1866 bis zu seiner Emeritierung im Jahre 1878 war er *Professor für Technologie* an der *Michael-Artillerieakademie in St. Petersburg*. Aus dem Titelblatt seiner Veröffentlichung in russischer Sprache in den Verhandlungen der *Russisch-Kaiserlichen Mineralogischen Gesellschaft zu St. Petersburg* geht hervor, dass er zu diesem Zeitpunkt den Rang eines Generalmajors hatte. Das von ihm in der kristallographischen Literatur bekannte Porträt zeigt ihn als Generalleutnant, zu dem er 1876 befördert wurde [114]. Zu seinen kristallographischen Studien wurde er durch *Carl Friedrich Naumann*'s Buch „*Lehrbuch der reinen und angewandten Kristallographie (1830)* angeregt [115]. Die *St. Petersburger Akademie der Wissenschaften*, deren Mitglied er war, verlieh ihm für seine kristallographische Arbeit im Jahre 1868 den *Lomonossov-Preis*.

Carl Friedrich Naumann (1797 – 1873) erhielt eine herausragende humanistische Bildung zuerst an der Kreuzschule in seiner Heimatstadt Dresden und später in Schulpforta. Im Jahre 1816 begann er das Studium der Mineralogie und Geognosie an der *Bergakademie in Freiberg* bei *Abraham Gottlob Werner*. Nach dem Tode *Werners* im

Jahre 1817 setzte er seine Studien an den Universitäten in Leipzig und Jena fort. Sowohl die Promotion (1819) als auch die Habilitation (1823) erfolgten an der Universität in Jena. Von 1824 – 1826 hatte *Naumann* eine Dozentenstelle an der Universität in Leipzig. In dieser Zeit verfasste er auch seinen „*Grundriss der Kristallographie (1826)*", ein Werk, welches zu seiner Zeit große Beachtung fand. *Naumann* hatte sich mit diesem Buch die Aufgabe gestellt, „*die repräsentative und systematische Methode der Mohs'schen mit den so einfachen geometrischen Prinzipien der Weiss'schen Kristallographie zu vereinigen*", was ihm durch seine klare und prägnante Ausdrucksweise außerordentlich gut gelang [116]. In diesem Buch präzisierte er auch die von *Weiss* bzw. *Mohs* gewählten Bezeichnungsweisen für die Kristallsysteme und führte die Begriffe „*monoklin*" und „*triklin*" für die schiefwinkeligen Achsensysteme ein. Im Jahre 1826 wurde *Naumann Professor für Kristallographie und Disciplinarinspector an der Bergakademie Freiberg*. Neben seinen Arbeiten zur Mineralogie und Kristallographie führte er in zunehmendem Maße Forschungen auf dem Gebiet der Geognosie durch, da er seit 1835 zusätzlich *Professor für Geognosie* war. Nur 4 Jahre nach seinem „*Grundriss der Kristallographie*" erschien sein „*Lehrbuch der reinen und angewandten Kristallographie*" in 2 Bänden, welches er mit folgender Widmung versah: „*Den Herren Professoren Mohs und Weiss den Koryphäen der teutschen Krystallographie*" [115]. Unter einem Kristall und der Wissenschaft „*Kristallographie*" versteht er folgendes:

> „Krystall ist jeder starre, anorganische Körper, welcher eine wesentliche und ursprüngliche Gestalt hat".
> „Die Krystallographie, als Wissenschaft von den Gesetzmäßigkeiten der Krystallgestalten (oder als Morphologie der anorganischen Individuen) betrachtet an den Kristallen nichts als die Gestalten, und abstrahirt von allen übrigen Eigenschaften derselben".

Im Jahre 1841 erschien sein Buch „*Anfangsgründe der Krystallographie*" [117] und 1856 sein letztes kristallographisches Werk „*Elemente der theoretischen Kristallographie*" [118]. *Carl Friedrich Naumann* hat sich auf dem Gebiet der geometrischen Kristallographie, insbesondere bei der Ableitung und Beschreibung der Kristallformen große Verdienste erworben. Er hat viele Vereinfachungen eingeführt und aufgezeigt wie man mittels analytischer Geometrie die Kristallformen berechnen kann. Er beschrieb auch vollständig *Hemieder* (Halbflächner) und *Tetartoeder* (Viertelflächner) im kubischen, tetragonalen und hexagonalen Kristallsystem. Sein wohl bedeutendstes Werk ist sein Lehrbuch „*Elemente der Mineralogie*", welches 1846 erschien und *Naumann* selbst noch neun Auflagen editierte [119]. Nach seinem Tode kümmerte sich sein Schüler, der Mineraloge, Petrograph und Geologe *Ferdinand Zirkel* (1838 – 1912), um die Nachauflagen (15. Auflage 1907).

Die erste gruppentheoretische Ableitung der 32 Kristallklassen lieferte der Mathematiker und Mineraloge *Bernhard Minnigerode* (1837 – 1896) im Jahre 1884 bzw. 1887 [120]. *Minnigerode* hatte in Königsberg, Heidelberg und Göttingen studiert. Nach seiner Promotion und Habilitation wirkte er in Göttingen als Privatdozent bis zum Jahre

1874. Danach war er bis zu seinem Lebensende als *Professor für Mathematik* an der *Universität in Greifswald* tätig.

Die mathematische Begabung von *Franz Ernst Neumann* (1798 – 1893) zeigte sich schon während seiner Schulzeit am Werderschen Gymnasium in Berlin, weshalb ihn seine Mitschüler auch „*Mathematikus*" nannten. Als 16jähriger unterbrach er jedoch seine Schulausbildung und kämpfte als Freiwilliger im *Colberger Regiment* der Armee Blüchers im Befreiungskrieg gegen Napoleon, wo er in der Schlacht bei Ligny am 16. Juni 1815 schwer verwundet wurde. Nach Abschluss der Schule 1817 studierte er auf Wunsch seines Vaters Theologie, zunächst in Berlin und ab 1818 in Jena. Im Jahre 1819 kehrte er an die Berliner Universität zurück, um sich dem Studium der Naturwissenschaften zu widmen und wurde Schüler bei *Christian Samuel Weiss*. Im Jahre 1823 veröffentlichte *Neumann* sein Buch „*Beiträge zur Krystallonomie*" [121]. Bereits aus der Vorrede seines Werkes ist ersichtlich, dass er die Kristallgestalt nicht unabhängig von den physikalischen Eigenschaften betrachtete. Er geht davon aus, dass mit seiner graphischen Methode folgendes gezeigt werden kann:

> ..., daß sie eben so sehr dem physikalischen Verständniß der krystallinischen Struktur und Gestaltung dienen wird, als sie die Möglichkeit einer dynamischen Construction derselben in sich trägt, nämlich die Ansicht, die sich davon lossagt, daß die Krystallflächen nicht als etwas ursprünglich Seiendes im Kristall zu betrachten sind, sondern nur als die Erscheinung, das Resultat der Thätigkeiten in den Flächenrichtungen (d. i. in den auf den Flächen stehenden senkrechten Richtungen) betrachtet.

In diesem Werk verwendete er anstelle der Achsenabschnitte deren Kehrwerte und zeigte, dass sich damit die gemeinsame Zonenachse zweier Flächen bzw. die gemeinsame Fläche zweier Zonen sehr viel einfacher berechnen lassen. Den Begriff der Zone definiert er dann als „*der Inbegriff von Flächen deren Normalen in Einer Ebene liegen*". Es ist wohl auch die erste kristallographische Arbeit, in welcher die Linearprojektion des Flächenbündels und die stereographische Projektion der Polfigur eines Kristallpolyeders zur Beschreibung von Kristallen angewandt worden ist. Seine Doktorarbeit „*De lege zonarum principio evolutionis systematum crystallinorum*" verteidigte er 1826 [122]. In dieser zeigte er die Zusammenhänge zwischen *Rationalitätsgesetz* und *Zonengesetz* auf. Im Herbst des Jahres 1826 nahm er eine Stelle als *Privatdozent* an der *Universität in Königsberg* an. Zwei Jahre später wurde er zum außerordentlichen und 1829 zum ordentlichen *Professor für Physik und Mineralogie* ernannt. Trotz mehrerer Rufe an bedeutende Universitäten blieb er bis zu seiner Emeritierung im Jahre 1876 in Königsberg. An seiner neuen Wirkungsstätte hielt er Vorlesungen in Mineralogie, Kristallographie, Experimentalphysik und über die physikalischen Eigenschaften von Kristallen. In zunehmendem Maße standen Spezialvorlesungen zu Teilgebieten der mathematischen Physik in seinem Vorlesungsangebot. Im Jahre 1834 gründete er gemeinsam mit dem Mathematiker *Carl Gustav Jacobi* (1804 – 1851) das mathematisch-physikalische Seminar, welches das Erste im deutschsprachigen Raum war und Studenten der Mathematik und Physik aus vielen Ländern nach *Königsberg* führte.

Die *Universität Königsberg* war die erste deutsche Universität, an der theoretische Physik im vollen Umfang gelehrt wurde. Waren die Schwerpunkte der Forschung für *Franz Ernst Neumann* in Berlin noch die Mineralogie und Kristallographie, so widmete er sich in Königsberg mehr physikalischen und kristallphysikalischen Fragestellungen. Er hat in dieser Zeit bedeutende Arbeiten zur Wärmelehre, Wärmeleitung, Kristalloptik, Elastizitätstheorie, Elektrizitätslehre und Magnetismus veröffentlicht. Viele seiner vortrefflichen Vorlesungen zu Gebieten der theoretischen Physik und Mathematik wurden in den Jahren von 1878 bis 1894 von seinen Schülern in sieben Büchern herausgegeben. In den *„Vorlesungen über die Theorie der Elastizität der festen Körper und des Lichtäthers"* (1885) hat *Franz Ernst Neumann* ein *allgemeines Symmetrieprinzip* formuliert, welches den Zusammenhang zwischen der Symmetrie der Kristalle und ihrer Eigenschaften bestimmt [123]. Allgemein formuliert: **„Die Symmetrieelemente eines Kristalls sind in den Symmetrieelementen seiner physikalischen Eigenschaften enthalten. Die Symmetrie einer spezifischen Eigenschaft kann jedoch höher sein als die Symmetrie des Kristalls"**. Dieses Symmetrieprinzip wird als **Neumannsches Prinzip** bezeichnet.

Große wissenschaftliche Beachtung fand das 1839 in London erschienene Werk „*Treatise on Crystallography*" des englischen Mineralogen *William Hallowes Miller* (1801 – 1880) [124]. Eine deutsche Fassung des Werkes wurde 1856 unter dem Titel „*Lehrbuch der Kristallographie*" in Wien herausgegeben. *Miller* war als direkter Nachfolger seines Lehrers *William Whewell* (1794 – 1866) von 1832 bis 1870 *Professor für Mineralogie* in *Cambridge*. Im Vorwort seines Buches weist er darauf hin, dass er eine kristallographische Notation verwendet, die bis auf einige kleine Änderungen der von *Whewell* (1825) entspricht.[15] „In seinem Buch verwendete er die reziproken Achsenabschnitte zur Beschreibung der Flächen und führte als Flächenindizes *hkl* ein. Eine spezifische Fläche wird mit **(hkl)** bezeichnet, eine Kristallform wird durch eine geschweifte Klammer **{hkl}** ausgewiesen. Negative Indizes werden durch ein Minuszeichen über dem Symbol gekennzeichnet. Für die Beschreibung von Richtungen (z. B. Kante einer Fläche) oder einer Zone führte er das Symbol **[uvw]** ein. Diese Nomenklatur zur Bezeichnung von Flächen und Richtungen ist heute die Grundlage der modernen kristallographischen Notation. Die Flächenindizes **hkl** werden deshalb als **Millersche Indizes** bezeichnet. Eine erweiterte und verbesserte Form seines Buches erschien als „*A Tract on Crystallography*" im Jahre 1863 [125].

Einen wesentlichen Beitrag zur Entwicklung der Kristallstrukturtheorie stellen die Arbeiten von *Leonhard Sohncke (1842 – 1897)* dar. Er studierte Mathematik und Naturwissenschaften an der Universität seiner Heimatstadt in Halle(Saale), wo er auch mit einer mathematischen Arbeit promovierte. Seine Studien setzte er in Königsberg bei *Franz Ernst Neumann* fort, bei dem er sich mit einer Arbeit zur Kohäsion des

---

15 Die Verwendung der reziproken Achsenabschnitte zur Beschreibung der Flächen geht auf *Bernhardi* (1808), *Neumann* (1823), *Whewell* (1825), *Frankenheim (1826)* und Grassmann (1829) zurück.

Steinsalzes habilitierte. Von 1871 bis zu seinem Lebensende war er *Professor für Physik* in *Karlsruhe* (1871), *Jena* (1883) und *München* (1886).

Seine Vorstellungen zur Kristallstruktur hat er in der Arbeit „*Die unbegrenzten regelmäßigen Punktsysteme als Grundlage einer Theorie der Kristallstruktur (1876)*" [126] dargelegt und 1879 in seinem Buch „*Entwickelung einer Theorie der Krystallstruktur* 66 räumliche Punktsysteme abgeleitet, die er später dann auf 65 korrigierte [127]. *Sohncke* hatte erst nach Veröffentlichung seiner Ergebnisse Kenntnis von der Arbeit von *Camille Jordan* (1838 – 1922) zu allgemeinen Bewegungsgruppen erhalten [128]. Sohncke definiert in seiner Arbeit den Kristall wie folgt:

> Ein Krystall ist ein homogener fester Körper, dessen geometrisches und physikalisches Gesammtverhalten nach den verschiedenen in ihm gezogenen Richtungen hin im Allgemeinen verschieden ist, und der bei ungestörter Ausbildung von ebenen Flächen begrenzt ist.

Er bezieht hier neben der Kristallmorphologie die Eigenschaften *„Homogenität"* und *Anisotropie"* mit ein. Später definiert er den Kristall über seine Struktur:

> Krystalle –unbegrenzt gedacht – sind regelmäßige unendliche Punktsysteme, d.h. solche, bei denen um jeden Massenpunkt herum die Anordnung der übrigen dieselbe ist, wie um jeden anderen Massenpunkt....... Oder anders ausgedrückt: Ein Krystall ist ein endliches Stück eines unendlichen regelmässigen Punktsystems.
> Die Aufgabe ist es, „alle überhaupt möglichen regelmässigen Punktsysteme von allseitig unendlicher Ausdehnung zu finden."

In einer späteren Arbeit erweiterte er seine Theorie dahingehend, dass er die Struktur nicht nur als ein einfaches Gitter auffasste. In seiner Arbeit in der *Zeitschrift für Krystallographie* schreibt er [129]:

> Ein Kristall besteht aus einer endlichen Anzahl parallel ineinander stehender Raumgitter.

Anders ausgedrückt, der Kristall besteht aus einer endlichen Anzahl ineinander gestellter regelmäßiger unendlicher Punktsysteme. Bei der Ableitung seiner Punktsysteme lässt er als *Symmetrieoperationen* nur eigentliche Bewegungen (*Translation*, *Drehung* und *Schraubung*) zu. *Sohncke* hat damit die *65 dreidimensionalen Raumgruppen* abgeleitet, deren *Kristallklassen* als Symmetrieelemente nur Drehachsen bzw. eine Kombination von Drehachsen enthalten (reine Drehgruppen). Diese **65 Raumgruppentypen** werden heute als **„Sohncke-Gruppen"** bezeichnet. Typische Vertreter für diese Gruppen sind die *Proteinstrukturen*.

Anknüpfend an die Arbeiten von *Leonhard Sohncke* waren es der russische Kristallograph, Mineraloge und Geologe *Evgraph Stepanovic Fedorov* (1853 – 1919) und der deutsche Mathematiker *Arthur Moritz Schönflies* (1853 – 1928), welche unter Einbeziehung der uneigentlichen Bewegungen (*Spiegelung*, *Drehspiegelung*, *Gleitspiegelung*) die 230 möglichen *dreidimensionalen Raumgruppentypen* ableiteten.

Evgraph Stepanovic Fedorov begann zunächst eine militärische Ausbildung, die er 1874 als Leutnant beendete. Danach studierte er in St. Petersburg Chemie und Physik und ab 1880 Mineralogie und Geologie. Trotz seiner Arbeit als Geologe, die auch Felduntersuchungen einschloss, fand er Zeit mit Hilfe der analytischen Geometrie die 230 möglichen „*regelmässigen Systeme von Figuren*" abzuleiten. Die Arbeit „*Symmetrie der regelmässigen Systeme von Figuren*" erschien in russischer Sprache 1890/91 [130]. *Fedorov* hatte 1890 bereits Vorabdrucke an Fachkollegen und Freunde, so auch an *Schönflies*, verschickt. Im Jahre 1891 leitete Fedorov auch die *17 Ebenengruppen* (zweidimensionale Raumgruppen) ab [131]. Da die Arbeit in einer russischen Zeitschrift erschien, blieb sie lange Zeit unbeachtet.

Neben seinen Arbeiten auf dem Gebiet der mathematischen Kristallographie hat er durch seine instrumentelle Verbesserung des Reflexionsgoniometers zur Winkelmessung und der Entwicklung des nach ihm benannten *Universal-Drehtisches* für lichtmikroskopische Untersuchungen zur Bestimmung der optischen Konstanten von Kristallen ebenso wichtige Beiträge zur angewandten Kristallographie/Mineralogie geleistet [132].

Fedorovs wissenschaftliche Leistungen wurden durch *Professuren* in *Moskau* und *St. Petersburg* gewürdigt, die er parallel innehatte. Er pendelte wöchentlich zweimal zwischen Moskau und St. Petersburg, um seinen Lehrverpflichtungen nachzukommen. Von 1905 war er Direktor des Bergbauinstituts in St. Petersburg, an welchem er studiert hatte.

Arthur Moritz Schönflies (1853 – 1928) studierte an der *Friedrich-Wilhelms-Universität* zu Berlin Mathematik und Naturwissenschaften, wobei seine wichtigsten Lehrer für ihn die Mathematiker *Ernst Eduard Kummer* (1810 – 1893) und *Karl Weierstraß* (1815 – 1897) waren, die auch seine 1877 eingereichte Doktorarbeit begutachteten. Nach seiner Habilitation 1884 in Göttingen war es vor allem dem Einfluss des Mathematikers *Felix Klein* (1849 – 1925) zu verdanken, dass Schönflies sich zunächst der gruppentheoretischen Ableitung der *65 Sohncke-Gruppen* widmete und dann in den nachfolgenden Arbeiten auch die uneigentlichen Bewegungen des Raumes mit in die Ableitungen einbezog [133]. Eine ausführliche und aktualisierte tabellarische Darstellung zum Ablauf der Ableitungen als auch zur Erscheinungsgeschichte der Publikationen zu den 230 Raumgruppentypen von *Fedorov* und *Schoenflies* findet sich in dem Buch „*Arthur Schoenflies Mathematiker und Kristallforscher – Eine Biographie mit Aufstieg und Zerstreuung einer jüdischen Familie*" von *Thomas Kaemmel (1931 – 2013)*, einem Enkel von *Schoenflies* [134]. Im Jahre 1889 begann ein intensiver Briefwechsel zwischen *Schoenflies* und *Fedorov*, in dem sie sich über ihre, unabhängig voneinander erzielten wissenschaftlichen Ergebnisse austauschten (für detaillierte Beschreibungen der mathematischen Ableitungen von *Fedorov* und *Schönflies* s. [114]). Durch den in deutscher Sprache geführten Briefwechsel, der in einer Atmosphäre der gegenseitigen Achtung und Anerkennung stattfand, konnten Fehler in den Abhandlungen ausgemerzt werden. Die Ableitung der 230 Raumgruppentypen veröffentlichte *Schönflies* 1891 in seinem Buch „*Krystallsysteme und Krystallstruktur*" [135]. Schönflies prägte den Begriff der **„Raumgruppe"** unter welcher er die Symmetriegruppe eines regelmässigen Punktsystems verstand.

Es zeigte sich jedoch, dass anfänglich bei Kristallographen und Mineralogen nach wie vor die Vorstellungen eines kontinuierlichen Aufbaus überwogen und die Entdeckungen von *Fedorov* und *Schönflies* nur wenig Akzeptanz fanden. In seinem Artikel „*Gruppentheorie und Symmetrie*" schreibt *Schönflies* folgendes dazu:

> Man kann es begreiflich finden, dass die Kristallographen einer Theorie treu bleiben, die auf alle Fälle den Vorzug größerer Einfachheit und Anschaulichkeit besitzt; es ist aber ungerechtfertigt, die allgemeineren Strukturen, in denen die Moleküle schraubenförmig gelagert sind, einfach deshalb abzulehnen, weil man sie für „unnatürlich" hält; „unnatürlich" in diesem Sinne bedeutet doch nur, dass etwas über die bisherigen Vorstellungen hinausgeht [136].

Schönflies erhält 1893 eine außerordentliche *Professur für angewandte Mathematik* in *Göttingen*. Im Jahre 1899 nimmt er den Ruf auf einen *Lehrstuhl für Angewandte Mathematik* in *Königsberg* an. Von 1911 bis zu seiner Emeritierung 1921 ist er als *Professor für Mathematik in Frankfurt/Main* tätig. Mit der Gründung der Universität im Jahre 1914 ist er gleichzeitig Gründungsdekan der Naturwissenschaftlichen Fakultät. Im Jahre 1920/21 nimmt mit seiner Wahl zum *Rektor der Universität* in *Frankfurt* wohl erstmals ein jüdischer Wissenschaftler diese Position an einer deutschen Universität ein.

Unabhängig von *Fedorov* und *Schönflies* leitete der Engländer *William Barlow* (1845 – 1934) die 230 Raumgruppentypen ab. Seine Methode beschrieb er in seiner Arbeit „*Über die Eigenschaften homogener starrer Strukturen und ihre Anwendung auf Krystalle*", die er 1894 in der *Zeitschrift für Kristallographie* veröffentlichte [137]. Barlow ging von den 65 *Sohncke*-Gruppen aus und vervielfältigte diese durch verschiedene geometrische Verfahren, so dass er auf diese Weise auch den Nachweis für 230 Raumgruppen erbrachte. Um die unterschiedlichen Symmetrieoperationen einer Raumgruppe besser zu veranschaulichen, fertigte er dreidimensionale Modelle aus Holz an, in denen er als Kristallmotiv Puppenhände verwendete. *Barlow* hat wohl insgesamt 200 solcher Modelle angefertigt, von denen heute noch 4 Modelle im *Natural History Museum* in London besichtigt werden können. *William Barlow* entstammte einer sehr wohlhabenden Unternehmerfamilie. Er erhielt zunächst Privatunterricht. Später war er Student am „*City and Guilds College*" in *South Kensington* (London), wo der Mineraloge *Henry Miers* (1858 – 1942) und der Chemiker *William Pope* (1870 – 1939) seine Lehrer waren. Bei *Pope* hat er den Umgang mit dem Reflexionsgoniometer gelernt und Grundkenntnisse in geometrischer Kristallographie erhalten. Seit dem College Besuch bestand zwischen *Barlow* und *Pope* eine lebenslange Freundschaft. Nach dem Tod seines Vaters 1875 erbte *William Barlow* ein Vermögen, dass es ihm erlaubte, ohne eine Anstellung seine wissenschaftliche Forschung als Autodidakt von zu Hause aus zu betreiben. Allerdings hatte er Kontakte zu vielen Wissenschaftlern seiner Zeit, mit denen er seine Ideen und Vorstellungen diskutieren konnte. So reiste er auch nach München, um den Mineralogen und Kristallographen *Paul von Groth* (1843 – 1927) zu treffen. In seinen ersten kristallographischen Arbeiten (1883 – 1886) entwickelte *Barlow* seine Vorstellungen zum Aufbau der inneren Struktur von Kristallen. Er ging dabei, ähnlich wie es der schwedische Chemikers *Berzelius* (1779 – 1848) in seiner Arbeit 1813 dargelegt hatte, von kugelförmigen atomaren Bausteinen gleicher Größe aus. Dabei fand er *fünf dichtgepackte Kugelpackungen*, die nach seinen Vorstellungen als innere Struktur eines Kristalls denkbar sind [138]. In einer späteren Arbeit gab er noch einen sechsten Kugelpackungstyp an. Im Jahre 1897 schlug Barlow als *Struktur für Steinsalz* (NaCl) vor, dass die Kugeln einer Atomsorte die Ecken und Mitten der Würfelflächen und die andere Atomsorte die Kantenmitten besetzen. Diese Struktur entsprach seinem zweiten Kugelpackungstyp, der heute als kubisch-dichteste Kugelpackung bezeichnet wird [139]. Diese Struktur wurde dann im Jahre 1913 durch die Röntgenstrukturanalyse von *William Lawrence Bragg* (1890 – 1971) experimentell bestätigt. Das Leben von *William Barlow* kann man mit Fug und Recht als Weg vom Autodidakten zum anerkannten und hochgeehrten Wissenschaftler bezeichnen, der 1908 zum *Mitglied der Royal Society* gewählt wurde und von 1915 bis 1918 Präsident der Mineralogischen Gesellschaft von Großbritanniens und Irland war. Die von *Sohncke, Fedorov, Schönflies* und *Barlow* entwickelten Theorien einer Kristallstruktur, die von einem gitterförmigen Aufbau ausgingen, fanden jedoch in Wissenschaftlerkreisen nur wenig Beachtung und Anerkennung. Erst mit der bahnbrechenden **Entdeckung der Beugung von Röntgenstrahlen an Kristallen** im Jahre 1912 in München sollte sich dies ändern. Zu dieser Entdeckung passt das Zitat von *Goethe*:

> *Zum Entdecken gehört Glück, zum Erfinden Geist, und beide können beides nicht entbehren.*

Die vier Quellen der Inspiration für diese Entdeckung waren das Institut für experimentelle Physik unter *Wilhelm Conrad Röntgen* (1845 – 1923), das Institut für theoretische Physik unter *Arnold Sommerfeld* (1868 – 1951), das Institut für Mineralogie unter *Paul Heinrich v. Groth* (1843 – 1927) und nicht zuletzt das *Café Lutz* im Hofgarten. *Wilhelm Conrad Röntgen* war vom Sommersemester 1900 bis zu seiner Emeritierung im Jahre 1920 in München und leitete das Institut für experimentelle Physik. Seine epochale Entdeckung der X-Strahlen, gelang *Röntgen* am *8. November 1895* in Würzburg. Er hat darüber in 3 Arbeiten „*Über eine neue Art von Strahlen*, ... 2. Mitteilung (1895, 1896) und „*Weitere Beobachtungen über die Eigenschaften der X-Strahlen*" (1897) berichtet [140 – 142]. **Im Jahre 1901 erhielt er dafür den erstmals verliehenen Nobelpreis für Physik.**

Röntgen war ein ausgezeichneter und sehr pedantisch arbeitender Experimentalphysiker mit einem großen theoretischen Sachverstand. Er war in seinem Auftreten bescheiden, introvertiert und sehr uneigennützig. Von seinen Doktoranden verlangte er völliges eigenständiges Arbeiten, ein Austausch von Ideen zwischen den Doktoranden war nicht erwünscht. In seiner Münchener Zeit waren die Schwerpunkte seiner Forschung die Untersuchung der physikalischen Eigenschaften von Kristallen und deren Beeinflussung durch die *X-Strahlen*[16]. *Röntgen* war es auch, der sich vehement dafür eingesetzt hatte, dass der seit dem Weggang von *Ludwig Boltzmann* (1844 – 1906) im Jahre 1894 lange vakante Lehrstuhl für theoretische Physik 1906 mit *Arnold Sommerfeld* wieder besetzt wurde. *Sommerfeld* hatte an der Universität seiner Heimatstadt in Königsberg Mathematik studiert und dort 1891 promoviert. Von 1894 – 1897 war er Assistent bei dem Mathematiker *Felix Klein* in Göttingen, wo er sich 1896 habilitierte. Über *Professuren* an der *Bergakademie in Clausthal* (1897) und der *Technischen Hochschule in Aachen* (1900) kam er 1906 nach München, wo sich das Institut in wenigen Jahren unter seiner Leitung wohl zu dem berühmtesten Zentrum für theoretische Physik weltweit entwickelte und Studenten und Wissenschaftler aus vielen Ländern seine Schüler waren. *Sommerfeld* arbeitete u. a. auf den Gebieten der Relativitätstheorie, der Quantentheorie, Elektronentheorie der Metalle und der Röntgenstrahlung. *Sommerfeld* war *Lehrstuhlinhaber für theoretische Physik* und gleichzeitig *Kurator der Bayrischen Akademie der Wissenschaften*, und als solcher war er für die Sammlung physikalischer Instrumente verantwortlich. Deshalb gehörte zu seinem Institut auch eine mechanische Werkstatt mit einem Mechaniker und ein Experimentallabor, für welches er – zusätzlich zu seiner Assistentenstelle für theoretische Physik – eine weitere für Experimentalphysik hatte. In *Sommerfeld's* Institut herrschte eine offene Arbeitsatmosphäre mit regen Diskussionen. Es gab ein wöchentliches Physikalisches Kolloquium, wo über aktuelle Themen der experimentellen und theoretischen Physik vorgetragen wurde. *Sommerfeld* war auch bekannt dafür, dass er mit seinen Studenten, seinen Assistenten und dem Mechaniker Berg- und Skiwanderungen unternahm. Der Geheimrat *Sommerfeld* war eine anerkannte Autorität, seine Vorlesungen waren brillant und wurden später in 6 Bänden als „*Vorlesungen der theoretischen Physik*" publiziert.

Eine ebenso wichtige Quelle der wissenschaftlichen Inspiration war das *Café Lutz* im Hofgarten. *Paul Peter Ewald* (1888 – 1985), einer der Protagonisten der Röntgenbeugung, beschrieb es so [143]:

> Sogar effizienter und zwangloser fanden ein Austausch der Ansichten und seminarähnliche Konsultationen zu irgendeinem Thema der Physik im Café Lutz im Hofgarten statt.

Paul Heinrich v. Groth (1843 – 1927) studierte an der *Bergakademie in Freiberg*, der *Polytechnischen Schule* in *Dresden* und an der *Universität* in *Berlin*, wo seine Lehrer

---

[16] *Conrad Wilhelm Röntgen* wählte die Bezeichnung *X-Strahlen*, wie sie auch heute noch im angelsächsischen Sprachraum verwendet wird. Nachdem *W. C. Röntgen* die *X-Strahlung* der Medizinisch-Physikalischen Gesellschaft in Würzburg am 23.1.1896 vorgestellt hatte, schlug der Anatom *Albert von Kölliker* (1817 – 1905) vor, diese als *Röntgenstrahlen* zu bezeichnen.

der Physiker *Gustav Magnus* (1802 – 1870) und der Mineraloge *Gustav Rose*, der Nachfolger von *Christian Samuel Weiss*, waren. Nach der Promotion 1868 und der Habilitation 1871 bei *Magnus* war *Groth* Dozent an der Berliner Bergakademie. Im Jahre 1872 wurde er an die Universität Straßburg und 10 Jahre später als Nachfolger des Mineralogen *Franz von Kobell* (1803 – 1883) nach München berufen, wo er bis zu seiner Emeritierung im Jahre 1924 wirkte. *Groth* gründete 1877 die *Zeitschrift für Krystallographie und Mineralogie* und war bis 1916 für 55 Bände verantwortlicher Herausgeber. Bereits 1876 erschien sein Lehrbuch *„Physikalische Krystallographie und Einleitung in die krystallographischen Kenntnisse der wichtigsten Substanzen"*, welches 1905 die 4. Auflage erlebte [144]. Sein wohl wichtigstes Werk ist die *„Chemische Kristallographie"*, die in 5 umfangreichen Bänden im Zeitraum von 1906 bis 1919 erschien [145]. Dieses Werk war zu seiner Zeit einzigartig, denn es enthielt physikalische, chemische und kristallographische Daten von nahezu 10000 Mineralen und Kristallen. Von seinen weiteren Werken sollen hier noch seine Bücher *„Die Elemente der physikalischen und chemischen Krystallographie"* (1921) und die *„Entwicklungsgeschichte der mineralogischen Wissenschaften"* (1926), in welcher auch die Geschichte der Kristallographie mit abgehandelt wird, erwähnt werden [146 – 147]. *Paul Heinrich von Groth* war überzeugt davon, dass die Struktur der Kristalle einen gitterförmigen Aufbau besitzt. Er hat anhand der in München vorhandenen Strukturmodelle von *Sohncke* die Raumgitterhypothese den Studenten in seinen Vorlesungen vermittelt.

In dieses wissenschaftliche Umfeld kam der junge Privatdozent *Max Laue* (1879 – 1960) im Jahre 1909 nach München, um bei *Sommerfeld* eine Dozentenstelle anzutreten. *Laue* hatte in Straßburg, Göttingen, München und Berlin Physik und Mathematik studiert und 1903 bei *Max Planck* (1858 – 1947) mit einer Arbeit *„Über die Theorie der Beugung an planparallelen Platten"* promoviert. Es folgten dann zwei Semester in Göttingen, wo er das Staatsexamen für das Lehramt an Gymnasien ablegte. *Laue* kehrte 1905 als Assistent von *Planck* an die Universität nach Berlin zurück, wo er seine Habilitationsschrift *„Zur Entropie von interferierenden Strahlenbündeln"* 1906 verteidigte. Aus der wissenschaftlichen Zusammenarbeit mit *Max Planck* entwickelte sich eine persönliche Freundschaft, welche Schüler und Lehrer ein Leben lang verband. *Laue* war es auch, der in Göttingen am 7. Oktober 1947 die Trauerrede für *Max Planck* hielt. Die ersten Jahre in München setzte *Laue* seine in Berlin begonnenen Arbeiten zur Relativitätstheorie fort und schrieb im Sommer 1911 am Starnberger See in einem Bootshaus sein Buch *„Das Relativitätsprinzip"*, welches sehr zur Verbreitung der *Einstein'schen* Theorie beitrug [148]. Im gleichen Zeitraum beschäftigte sich Laue auch intensiv mit der Theorie der Beugung, da *Sommerfeld* als verantwortlicher Herausgeber für die Bände 5 – 1 bis 5 – 3 *„Physik"* der *Encyklopädie der Mathematischen Wissenschaften mit Einschluß ihrer Anwendungen" Laue* beauftragt hatte, das Kapitel über „*Wellenoptik*" zu schreiben.[17] Anfang des Jahres 1912 kam *Paul Peter Ewald*, einer der Doktoranden von *Sommerfeld*, zu *Laue* und bat ihn um eine Unterredung. Sein sehr anspruchsvolles Thema der Doktorarbeit lautete: „*Dispersion und Doppelbrechung von Elektronengittern (Kristallen)*". Bei seinen Berechnungen am Beispiel eines *Anhydritkristalls* ($CaSO_4$), dieser war ihm von *Groth* empfohlen worden, stellte er erhebliche Differenzen zu den experimentellen Daten fest.[18] *Ewald* erhoffte sich von dem Gespräch mit *Laue*, dass dieser ihm bei der Erklärung der Ergebnisse, die nicht mit den üblichen Theorien im Einklang waren, behilflich sein könnte. Das Gespräch bei einem Spaziergang durch den Englischen Garten, vor dem gemeinsamen Abendbrot bei *Laue* zu Hause, verlief für *Ewald* eher enttäuschend. *Ewald* erklärte die allgemeine Aufgabenstellung der Arbeit. Als er den Aufbau des Kristalls als Raumgitter beschrieb unterbrach ihn *Laue* mit der Frage: *Woher wissen sie das?* *Ewald* war überrascht, dass *Laue* offensichtlich mit der Raumgitterhypothese und seiner mathematischen Beschreibung nicht vertraut war. Wenig später fragte ihn *Laue*, ob die Gitterpunkte mit Atomen besetzt seien.

Da es dafür bisher keinen experimentellen Beweis gab, konnte *Ewald* diese Frage nicht abschließend beantworten. *Ewald* versuchte das Gespräch wieder auf sein Problem zu lenken. Doch *Laue* wollte nun wissen, wie groß denn die Abstände zwischen den Gitterpunkten sind. *Ewald* schätzte diese in der Größenordnung von 1/1000 der Lichtwellenlänge ab. *Laue* wirkte nachdenklich und etwas abwesend bei den weiteren Ausführungen von *Ewald*. Seine abschließende Frage: *Was passiert im Kristall, wenn die Wellenlänge sehr viel kleiner als die Wellenlänge des Lichtes ist?* Etwas enttäuscht vom Ergebnis der Diskussion verließ *Ewald* bald nach dem Essen die Wohnung von *Laue* und widmete sich der Endfassung seiner Doktorarbeit, die er im März 1912 erfolgreich verteidigte. Diese Diskussion war es offensichtlich, die zu *Laues* genialer Idee für ein bahnbrechendes Experiment der Auslöser war. Bisher gab es weder einen experimentellen Beweis für den Wellencharakter der Röntgenstrahlen noch für den gitterförmigen Aufbau der Kristalle. Wenn die Röntgenstrahlen Wellen sind und wie von *Sommerfeld* berechnet eine Wellenlänge in der Größenordnung von $4 \cdot 10^{-9}$ cm (0,4 Å) aufweisen, dann sollten die *Röntgenstrahlen* beim Durchgang durch ein Raumgitter mit den von Ewald angenommenen Gitterabständen gebeugt werden und ein Interferenzmuster liefern. *Laue's* Idee führte zu kontroversen Diskussionen im *Café Lutz*. *Sommerfeld* hatte ebenfalls starke Einwände gegen den geplanten Versuch, da er davon ausging, dass die emittierten Röntgenstrahlen nicht kohärent sind und somit auch zu keiner Interferenz fähig. *Laue* hatte die Fälle der Lichtbeugung am Gitter

---

[17] Die von *Laue* verfasste „*Wellenoptik*" (Kap. 24, Bd. 5 – 3) erschien im Jahre 1915 und enthält auch eine ausführliche Abhandlung „*Interferenzerscheinungen an Röntgenstrahlen*" [149].
[18] Erst nachdem einige Jahre später die Struktur von Anhydrit mittels Röntgenbeugung bestimmt worden war, zeigte sich, dass die von Groth angenommene Struktur nicht korrekt war. Dies führte zu den erheblichen Differenzen der berechneten und experimentellen Daten.

und Kreuzgitter theoretisch in dem Kapitel „*Wellenoptik*" abgehandelt. Verwendet man eine monochromatische Lichtwelle, erhält man diskrete Beugungsmaxima. Im Falle des weißen Lichts, bei welchem ein kontinuierliches Wellenlängenspektrum vorliegt, erhält man eine kontinuierliche Schwärzung der Fotoplatte. Deshalb schlussfolgerte Laue, dass ein Interferenzmuster nicht mittels eines kontinuierlichen Röntgenspektrums (dem sogenannten weißen Röntgenlicht) erzeugt werden kann, sondern dafür die Röntgenfluoreszenzstrahlung notwendig ist. Trotz aller Einwände von *Sommerfeld* konnte *Laue Walter Friedrich* (1883 – 1968), experimenteller Assistent bei *Sommerfeld*, und *Paul Knipping* (1883 – 1935), Doktorand bei *Röntgen*, überzeugen, die Experimente ohne Zustimmung von *Sommerfeld* durchzuführen. Eine Kopie der verwendeten Apparatur, wie sie heute im *Deutschen Museum in München* bewundert werden kann, zeigt Abb.1.16 a. Die ersten Experimente wurden an einem *Kupfervitriol Kristall* ($CuSO_4 \cdot 5\ H_2O$, *triklin, Mineralname: Chalkanthit*) durchgeführt. Zunächst hatte man die Fotoplatten parallel zum Primärstrahl aufgestellt, um die sekundäre Strahlung zu erfassen. Erst als die Fotoplatte senkrecht zum Primärstrahl stand und damit der Kristall mit weißem Röntgenlicht durchstrahlt wurde, zeigten sich verschmierte schwarze Flecken, die Beugungsreflexe, auf der Fotoplatte. Was *Laue* zu diesem Zeitpunkt noch nicht erkannte war, dass das Raumgitter selektiv wirkt, d. h. ganz bestimmte Wellenlängen aus dem weißen Röntgenlicht herausfiltert. Mit dem **ersten Beugungsdiagramm** am **21. April 1912** (Abb. 1.16 b) wurde experimentell bewiesen, dass die Röntgenstrahlen auch Welleneigenschaften haben und Kristalle einen gitterförmigen Aufbau besitzen. Der Aufbau der Apparatur wurde recht schnell verbessert und die nächsten Versuche wurden an *ZnS-, NaCl-* und *Diamantkristallen* vorgenommen. Die Abb. 1.16 c zeigt das Beugungsdiagramm einer planparallelen ZnS-Platte einer Dicke von 0,5 mm senkrecht zu einer Würfelfläche. Noch im Jahre 1912 wurden die experimentellen Ergebnisse von *Friedrich* und *Knipping*, ergänzt durch einen theoretischen Teil von *Laue*, veröffentlicht [150]. *Laue* hatte sofort nachdem er das erste Beugungbild gesehen hatte, die Gleichungen für die Beugung am Raumgitter abgeleitet, die heute als **Laue-Gleichungen** bekannt sind. Bereits zwei Jahre später erhielt **Max von Laue**[19] den **Nobelpreis in Physik für seine Entdeckung der Beugung von Röntgenstrahlen an Kristallen**[20].

Im Oktober 1912 wurde *Max von Laue* Professor für „Theoretische Physik" als Nachfolger von *Peter Debye* (1884 – 1966, Nobelpreisträger in Chemie 1936) in Zürich. Nur zwei Jahre später konnte *Schönflies* als Gründungsdekan der Mathematisch-Naturwissenschaftlichen Fakultät der Universität Frankfurt *Laue* überzeugen, eine *Professur in Frankfurt* anzunehmen. Von 1919 bis zu seiner Emeritierung im Jahre 1943

---

19 Laue's Vater war als kaiserlicher ziviler Militärbeamter 1913 in den erblichen Adelsstand erhoben worden.
20 Max von Laue hat es bedauert, dass bei dem Nobelpreis die Experimentatoren nicht mit bedacht wurden. Er hat einen Teil des Preisgeldes jedoch mit ihnen geteilt.

war *Laue* dann als Nachfolger seines Lehrers und Freundes *Max Planck* Professor für theoretische Physik an der *Friedrich-Wilhelms Universität* in Berlin tätig. Zusätzlich zu seiner Professur an der Berliner Universität war er von 1922 stellvertretender Direktor und ab 1933 Direktor des *Kaiser-Wilhelm-Instituts für Physik* in Berlin- Dahlem.

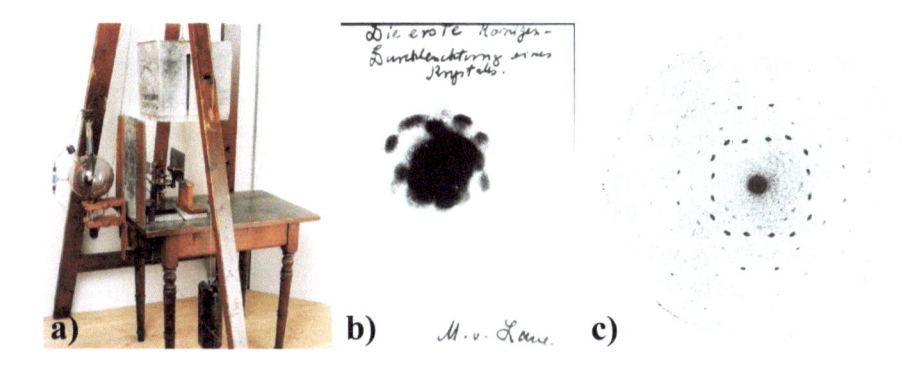

Abb. 1.16: Zur Entdeckung der Beugung von Röntgenstrahlen an Kristallen, a) Kopie der von Friedrich und Knipping aufgebauten Apparatur, (Deutsches Museum München) b) erstes Beugungsdiagramm von Kupfervitriol, c) Beugungsdiagramm eines ZnS-Kristalls in Richtung der 4-zähligen Drehachse [150].

Laue war ein theoretischer Physiker, der sich hauptsächlich mit grundlegenden Aufgabenstellungen der theoretischen Physik und weniger mit Anwendungsproblemen beschäftigte. Nach seiner Entdeckung der Beugung der Röntgenstrahlen an Kristallen hat *Laue*, etwas später als *Ewald*, seine dynamische Theorie der Röntgenbeugung entwickelt. *Laue* hat mehrere wichtige Lehrbücher verfasst. Dazu zählen auch seine beiden Werke **„Röntgenstrahlinterferenzen"** (1941) [151] und **„Materiewellen und ihre Interferenzen"** (1944) [152], ein Buch über die Grundlagen der Elektronenbeugung, die beide in mehreren Auflagen erschienen, und auch heute noch für jeden Studenten empfehlenswerte Lehrbücher sind.

Nach dem Ende des nationalsozialistischen Staates wurde *Max von Laue* mit weiteren 10 Physikern, die am Uranprojekt in Deutschland während des Krieges gearbeitet hatten, im Rahmen der Operation *Epsilon* im englischen Landsitz *Farm Hall* in der Nähe von Cambridge von Juli 1945 bis Januar 1946 interniert.

Von 1946 – 1951 war *Max von Laue* einer der Direktoren des *Kaiser-Wilhelms-Instituts für Physik* und gleichzeitig *Honorarprofessor* an der *Universität* in *Göttingen*. Im Juli des Jahres 1946 wurde er als einziger Deutscher zur ersten internationalen Konferenz über Kristallographie nach London eingeladen, an der über die Bildung einer internationalen Vereinigung für Kristallographie (*International Union of Crystallography, IUCr*) diskutiert wurde. Auf dem 1. Kongress der IUCr, der vom 28. Juli bis zum

3. August 1948 an der *Harvard Universität in Cambridge, Massachusetts* (USA) stattfand, wurden *Sir Lawrence Bragg* zum 1. Präsidenten und *Max von Laue* zum Ehrenpräsidenten der IUCr gewählt. *Laue* war und ist bisher der einzige Ehrenpräsident der IUCr. Im März 1951 wurde er *Direktor des Kaiser Wilhelm Instituts für Physikalische Chemie und Elektrochemie* in Berlin Dahlem. Ein Jahr später wurde der Vorschlag von Max von Laue verwirklicht und das Institut in „*Fritz Haber Institut der Max Planck Gesellschaft*" umbenannt. Nur wenige Monate vor seinem 80. Geburtstag übergab *Laue* die Leitung des Instituts im März 1959 an seinen Nachfolger, den Chemiker *Rudolf Brill* (1899 – 1989). Ein Jahr später verstarb *Max von Laue* am 24. April an den Folgen eines Autounfalls.

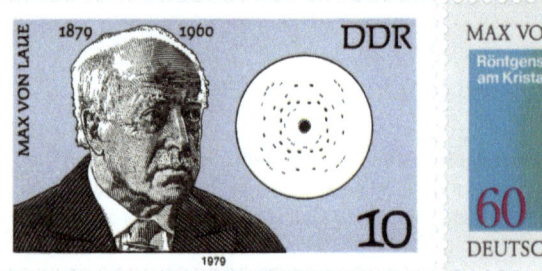

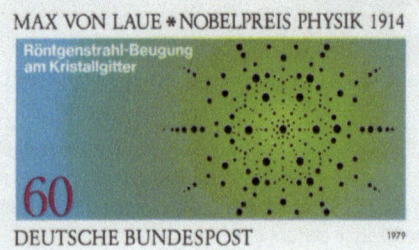

Abb. 1.17: Sonderbriefmarken anlässlich des 100. Geburtstages von Max von Laue.

Anlässlich des 100. Geburtstages haben sowohl die Deutsche Post der Bundesrepublik als auch der DDR 1979 eine Sonderbriefmarke herausgegeben (Abb. 1.17). Die **Deutsche Gesellschaft für Kristallographie** (**DGK**) verleiht jährlich für hervorragende wissenschaftliche Leistungen den **Max von Laue Preis** an Nachwuchswissenschaftler.

Paul Peter Ewald (1888 – 1985) hat nach seinem Abitur in Potsdam im Jahre 1905 ein Semester Chemie in Cambridge/England studiert und danach in Göttingen seine Studien in Chemie und Physik, und später in Mathematik fortgesetzt. Vom Herbst 1907 war er dann in München, wo er alsbald seine Liebe zur mathematischen Physik entdeckte und als Schüler von *Arnold Sommerfeld* im Jahre 1912 promovierte. Die Theorie der Kristalloptik, die in seiner Doktorarbeit eine wichtige Rolle spielte, hat ihn lebenslang interessiert. Ein wichtiger Auslöser für seine weiteren Arbeiten war zweifelsohne die Begegnung mit *Laue* in München und dessen Entdeckung der Beugung der Röntgenstrahlen an Kristallen, wofür offensichtlich das Gespräch von *Laue* mit *Ewald* im Englischen Garten keimbildend war. *Ewald* hat durch seine späteren Arbeiten zur *Theorie der Röntgenbeugung* wichtige Beiträge zur Entwicklung dieses Wissenschaftszweiges geleistet. Nach seiner Verteidigung der Doktorarbeit ging *Ewald* für ein Jahr als Assistent zu dem Mathematiker *David Hilbert (1862 – 1943)* nach Göttingen. Bereits 1913 kehrte er als Assistent zu *Arnold Sommerfeld* zurück, um sich in München zu habilitieren. Seine wissenschaftliche Tätigkeit wurde durch den Ausbruch des 1. Weltkriegs unterbrochen, wo *Ewald* als Röntgenmechaniker in einem Feldlazarett an der Ostfront seinen Dienst versah. In dieser Zeit hat er seine Theorie der Kristalloptik entwickelt, die er in drei Arbeiten in den „*Annalen der Physik*" veröffentlichte. Die dritte Arbeit „*Zur Theorie der Kristalloptik, III. Die Kristalloptik der Röngenstrahlen*" schickte er als Habilitationsschrift zu *Sommerfeld* [153 – 155]. Schwerpunkt dieser Arbeit ist die von ihm entwickelte **dynamische Theorie der Röntgenbeugung**. *Ewald* konnte 1917 in Abwesenheit habilitiert werden und hat seine Antrittsvorlesung während eines Fronturlaubs gehalten. Als Privatdozent war er im Institut von *Sommerfeld* von 1918 – 1921 tätig. Im Jahre 1921 wurde er zunächst außerordentlicher Professor und ein Jahr später *ordentlicher Professor für Theoretische Physik an der Technischen Hochschule Stuttgart*. In seiner Stuttgarter Zeit, die bis 1936 währte, war Ewald wissenschaftlich sehr erfolgreich. Von 1924 – 1937 war er Mitherausgeber der Zeitschrift für Kristallographie. Im Jahre 1925 organisierte er im Hause seiner Mutter *Clara Ewald (1859 – 1948)*, einer sehr bekannten und erfolgreichen Porträtmalerin, in *Holzhausen am Ammersee* die wohl erste internationale Konferenz über Röntgenbeugung. An diesem privaten Treffen nahmen nahezu alle Pioniere der Röntgenbeugung, unter ihnen *Max von Laue* und *William Lawrence Bragg*, teil. Mit seinem Assistenten *Carl Hermann (1898 – 1961)*, der sich bei ihm 1931 habilitierte, hat er 1931 den „*Strukturbericht 1913 – 1928*" herausgegeben, ein Nachschlagewerk für Kristallstrukturdaten [156]. Anfang 1932 wurde *Ewald* zum *Rektor der TU Stuttgart* gewählt, trat aber bereits im April 1933 wegen nicht akzeptabler Arbeitsbedingungen unter dem nationalsozialistischen Regime von dem Amt zurück. Er verließ Deutschland 1937 und *W. L. Bragg* ermöglichte ihm einen zweijährigen Forschungsaufenthalt an der *Universität in Cambridge*. Von 1939 war *Ewald* an der *Queens Universität in Belfast* zunächst als Dozent und ab 1945 als *Professor für Mathematische Physik* tätig. In seiner Zeit in Großbritannien hat *Ewald* sich vehement für die Gründung einer internationalen Vereinigung für Kristallographie eingesetzt. *Ewald* war der Präsident des provisorischen kristallographischen Komitees von 1946 – 1948. Auf der 1. Konferenz, der 1947 gegründeten *internationalen Vereinigung für Kristallographie (IUCr)*, im Juli/August 1948 in *Cambridge, Massachusetts* (USA) wurde er als Gründungsherausgeber der Zeitschrift „*Acta Crystallographica*" in den Vorstand der IUCr (*Executive Committee*) gewählt. *Ewald* hat die Funktion als Herausgeber der „*Acta*" bis zum Ende des Jahres 1958 ausgeübt. Von 1960 – 1963 *war Paul Peter Ewald Präsident der IUCr*.

Im Jahre 1949 verließ Ewald Großbritannien und wurde *Professor und Direktor des Physikdepartment am Polytechnischen Institut in Brooklyn/USA*. Dort war er bis zu seiner Emeritierung im Jahre 1959 tätig.

Viele Dinge, die heute zu den Grundlagen der Beugungstheorie mit Röntgen- und Materiewellen zählen, sind mit dem Namen von *Ewald* verbunden. Er war es, der als Erster das **„reziproke Gitter"** zur Berechnung der Geometrie von Beugungsdiagrammen verwendet hat. Die **Ewaldsche Konstruktion** ist ein geometrisches Verfahren, welches er zur Bestimmung von Raumgitterinterferenzen eingeführt hat, wenn die Richtung des einfallen Primärstrahls und die Wellenlänge der Strahlung bekannt sind. Die dabei verwendete Ausbreitungskugel mit einem Radius der reziproken Wellenlänge wird als **Ewald-Kugel** bezeichnet.

Seit 1987 verleiht die **„International Union of Crystallographie"** den *Ewald Preis* für herausragende Leistungen auf dem Gebiet der Kristallographie. Der Preis bestehend aus *Ewaldmedaille*, Urkunde und Preisgeld wird alle drei Jahre auf dem **Internationalen Kongress der IUCr** verliehen.

Neben München war Cambridge wohl die Forschungsstätte, wo insbesondere durch das Wirken von *Barlow* und *Pope* der innere Aufbau eines Kristalls als Raumgitter anerkannt und gelehrt wurde. Nur wenige Monate nach *Laue's* Entdeckung der Beugung an Röntgenstrahlen, waren es Vater und Sohn *Bragg*, die mit ihren Arbeiten das junge Gebiet der Röntgenbeugung revolutionierten. *William Henry Bragg* war von 1885 – 1908 *Professor für Mathematik und Experimentalphysik* an der Universität in Adelaide in Australien. Im Jahre 1909 wurde er *Cavendish Professor für Physik* an der Universität in Leeds/England, wo er bis 1915 arbeitete. Weitere Stationen seines Wirkens waren das *University College in London* und die *Königliche Anstalt (Royal Institution)*, wo er 1923 als *Fullerian Professor für Chemie* berufen wurde.

Sein Sohn *Lawrence* hatte zunächst an der Universität in Adelaide Mathematik studiert. Nach der Übersiedlung der Familie nach England wandte sich *Lawrence Bragg* am *Trinity College in Cambridge* verstärkt der Physik zu, wo er 1912 den *„Natural Science Tripos"* mit Auszeichnung abschloss. Nach einer Dozentenstelle (Lecturer) am *Trinity College in Cambridge* war er von 1919 bis 1937 *Professor für Physik* an der Universität in Manchester. Von 1938 bis zu seiner Emeritierung war *William Laurence Bragg Cavendish Professor für Experimentalphysik* in Cambridge.

Seit Beginn seiner Tätigkeit in Leeds widmete sich *William Henry Bragg* verstärkt der Untersuchung von Röntgenstrahlen, wobei er zu den Verfechtern der Korpuskulartheorie gehörte. Selbst nach Bekanntwerden der *Laue'schen* Entdeckung hatte er zunächst noch starke Einwände. Dahingegen war sein Sohn sofort von dem Experiment von *Friedrich* und *Knipping* überzeugt und studierte schon bald nach Erscheinen der ersten Publikationen von *Friedrich*, *Knipping* und *Laue* deren Arbeit. Hierbei fand er heraus, dass die Beugung von Röntgenstrahlen auch als Reflexion an den Netzebenen eines Kristalls beschrieben werden kann. Die von ihm dafür entwickelte Gleichung wird als **Bragg-Gleichung** bezeichnet. Seine Arbeit „*The diffraction of short electromagnetic waves by a crystal*" (dt.: Die Beugung von kurzen elektromagnetischen Wellen an einem Kristall) wurde im Februar 1913 publiziert [157]. Heute sind der „*Laue -*" und der „*Bragg-Fall*" allseits verwendete Begriffe für die experimentellen Bedingungen „*Transmission*" und „*Reflexion*" von Röntgenstrahlen. Um die physikalischen Eigenschaften der Röntgenstrahlen zu untersuchen, konstruierte *William Henry Bragg* in seinem Labor in Leeds ein Röntgenspektrometer. *Laurence Bragg* nutzte die *Laue-Technik*, um erstmalig eine Kristallstruktur mit Hilfe der Röntgenbeugung zu bestimmen. Die Arbeit „*The Structure of some Crystals as indicated by their Diffraction of X-rays*" erschien 1913 [158]. Es folgten dann gemeinsame Arbeiten zur Strukturbestimmung von Kristallen (z. B. vom Diamant), wo *Laue-Aufnahmen* in Cambridge und Messungen mit dem Röntgenspektrometer in Leeds ausgewertet wurden. Vater und Sohn *Bragg* haben das vielleicht wichtigste Forschungsgebiet der Kristallographie, die Strukturanalyse von Kristallen, begründet. Der **Nobelpreis in Physik 1915** wurde **William Henry Bragg** und seinem Sohn **William Laurence Bragg** „*für ihre Leistungen bei der Analyse der Kristallstrukturen mit Hilfe der Röntgenstrahlen*" verliehen. *Lawrence Bragg* war bei der Verleihung des Nobelpreises 25 Jahre alt, er ist bis heute der jüngste Nobelpreisträger in Physik. Im gleichen Jahr erschien von Vater und Sohn Bragg das Buch „*X-rays and Crystal Structure*" [159]. Sir *William Laurence Bragg* hat sich, ebenso wie *P.P. Ewald*, intensiv für die Gründung der „International Union of Crystallography" eingesetzt, deren erster Präsident (1948 – 1951) er war.

Bereits 1916 entwickelten der Schweizer *Paul Scherrer* (1880 – 1969) und der Niederländer *Peter Debye* (1884 – 1966) in Göttingen eine Röntgenmethode zur Untersuchung von Kristallpulvern, bei der die Proben mit monochromatischer Röntgenstrahlung durchstrahlt werden. Dieses Verfahren wird heute als **Debye-Scherrer Verfahren** bezeichnet. Sowohl die Entwicklung neuer Röntgentechniken als auch verbesserter Auswerteverfahren zur Strukturbestimmung schritt schnell voran und trug wesentlich zur Entwicklung der Kristallographie bei. In Deutschland war der Mineraloge *Friedrich Rinne* (1863 –1933) an der *Universität in Leipzig* wohl der Erste, der wenige Jahre nach der Entdeckung der Röntgenbeugung ein kristallographisches Strukturlabor einrichtete und mit seinen Mitarbeitern *Paul Niggli* (1888 – 1953) und *Ernst Schiebold* (1894 – 1963) Röntgenstrukturforschung an kristallinen Festkörpern betrieb. Den Stand der Strukturforschung beschreibt *Friedrich Rinne* in seinem Buch „*Das feinbauliche Wesen der Materie nach dem Vorbilde der Kristalle*" [160], welches auch in englischer Sprache als „*Crystals and the fine-structure of matter*" erschien [161]. Die Entdeckung der Röntgenbeugung an Kristallen und die damit mögliche Bestimmung der Kristallstruktur führten zu folgender Definition des Kristalls:

Kristalle sind anisotrope homogene Körper, die eine dreidimensionale periodische Anordnung ihrer Bausteine (Atome, Ionen, Moleküle) aufweisen.

Betrachtet man die geschichtliche Entwicklung, so zeigt sich, dass die Kristallographie erst im Laufe des 19. Jahrhunderts eine größere Bedeutung erlangt hat. Zum

Ende des 18.Jahrhunderts wurde sie eher noch gering eingeschätzt. Dies soll an zwei Beispielen verdeutlicht werden. In der von *Karl Beckerhinn* und *Christian Kramp* herausgegebenen Kristallographie („*Intelligenzblatt der Allgemeinen Literatur-Zeitung vom Jahre 1794*") wird in einer Vorrede sinngemäß gefragt:

> Was nützt die Kristallographie? Gar nichts! Viele Kristalle sind überhaupt keiner Kristallisation fähig. Jeden Augenblick wirken andere Ursachen anders. Sogar Sonnenlicht und Temperatur spilen eine Rolle. Die kleinen Dreiekke, Vierekke die man oft kaum sieht gehören in die Mathematik und sind unter der Würde der Mineralogie.

Auch *Johann Wolfgang von Goethe* (1749 – 1832) äußert sich zur Kristallographie in seinem Roman „*Wilhelm Meisters Wanderjahre*" (Ausgabe 1829) im Kapitel „*Makariens Archiv*":

> Die Kristallographie als Wissenschaft betrachtet gibt zu ganz eigenen Ansichten Anlass. Sie ist nicht produktiv, sie ist nur sie selbst und hat keine Folgen, besonders nunmehr, da man so manche isomorphische Körper angetroffen hat, die sich ihrem Gehalte nach ganz verschieden erweisen. Da sie eigentlich nirgends anwendbar ist, so hat sie sich in dem hohen Grade in sich selbst ausgebildet. Sie gibt dem Geist eine gewisse beschränkte Befriedigung und ist in ihren Einzelheiten so mannigfaltig, das man sie unerschöpflich nennen kann, deswegen sie auch vorzügliche Menschen so entschieden und lange an sich festhält. **Etwas Mönchisch-Hagestolzartiges hat die Kristallographie und ist daher sich selbst genug.** Von praktischer Lebenseinwirkung ist sie nicht; denn die köstlichen Erzeugnisse ihres Gebiets, die kristallinischen Edelsteine, müssen erst zugeschliffen werden, ehe wir unsere Frauen damit schmücken können.

Goethe war ein Freund der Mineralogie und Geologie, wohl aber weniger der Kristallographie mit ihren mathematischen Formeln und komplizierten Darstellungen durch Projektionen. So ist es verständlich, dass er das wunderschöne Gedicht „*Wiegenlied dem jungen Mineralogen*" verfasst hat, nie aber ein Gedicht dem jungen Kristallographen widmete. Sein Interesse galt der Morphologie und den physikalischen Eigenschaften der Kristalle, was sich in seinem Gedicht „*Entoptische Farben*" zeigt, wo er die ihn faszinierenden optischen Eigenschaften eines Kristalls beschreibt. Von *Christian Samuel Weiss* gibt es einen Bericht vom August/September 1818, wo er euphorisch über das Zusammentreffen mit *Goethe* in Karlsbad schreibt, in welchem *Weiss* bei einem längeren Spaziergang *Goethe* die Verwachsung der *Karlsbader Zwillinge* anschaulich erläuterte, mit denen sich *Goethe* viel beschäftigt hatte. *Weiss* war ganz begeistert von der schnellen Auffassungsgabe *Goethes*, aber später umso enttäuschter, dass seine Begegnung mit *Goethe* in keiner der Aufzeichnungen von Goethe Erwähnung fand.

Die Kristallographie wurde im Laufe des 19. Jahrhunderts an vielen Universitäten gelehrt. Einhergehend damit nahm die Zahl neuer Lehrbücher für Kristallographie rasch zu. Dabei fand mehr und mehr eine Unterteilung in die Teilgebiete geometrisch-strukturelle Kristallographie, chemische Kristallographie und Kristallphysik statt. Aus der Vielzahl der zu Ende des 19. Jahrhunderts und zu Beginn des 20. Jahrhunderts erschienenen deutschsprachigen kristallographischen Werke haben die nachfolgend erwähnten besonders zur Verbreitung und Vermittlung von Grundkenntnissen zur Morphologie und Struktur von Kristallen beigetragen.

Eine wohl einzigartige Enzyklopädie zur Kristallmorphologie ist der „*Atlas der Krystallformen* (neun Tafelbände mit je einem Textband)"[21] von *Victor Mordechai Goldschmidt* (1853 – 1933), die er im Zeitraum von 1913 – 1923 verfasste [162]. Hier sind für alle bekannten Minerale, alphabetisch geordnet, die jeweils beobachteten Kristallformen als Kristallzeichnungen dargestellt. Dieses Werk bildet den Abschluss seiner Trilogie „*Index der Krystallformen der Mineralien*" (1886 – 1891) [163] und „*Krystallographische Winkeltabellen*" (1897) [164]. *Victor M. Goldschmidt* studierte in Berlin (1870/71) an der Gewerbeschule und danach an der Bergakademie Freiberg Hüttenkunde (1871 – 1874), wo er danach als Assistent für Hüttenkunde tätig war. Von 1878 – 1880 studierte er zunächst Chemie und Paläontologie in München und danach Chemie, Mineralogie und Physik in Heidelberg. Nach seiner Promotion in Heidelberg (1880) weilte er von 1882 – 1887 in Wien als Privatgelehrter, wo er sich intensiv dem Studium der Kristallographie widmete. Ein Jahr später erfolgte die Habilitation an der Universität Heidelberg. Von 1892 war er außerordentlicher und ab 1909 ordentlicher *Honorarprofessor für Mineralogie* an der *Universität Heidelberg*. Im Jahre 1896 gründete *Victor M. Goldschmidt* ein privates Institut für Mineralogie und Kristallographie in Heidelberg.

Im Jahre 1896 erschien der „*Grundriss der Kristallographie*" mit dem Untertitel: „*Für Studierende und zum Selbstunterricht*" [165] von *Gottlob Eduard Linck* (1858 – 1947), ein für seine Zeit didaktisch herausragendes Lehrbuch, welches bis zum Jahre 1923 fünf Auflagen erlebte. *Linck* war von 1894 bis zu seiner Emeritierung im Jahre 1930 ordentlicher *Professor der Mineralogie und Geologie* an der Universität in Jena. Er gehörte zu den Gründungsmitgliedern der *Deutschen Mineralogischen Gesellschaft* (DMG, 1908), die ihn wegen seiner Verdienste 1931 zum Ehrenmitglied ernannte. Er war der erste Herausgeber der Zeitschrift „*Fortschritte der Mineralogie, Kristallographie und Petrographie*"[22] (1911). Im Jahre 1914 gründete er die Zeitschrift „*Chemie der Erde*", die heute als „*Chemie der Erde/Geochemistry*" erscheint.

Ein außerordentlich wichtiges Lehrbuch zum Verständnis der Raumgruppen einerseits und für die Bestimmung einer Raumgruppe aus Röntgenbeugungsdaten eines Kristalls andererseits ist *Paul Niggli's* (1888 – 1953) „*Geometrische Kristallographie des Diskontinuums*" aus dem Jahre 1919 [166]. *Niggli* gibt eine ausführliche analytisch-geometrische Darstellung der 230 Raumgruppen, die weit über die Darstellung von

---

21 In der Literatur wird dieses Werk oft fälschlicherweise *Victor Moritz Goldschmidt (1888 – 1947)*, dem Begründer der Kristallchemie, zugeschrieben.

22 Die „*Fortschritte der Mineralogie, Kristallographie und Petrographie*" war die Zeitschrift der DMG von 1911 – 1941. Die Nachfolgezeitschrift „*Fortschritte der Mineralogie*" erschien von 1950 - 1988. Seit 1988 ist das „*European Journal of Mineralogy*" die Zeitschrift der DMG.

Schönflies in seinem Buch „*Krystallsysteme und Krystallstruktur*" (1891) hinausgeht. Für viele Raumgruppen sind graphische Darstellungen gegeben. Man findet eine tabellarische Zusammenstellung aller möglichen Punktlagen und ihrer Symmetrie in den einzelnen Raumgruppen. *Niggli* führt für geometrisch gleichwertige Punktlagen den Begriff **„Gitterkomplex"** ein, was zu einer übersichtlicheren und vereinfachten Darstellung führt.

Paul Niggli ist der Begründer der kristallographischen Schule in Zürich. Er studierte Naturwissenschaften an der *Eidgenössischen Technischen Hochschule (ETH) Zürich*. Nach Promotion an der Universität Zürich (1912) habilitierte er an der ETH Zürich (1913). Von 1915 – 1920 war er außerordentlicher Professor an den Universitäten in Leipzig und Tübingen (ab 1918). Von 1920 bis zu seiner Emeritierung im Jahre 1953 war er *ordentlicher Professor für Mineralogie und Petrographie* an der *ETH Zürich*. Paul Niggli hat wesentliche Beträge zur theoretischen Kristallographie geleistet. Die 2. Auflage seines o. g. Werkes erschien als „*Lehrbuch der Mineralogie*" (1924) [167] und als zweibändiges „*Lehrbuch der Mineralogie und Kristallchemie*" (1941) [168].

Die rasche Entwicklung der Kristallstrukturanalyse erforderte ein Nachschlagewerk, welches die zur Strukturbestimmung wichtigen mathematischen und physikalischen Daten als auch die kristallographischen und strukturtheoretischen Grundlagen enthält. Diesen Zweck erfüllten die zwei Bände **„Internationale Tabellen zur Bestimmung von Kristallstrukturen" (Bd. 1: Gruppentheoretische Tafeln, Bd. 2: Mathematische und physikalische Tafeln)**, die im Jahre 1935 erschienen [169]. Herausgeber des Tabellenwerkes waren Sir *William Henry Bragg*, *Max von Laue* und *Carl Hermann*. Zur Beschreibung der 230 Raumgruppentypen wurde neben der *Schönflies*-Symbole erstmalig die von *Carl Hermann* (1898 – 1961) und *Charles Victor Mauguin* (1878 – 1958) entwickelte Notationen verwendet, die heute als internationale Symbole zur Kurzbeschreibung der Kristallklassen und Raumgruppen verwendet werden. *Carl Hermann* war der verantwortliche Herausgeber und koordinierte die Arbeit der 18 Beiträge aus 6 Ländern für dieses wichtige Tabellenwerk.

Carl Hermann (1898 – 1961) hatte in Göttingen Physik studiert und bei Max Born (1882 – 1970, Physiknobelpreis 1954) 1923 promoviert. Von 1925 bis 1935 war er Assistent bei *Paul Peter Ewald* an der Technischen Hochschule in Stuttgart, wo er 1930 habilitierte. In seiner Stuttgarter Zeit hat sich Hermann mit Fragen der Kristallstrukturforschung beschäftigt. Mit Ewald gab er die „*Strukturberichte*" heraus, welche die Daten aller erforschten Kristallstrukturen enthielten. In Stuttgart entwickelte er auch seine Systematik und Nomenklatur für die Punkt- und Raumgruppen. Da *Hermann* – ähnlich wie *Ewald* – sich nicht zum nationalsozialistischen System bekannte – musste er die Hochschule 1935 verlassen. Er war danach in der Industrie tätig. Im Jahre 1943 wurden *Carl Hermann* und seine Frau *Eva* (1900 – 1997) zu einer langjährigen Haftstrafe verurteilt, weil sie jüdischen Mitbürgern zur Flucht verholfen hatten. Im Jahre 1976 wurden *Eva* und *Carl Hermann* (posthum) dafür von Israel mit dem Titel „*Gerechter unter den Völkern*" geehrt. Von 1947 bis zu seinem frühen Tod im Jahre

1961 war *Carl Hermann ordentlicher Professor für Kristallographie* an der Universität in *Marburg*. In dieser Zeit hat er wesentliche Arbeiten zur Kristallographie in höheren Dimensionen veröffentlicht. **Die Deutsche Gesellschaft für Kristallographie (DGK) verleiht die Carl-Hermann-Medaille an herausragende Forscherpersönlichkeiten für ihr wissenschaftliches Lebenswerk.**

Unsere Zeitreise durch die Entwicklungsgeschichte der Kristalle hat uns gezeigt, dass die Kristallographie ein Sprössling der Mineralogie ist. Wie sich der Spößling über die Zeit zu einer eigenen Wissenschaft entwickelt hat, widerspiegeln sehr anschaulich die 16 Auflagen von *Klockmann's Lehrbuch der Mineralogie* [170, 171]. *Friedrich Klockmann* (1858 – 1937) studierte zunächst das Bergfach an der Bergakademie in Clausthal (1877) und in Berlin (1878), wo er auch an der *Friedrich-Wilhelms-Universität* Vorlesungen in Philosophie und Naturwissenschaften besuchte. Von 1780 studierte er Mineralogie und Geologie an der Universität in Rostock, wo er 1881 promovierte. Nach einer Tätigkeit als Geologe an der Königlich Preußischen Geologischen Landesanstalt zu Berlin war er von 1887 – 1897 an der *Bergakademie in Clausthal*, zunächst als Lehrer und ab 1892 als *ordentlicher Professor für Mineralogie und Geologie* tätig. Vom Frühjahr 1899 bis zu seiner Emeritierung im Jahre 1923 wirkte er als *ordentlicher Professor für Mineralogie und Petrographie an der Königlich Technischen Hochschule zu Aachen*. Die erste Auflage seines Lehrbuchs erschien 1892, die letzte von ihm bearbeitete und herausgegebene 10. Auflage erschien 1923. Werfen wir einen Blick in die 5. und 6. Auflage (1912), so ist das Buch in zwei große Teile untergliedert: I. *Allgemeine Mineralogie* und II. *Spezielle oder beschreibende Mineralogie*. Die Ausführungen zu den Kristallen finden wir mit im 1. Teil. Die 11. – 14. Auflage (1936 – 1954) wurde von *Paul Ramdohr* (1890 – 1985) bearbeitet und herausgegeben. Die 15. und 16. Auflage (1966, 1978) wurden gemeinsam von *Paul Ramdohr* und *Hugo Strunz* (1910 – 2006) erweitert und überarbeitet. Die 16. und letzte Ausgabe von *Glockmann's Lehrbuch der Mineralogie* ist in I. *Kristallkunde* und II: *Mineralkunde* unterteilt. Im Teil Kristallkunde werden in den Kapiteln A. *Kristallgeometrie*, B. *Kristallchemie*, C. *Kristallphysik* die Grundlagen der Kristallographie behandelt. Die Kristallographie ist weiterhin mit der Mineralogie verbunden. Aber die Kristallographie als heute eigenständige Wissenschaft behandelt ein umfangreiches Materialspektrum, welches von den Mineralien, den unterschiedlichen Werkstoffklassen bis hin zu den biologischen Materialien reicht.

1.2 Morphologie und innerer Aufbau von Kristallen

Die Entwicklungsgeschichte der Kristallographie hat uns gezeigt, dass der Kristallbegriff mit dem jeweiligen Zuwachs an Wissen eine Veränderung erfahren hat. Wir wollen nun aufzeigen, was wir gegenwärtig, weitere 100 Jahre nach dem Beginn der Kristallographie als eigenständige Wissenschaft, unter einem Kristall verstehen und dabei einige wesentliche Grundbegriffe der Kristallographie anschaulich erläutern.

Abb. 1.19 zeigt die elektronenmikroskopische Hochauflösungsabbildung eines Goldkristalls und das dazugehörige Elektronenbeugungsdiagramm. Der Goldkristall wurde mit einer Elektronenenergie von 200 keV durchstrahlt. Die **zweidimensionale elektronenmikroskopische Abbildung** ist die **Projektion der dreidimensionalen Kristallstruktur** des Goldkristalls in Elektronenstrahlrichtung. Unter den gewählten Abbildungsbedingungen sind die weißen Punkte die Projektionen von atomaren Goldreihen in Durchstrahlungsrichtung. Durchstrahlen wir den Kristall in unterschiedlichen Raumrichtungen, so erhalten wir weitere Projektionen der Kristallstruktur, aus welchen dann die dreidimensionale Kristallstruktur rekonstruiert werden kann. Messen wir innerhalb einer Punktreihe die Abstände aus, dann finden wir identische Abstände zwischen den Punkten. Die Verschiebung eines Punktes entlang einer Punktreihe bis er mit dem nächsten Punkt der Reihe zur Deckung kommt, nennt man **Translation**. Unser zweidimensionales Punktmuster weist eine Periodizität hinsichtlich der Translation auf, es ist **translationsperiodisch**. Im mathematischen Sinne stellt unser Punktmuster ein zweidimensionales translationsperiodisches Punktgitter dar, welches auch als **Netzebene** bezeichnet wird. Die Kombination der verschiedenen zweidimensionalen Punktgitter führt dann zum **dreidimensionalen translationsperiodischen Punktgitter**. Die Wiederholeinheit des Punktgitters bezeichnet man als **Elementarzelle** (im zweidimensionalen Gitter auch als **Elementarmasche**).

Was bedeuten die Begriffe „**Gitter**" und **Struktur**"? Gitter ist ein mathematisches Konstrukt. Ein Gitter hat keinerlei stoffliche Eigenschaften. Eine Kristallstruktur entsteht, wenn wir das Gitter mit einem **Motiv** (**Baustein**: Atom, Molekül, Gruppe von Atomen oder von Molekülen) dekorieren. Die Struktur des Kristalls ist es, welche wesentlich die Eigenschaften eines Kristalls bestimmt.

In der Informationsbox haben wir als Motiv das *Fullerenmolekül* C_{60} gewählt. Jeder Gitterpunkt des kubisch-flächenzentrierten Gitters ist mit einem C_{60} Molekül dekoriert und bildet einen **Fulleritkristall**. Als **Fullerene** bezeichnet man polyedrische Käfigverbindungen, die gänzlich aus *n*-Kohlenstoffatomen bestehen ($n \geq 20$), welche **12** pentagonale und ($n/2 - 10$) hexagonale Flächen bilden. Andere polyedrische Kohlenstoffkäfige werden als **quasi-Fullerene** bezeichnet. Der Prototyp der *Fullerene*, das sehr stabile C_{60} Molekül wurde 1985 von **Kroto**[23] und Mitarbeitern synthetisiert [172].

---

[23] Im Jahre 1996 erhielten *Robert F. Curl* (geb. 1933), *Harold Kroto* (1939 – 2016) und *Richard E. Smalley* (1943 – 2005) für die Entdeckung der *Fullerene* den Nobelpreis für Chemie.

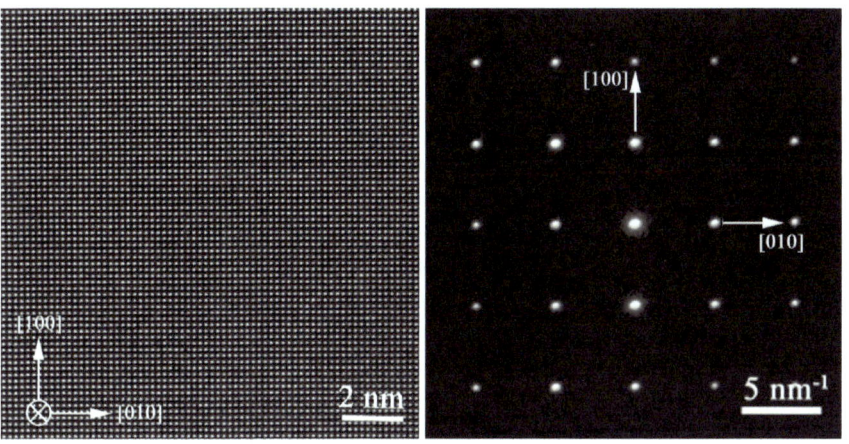

Abb. 1.18: Elektronenmikroskopische Hochauflösungsabbildung von Gold (100) und dazugehöriges Elektronenbeugungsdiagramm. (©Aufnahme: R. Schneider, Labor für Elektronenmikroskopie, KIT-Karlsruhe).

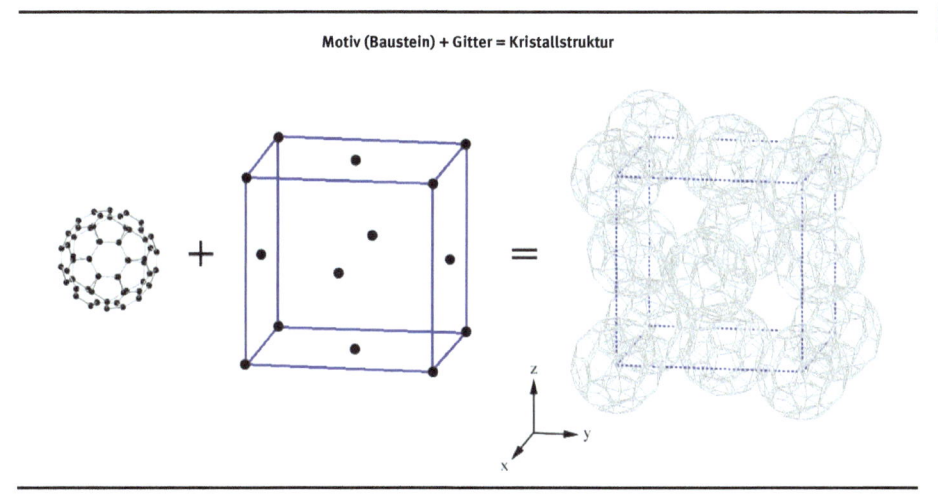

Motiv (Baustein) + Gitter = Kristallstruktur

In Erinnerung an die berühmten geodätischen Kuppeln des amerikanischen Stararchitekten **Richard Buckminster Fuller** (1895 – 1983) nannten die Entdecker das C_{60}-Molekül **Buckminsterfulleren**. Das C_{60}-**Fulleren** mit seinen 12 Pentagons und 20 Hexagons weist als Symmetrieelemente 6 fünfzählige -, 10 dreizählige – und 15 zweizählige Symmetrieachsen, 15 Spiegelebenen und ein Symmetriezentrum auf, was exakt der Eigensymmetrie eines Ikosaeders entspricht. Die Punktgruppe des *Fullerens* ist somit eine nichtkristallographische Punktgruppe und identisch mit der Punktgruppe m$\overline{3}\overline{5}$ des Ikosaeders. Wir sehen, unser Motiv kann eine beliebige Symmetrie aufweisen. Wenn die Natur dieses Motiv translationsperiodisch in einem der 14 Bravais-Gitter anordnet, liegt ein Kristall vor.

In Fall unseres Goldkristalls liegt ebenso ein kubisch-flächenzentriertes Translationsgitter vor, bei dem jeder Gitterpunkt jeweils mit einem Goldatom dekoriert ist. Die Struktur des Goldkristalls kann durch Auswertung von Elektronenbeugungsdiagrammen bestimmt werden. Die gesamte Information, die in einem Elektronenbeugungsdiagramm eines Volumenkristalls oder von Oberflächenschichten enthalten ist, kann durch Auswertung der Geometrie des Beugungsdiagramms, der Intensitäten der Beugungsreflexe und deren Feinstruktur gewonnen werden (Abb. 1.19). Diese Aussagen gelten gleichermaßen für die Interpretation von Röntgenbeugungsdiagrammen. Aus der Geometrie des Beugungsdiagrammes können die Symmetrie und Geometrie der Elementarzelle bestimmt werden. Die Lage der Beugungspunkte wird durch den inneren Aufbau des Kristalles fixiert. Die Form der Beugungspunkte (Feinstruktur der Reflexe) hängt im Wesentlichen von der äußeren Gestalt des Kristalls und dem Vorhandensein von Kristalldefekten ab. Die Bestimmung der Besetzung der Elementarzelle mit atomaren Bausteinen erfordert eine vollständige Intensitätsanalyse der Reflexe.

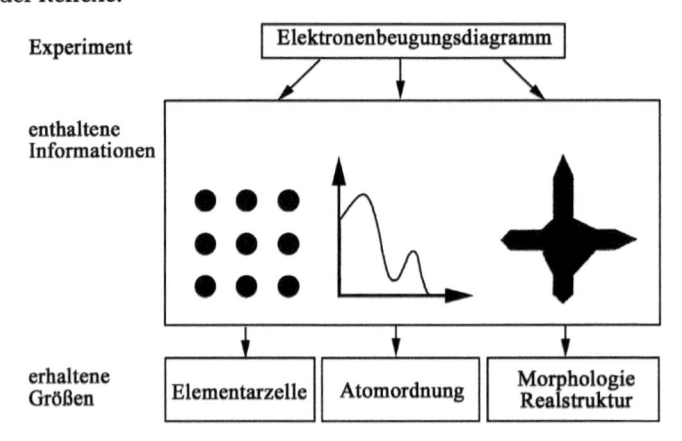

Abb. 1.19: Zur Interpretation von Elektronenbeugungsdiagrammen

Betrachten wir das Elektronenbeugungsdiagramm hinsichtlich der Anordnung der Beugungspunkte, dann sehen wir, dass diese ebenso ein zweidimensionales Translationsgitter bilden. Es handelt sich dabei um das **reziproke Gitter** des Translationsgitters des Kristalls (den kleinen Abständen des Gitters im Kristallraum entsprechen große Abstände im Beugungsraum und umgekehrt).

Ein **Idealkristall** wäre dann ein homogener anisotroper Körper mit einer unendlich dreidimensional-periodischen Anordnung seiner Kristallstruktur. Jeder Kristall, der hinsichtlich einer seiner Eigenschaften vom Idealkristall abweicht ist ein *Realkristall*. Jeder endliche Kristall ist ein *Realkristall*. Allein die Oberflächenstruktur eines wirklichen Kristalls ist infolge ungesättigter Bindungen an der Oberfläche im Vergleich zur Volumenstruktur verändert (*Oberflächenrelaxation, Oberflächenrekonstruktion*). Die Abstände im Kristallgitter, die mit dem Motiv dekoriert werden, liegen in der Größenordnung von 10^{-8} cm (1 Å). In einem 1 cm großen Kristall sind dann ca. 10^8 periodisch angeordnete atomare Bausteine in einer Raumrichtung vorhanden. Ein Realkristall weist keine Idealstruktur sondern eine *Realstruktur* auf, welche die Fehlordnung einer idealen Kristallstruktur beschreibt. Ein Realkristall, der idealerweise nur aus einem Kristallkorn, d. h. eine Kristallstruktur ohne Korngrenzen aufweist, wird als *perfekter Einkristall* bezeichnet. Streng genommen sind alle Einkristalle gestörte Kristalle, da sie verschiedene Arten von Kristalldefekten enthalten. Besteht ein Kristall aus vielen Kristallkörnern unterschiedlicher Größe und Orientierung, dann spricht man von einem *Poly- oder Vielkristall*. Die Gesamtheit der Orientierungen der Kristallkörner wird als *Textur* bezeichnet. In Abb. 1.20 wird illustriert wie man mit Hilfe von Beugungsexperimenten, hier gezeigt am Beispiel der Elektronenbeugung, nachweisen kann, ob ein Einkristall, ein Kristall mit Textur oder ein Polykristall vorliegt.

Ein weiteres wichtiges Kriterium der Klassifizierung von Kristallen ist die Korngröße. Als *mikrokristallin* werden Kristalle bezeichnet, wenn die *Korngröße $d > 1$ μm* ist. *Subfeinkörnig* sind Kristalle mit einer Korngröße $d < 1$ μm. Der Begriff *nanokristallin* wird für Korngrößen mit $d < 100$ nm verwendet.

Vergleichen wir das Beugungsdiagramm eines Einkristalls mit dem eines Polykristalls, dann entstehen durch die verschiedenen Orientierungen der Körner aus den Beugungspunkten Ringe, die sogenannten *Debye-Scherrer Ringe*. Diese scharfen Ringe entsprechen definierten Netzebenenabständen. Wir haben es mit einer identischen Kristallstruktur der Körner, die in unterschiedlichen Orientierungen vorliegen, zu tun.

In den letzten Jahrzehnten wurden bei der Untersuchung von kristallinen Materialien in zunehmendem Maße Strukturen aufgeklärt, die eine langreichweitige dreidimensionale Lageordnung ihrer atomaren Bausteine besitzen, jedoch eine fehlende dreidimensionale Translationsperiodizität in einer oder mehreren Richtungen aufweisen. Derartige Kristalle werden als *aperiodische Kristalle* bezeichnet. Ein Beispiel für einen solchen Kristall ist $Ba_2TiGe_2O_8$ (BTG), welcher eine *inkommensurabel modulierte Struktur* besitzt [173].

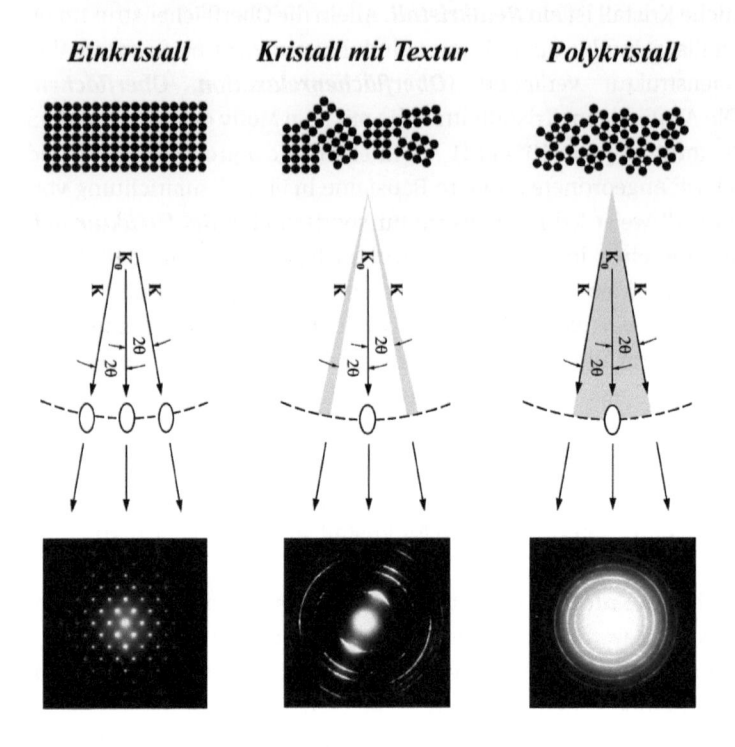

Abb. 1.20: Zur Korrelation von Realstruktur und dazugehörigen Beugungsdiagrammen

Das Beugungsdiagramm (Abb. 1.21, links) enthält neben den intensitätsstarken Hauptreflexen der Basisstruktur eine Vielzahl schwacher Satellitenreflexe. Die Satellitenreflexe sind ein Indiz dafür, dass die **Basisstruktur** (Hauptreflexe) durch eine **Modulationsfunktion** periodisch deformiert worden ist. Allgemein gilt: Eine **kommensurabel modulierte Struktur** liegt immer dann vor, wenn das Verhältnis der Periode der Modulation zur Translationsperiode des Basisgitters in Richtung der Modulation eine rationale Zahl ergibt. Diese so modulierte Struktur kann dann als Überstruktur (Vervielfachung der Elementarzelle in Modulationsrichtung) der dreidimensional periodischen Basisstruktur beschrieben werden. Bei einer **inkommensurabel modulierten Struktur** ist das Verhältnis eine irrationale Zahl. Die Translationssymmetrie ist in Modulationsrichtung zerstört. Deshalb können derartige Strukturen nur im **(3+d) dimensionalen Superraum** als periodische Strukturen beschrieben werden

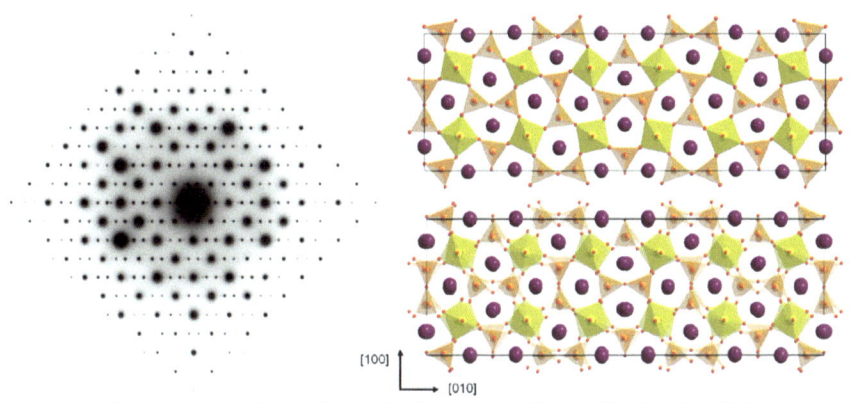

Abb. 1.21: Zur inkommensurabel modulierten Struktur von Ba$_2$TiGe$_2$O$_8$ (BTG), links: Elektronenbeugungsdiagramm von BTG in [001]-Richtung, rechts: Darstellung der modulierten Struktur für zwei unterschiedliche Ausgangsphasen *t* der Modulationswelle (© Thomas Höche [173]).

Im Falle des BTG liegt eine eindimensionale Modulation (d = 1) in b-Richtung vor, was auch aus elektronenmikroskopischen Abbildungen von BTG ersichtlich ist [173].[24] Dies bedeutet, dass die modulierte Struktur im dreidimensionalen Realraum (Kristallraum) in Richtung der b-Achse keine Translationssymmetrie aufweist. Im *(3 + 1) = 4* *dimensionalen Superraum* kann die modulierte Struktur als translationsperiodische Struktur mit einer **Superraumgruppe** beschrieben werden [176]. Um die Satellitenreflexe des Beugungsbildes, welche durch die Gittermodulation entstehen, indizieren zu können sind 4 Indizes (4- dimensionaler reziproker Raum) notwendig. Die beim BTG vorliegende *displazive Modulation* (periodische Auslenkung der Atome, verknüpft mit einer Rotation der GeO$_4$-Tetraeder um die c-Achse) ist aus Abb. 1.21, rechts ersichtlich, in welcher die modulierte Struktur des BTG für zwei unterschiedliche Ausgangsphasen *t* der Modulationswelle (gleichbedeutend mit einer zeitlichen Änderung) abgebildet ist.

Beispiele für *inkommensurable Kompositkristalle*, d. h. Verwachsungsverbindungen zweier kristalliner Systeme unterschiedlicher chemischer Zusammensetzung, sind die **Misfitschichtverbindungen** (misfit layer compounds – MLCs) und die damit verwandten **Ferekristalle**. Die allgemeine Formel für beide Systeme lautet: **[(MX)$_{1+x}$]$_m$[TX$_2$]$_n$**, mit **X** = S, Se, O; **M** = Sr, Ca, Ba, Bi, Sn, Sb, Pb; **T** = Mo, W, Nb, Co,

---

[24] Prinzipiell können die Modulationsparameter auch aus elektronenmikroskopischen Strukturabbildungen gewonnen werden [174]. Im Falle des BTG war dies durch auftretende Strahlenschädigung nicht möglich, deshalb wurde eine Strukturanalyse mittels *Neutronenbeugung* durchgeführt [175].

Rh, Cr, V, Ta, Ti. Es liegt eine alternierende Stapelfolge der zwei chemisch verschiedenen Verwachsungspartner entlang der c-Achse vor. Die Zahl *1+x* widerspiegelt das irrationale Verhältnis der Gitterparameter der Systeme MX und TX_2 in den Verwachsungsebenen. Die Parameter *n* und *m* geben die Zahl der Schichten (Wiederholeinheiten) von MX und TX_2 an, die den Kompositkristall bilden. Für die Mehrzahl der bekannten MLCs beträgt *n*, *m* =1, nur einige wenige MLCs existieren mit *n*, *m* = 1, 2 und *m* = 1 -4. Dahingegen lassen sich Ferekristalle für beliebige *n*, *m* –Werte herstellen (z. B. **[(SnSe)$_{1+x}$]$_m$[MoSe$_2$]$_n$** mit *n*, *m* (1, 1), (4, 4), (16, 16), (21, 4), (100, 4)). Bei identischer chemischer Zusammensetzung und identischer Schichtabfolge bestehen gravierende strukturelle Unterschiede zwischen MLCs und Ferekristallen (s. Abb. 1.22). Die MLCs besitzen über die gesamte Schichtabfolge eine identische Orientierungsbeziehung zwischen den Schichtpaketen **MX** und **TX$_2$** und die atomare Anordnung innerhalb der Schichtpakete ist entlang der Stapelachse identisch. Charakteristische strukturelle Merkmale der Ferekristalle sind: Kristallinität innerhalb einer Schicht, abrupte Grenzflächen, Fehlorientierung von Schicht zu Schicht und turbostratische Fehlordnung in den Schichten. Den komplexen Aufbau eines Ferekristalls veranschaulicht Abb. 1.22 [177]. Im Gegensatz zu den inkommensurabel modulierten Strukturen besteht das Beugungsdiagramm nur aus Hauptreflexen, die den beiden Systemen **MX** und **TX$_2$** zugeordnet werden können. Darüber hinaus ist eine Überlagerung von diffusen Intensitäten zu beobachten, die durch die Schichtabfolge und die Fehlordnung bedingt ist.

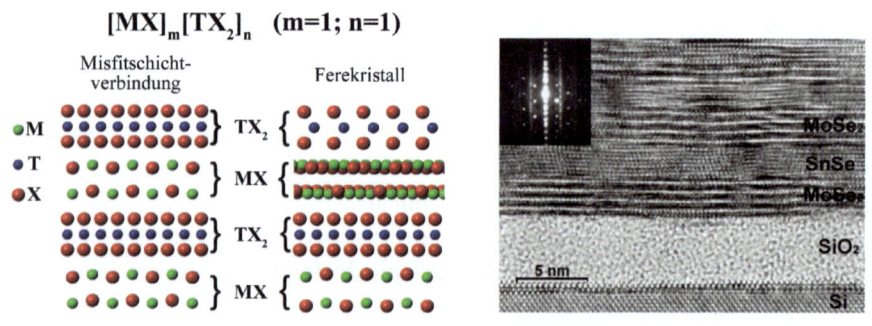

Abb. 1.22: Zur Veranschaulichung von inkommensurablen Kompositkristallen, links: schematische Darstellung der strukturellen Unterschiede von Misfitschichtverbindungen und Ferekristallen, rechts: Elektronenmikroskopische Hochauflösungsabbildung des Ferekristalls [(SnSe)$_{1+\delta}$]$_4$ [MoSe$_2$]$_4$ (Querschnittsabbildung) [177].

Die dritte Gruppe der aperiodischen Kristalle sind die Quasikristalle, die im Unterkapitel 1.3 ausführlich beschrieben werden.

Verringert man die langreichweitige Lageordnung der atomaren Bausteine immer weiter, dann führt dies zu einer statistischen Anordnung der Bausteine. Der Festkörper besitzt dann nur eine statistische Nahordnung und wird als **amorpher Festkörper** bezeichnet. Die verschiedenen Ordnungsstadien vom dreidimensional periodischen Kristall, über einen Polykristall bis hin zum amorphen Festkörper veranschaulichen deutlich die jeweiligen Elektronenbeugungsdiagramme. Abb. 1.23 zeigt das Elektronenbeugungsdiagramm von amorphem Silizium. Das Beugungsdiagramm unseres Goldkristalls (Abb. 1.18) bestand aus scharfen Punktreflexen, wohingegen für einen Polykristall ein System von scharfen Ringen auftrat. Jeder Ring korrespondiert mit einem definierten Netzebenenabstand im Kristall. Ein Fehlen der langreichweitigen Lageordnung führt zu einem Satz von diffusen Ringen im Beugungsdiagramm. Dies ist durch die statistische Anordnung der Atome bedingt, es liegt eine topologische Unordnung vor. **Amorphe Körper** sind hinsichtlich ihrer Eigenschaften – ähnlich wie Flüssigkeiten – *isotrop*.

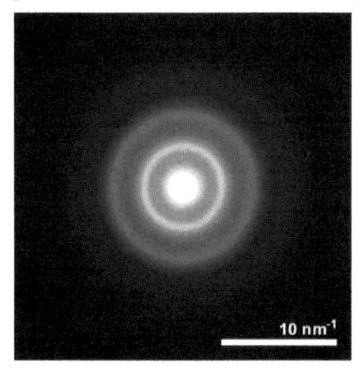

Abb. 1.23: Elektronenbeugungsdiagramm von amorphem Silizium

Wir wollen in unserer Abhandlung noch zwei wichtige Übergangszustände zwischen Kristall und Flüssigkeit betrachten, die oft als „weiche Materie" bezeichnet werden. *Flüssigkristalle* (liquid crystals – LCs), oft auch als kristalline Flüssigkeiten bezeichnet, besitzen eine langreichweitige Orientierungsordnung, und weisen entweder nur eine partielle oder keine Lageordnung auf. Die Struktur der LCs hat wenigstens in einer Richtung eine flüssigkeitsähnliche Anordnung der Moleküle und besitzt aber auch anisotrope Eigenschaften. Nach dem Vorhandensein der Lageordnung werden die LCs eingeteilt in:
- *Kolumnare Phasen* (Lageordnung in zwei Richtungen)
- *Smektische Phasen* (Lageordnung in einer Richtung)
- *Nematische Phasen* (keine Lageordnung). Chirale nematische Phasen werden auch als cholesterische LCs bezeichnet.

Echte *plastische Kristalle* weisen im Gegensatz zu den Flüssigkristallen eine langreichweitige Lageordnung auf, d. h. die Kristallbausteine, mehrheitlich Moleküle und Ionen, besetzen die Plätze eines Translationsgitters. Die Orientierungsordnung ist teilweise oder vollständig durch die Bewegung der Bausteine auf den Gitterplätzen

(z. B. Rotation der Moleküle) verloren gegangen. Die verschiedenen Ordnungszustände eines Festkörpers, einschließlich der Übergangsstadien zu den Flüssigkeiten, sind schematisch in Abb. 1.24 dargestellt.

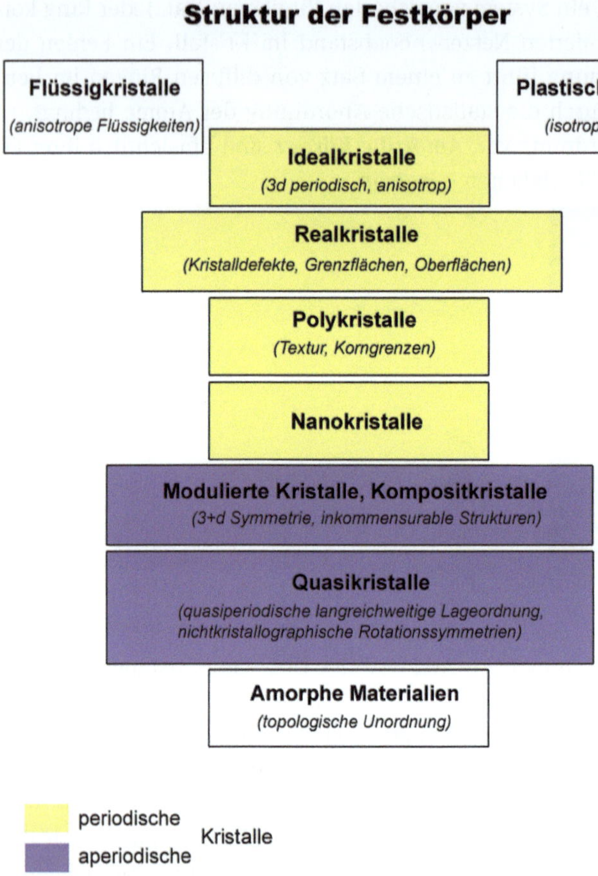

Struktur der Festkörper

- **Flüssigkristalle** (anisotrope Flüssigkeiten)
- **Plastische Kristalle** (isotrope Kristalle)
- **Idealkristalle** (3d periodisch, anisotrop)
- **Realkristalle** (Kristalldefekte, Grenzflächen, Oberflächen)
- **Polykristalle** (Textur, Korngrenzen)
- **Nanokristalle**
- **Modulierte Kristalle, Kompositkristalle** (3+d Symmetrie, inkommensurable Strukturen)
- **Quasikristalle** (quasiperiodische langreichweitige Lageordnung, nichtkristallographische Rotationssymmetrien)
- **Amorphe Materialien** (topologische Unordnung)

periodische / aperiodische Kristalle

Abb. 1.24: Ordnungszustände von Festkörpern

Bei der Kurzcharakteristik des kristallinen Zustandes zu Beginn von Kap. 1 hatten wir bereits die fundamentalen makroskopischen Eigenschaften von Kristallen kurz erwähnt:
– Homogenität
– Anisotropie
– Symmetrie

Makroskopisch homogen bedeutet, der Kristall ist chemisch und physikalisch einheitlich aufgebaut. Wir betrachten ihn als Kontinuum. Die physikalischen Eigenschaften in verschiedenen Volumenelementen zeigen gleiches Verhalten in parallelen Richtungen. Diese Beschreibungsweise ist als Näherung nur gültig auf makroskopischer Ebene. *Anisotropie der Kristalle beinhaltet die Richtungsabhängigkeit der physikalischen Eigenschaften.* Erwärmen wir eine Glaskugel, dann wird diese sich nach allen Richtungen gleichermaßen ausdehnen. Es gilt ein Ausdehnungskoeffizient der richtungsunabhängig ist. Betrachten wir dagegen die Ausdehnung eines *Calcitkristalls (CaCO$_3$)*, so findet entlang der Hauptsymmetrieachse, der c-Achse, eine Ausdehnung statt und senkrecht zu dieser zeigt der Kristall ein anomales Verhalten bezüglich der Wärmedehnung. Der thermische Ausdehnungskoeffizient in dieser Richtung ist negativ, der Kristall schrumpft. Diese Anomalie wurde experimentell zuerst von *Eilhard Mitscherlich* gemessen (s. S. 49). *Anisotropie* bedeutet jedoch nicht, dass ein Kristall bezüglich all seiner Eigenschaften ein richtungsabhängiges Verhalten aufweist. Beispielsweise sind spannungsfreie kubische Kristalle bezüglich ihrer optischen Eigenschaften isotrop, Sie zeigen weder Polarisation noch Doppelbrechung des Lichtes. Umgekehrt kann man dieses Verhalten natürlich auch ausnutzen, um nachzuweisen, ob bei der Kristallzüchtung von kubischen Kristallen diese spannungsfrei gewachsen sind.

Unter Symmetrie als makroskopisches Merkmal eines Kristalls verstehen wir das Symmetriekonzept, d. h. die *Symmetrieoperationen* und *Symmetrieelemente*, zur Beschreibung der polyedrischen Gestalt der Kristalle. *Zwischen morphologischer Symmetrie und der strukturellen Symmetrie besteht ein enger Zusammenhang, ein* **Korrespondenzprinzip**. Streng genommen resultieren die makroskopischen Eigenschaften des Kristalls (*Homogenität*, *Anisotropie*, *morphologische Symmetrie*) aus seinem inneren Aufbau. Im Folgenden werden die wichtigsten Grundlagen und Begriffe zur Beschreibung der morphologischen Symmetrie eines **periodischen Kristalls** anschaulich erläutert.

Zur allgemeinen Beschreibung einer Kristallgestalt werden die Begriffe „*Tracht*" und „***Habitus***" verwendet. Unter der Tracht versteht man die Gesamtheit der an einem Kristall vorhandenen **Kristallformen**. Die Flächenausbildung (Größe und Form) bestimmt den Habitus. In unserem Beispiel (Abb. 1.25) bilden zwei Kristallformen, das *Rhombendodekaeder* und das *Oktaeder* die **Tracht**. Sind die großen Rhombendodekaederflächen dominant, dann liegt ein *rhombendodekaedrischer Habitus* vor. Mit kleiner werdenden Rhombendodekaederflächen werden die Oktaederflächen gestaltbestimmend und wir sprechen dann von einem *oktaedrischen Habitus*. Oft werden zur Beschreibung des Habitus auch Begriffe wie *tafelig, nadelig, säulig, plättchenförmig* etc. verwendet. Die Ausbildung der Kristallformen und deren Größenverhältnisse sind von den Kristallwachstumsbedingungen (Temperatur, Druck, chemische Zusammensetzung etc.) abhängig. Für die Winkel zwischen den Flächen besteht jedoch eine strenge Gesetzmäßigkeit, die unabhängig von den Wachstumsbedingungen ist. Das **Gesetz der Winkelkonstanz** besagt:

Bei gleicher Temperatur und gleichem Druck sind die Winkel zwischen entsprechenden Flächen an Kristallen derselben Kristallart gleich groß.

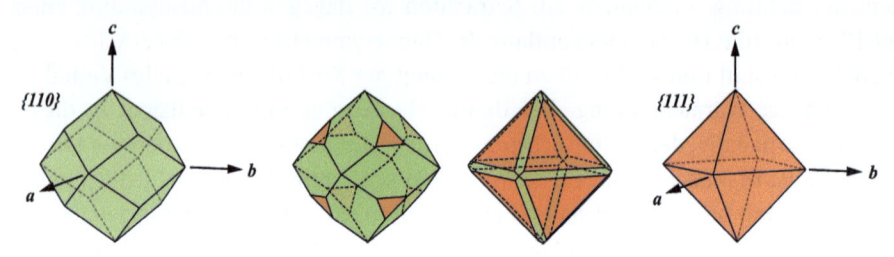

Abb. 1.25: Zur Erläuterung der Begriffe Tracht und Habitus

Zur Beschreibung der Lage einer Fläche an einem Kristall dienen die **Millerschen Indizes hkl**. Diese sind die teilerfremden ganzzahligen reziproken Achsenabschnitte. Wie bereits in Kap. 1.1 ausführlich beschrieben, hatte *Christian Samuel Weiss* empirisch herausgefunden, dass bei Verwendung eines kristalleigenen Achsensystems sich die Maßzahlen **m, n, p,** (Weisssche Koeffizienten) der Achsenabschnitte einer Fläche zueinander wie kleine ganze Zahlen verhalten (**Rationalitätsgesetz**, auch als **Gesetz der rationalen Indizes** bezeichnet). Läuft die Fläche parallel zu einer Achse, wird der zugehörige Koeffizient des Achsenabschnittes ∞. Aus dem Rationalitätsgesetz folgt umgekehrt, dass an einem periodischen Kristall nicht beliebige Flächen auftreten können, sondern nur solche, die ein rationales Verhältnis von $m : n : p$ bzw. $h : k : l$ aufweisen. Deshalb kann ein reguläres Pentagondodekaeder als Kristallform mit Millerschen Indizes {01τ} nicht auftreten, da $\tau = (1+\sqrt{5})/2$ eine irrationale Zahl ist. Bei einem Quasikristall, der aperiodisch ist, kann das reguläre Pentagondodekaeder jedoch als Wachstumsform auftreten (s. Kap. 1.3).

Zusammenhang zwischen **Millerschen Indizes** und **Weissschen Koeffizienten**

$$h : k : l = \frac{1}{m} : \frac{1}{n} : \frac{1}{p}$$

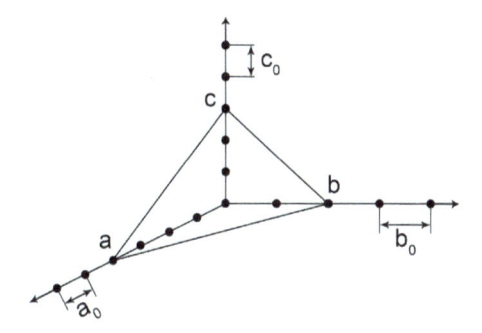

Abb. 1.26: Achsenabschnitte einer Fläche

Bei der Fläche in Abb. 1.26 betragen die Achsenabschnitte *m = 4, n = 2, p = 3* und die Kehrwerte sind *1/m* = ¼, *1/n* = ½ und *1/p* = 1/3. Nach Multiplikation mit dem kleinsten gemeinschaftlichen Vielfachen ergeben sich die Millerschen Indizes für die Fläche zu (364). Die Millerschen Indizes in runden Klammern bezeichnen eine spezifische Kristallfläche. Eine **Kristallform** ist eine Menge symmetrieäquivalenter Flächen und wird durch Indizes in geschweiften Klammern *{hkl}* dargestellt.

Das Rationalitätsgesetz gilt gleichermaßen für Flächen, Kanten und Zonen. Wie bereits in Kap. 1.1 erwähnt, verstehen wir unter einer Zone alle Flächen deren Flächennormalen in einer Ebene liegen. Die Zonenachse steht senkrecht auf der Ebene. Einfacher ausgedrückt, an einem Kristall, an dem eine Vielzahl von unterschiedlichen Flächen vorhanden ist, gehören alle Flächen einer Zone an, deren Schnittkanten parallel sind. Diese Kanten verlaufen parallel zur Zonenachse (s. Abb. 1.27).

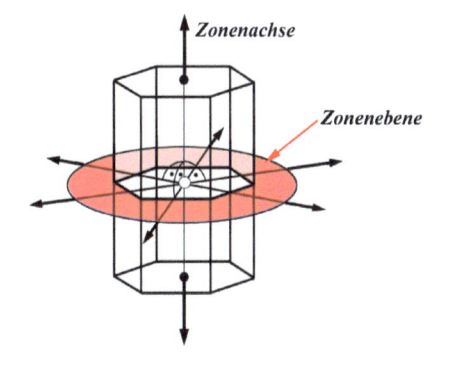

Abb. 1.27: Zum Begriff der Zone

Ganz allgemein können wir die Flächen an einem Kristall in *Pyramiden-*, *Prismen-* und *Endflächen* einteilen. Flächen, die alle drei Achsen schneiden werden allgemein als **Pyramidenflächen** bezeichnet. Flächen, die zwei Achsen schneiden und zur dritten parallel laufen heißen **Prismenflächen**. **Endflächen** schneiden nur eine Achse und sind zu den anderen beiden Achsen parallel. Beispiele für die Indizierung von Pyramiden-, Prismen- und Endflächen sind in Abb. 1.28 dargestellt.

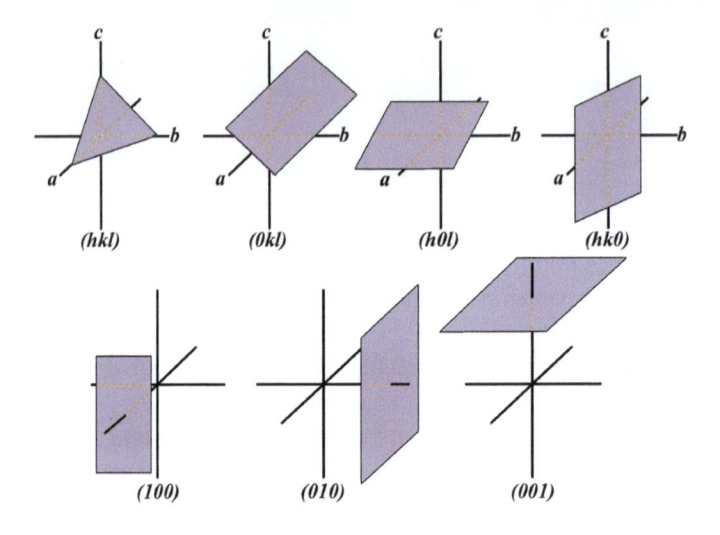

Abb. 1.28: Millersche Indizes für Pyramiden-, Prismen- und Endflächen.

Abb. 1.29: Pyritwürfel (FeS$_2$) mit charakteristischer Flächenstreifung aus der „terra mineralia" Mineralienausstellung der TU Bergakademie Freiberg (© Foto: WN).

Abb. 1.29 zeigt einen *Pyritwürfel (FeS$_2$)* mit einer charakteristischen Flächenstreifung. Die Millerschen Indizes des Würfels als Kristallform sind {100}. Die Kristallform umfasst die symmetrieäquivalenten Flächen (100), ($\bar{1}$00), (010), (0$\bar{1}$0), (001) und (00$\bar{1}$)[25]. Wir wollen zeigen, durch welche Symmetrieelemente und Symmetrieoperationen der Würfel erzeugt werden kann und welche Beziehungen zwischen der *Flächensymmetrie*, die in dem Streifenmuster zum Ausdruck kommt, und der *räumlichen Symmetrie des Würfels* bestehen.

Das Symmetriegerüst, welches die **Eigensymmetrie** eines Würfels beschreibt ist in Abb. 1.30 a dargestellt. Zur Beschreibung des Würfels verwenden wir ein der Symmetrie des Würfels entsprechendes rechtwinkeliges Kristallachsensystem gleicher Achsenlänge (a=b=c), welches als **kubisch** bezeichnet wird. Der Ursprung des Achsensystems liegt in der Mitte des Würfels. Drehen wir den Würfel um eine der 3 grün gekennzeichneten Drehachsen um 90 °, so kommt er mit seiner Ausgangsstellung zur Deckung. Bei einer vollen Umdrehung von 360 ° kommt der Würfel viermal mit sich selbst zur Deckung. Drehen wir den Würfel um eine der vier Raumdiagonalen (violette Drehachsen), so findet eine Deckung nach 120 ° statt und man erreicht die Ausgangsstellung nach der 3. Drehung. Es handelt sich hier um eine dreizählige Drehachse, von denen der Würfel 4 besitzt. Die 6 roten Drehachsen des Würfels führen zu einer Deckung nach 180 °, so dass nach zweimaliger Drehung die Ausgangsposition erreicht wird.

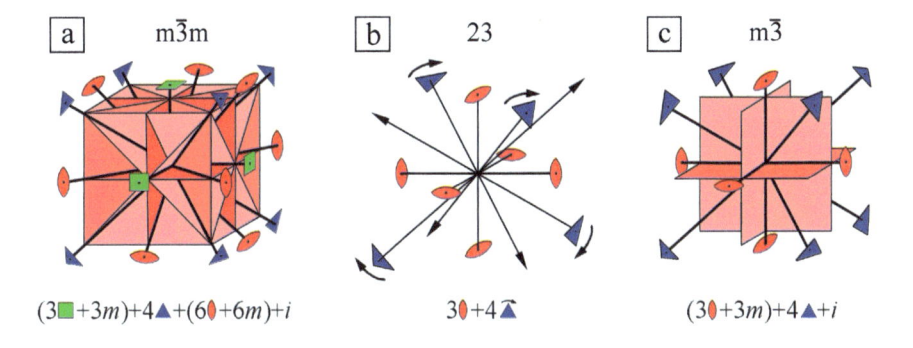

Abb. 1.30: Symmetriegerüste der geometrischen Kristallklassen *m$\bar{3}$m* (a), *23* (b) und (c) *m$\bar{3}$*.

Wir unterscheiden zwischen **Symmetrieoperation** (im obigen Fall die Drehung) und **Symmetrieelement** (Drehachse). Die **Zähligkeit n** einer Drehachse gibt an, nach wieviel Drehungen um einen Winkel α der Kristall in seine Ausgangslage (Drehung um 360 °) überführt wird (α = **360 °/n).** Der Würfel besitzt somit:

drei 4-zählige-, 4-dreizählige- und 6-zweizählige Drehachsen.

---

25 Die Millerschen Indizes, z. B. ($\bar{1}$00) werden gelesen als: Minus Eins, Null, Null.

Es lässt sich beweisen, dass für einen Kristall mit einem translationsperiodischen Raumgitter, **nur Drehachsen der Zähligkeit 1-, 2-, 3-, 4- und 6** auftreten können, d. h. Drehungen um 360 °, 180 °, 120 °, 90 ° und 60 °. Zusätzlich zu den Drehachsen weist der Würfel noch 3 **Hauptspiegelebenen** (flächenparallel) und 6 **Nebenspiegelebenen** (diagonal) auf. Die *Symmetrieoperation* ist die *Spiegelung*, das *Symmetrielement* die *Spiegelebene*, die mit **m** bezeichnet wird.

Als weiteres Symmetrieelement besitzt der Würfel im Koordinatenursprung in der Würfelmitte ein **Inversionszentrum**, bezeichnet mit **i**. Ein *Inversionszentrum*(Symmetrieelement) an einem Kristall bewirkt durch *die Inversion* (Symmetrieoperation), dass es zu jeder Kristallfläche/Kristallkante eine gleichwertige parallele Gegenfläche/Gegenkante gibt.

Beobachtet man an einem Kristall eine Flächenstreifung wie im Falle des Pyritwürfels, so muss diese die Flächensymmetrie wiedergeben, die sich aus der Gesamtsymmetrie des Kristalls ergibt. Dies bedeutet umgekehrt auch, dass man aus der Flächenstreifung auf die Flächensymmetrie schließen kann und diese dann Rückschlüsse auf die Gesamtsymmetrie ermöglicht.

Ein Würfel, welcher mit dem beschriebenen Symmetriegerüst erzeugt wurde, weist eine Flächensymmetrie auf, die zu einer Flächenstreifung führt wie sie in Abb. 1.31 a dargestellt ist. Unser Pyritkristall weist somit nicht ein Symmetriegerüst auf, welches der Eigensymmetrie des Würfels entspricht.

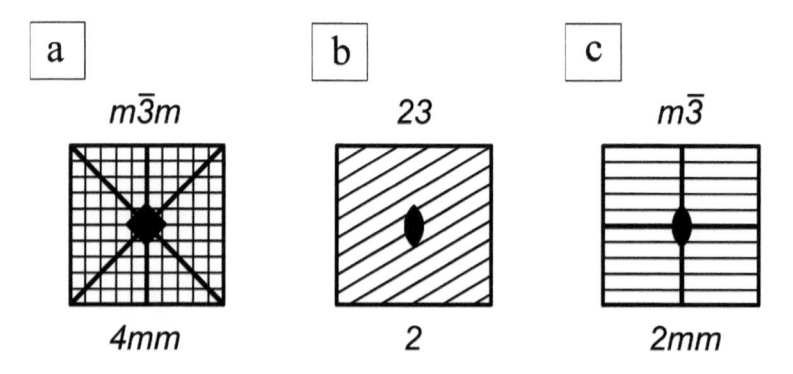

Abb. 1.31: Flächenstreifung und Flächensymmetrie des Würfels für die Symmetriegerüste von Abb. 1. 30 a – c. Über den Diagrammen: Angabe der Punktsymmetriegruppe.

Betrachten wir jetzt ein Symmetriegerüst, welches aus drei 2-zähligen und 4-dreizähligen Drehachsen besteht (Abb. 1.30 b) und prüfen, ob man damit auch einen Würfel erzeugen kann. Wir nehmen eine Ausgangsfläche an, deren Flächennormale (Senkrechte auf der Fläche) mit einer der *drei 2-zähligen Drehachsen* übereinstimmt. Wenden wir nacheinander die verschiedenen Drehoperationen auf diese Fläche an, dann erhalten wir wieder einen Würfel. Die Flächensymmetrie dieses Würfels weist nur eine *2-zählige Drehachse* auf und würde eine Flächenstreifung geneigt zu den Würfelkanten hervorrufen (Abb. 1.31 b). Eine Erweiterung des Symmetriegerüstes um die drei senkrecht zueinander stehenden Spiegelebenen (Abb. 1.30 c) führt zu einer Erhöhung der Flächensymmetrie. Sie zeigt eine Spiegelsymmetrie und führt zu einer Flächenstreifung parallel zu einer der Würfelkanten (Abb. 1.31 c) wie sie unser Pyritwürfel aufweist.

Neben den bisher betrachteten Symmetriearten gibt es an Kristallen noch folgende zusammengesetzte Symmetrieelemente:

Drehinversionsachsen: $\bar{1}, \bar{2} \equiv m, \bar{3}, \bar{4}, \bar{6}$ [26]

Drehspiegelachsen: $S_1 \equiv m, S_2 \equiv \bar{1}, S_3 \equiv \bar{6}, S_4 \equiv \bar{4}, S_6 \equiv \bar{3}$.

Die zugehörigen Symmetrieoperationen **Drehinversion** und **Drehspiegelung** beinhalten die Verknüpfung von zwei nacheinander auszuführenden einfachen Operationen. Im Falle der Drehspiegelung wird nach erfolgter Drehung an einer senkrecht zur Drehachse befindlichen Spiegelebene eine Spiegelung vorgenommen (Abb. 1.32 a). Die zweizählige Drehspiegelung ist äquivalent mit einer Inversion. Bei einer Drehinversion erfolgt nach Ausführung der Drehung eine Inversion an einem Symmetriezentrum (Abb. 1.32 b). Die zweizählige Drehinversion is äquivalent mit einer Spiegelung. Aus der Informationsbox ist ersichtlich, dass zwischen *Drehinversion* und *Drehspiegelung* Äquivalenzen bestehen. Dies bedeutet, dass mit beiden Symmetrieoperationen die gleichen Kristallformen (nur in unterschiedlicher Reihung erzeugt werden.

Drehinversion = Drehung + nachfolgende Inversion.

Drehspiegelung = Drehung + nachfolgende Spiegelung

Bei der Kombination der Symmetrieelemente ist zu berücksichtigen, dass diese der Symmetrie eines Raumgitters entsprechen. Wie von *Frankenheim* 1826 und *Hessel* 1830 (s. Kap. 1.1) abgeleitet wurde, gibt es 32 mögliche Kombinationen. Klassifizieren wir die Kristalle hinsichtlich ihrer Morphologie, dann werden diese Kombinationen als **geometrische Kristallklassen** bezeichnet, die sich in die **7 Kristallsysteme** einordnen lassen. Von den 32 Kristallklassen besitzen 11 Klassen ein Symmetriezentrum. Kristalle dieser Klassen werden als **zentrosymmetrisch** bezeichnet. **Azentrische** Kristalle sind solche, bei denen kein Symmetriezentrum vorliegt. Insgesamt gibt es 11

---

[26] Drehinversionsachsen werden gelesen als: $\bar{1}$ – Eins quer, $\bar{3}$ – Drei quer etc.

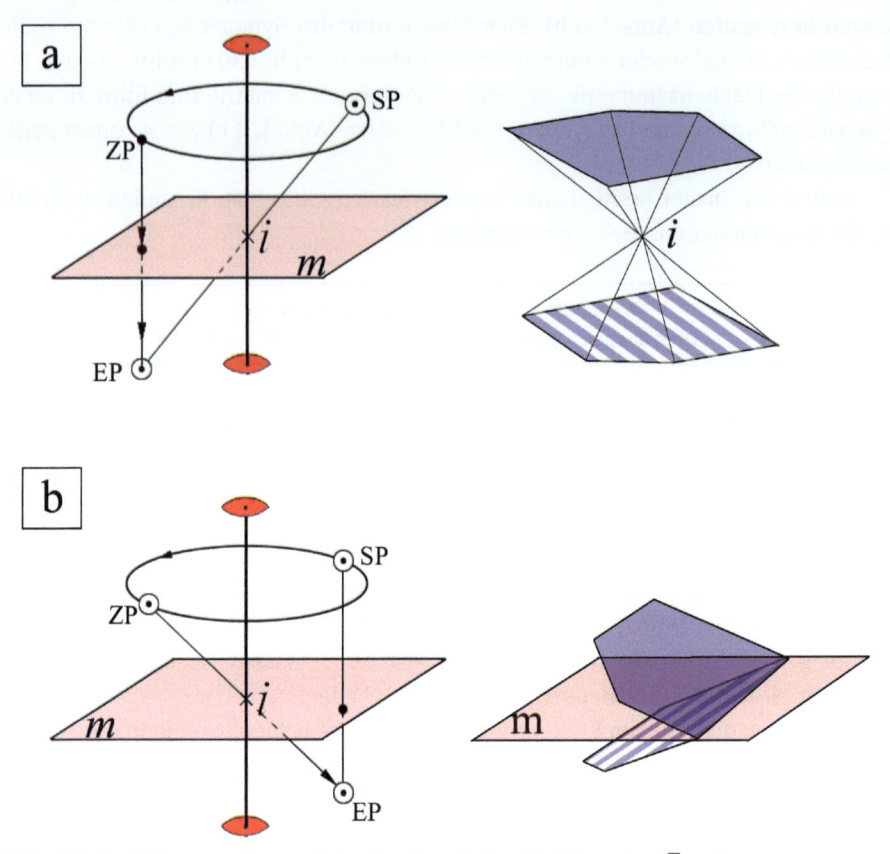

Abb. 1.32: Zur Wirkungsweise von Drehspiegelung (S_2) und Drehinversion ($\bar{2} \equiv m$)

Kristallklassen, die weder eine Spiegelebene noch ein Symmetriezentrum aufweisen, somit als Symmetrieelemente entweder nur eine Drehachse oder eine Kombination von Drehachsen verschiedener Zähligkeit besitzen. In diesen Kristallklassen tritt *„Enantiomorphie"* auf, d. h. es existieren *linke und rechte Formen der Kristallpolyeder*, die sich zueinander spiegelbildlich verhalten. Bei den Drehachsen unterscheidet man zwischen *polaren* und *unpolaren Drehachsen*. Eine **Drehachse** ist **polar**, wenn Richtung und Gegenrichtung symmetrisch verschieden sind, was zur Bildung ungleichwertiger Flächen führt. Am Beispiel des Pyritwürfels wurde gezeigt, dass dieser durch Symmetrieoperationen verschiedener Konfigurationen von Symmetrieelementen (Symmetriegerüst) erzeugt werden kann. Ein gemeinsames Merkmal aller Symmetrieoperationen, die wir bisher betrachtet haben ist, dass nach Ausführung der Operationen mindestens ein Punkt am Ort bleibt. Deshalb bezeichnet man diese Symmetrieoperationen als **Punktsymmetrieoperationen** und die Symmetrieelemente als **Punktsymmetrieelemente**. Die durch die Symmetrieelemente des Symmetriegerüstes vorgegebene Anzahl von Punktsymmetrieoperationen bildet im mathematischen Sinne eine *Gruppe endlicher Ordnung*, die als **Punktgruppe** bezeichnet wird. Die Anzahl der Symmetrieoperationen (nicht der Symmetrieelemente!) bestimmt, wie viele symmetrieäquivalente Punkte (Flächen einer Kristallform) in Abhängigkeit von der Ausgangslage des Punktes erzeugt werden.

Alle Kristalle einer geometrischen Klasse haben die gleiche Punktgruppensymmetrie. Deshalb spricht man auch von den **32 kristallographischen Punktgruppen**. Diese werden durch die Hermann-Mauguin-Symbole (internationale Symbolik) oder die Schönflies-Symbole gekennzeichnet. Die Kristallform einer Kristallklasse wird als **allgemeine Kristallform** bezeichnet, wenn sie die *Flächensymmetrie 1* aufweist und damit die maximal mögliche Anzahl von Flächen für die Kristallklasse enthält. Dies ist immer dann der Fall, wenn die Flächennormale nicht entlang einer Dreh- oder Drehinversionsachse verläuft oder in einer Spiegelebene liegt. Jede Kristallform, deren *Flächensymmetrie > 1* ist, wird als *spezielle Kristallform* bezeichnet. Insgesamt gibt es in den 32 Kristallklassen (Punktgruppen) 47 Arten kristallographischer Formen (17 offene und 30 geschlossene Formen). Die 32 Kristallklassen werden auch durch Angabe des Kristallsystems und den Namen der allgemeinen Kristallform bezeichnet (s. Anhang). In den Kristallklassen, in welchen die allgemeine Form eine offene Form ist, sind eine oder mehrere spezielle Formen notwendig, um einen geschlossenen Kristallkörper zu bilden. Die Kristallklasse 1 weist als Symmetrieelement nur eine 1-zählige Drehachse auf, so dass die allgemeine Form {hkl} aus nur einer Fläche (hkl), die als **Pedion** bezeichnet wird, besteht. Es sind mindestens noch 3 weitere Pedien erforderlich, um einen geschlossenen Kristallkörper zu bilden. Im Falle der Kristallklassen 3, 4, 6 entstehen als allgemeine Formen eine tri-, tetra- und hexagonale Pyramide, allerdings ohne Basisfläche. Zum Schließen der Pyramide ist als spezielle Form mindestens ein Pedion (001) erforderlich. Das Symmetriegerüst in Abb. 1.30 a weist insgesamt **23 Symmetrieelemente** auf (**3** Haupt-, **6** Nebenspiegelebenen, **3** 4-zählige, **4** 3-zählige-, **6** 2-zählige Drehachsen und **1** Symmetriezentrum), deren Verknüpfung maximal zu **48 Symmetrieoperationen** führt. Daraus resultiert als allgemeine Form ein 48-Flächner, das **Hexakisoktaeder** {hkl}.

Als spezielle Formen können auftreten: der **Würfel** {100}, das **Rhombendodekaeder** {110}, das **Oktaeder** {111}, das **Tetrakishexaeder** {hk0}, **Deltoidikositetraeder** {hll} und das **Trisoktaeder** {hhl}. Die soeben beschriebenen Kristallformen (Abb. 1.33) gehören zur höchstsymmetrischen Kristallklasse, die nach der allgemeinen Form als **hexakisoktaedrisch** bezeichnet wird.

Die obigen Ausführungen haben gezeigt, dass die makroskopische Symmetrie eines Kristalls, d. h. die Kristallformen welche an einem Kristall auftreten können, durch die *32 Punktgruppen* beschrieben wird.

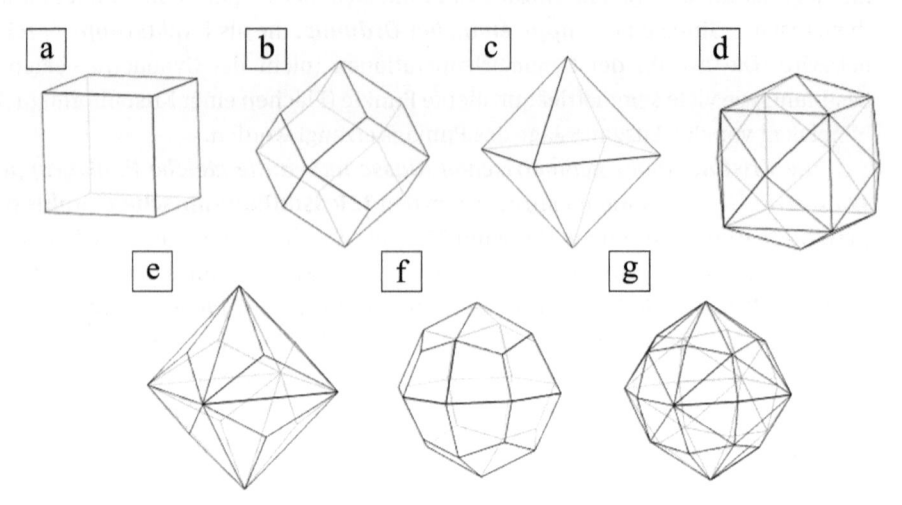

Abb. 1.33: Die 7 Kristallformen der hexakisoktaedrischen Kristallklasse; a) Würfel, b) Rhombendodekaeder, c) Oktaeder, d) Tetrakishexaeder, e) Trisoktaeder, f) Deltoidikositetraeder, g) Hexakisoktaeder.

Die makroskopische Symmetrie folgt aus der Symmetrie des inneren Aufbaus, welches gleichbedeutend mit der Symmetrie der Kristallstruktur ist. Zu Beginn des Kap. 1.2 wurden die Begriffe „*Gitter*" und „*Struktur*" erläutert. Die Dekoration des Gitters mit einem Motiv führte zur Struktur. Es soll nun gezeigt werden, welche Symmetrieelemente und Symmetrieoperationen erforderlich sind, um eine Kristallstruktur zu beschreiben. Dabei brauchen wir nur das räumliche Symmetriegerüst einer Elementarzelle zu betrachten, da bedingt durch die Translationsperiodizität in drei Raumrichtungen alle Elementarzellen einen identischen Aufbau besitzen. Bei der Behandlung der räumlichen Symmetrie spielt die Translation eine wichtige Rolle und muss bei der Beschreibung der Symmetrie berücksichtigt werden.

Dies führt dann zu neuen Symmetrieelementen und Symmetrieoperationen, die durch die Kombination von Translation und Punktsymmetrieoperationen entstehen. Es sind dies:

Schraubung = Drehung + nachfolgende Translation.

Gleitspiegelung = Spiegelung + nachfolgende Translation

Die Wirkungsweise der Symmetrieoperationen *Spiegelung*, *Gleitspiegelung*, *Drehung* und *Schraubung* wird anhand von Abb. 1.34 erläutert.

Die Spiegelebene **m** (Abb. 1.34 a) bewirkt, dass der kleine schwarze und der große gelbe Punkt an der Ebene gespiegelt werden. Senkrecht dazu, in c-Richtung, findet die Vervielfältigung der Punkte durch die Translation (Identitätsabstand) statt. Die Wirkung der Gleitspiegelebene (Abb. 1.34 b) ist, dass die beiden Punkte gespiegelt und danach eine Verschiebung um c/2 erfahren. Eine erneute Gleitspiegelung führt zu zwei Punkten, die zu den ursprünglichen Ausgangspunkten translationsperiodisch sind. Da die Gleitung in c-Richtung erfolgt, bezeichnet man diese Gleitspiegelebene als **c – Gleitspiegelebene**. Prinzipiell wäre auch eine Gleitung in a-Richtung möglich, dann würde eine **a**-Gleitspiegelebene vorliegen. Für die Lage unserer Gleitspiegelebene ist eine **b**-Gleitspiegelung nicht möglich, da diese Translation um b/2 die Spiegelwirkung zerstören würde. Die unterschiedliche Wirkung einer 2-zähligen Dreh- und Schraubenachse veranschaulichen die Teilbilder c und d. Bei der **2_1-Schraubenachse** werden die beiden Punkte um 180° gedreht und anschließend um den Betrag von c/2 verschoben. Vergleichen wir die Wirkung von Gleitspiegelung und Schraubung, dann entsteht der Eindruck, dass beide Operationen zu einem identischen Ergebnis führen. Sowohl nach der Spiegelung als auch nach der Gleitspiegelung liegt der kleine Punkt vorn und der große dahinter. Eine Drehung oder Schraubung bewirkt jedoch, dass man die Rückseite der Punkte sieht. Bei einer 2_1-Schraubenachse entsteht bei einer Links bzw. Rechtsdrehung stets eine identische Position. Anders ist dies jedoch bei den drei-, vier- und sechszähligen Schraubenachsen.

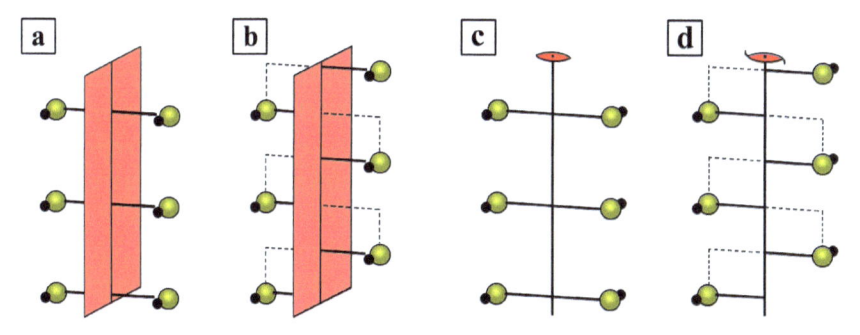

Abb.1.34: Zur Wirkungsweise von Spiegelung (a), Gleitspiegelung (b), Drehung (c) und Schraubung (d).

Die möglichen dreizähligen Symmetrieachsen einer Kristallstruktur sind in Abb. 1.35 illustriert. Die dreizählige Drehachse ist mit **3_0** bezeichnet. Die **3_1**-Schraubenachse bewirkt, dass der Ausgangspunkt in positiver Richtung (entgegen dem Uhrzeigersinn) um 120° gedreht wird und danach um 1/3 parallel zur Drehachse verschoben wird. Die nachfolgende Schraubenoperation führt zur Drehung um 240° und Parallelverschiebung um 2/3 im Vergleich zum Ausgangspunkt. Die dritte Schraubung führt zu einer Position des Ausgangspunktes verschoben um die Translationsperiode **c**. Die **3_1**

ist eine **Rechtsschraubenachse**. Dreht man den Ausgangspunkt in negativer Richtung und führt eine Verschiebung um 1/3 in c-Richtung durch, dann erhält man eine Linksschraubenachse. Bezogen auf einen positiven Drehsinn bedeutet dies eine Verschiebung um 2/3 c, so dass die Linksschraubenachse das Symbol 3_2 erhält.

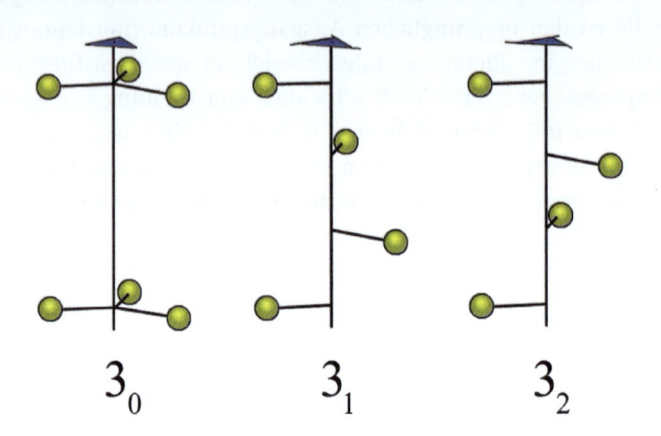

Abb. 1.35: Die dreizähligen Symmetrieachsen

Die 3_1 **Schraubenachse** und die 3_2-**Schraubenachse** sind zueinander **enantiomorph**. Am Beispiel der „*Enantiomorphie von Quarzkristallen*" soll das Korrespondenzprinzip zwischen struktureller und morphologischer Symmetrie veranschaulicht werden. Abb. 1.36 zeigt ein enantiomorphes Paar von Quarzkristallen. Wir haben einen *Links*- und einen *Rechtsquarz*, die sich zueinander spiegelbildlich verhalten. Quarz kristallisiert in der Kristallklasse **32**. Die allgemeine Form ist ein **trigonales Trapezoeder**, welches als linkes und rechtes Trapezoeder auftreten kann. Am Linksquarz sind die Flächen des linken und am Rechtsquarz die Flächen des rechten Trapezoeders zu erkennen. Das bedeutet – bezogen auf die strukturelle Symmetrie, dass die Struktur des Linksquarzes die Raumgruppe **$P3_221$** (Vorhandensein der Linksschraubenachse) und der Rechtsquarz die Raumgruppe **$P3_121$** (Vorhandensein der Rechtsschraubenachse) aufweisen.

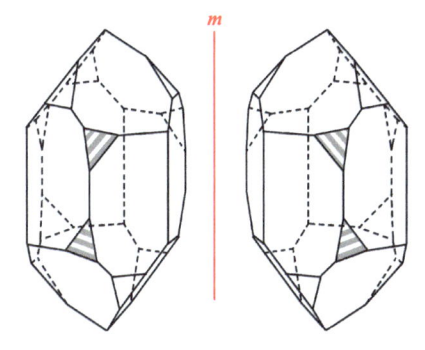

Abb. 1.36: Enantiomorphes Paar von Quarz

Die wichtigsten Merkmale sind in der nachfolgenden Informationsbox zusammengestellt. Abbildungen aller *Dreh-* und *Schraubenachsen* finden sich im Kap. 5 „Anhang".

Dreh- und Schraubenachsen der Kristallstrukturen
$2_0\ 2_1;\quad 3_0\ 3_1\ 3_2;\quad 4_0\ 4_1..4_2..4_3;\quad 6_0\ 6_1\ 6_2..6_3\ 6_4\ 6_5$

Enantiomorphe Paare (Rechts - Linksschraube)
$3_1 \leftrightarrow 3_2\quad 4_1 \leftrightarrow 4_3\quad 6_1 \leftrightarrow 6_5\quad 6_2 \leftrightarrow 6_4$

Zu jeder n-zähligen Drehachse (n = 2, 3, 4, 6) gibt es (n-1) Schraubenachsen.
Die Schraubungskomponenten s (Verschiebung parallel zur Schraubenachse)
der (n-1) Schraubenachsen sind: s = t/n, 2t/n,.....(n-1)t/n.
Der Parameter t ist die Translationsperiode(Identitätsstrecke) entlang der Achse.
Mit n_0 wird eine n-zählige Drehachse gekennzeichnet.

Die zur Beschreibung einer Kristallstruktur notwendigen Symmetrieoperationen sind folgende:

Translation, Identität, Drehungen, Schraubungen

Spiegelungen, Gleitspiegelungen, Inversion und Inversionsdrehungen.

Die Menge aller Symmetrieoperationen einer Kristallstruktur bildet die **Raumgruppe** der Kristallstruktur.

Wie von *Federov* und *Schönflies* 1891 abgeleitet wurde, gibt es 230 Raumgruppentypen. Das Referenzbuch für die Darstellung der Raumgruppensymmetrie schlechthin sind die Bände A und A1 der „*International Tables for Crystallography*" (Internationale Tabellen für Kristallographie) [178, 179]. Hier finden sich alle erforderlichen Angaben, die für eine Klassifizierung der Kristallstrukturen erforderlich sind. Neben der Darstellung des *Symmetriegerüstes*, der Auflistung der *Symmetrieoperationen* sind vor allem die *Angaben zu den möglichen Punktlagen* wichtig. Dabei werden die *Zähligkeit der Punktlage*, gefolgt von einem Buchstaben (*Wyckoff-Buchstabe*), die *Lagesymmetrie* und die *Atomkoordinaten* angegeben. Bei der Behandlung der morphologischen Symmetrie hatten wir gezeigt, dass abhängig von der Lage der Ausgangsfläche durch Anwendung der Symmetrieoperationen eine allgemeine Form oder eine spezielle Form entstehen kann. Analoges gilt für die Lage eines Punktes (repräsentiert die Lage eines Atoms, Moleküls, etc.). Man spricht von einem **Punkt in allgemeiner Lage**, wenn seine **Lagesymmetrie 1** ist. Dann wirken alle Symmetrieoperationen auf den Punkt und wir erhalten die **maximale Zähligkeit** der symmetrieäquivalenten Punkte für den Raumgruppentyp. Ist die **Lagesymmetrie > 1** wird die **Zähligkeit** entsprechend **verringert**. Je höher die Lagesymmetrie, desto geringer ist die Anzahl der *symmetrieäquivalenten Punkte*. Wir betrachten i. allg. bei einer Raumgruppe immer die Symmetrie einer Elementarzelle, da durch die Translationen in den drei Raumrichtungen diese sich wiederholt. Im Gegensatz zur morphologischen Symmetrie, wo eine endliche Anzahl von Symmetrieoperationen gegeben ist, besteht eine Raumgruppe aber aus einer unendlichen Anzahl von Symmetrieoperationen. Die *230 Raumgruppentypen* sind in den Internationalen Tabellen nach folgendem Schema geordnet (Abb. 1.37).

∞ Raumgruppen
↑↓
230 Raumgruppentypen
↓
32 Punktgruppen
↓
7 Kristallsysteme
↓
6 Kristallfamilien

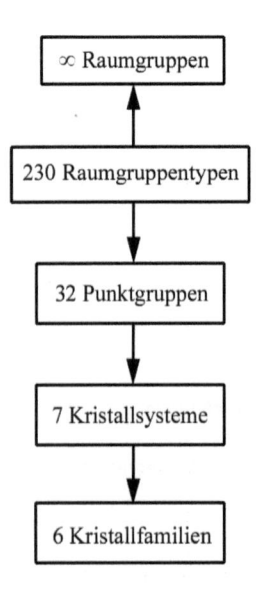

Abb. 1.37: Klassifikationsschema der kristallographischen Raumgruppen in den Internationalen Tabellen.

Charakteristische allgemeine Merkmale für eine Raumgruppe sind:
- Translationssymmetrie
- Punktgruppensymmetrie
- Metrik des Gitters.

Silizium und *Germanium* gehören zum gleichen *Raumgruppentyp*, besetzen die gleiche Punktlage, aber sie unterscheiden sich in der Größe der Elementarzelle. Es sind somit zwei unterschiedliche Raumgruppen vom selben Raumgruppentyp. Die 230 Raumgruppentypen lassen sich den 32 geometrischen Kristallklassen (Punktgruppen) zuordnen. Diese wiederum werden nach den morphologischen Gegebenheiten bzw. nach der Metrik der Gitter in 7 Kristallsysteme und 6 Kristallfamilien eingeteilt. Anhand der internationalen Symbolik für einen Raumgruppentyp soll das Grundkonzept zur Beschreibung der Symmetrie einer Kristallstruktur kurz veranschaulicht werden. Das Raumgruppensymbol (in Kurzform oder ausführlicher Beschreibung) beginnt mit einem Großbuchstaben, aus dem ersichtlich wird, welcher Typ des Translationsgitters (Bravais-Gittertyp) vorliegt. Bei den 14 Bravais-Gittern der Kristallsysteme bzw. Kristallfamilien unterscheidet man in Abhängigkeit vom Zentrierungstyp folgende Grundtypen (Abb. 1.38).

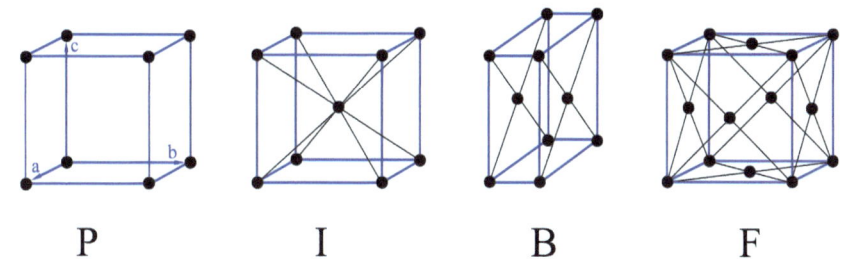

P   I   B   F

Abb. 1.38: Primitives und zentrierte Translationsgitter.

Ein primitives Gitter (Symbol **P**) enthält nur 1 Gitterpunkt in der Elementarzelle, da jeder Gitterpunkt an den 8 Ecken nur zu 1/8 zur Elementarzelle beiträgt (Berücksichtigung, dass 8 Elementarzellen im Raumgitter an einem Gitterpunkt zusammentreffen). Ein innenzentriertes Gitter (Symbol **I**) enthält 2 Gitterpunkte in der Elementarzelle, ebenso die basisflächenzentrierten Gitter (Symbol **A**, **B**, **C**). Ein allseits flächenzentriertes Gitter (Symbol **F**) weist 4 Gitterpunkte in der Elementarzelle auf. Nach der Angabe des Translationsgittertyps folgen die Symbole der erzeugenden Symmetrieelemente (in Kurzform, maximal 3 Symbole). Diese stimmen entweder direkt mit den Punktgruppensymbolen überein oder sie enthalten Symbole von Gleitspiegelebenen an Stelle von Spiegelebenen und/oder Symbole von Schraubenachsen anstelle von Drehachsen. Werden diese Symbole für Gleitspiegelebenen einfach durch das Symbol **m** für eine Spiegelebene und die Symbole der Schraubenachsen durch Wegstreichen der Indizes in das Symbol für Drehachsen überführt, dann offenbart sich ebenso die Symmetrie der Punktgruppe. Daraus wird dann auch das Kristallsystem bzw. die Kristallfamilie ersichtlich.

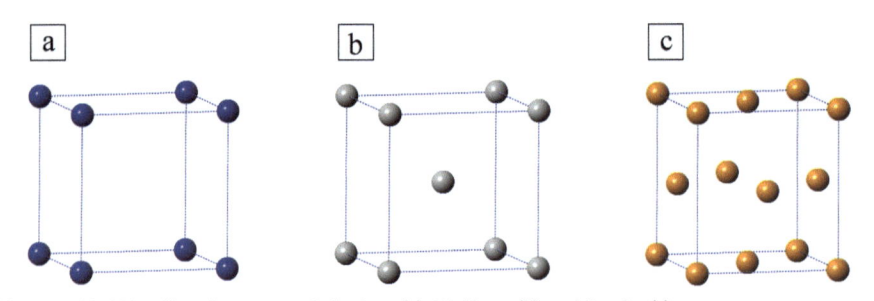

Wir wollen das Prinzip zunächst an einigen sehr einfachen Kristallstrukturen erläutern. In Abb. 1.39 sind die Kristallstrukturen von *Polonium*, *Wolfram* und *Kupfer* dargestellt. Bei diesen einfachen einatomaren Strukturen wurden die Bravais-Gitter **P**, **I** und **F** des kubischen Kristallsystems (a = b = c, α = β = γ = 90°) mit *Polonium-*, *Wolfram-* und *Kupferatomen* dekoriert. Die Raumgruppensymbole für die drei Strukturen lauten: **Pm$\bar{3}$m, Im$\bar{3}$m** und **Fm$\bar{3}$m**. Die drei Metalle weisen die identische Punktgruppe **m$\bar{3}$m** auf. Die Ordnung der Punktgruppe von m$\bar{3}$m ist 48 (die allgemeine Form ist der 48-Flächner das **Hexakisoktaeder**). In allgemeiner Lage würde ein Punkt mit der Lagesymmetrie 1 in den 3 Raumgruppen folgende Zähligkeit aufweisen: **Pm$\bar{3}$m** = 1 x 48 = **48**, **Im$\bar{3}$m** = 2 x 48 = **96**, **Fm$\bar{3}$m** = 4 x 48 = **192**. In allen drei Strukturen ist die Punktlage mit den Koordinaten 0,0,0 besetzt, die für das **P**-Gitter eine einzählige, für das **I**-Gitter eine zweizählige und für das **F**-Gitter eine vierzählige Punktlage ist. Alle drei Punktlagen weisen die **Lagesymmetrie m$\bar{3}$m** auf.

Abb. 1.39: Die Kristallstrukturen von Polonium (a), Wolfram (b) und Kupfer (c).

Folgende Parameter müssen bekannt sein, um eine Kristallstruktur vollständig beschreiben zu können:

Parameter zur Beschreibung einer Kristallstruktur

Chemische Formel der Verbindung
Zahl der Formeleinheiten in der Elementarzelle
Gitterparameter (Gitterkonstanten: a, b, c; Achsenwinkel: α, β, γ)
Raumgruppe
Inhalt der Elementarzelle (Atomkoordinaten x, y, z)

Wir wollen dies am Beispiel der Kristallstruktur des Spinells (MgAl$_2$O$_4$) erläutern, welche in Abb. 1.49 dargestellt ist.

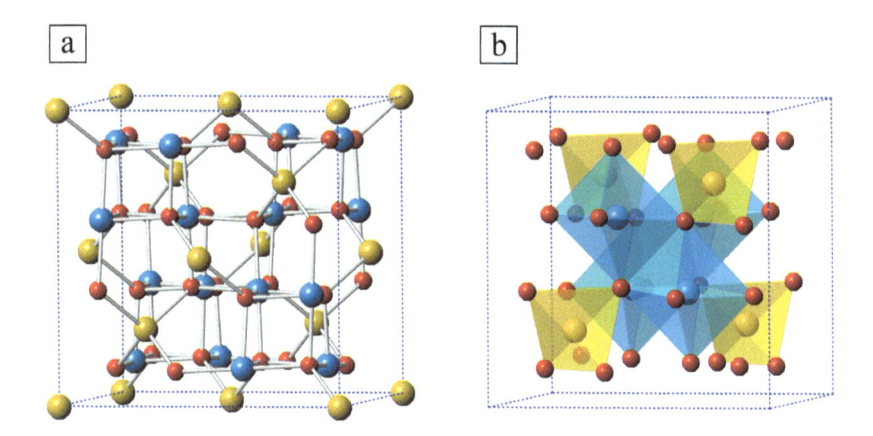

Abb. 1.40: Spinellstruktur; a) Kugel-Stab Modell, b) Polyedermodell.

Die Raumgruppe des *Spinells* ist **Fd$\bar{3}$m**. Es liegt somit ein allseits flächenzentriertes Bravais-Gitter **F** vor. Die Punktgruppenbezeichnung erhalten wir, indem wir das Symbol **d** für eine spezielle Gleitspiegelebene durch **m** ersetzen. *Spinell* weist die uns bereits bekannte kubische Punktgruppe **m$\bar{3}$m** auf. Das Vorliegen des **F**-Gitters bedeutet, dass die allgemeine Lage eine **Zähligkeit von 192** aufweist. Im Raumgruppentyp **Fd3m** besetzen die Mg-, Al-, und O-Atome folgende Punktlagen (Tab. 2)

Tab. 2: Zur Besetzung der Punktlagen in der Spinellstruktur

Atomsorte	Zähligkeit Wyckoff-Buchstabe	Atomkoordinaten		
		x	y	z
Mg	8a	0	0	0
Al	16c	5/8	5/8	5/8
O	32e	x	x	x x =3/8

Aus der Besetzung der Punktlagen ist ersichtlich, dass die Elementarzelle **8** Magnesiumatome, **16** Aluminiumatome und **32** Sauerstoffatome enthält, was einer Zahl von **8 Formeleinheiten** entspricht. Der Gitterparameter von Spinell MgAl$_2$O$_4$ beträgt a = 0.81 nm. Der Aufbau der Elementarzelle lässt sich folgendermaßen beschreiben, wobei wir von einem Aufbau aus Ionen Mg^{2+}, Al^{3+} und O^{2-} ausgehen: Die Mg-Kationen besetzen die Positionen eines F-Gitters (flächenzentrierter Würfel) und außerdem alternierend die Raummitten der Achtelwürfel. Die Mg-Kationen besetzen somit für sich die Positionen der Diamantstruktur. Die freien Achtelwürfel sind die Schwerpunkte der

Al-Tetraeder. Die Sauerstoff-Ionen bilden Oktaeder um die Al-Kationen und Tetraeder um die Mg-Ionen.

Können wir die in der Informationsbox aufgeführten Parameter verwenden, um damit die Struktur eines biologischen Makromoleküls, z. B. eines Proteins, zu beschreiben? *Myoglobin* war – wie bereits erwähnt - das erste Protein dessen Struktur mit Röntgenbeugung gelöst wurde. Myoglobinkristalle sind monoklin und weisen folgende Gitterparameter auf: a = 64, 5 Å, b = 30, 5 Å, c = 34,7 Å mit einem Achsenwinkel β = 106°. Die Raumgruppe ist $P12_11$. Die Anzahl der Atome beträgt ca. 1260. Für diese Atome wurden ebenso die Positionen in der Elementarzelle bestimmt wie dies bei anorganischen Kristallen geschieht. Es gibt ein schönes Foto von *John Cowdery Kendrew*, der diese Struktur gelöst hatte, wie er an einem sehr großen Stabmodell die Positionen der Atome betrachtet. Die Anzahl der Atome im *Hämoglobin* beträgt etwa das Vierfache. Beide Proteine gehören zu den kleinen Proteinstrukturen. Der 10000 Eintrag in der Proteindatenbank beschreibt die Struktur der *Bakteriophage phi X174*, die mehr als 500000 Atome aufweist. Man sieht bereits an diesen Beispielen, dass für Biomakromoleküle eine andere Darstellungsweise notwendig ist, um die Strukturen visuell zu beschreiben. Ein Kugel-Stab Modell liefert nur für kleine Proteinstrukturen bzw. Teile einer Proteinstruktur eine übersichtliche Darstellung.

Die Beschreibung der räumlichen Struktur der Proteine erfolgt auf *vier Ebenen*. Proteine sind Makromoleküle, die aus bis zu 20 verschiedenen Aminosäuren bestehen, die in unterschiedlicher Anzahl und Sequenz lineare Ketten bilden. Die Bindung zwischen den Aminosäuren ist eine sogenannte Peptidbindung. Proteine können aus einer oder mehreren Polypeptidketten bestehen.

Die Primärstruktur beschreibt die Sequenz, d. h. die Abfolge der Aminosäuren. *Frederick Sanger* (1918 – 2013) war der Erste der 1955 die Aminosäuresequenz eines Proteins, des *Insulins*, bestimmte[27]. Die Primärstruktur bestimmt wie der Faltungsprozess zur räumlichen Struktur verläuft.

Die Sekundärstruktur beschreibt häufig auftretende räumliche Strukturelemente zu denen die *α-Helix* und *β-Faltblattstruktur* gehören.

Die Tertiärstruktur gibt die gesamte räumliche Anordnung der Sekundärstrukturelemente an.

Eine Quartärstruktur liegt vor, wenn sich zwei oder mehrere Proteinketten zu einem funktionellen Komplex zusammenlagern.

---

[27] Für seine *Arbeiten über die Struktur der Proteine, besonders des Insulins* erhielt *Frederick Sanger* 1958 den *Nobelpreis für Chemie*.

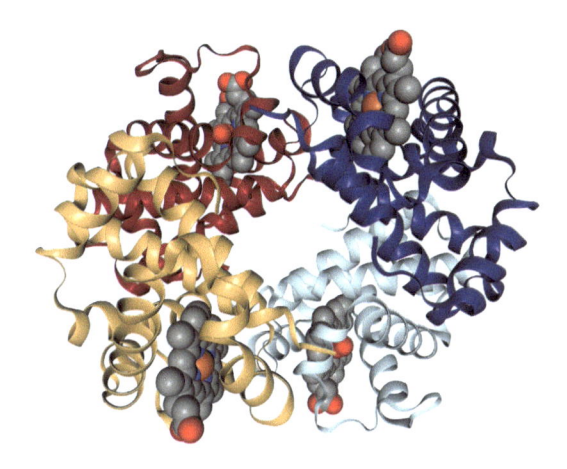

Abb. 1.41: Struktur von Hämoglobin, Protein Datenbank (PDB) Identifikator: 4HHB (DOI: 10.2210/pdb4hhb/pdb), Graphische Darstellung: JMol).

Die Struktur von *Hämoglobin* (Abb. 1.41) besteht aus vier Polypeptidketten, von denen je 2 identisch sind. Als Sekundärstrukturelemente kommen nur α-Helices vor. Es gibt somit vier Untereinheiten an die jeweils eine *Hämgruppe* (im Bild als Kugelmodell dargestellt) gebunden ist. Im Zentrum der Gruppe sitzt ein Eisenion, welches den Sauerstoff bindet. Die vier Untereinheiten des *Hämoglobins* bilden die Quartärstruktur. Die α-Helices sind hier als Spiralen dargestellt.

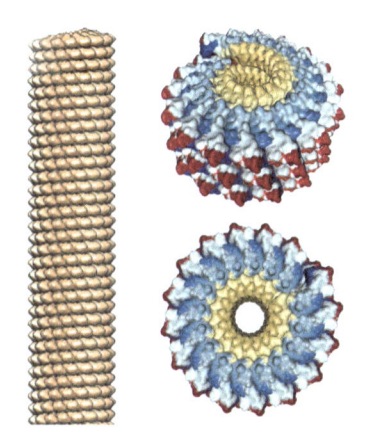

Abb. 1.42: Zur Struktur des Tabakmosaikvirus (TMV), Protein Datenbank (PDB) Identifikator: 2OM3 (DOI: 10.2210/pdb2om3/pdb).

Die Struktur des *Tabakmosaikvirus* ist in Abb. 1.42 dargestellt. Das stäbchenförmige Virus hat eine Länge von 300 nm und einen Durchmesser von 17 nm. Der Kanal im Inneren hat einen Durchmesser von 4 nm. Die wie ein Maiskolben aussehende Außenschicht ist das *Kapsid,* welches als Schutzhülle für die im Inneren des Zylinders verlaufende *Ribonukleinsäure* dient. Das *Kapsid* besteht aus *Kapsomeren*, die hier wie Maiskörner aussehen aber Proteine sind. Die Abbildungen rechts zeigen die Untereinheiten, aus denen das Virus aufgebaut ist. Insgesamt besteht das Virus aus 17420 Proteinuntereinheiten.

Die ersten Strukturbestimmungen mit Hilfe der Röntgenbeugung von einfachen binären kubischen Verbindungen (NaCl, KCl, KJ, ZnS) wurden – wie bereits im Kap. 1.1 erwähnt – von *William Lawrence Bragg* 1913 durchgeführt. Zwölf Jahre später waren ca. 600 Kristallstrukturen von Elementen, anorganischen und organischen Verbindungen bestimmt worden. Zusätzliche Möglichkeiten der Strukturbestimmung ergaben sich zunächst durch die *Entdeckung der Elektronenbeugung* im Jahre 1927, unabhängig voneinander durch *Clinton J. Davisson* (1881 – 1958) und *Lester H. Germer* (1896-1971) einerseits und *George P. Thomson* (1892 – 1975) und *Andrew Reid* [28] andererseits. **Clinton J. Davisson und George P. Thomson** erhielten für ihre experimentelle Entdeckung der Beugung von Elektronen durch Kristalle im Jahre **1937 den Nobelpreis für Physik**. Im Jahre 1932 wurde durch *James Chadwick* (1891 – 1974) das Neutron entdeckt, wofür er 1935 mit dem Nobelpreis in Physik ausgezeichnet wurde. Bereits ein Jahr später wies *Walter M. Elsasser* (1904 – 1991) auf den Wellencharakter des Neutrons und die damit gegebenen Möglichkeiten der *Beugung von Neutronen* an Festkörpern hin. Der experimentelle Nachweis erfolgte im gleichen Jahr durch *Hans von Halban* (1908 – 1964) und *Peter Preiswerk* (1907 – 1972) als auch durch *D. P. Mitchell* und *P. N. Powers*.

Mit der Verfügbarkeit von Kernreaktoren begann in den fünfziger Jahren die Anwendung der Neutronenbeugung zur Bestimmung von Kristallstrukturen. Die gestiegene Leistungsfähigkeit der Strukturbestimmung mittels Röntgen-, Neutronen- und Elektronenbeugung ist einerseits dadurch bedingt, dass brillante Strahlungsquellen (z. B. *Synchrotron, freier Elektronenlaser, Spallations-Neutronenquelle*) und hochempfindliche Detektoren entwickelt wurden. Andererseits hat die Entwicklung neuer mathematischer Verfahren zur Strukturbestimmung aus den gemessenen Streuintensitäten und deren Implementierung in Computerprogrammen, die auf Höchstleistungsrechnern laufen, dazu beigetragen, dass selbst Strukturen von biologischen Makromolekülen mit Tausenden von Atomen mit vertretbarem Zeitaufwand gelöst werden können. Eine Übersicht über die Anzahl der gelösten Strukturen liefern die

---

28 Die ersten Experimente wurden von *Andrew Reid*, der Forschungsstudent bei Professor *Thomson* war, durchgeführt. Diese wurden in einer kurzen Mitteilung in *Nature* (Juni 1927) veröffentlicht. *Andrew Reid* verstarb wenig später nach einem Motorradunfall. Die verbesserten Experimente an Metallfilmen erfolgten durch *G.P. Thomson* und wurden in *Nature* (Dezember 1927) publiziert.

primären kristallographischen Datenbanken, die in Tab.3 aufgeführt sind. So enthielt beispielsweise die Protein Datenbank 1986 nur 214 Einträge, gegenwärtig sind es 130807.

Tab. 3: Kristallographische Datenbanken

Datenbank	Inhalt der Datenbank	Anzahl der Strukturdaten[29]
CrystMet https://cds.dl.ac.uk/cds/datasets/crys/crystal.html	Metalle, Legierungen und Intermetallische Verbindungen	ca. 173000 Einträge, ca. 95000 vollständige Strukturdatensätze
CSD Cambridge Structural Database https://www.ccdc.cam.ac.uk/	Organische und metallorganische Verbindungen	875000 Strukturen
ICSD Inorganic Crystal Structure Database https://icsd.fiz-karlsruhe.de/	Anorganische Verbindungen	187000 Strukturen
PDB Protein Data Bank http://www.rcsb.org/pdb/	Proteine, Nukleinsäuren und komplexe Baugruppen	Einträge zu 130807 Strukturen biologischer Makromoleküle
NDB Nucleic Acid Database http://ndbserver.rutgers.edu/	Nukleinsäuren	8922 Strukturen
BMCD Biological Macromolecule Crystallization Database http://bmcd.ibbr.umd.edu/	Strukturdaten und Kristallisationsbedingungen von Proteinen, Nukleinsäuren und Viren	43406 Datensätze
PCD Pearson's Crystal Data	Anorganische Verbindungen	288500 Strukturdatensätze
COD Crystallographic Open Database www.crystallography.net	Organische, anorganische, metallorganische Verbindungen, Minerale, keine Strukturdaten von Biopolymeren	379345 Einträge

1.3 Die Entdeckung der Quasikristalle – ein Paradigmenwechsel in der Symmetrielehre

Eine neue wissenschaftliche Wahrheit pflegt sich nicht in der Weise durchzusetzen, dass ihre Gegner überzeugt werden und sich als belehrt erklären, sondern vielmehr dadurch, dass die Gegner allmählich aussterben und dass die heranwachsende Generation von vornherein mit der Wahrheit vertraut gemacht wird.
Max Planck, Wissenschaftliche Selbstbiographie

---

[29] Anzahl der Datensätze: Stand Juni 2017.

Am 10. Dezember 2011 wurde dem israelischen Wissenschaftler *Dan Shechtman* (Abb. 1.43) vom *Technion*, dem *Institut für Technologie*, in Haifa *für die Entdeckung der Quasikristalle* in Stockholm der *Nobelpreis für Chemie* überreicht. Ein krönender Abschluss für eine Entdeckung, die eine wissenschaftliche Revolution in der Kristallographie ausgelöst hatte und zu einer Neudefinition des Kristallbegriffes führte. Die Geschichte begann 1982 als *Dan Shechtman* während eines längeren Forschungsaufenthaltes an der *Johns Hopkins Universität* in einem gemeinsamen Projekt mit dem *National Bureau of Standards (NBS)*, dem heutigen *National Institute for Standards and Technology (NIST)*, die Struktur schnell erstarrter Aluminium-Übergangsmetall-Legierungen im Transmissionselektronenmikroskop (TEM) am *NBS* untersuchte. Die Legierungen wurden mit Hilfe des Schmelzspinnverfahrens hergestellt, bei der unter Druck die Schmelze durch eine Düse auf einen schnell rotierenden, wassergekühlten Kupferzylinder aufgespritzt wird. Bei diesem Verfahren werden Abkühlungsraten von $10^5 - 10^6$ K/s erreicht.

Abb. 1.43: Dan Shechtman, Technion, Haifa (©: Mit freundlicher Genehmigung des Technion - Israel Institute of Technology).

Am Morgen des 8. Aprils untersuchte *Dan Shechtman* eine Probe einer schnell erstarrten Al-14 % Mn-Legierung im TEM und beobachtete ein faszinierendes und für ihn unerklärliches Elektronenbeugungsdiagramm (Abb. 1.44), welches scharfe Beugungsreflexe und eine 10-zählige Rotationssymmetrie aufwies. Eine so eindeutige und exakte 10-zählige Rotationssymmetrie würde bedeuten, dass das Objekt entweder in Richtung einer 5-zähligen oder einer 10-zähligen Drehachse durchstrahlt wurde. Natürlich war sich *Dan Shechtman* bewusst, dass seine Beobachtung scheinbar widersprüchlich zum Wissensstand der klassischen Kristallographie war. Es galt, dass einerseits punktförmige Beugungsreflexe nur bei Vorhandensein von Translationsperiodizität auftreten können und andererseits mit der Translationssymmetrie nur Drehachsen der Zähligkeit 1, 2, 3, 4 und 6 verträglich sind. Als er sein Beugungsdiagramm dem leitenden Wissenschaftler des Zentrums für Materialwissenschaften des NBS, *John W. Cahn*, zeigte, sagte dieser nur:

> Dany geh weg, dies sind Zwillinge und nicht besonders interessant.

Dan Shechtman wusste natürlich, dass durch zirkulare Mehrfachverzwillingung eine pentagonale Pseudosymmetrie erzeugt werden kann. Eine TEM-Abbildung und das zugehörige Elektronenbeugungsdiagramm eines *Palladium-Dekaeders* (*pentagonale Dipyramide*) zeigt Abb. 1.45 [180]. Ausgangspunkt für die Strukturbeschreibung ist ein Pd-Wachstumstetraeder, welches nach den {111}Tetraederflächen 2 Primär- und 2 Sekundärzwillinge bildet. Da durch diesen Mechanismus kein vollständiges Polyeder (ohne Raumlücken) erzeugt werden kann, ist das Auftreten von inhomogenen Verzerrungen erforderlich.

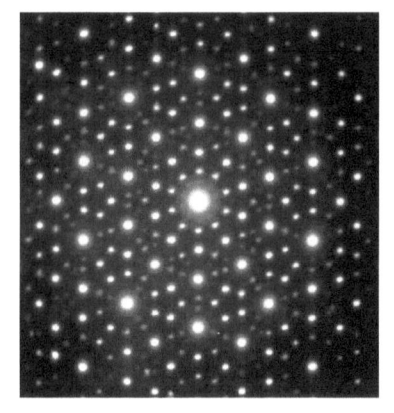

Abb. 1.44: Elektronenbeugungsdiagramm eines ikosaedrischen Quasikristalls entlang einer 5-zähligen Drehachse (Nachdruck mit CCC-Genehmigung aus *Shechtman, D. et al.* [183]. Copyright 1984 by The American Physical Society).

Abb.1. 45: TEM-Abbildung und Elektronenbeugungsdiagramm eines Palladium-Dekaeders (Nachdruck mit CCC-Genehmigung aus H. Hofmeister [180]).

Ein erfahrener Elektronenmikroskopiker würde auch ohne TEM-Abbildung bereits aus dem Beugungsdiagramm erkennen, welches auch eine annähernde 10-zählige Rotationssymmetrie aufweist, dass es sich hier um eine Verzwillingung handeln muss. Die Feinstruktur der Reflexe, welche bei einer höheren Vergrößerung der Beugungsaufnahme noch deutlicher zu erkennen ist, wird nicht durch die Gestaltsfunktion des *Dekaeders* bestimmt, sondern durch die Gestaltsfunktion der nicht verzwillingten Untereinheit, welche im gezeigten Beispiel ein leicht verzerrtes *Tetraeder* ist. Im Allgemeinen lässt sich mit Hilfe der Hochauflösungselektronenmikroskopie nachweisen, wodurch das Schließen der Lücke von 7.35° bei diesem Typ von Mehrfachzwillingen bewirkt wird. Im Falle des pentagonalen Ge-Zwillings (Abb. 1.46) bewirken *Stapelfehlerpaare* (markiert durch Pfeile) das Schließen der Lücke [182].

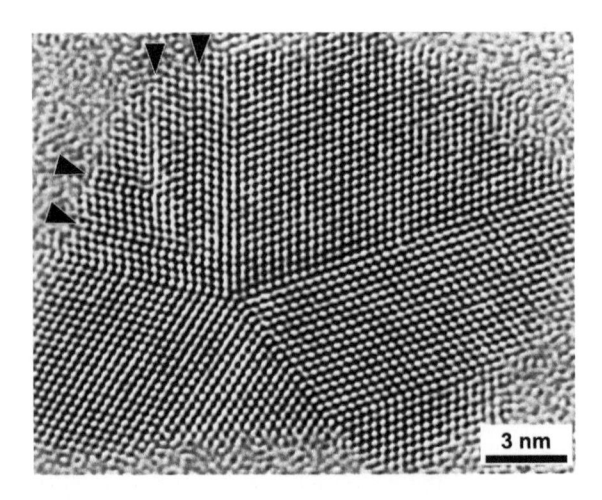

Abb. 1.46: HRTEM Abbildung eines zirkular mehrfachverzwillingten Teilchens in nanokristallinem Germanium (Nachdruck mit CCC-Genehmigung aus H. Hofmeister [181]).

Durch Mehrfachverzwillingung von Wachstumstetraedern kann ebenso ein nahezu geschlossenes *Ikosaeder* erzeugt werden. Diese Zwillingsstruktur wird durch insgesamt **3** *Primär*-, **6** *Sekundär*-, **6** *Tertiär*- und **1**-*Quintärzwilling* gebildet. Sowohl bei dem durch Verzwillingung gebildeten *Dekaeder* als auch bei dem *Ikosaeder* handelt es sich um eine *fünfzählige Pseudosymmetrie*. Durch eine Vielzahl von Untersuchungen, mit Hilfe der Dunkelfeldabbildungs- und Mikrobeugungstechnik, konnte *Dan Shechtman* keinen Nachweis finden, dass sein Beugungsdiagramm mit 10-zähliger Rotationssymmetrie durch Zwillinge verursacht wird. Was war es dann? Seine experimentellen Befunde von scharfen Beugungsreflexen und nichtkristallographischer Symmetrie widersprachen den Grundgesetzen der Kristallographie. In Lehrbüchern für Kristallographie findet man Sätze wie: „*Es ist bemerkenswert, dass fünfzählige Drehachsen und Drehachsen mit Zähligkeiten größer als sechs an Kristallen nicht auftreten können*". Ohne eine befriedigende Interpretation seines Beugungsdiagrammes kehrte *Dan Shechtman* Ende des Jahres 1983 ans *Technion* in *Haifa* zurück. Hier war es *Ilan Blech*, der sich gemeinsam mit *Dan Shechtman* an die Lösung der Aufgabe wagte. Er interpretierte das Beugungsdiagramm mit einem „*ikosaedrischen Glas*"-Modell", was ikosaedrische Orientierungsordnung aufweist aber keine Translationsperiodizität besitzt. Im Sommer 1984, *Dan Shechtman* war wieder am *NBS* in *Maryland*, schrieb er gemeinsam mit *Ilan Blech* einen Artikel, in welchem die experimentellen Befunde mit dem ikosaedrischen Glasmodell interpretiert wurden und reichte ihn bei „*Journal of Applied Physics*" ein. Der Editor lehnte die Arbeit sehr schnell ab, da sie für Physiker nicht von Interesse sei. Später hat er diese Entscheidung zutiefst bedauert. Die Arbeit wurde dann bei der Zeitschrift „Metallurgical Transactions" eingereicht und erschien 1985 [182]. Als *Dan Shechtman* das Manuskript der abgelehnten Arbeit mit *John W. Cahn* besprach, war dieser zur Mitarbeit an einer Neufassung bereit und schlug als weiteren Koautor *Denis Gratias* vom *CNRS* in *Frankreich* vor, der durch seine Arbeiten auf dem Gebiet der mathematischen Kristallographie bekannt war. Der Artikel „*Metallic phase with long-range orientational order and no translational symmetry*" (Eine metallische Phase mit langreichweitiger Orientierungssymmetrie und fehlender Translationssymmetrie) von *Shechtman, Blech, Gratias und Cahn* wurde bei der renommierten Zeitschrift „*Physical Reviews Letters (PRL)*" eingereicht und erschien im November 1984 [183]. In dieser Arbeit wurde an Hand von Elektronenbeugungsdiagrammen, die durch gezielte Kippung der Probe entlang definierter Richtungen aufgenommen wurden, eindeutig bewiesen, dass es sich um eine **Phase mit ikosaedrischer Symmetrie** handelt. Betrachten wir nur die Rotationssymmetrie eines Ikosaeders (Abb. 1.47), so weist dieser Platonische Körper **6** *fünfzählige* -, **10** *dreizählige* – und **15** *zweizählige Drehachsen* auf. Kippen wir das Polyeder von einer 5-zähligen Drehachse (Durchstoßpunkt: Ecke eines Dreiecks) entlang der Dreiecksseite, so folgt in der Kantenmitte der Durchstoßpunkt einer 2-zähligen Drehachse und danach wieder die 5-zählige Drehachse. Kippt man aber ausgehend von einer 5-zähligen Drehachse in Richtung der Kantenmitte des

Dreiecks, dann folgt im Durchstoßpunkt der Flächenmitte eine 3-zählige Drehachse und anschließend in der Kantenmitte der gegenüberliegenden Dreiecksseite eine 2-zählige Drehachse. Auf diese Weise konnte *Dan Shechtman* eindeutig die Existenz der ikosaedrischen Phase nachweisen. Die 10-zählige Symmetrie im Beugungsdiagramm wird durch die fünfzählige Drehachse hervorgerufen.

Nur sechs Wochen nach Erscheinen der Arbeit von *Shechtman*, mit der grundlegende Lehrsätze der Kristallographie auf den Prüfstand gestellt wurden, erschien in der Zeitschrift *PRL* die erste einer Serie von Arbeiten von *Dov Levine* und *Paul Steinhardt* von der *Universität Pennsylvania* in Philadelphia, in der eine theoretische Beschreibung dieser neuen Klasse von *„quasiperiodischen"* Materialien erfolgte und diese erstmalig als *„Quasikristalle"* bezeichnet wurden [184].

Es war völlig klar, dass die Publikation von *Dan Shechtman* die Wissenschaftlergemeinde in Befürworter und Gegner spaltete. Wie ist eine kristalline Struktur mit einer 5-zähligen Symmetrie und fehlender Translationssymmetrie vereinbar? In den ersten Jahren nach der Entdeckung waren es vor allem Physiker und Mathematiker, die mit ihren Arbeiten über Quasikristalle die Entdeckung *Shechtmans* bestätigten. Aus dem Kreis der kristallographisch Gebildeten überwog zunächst die Ablehnung. Der wohl bedeutendste Gegner war kein Geringerer als der zweifache Nobelpreisträger *Linus Pauling* (Abb. 1.48), eine Ikone der Wissenschaft. Während seines langen Forscherlebens war er auf vielen Wissenschaftsgebieten erfolgreich tätig, wovon seine 2 Nobelpreise, zahlreiche Medaillen wissenschaftlicher Gesellschaften und 47 Ehrendoktorate ein beredtes Zeugnis sind.

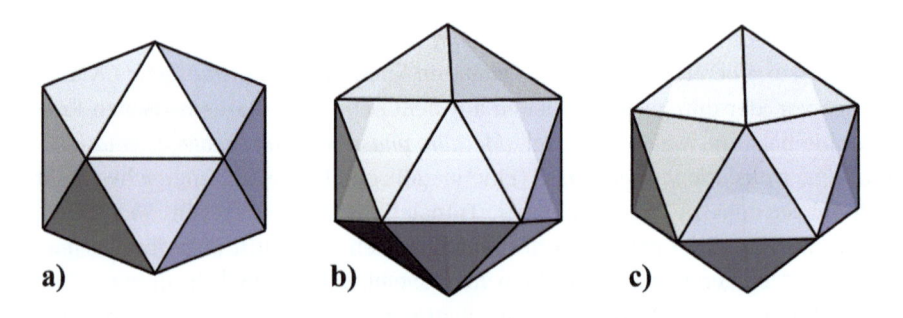

a) b) c)

Abb. 1.47: Ikosaeder in Blickrichtung einer 2-, 3- und 5-zähligen Drehachse (von links nach rechts)

Im Jahre *1954* erhielt er den *Nobelpreis für Chemie* für seine *Erforschung der Natur der chemischen Bindung und ihre Anwendung zur Aufklärung der Struktur komplexer Sub-*

stanzen. Für seine Aktivitäten gegen Atomtests wurde ihm *1962* der *Friedensnobelpreis* verliehen. Im Rennen um die Strukturbestimmung der DNS hatte er wesentliche Beiträge geleistet, musste sich aber im Endspurt *Francis Crick* und *James Watson* geschlagen geben, die für ihr Strukturmodell der Doppelhelix, dass auf den Röntgenbeugungsdaten von *Rosalind Franklin* und *Maurice Wilkins* beruhte, gemeinsam mit *Maurice Wilkins* im Jahre 1962 den Nobelpreis für Medizin erhielten.

Abb. 1.48: Linus Pauling, 1985 (©mit freundlicher Genehmigung von "Ava Helen and Linus Pauling Papers", Special Collections and Archives Research Center (SCARC), Oregon State University Libraries, Corvallis/OR).

Linus Pauling war mit den Grundlagen der Kristallographie bestens vertraut. Seine ersten Strukturbestimmungen mittels Röntgenbeugung führte er bereits in den Jahren 1923 und 1924 aus. Seine zahlreichen Röntgenkristallstrukturanalysen komplexer Substanzen waren mit ausschlaggebend für die Verleihung des Nobelpreises in Chemie. Seine Einwände gegen *Shechtman's* Entdeckung waren anfänglich äußerst schroff und polemisch und gipfelten in der Bemerkung:

> Dan Shechtman erzählt Unsinn. Es gibt keine Quasikristalle, es gibt nur Quasiwissenschaftler.

Linus Pauling war fest der Meinung, dass die fünfzählige Symmetrie durch Mehrfachverzwillingung verursacht wird. Im April 1985 begann ein Briefwechsel zwischen *Pauling* und *Shechtman*, in dem die Standpunkte ausgetauscht wurden und in deren Folge *Dan Shechtman* auch Kopien von Elektronen- und Röntgenbeugungsbildern schickte, die *Linus Pauling* für seine Berechnung der Zwillingstrukturen benötigte. In seiner ersten im Oktober 1985 in *Nature* veröffentlichten Arbeit beschrieb *Pauling* die Struktur von $MnAl_6$ mit einem Zwillingsmodell, bei dem die kubische Elementarzelle mit einer Kantenlänge von 2.637 nm 1120 Atome enthielt [185]. Es zeigte sich jedoch, dass sein sehr komplexes Modell zu keiner exakten Übereinstimmung mit den experimentellen Beugungsdaten des Quasikristalls führte. Die ersten Quasikristalle, die mittels des Schmelzspinnverfahrens hergestellt wurden, waren alle metastabil. Doch bereits 1986 wurde der erste stabile ikosaedrische Quasikristall im System Al-Cu-Li hergestellt.

Recht schnell gelang es, mit Hilfe klassischer Kristallzüchtungsmethoden wie dem Czrochralski-Verfahren, Bridgman-Verfahren, Zonenschmelzen und dem Wachstum aus Hochtemperaturlösungen (Flux-Methode) große Quasikristalle von solcher Qualität herzustellen, dass sie mit Einkristallmethoden untersucht werden konnten (Abb. 1.49).

Mit Hilfe der hochauflösenden Beugungsverfahren war somit der Nachweis möglich, ob ein pseudosymmetrisches oder ein quasikristallines Material vorliegt. Dies war ein wesentlicher Punkt, der viele Quasikristallgegner zum Umdenken einlenkte. Für *Linus Pauling* bedeuteten perfektere Quasikristalle mit hochaufgelösten Beugungsdaten, dass seine Zwillingsmodelle noch komplexer wurden. In seiner im November 1989 in der Zeitschrift „*Proceedings National Academy of Science, USA*" veröffentlichten Arbeit beschreibt er u. a. einen Quasikristall der Zusammensetzung $Al_{13}Cu_4Fe_3$, der geringe Abweichungen von der ikosaedrischen Symmetrie aufweist, als Mehrfachzwilling eines kubischen Kristalls mit 9984 Atomen in einer Elementarzelle von 5.2 nm [186]. Simultan zur Arbeit von *Pauling* wurde in dieser Zeitschrift ein Kommentar von *Peter Bancel* et al. zu dieser publiziert, in der gezeigt wurde, dass für einen perfekten *AlFeCu-Quasikristalls*, der von *Bancel* und Mitarbeitern gezüchtet und untersucht wurde, das *Pauling'sche* Zwillingsmodell einen Kristall mit einer Elementarzelle von > 18.5 nm mit insgesamt 425000 Atomen aufweisen würde [187].

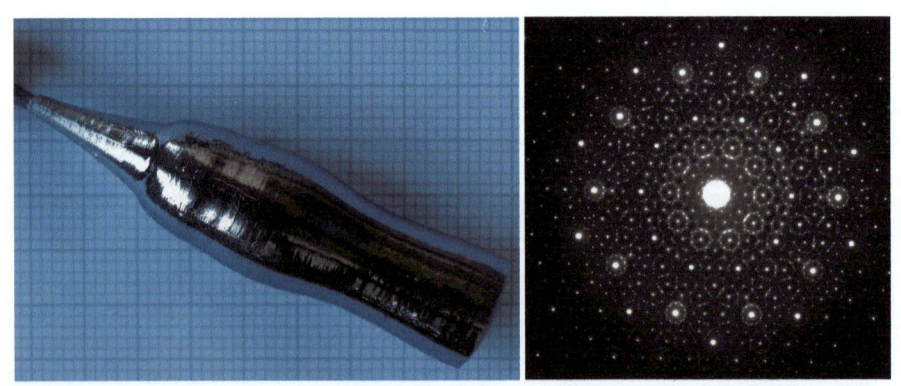

Abb.1.49: Dekagonaler $Al_{72}Co_9Ni_{19}$ Quasikristall und Elektronenbeugungsdiagramm in Richtung der 10-zähligen Drehachse (©: P. Gille, LMU München; Kristallzüchtung: P. Gille; Beugungsaufnahme: P. Schall, FZ Jülich).

Mit dem Quasikristallmodell hingegen, ist eine einheitliche Beschreibung für all diese Proben gegeben. Jedoch führten diese Einwände bei *Linus Pauling* nicht zu einem Umdenken. *Dan Shechtman* hatte *Pauling* auf Konferenzen getroffen, er hatte ihn auch in seinem Institut, dem „*Linus Pauling Institut für Wissenschaft und Medizin*" in *Palo*

Alto/ Kalifornien besucht. In all diesen Diskussionen hatten beide zu vielen Dingen übereinstimmende Vorstellungen und Meinungen, nur nicht in der Frage der Existenz eines Quasikristalls. In einem Brief vom Oktober 1987 wiederholte *Pauling* seine bereits früher schon einmal ausgesprochene Einladung zum Schreiben eines gemeinsamen „*Shechtman/Pauling*-Artikels" und dankte ihm erstmals für seine Entdeckung der Quasikristalle. *Linus Pauling* schrieb [188]:

> Diese Entdeckung hat einen großen Beitrag zur Kristallographie und Metallurgie geleistet, indem sie Hunderte von Forschern stimuliert hat Legierungen zu untersuchen und so zu sehr viel zusätzlichem Wissen über intermetallische Verbindungen geführt hat. ... Ihre Entdeckung hat auch mich glücklicher gemacht ... Seit über 2 Jahren arbeite ich an dieser Aufgabenstellung und habe Freude daran. Ich schätze, dass ich nahezu 1000 Stunden dazu verbracht habe, nur um über die gesamte Fragestellung nachzudenken und mehr als 1000 Stunden, um die Berechnungen zu machen und Artikel zu schreiben.

Shechtman war unter der Bedingung zu einer gemeinsamen Publikation bereit, wenn *Pauling* die Existenz von quasiperiodischen Kristallen anerkennen würde. Eine gemeinsame Publikation kam nicht zu Stande. *Linus Pauling* blieb bis zu seinem Lebensende ein Verfechter der Mehrfachverzillingung. Er starb am 19. August 1994 auf seiner Ranch in *Big Sur* in Kalifornien im Alter von 93 Jahren.

Die Annahme, dass scharfe Beugungsreflexe und ikosaedrische Symmetrie einer Legierung unvereinbar sind und sich nur mit einer translationsperiodischen Ausgangsstruktur, die dann mehrfach verzwillingt, erklärbar sind, erwies sich als falsch. Die Lösung dazu lieferten die Arbeiten des dänischen Mathematikers *Harald Bohr*, dem jüngeren Bruder des Atomphysikers und Physiknobelpreisträger des Jahres 1922 *Niels Bohr*. *Harald Bohr* hatte in den Jahren von 1924 – 1926 die *Theorie der fastperiodischen Funktionen* begründet. Eine zusammenfassende Darstellung der Theorie findet man in seinem Buch „*Fastperiodische Funktionen*", dass 1932 im *Springer Verlag*, *Berlin* auf Deutsch und gleichzeitig bei *Cambridge University Press* in englischer Sprache erschien [189].

Ohne im Detail auf die Mathematik einzugehen, gelten folgende Zusammenhänge: Die Massendichte eines Quasikristalls kann mit Hilfe quasiperiodischer Funktionen beschrieben werden. Eine quasiperiodische Funktion ist ein Spezialfall einer fastperiodischen Funktion. Jede D-dimensionale fastperiodische Funktion, und damit auch eine D-dimensionale quasiperiodische Funktion, lässt sich aus einer n · D-dimensionalen periodischen Funktion durch Projektion in den d-dimensionalen Raum konstruieren.

Die Zusammenhänge zwischen Objektraum (z. B. Kristallraum, Quasikristallraum) und Beugungsraum werden mathematisch durch eine Fouriertransformation, eine spezielle Form einer Integraltransformation, erfasst. Aus der Theorie von *Harald Bohr* folgt, dass auch die Fouriertransformierte von fastperiodischen Funktionen ein diskretes Spektrum (scharfe Beugungsreflexe) liefert, welches die Fastperiodizität des Objektraumes widerspiegelt. Dieses Spektrum unterscheidet sich jedoch in wesentlichen Punkten von dem eines translationsperiodischen Kristalls.

Im Folgenden wird gezeigt, wie aus einem 2-dimensionalen translationsperiodischen Gitter mit Hilfe der Streifenprojektionsmethode ein 1-dimensionales Quasigitter erzeugt wird (Abb. 1.50).

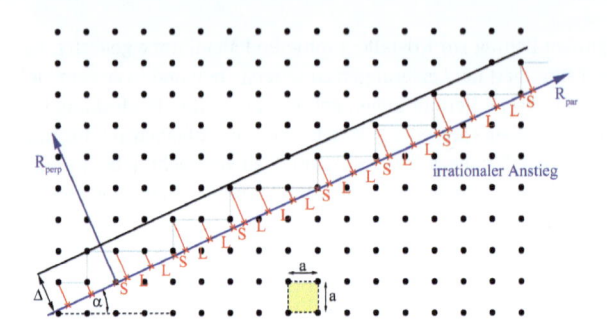

Abb. 1.50: Konstruktion eines 1-D-Quasigitters (Fibonacci-Gitter) aus einem 2-D-Translationsgitter nach der Streifenprojektionsmethode.

Projiziert man die Gitterpunkte des 2-dimensionalen quadratischen Gitters auf die Gerade R_{par} entlang R_{per}, so erhält man ein 1-dimensionales Gitter. Ist der Anstieg $m = \tan \alpha$ der Geraden R_{par} eine rationale Zahl, dann entsteht durch die Projektion ein 1-dimensionales periodisches Gitter. Im Falle eines irrationalen Anstiegs wie in Abb. 1.51, wo $m = \tau = 1{,}618034\ldots$ ist, erhält man ein 1-dimensionales Quasigitter. Dieses besteht aus den Teilungsabschnitten $L = a \cdot \cos \alpha$ und $S = a \cdot \sin \alpha$, wobei die Abfolge der (L, S)-Abschnitte einer *Fibonacci-Sequenz* entspricht. Würde das gesamte 2-dimensionale Gitter projiziert, erhält man ein 1-dimensionales Quasigitter mit einer sehr dichten, nahezu kontinuierlichen Verteilung der Gitterpunkte mit unphysikalisch kleinen Gitterabständen. Dies wird verhindert, indem nur Gitterpunkte, die innerhalb eines Streifens Δ liegen, projiziert werden. Über die Variation der Streifenweite Δ, die im gezeigten Beispiel $\Delta = a(\cos \alpha + \sin \alpha)$ beträgt, lässt sich die Dichte der Gitterpunkte variieren.

Das wohl bekannteste Beispiel für ein 2-dimensionales quasiperiodisches Gitter ist die sogenannte **Penrose Parkettierung**, benannt nach seinem Entdecker, dem britischen Mathematiker und Physiker *Roger Penrose* (geb. 1931). Er konnte bereits 1974 zeigen, dass mit Hilfe zweier Elementarmaschen, einem spitzen und einem stumpfen Rhombus mit den Winkelwerten ($\alpha_{sp} = 36°$, $\alpha_{st} = 72°$), eine quasiperiodische Parkettierung mit 5-zähliger Symmetrie bei Einhaltung bestimmter Verknüpfungsregeln erzeugt werden kann [190]. Ein Beispiel eines solchen *Penrose*-Musters zeigt Abb. 1.51.

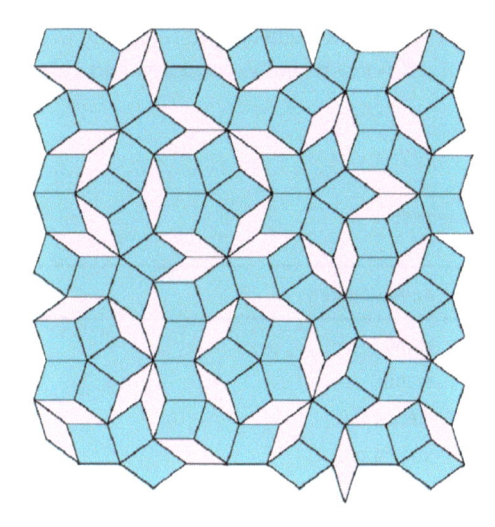

Abb. 1.51: *Penrose*-Parkettierung mit spitzen und stumpfen Rhomben.

Der britische Kristallograph und Mathematiker *Alan Mackay* (geb. 1926) zeigte im Jahre 1981, dass sich mittels zweier unterschiedlicher Rhomboeder 3-dimensionale Penrose-Muster erzeugen lassen und verwendete ein Jahr später erstmalig den Begriff „Quasigitter" für die 2- und 3-dimensionalen *Penrose*-Muster [191, 192]. Er war es auch, der mit Hilfe optischer Beugungsexperimente an mit Gitterpunkten dekorierten *Penrose*-Mustern demonstrierte, dass diese quasiperiodischen Punktmuster Beugungsdiagramme mit scharfen Punktreflexen und nichtkristallographischer 10-zähliger Rotationssymmetrie aufweisen. Ein 2-dimensionales *Penrose*-Muster kann beispielsweise durch Projektion eines 5-dimensionalen hyperkubischen Gitters erzeugt werden. Ein ikosaedrischer Quasikristall, wie ihn *Dan Shechtman* entdeckt hat, kann als periodischer Hyperkristall im 6-dimensionalen Raum beschrieben werden.

Die Entdeckung der Quasikristalle durch *Dan Shechtmann* hatte eine Lawine an wissenschaftlichen Arbeiten zu dieser neuen Klasse von Materialien ausgelöst, was zu einem rapiden Anstieg des Wissensstandes über dieses Gebiet der modernen Kristallographie geführt hat. Heute kennt man **1-dimensionale Quasikristalle**, bei denen eine quasiperiodische Stapelung von Schichten mit 2-dimensionaler periodischer Struktur vorliegt. Die **2-dimensionalen Quasikristalle** (axiale Quasikristalle) sind periodische Stapelungen quasiperiodischer Schichten. Es wurden bisher *oktogonale* (8-zählige Drehachse), *dekagonale* (10-zählige Drehachse) und *dodekagonale* (12-zählige Drehachse) Phasen gefunden. **3-dimensionale Quasikristalle**, d. h. Quasiperiodizität in allen 3-Raumrichtungen, weisen die *ikosaedrischen Phasen* auf, bei denen als nichtkristallographische Symmetrieelemente pentagonale Drehachsen (5-zählige

Drehachsen) auftreten (für eine umfassende Übersicht zu Quasikristallen s. [193]). Einige Beispiele für die verschiedenen Quasikristallphasen sind exemplarisch in Tab. 4 dargestellt.

Tab. 4: Auswahl von Quasikristallphasen
(o-oktagonal, d-dekagonal, dd-dodekagonal, i-ikosaedrisch)

Dimension	Formel	Anmerkungen
1d	$Al_{75}Fe_{10}Pd_{15}$	stabil
	$Al_{65}Cu_{20}Fe_{10}Mn_5$	stabil
2d	o-Mn_4Si	metastabil
	o-$Mn_{82}Si_{15}Al_3$	metastabil
	d-$Al_{65}Cu_{20}Co_{15}$	stabil, 4-Schichtperiode
	d-$Zn_{58}Mg_{40}Dy_2$	stabil, 2-Schichtperiode
	d-$Al_{40}Mn_{25}Fe_{15}Ge_{20}$	stabil, 6-Schichtperiode
	dd-$Ta_{1.6}Te$	stabil
3d	i- $Al_{65}Cu_{20}Os_{15}$	stabil
	i- $Al_{65}Cu_{20}Fe_{15}$	stabil
	i-$Zn_{84}Ti_8Mg_8$	stabil

Die nichtkristallographische Symmetrie eines Quasikristalls kommt auch in seiner Morphologie zum Ausdruck. Der ikosaedrische *Zn-Mg-Dy-Quasikristall* zeigt als Wachstumsform ein *reguläres Pentagondodekaeder* (Abb. 1.52).

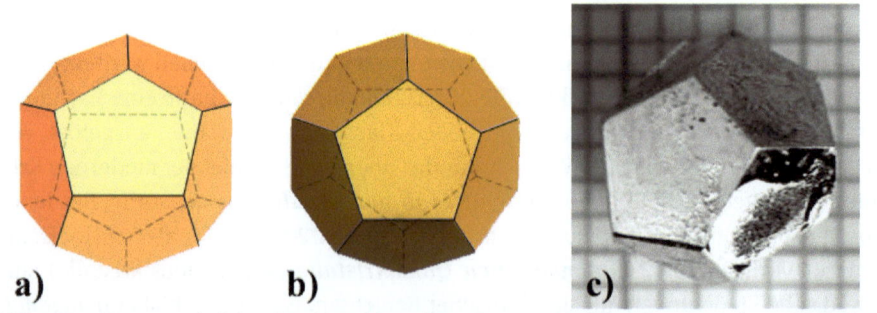

Abb. 1.52: a)Pentagondodekaeder {hk0};b)reguläres Pentagondodekaeder {01τ}; c) reguläres Pentagondodekaeder eines ikosaedrischen Zn-Mg-Dy-Quasikristalls (©:Bildautoren: M. Feuerbacher und M. Heggen, Ernst Ruska Centre for Microscopy and Spectroscopy with Electrons (ER-C), FZ Jülich).

Es besitzt 12 Flächen und im Mittelpunkt jeder Fläche liegt der Ausstichpunkt einer 5-zähligen Drehachse. Eine solche Form kann bei einen translationsperiodischen Kristall nicht auftreten. Das Pentagondodekaeder (Abb. 1.52 a) besitzt ebenso 12 Flächen, die jedoch keine regulären Fünfecke sind. Diese Form besitzt als Rotationssymmetrie nur 2- und 3-zählige Drehachsen. Das Mineral *Pyrit* (FeS_2) kommt in der Natur häufig als *Pentagondodekaeder* {210}vor, weshalb dieses auch als *Pyritoeder* bezeichnet wird. Die Begrenzungsflächen des *Pentagondodekaeders* genügen dem *Rationalitätsgesetz* (s. Kap. 1.2), die des regulären Pentagondodekaeders jedoch nicht. Die Indizes (01τ) enthalten die Goldene Zahl τ, die eine irrationale Zahl ist.

$$\tau = 1/2(1 + \sqrt{5}) = 1{,}618034 \ldots.$$

Wie unterscheidet sich die Anordnung der Atome in einer kristallinen Legierung im Vergleich zu einer quasikristallinen Legierung? Die Abb. 1.53 zeigt eine elektronenmikroskopische Hochauflösungsabbildung einer γ/γ'-Grenzfläche einer *Nickelbasis-Superlegierung* [194]. Die weissen Punkte in der Abbildung entsprechen der Projektion einer Atomreihe der Legierungselemente in Durchstrahlungsrichtung. Sowohl in der Matrixphase γ als auch in der Ausscheidungsphase γ' sieht man, dass eine periodische Anordnung der Punkte vorliegt, die somit ein zweidimensionales Gitter bilden. Diese Legierung weist in allen drei Raumrichtungen eine periodische Anordnung der Gitterpunkte auf, die mit Legierungsatomen dekoriert sind und die Struktur der γ- und γ'-Phase bilden. In der kristallinen Superlegierung liegt somit eine translationsperiodische Anordnung der Atome vor.

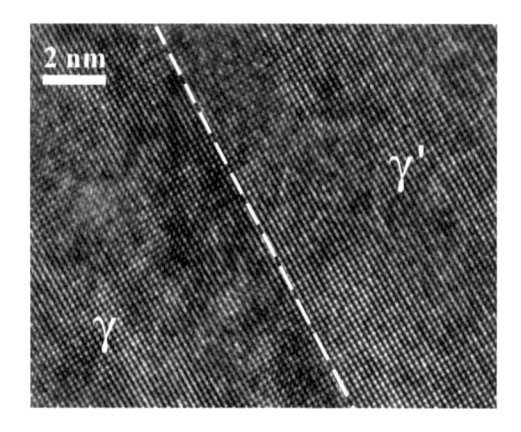

Abb. 1.53: HRTEM-Aufnahme einer γ/γ'-Grenzfläche einer Nickelbasis-Superlegierung [194].

Betrachtet man die Strukturabbildung des dekaedrischen Quasikristalls $Al_{70}Mn_{17}Pd_{13}$ (Abb. 1.54), die mit einer speziellen Dunkelfeldabbildungstechnik in einem aberrationskorrigierten Rasterdurchstrahlungselektronenmikroskop aufgenommen wurde, so sind ausgeprägte Strukturmotive in Form von größeren und kleineren Kreisen zu sehen [195]. In jedem Kreis sind die projizierten Atomreihen so angeordnet, dass sie eine 10-zählige Rotationssymmetrie besitzen. Es ist klar ersichtlich, dass der Abstand zwischen den großen Kreisen in horizontaler Richtung, einer Abfolge von großen und kleinen Entfernungen entspricht. Diese Abstandsfolge ist in unterschiedlichen Richtungen langreichweitig vorhanden. In keiner Richtung ist eine translationsperiodische Anordnung der Atomreihen sichtbar.

Mit der Herstellung von stabilen *Quasikristallen* unter Laborbedingungen ergab sich naturgemäß die Frage: Kann es natürliche *Quasikristalle* auf unserer Erde geben? Bisher wurden drei natürliche *Quasikristalle* gefunden, die alle Kornbestandteil des *Khatyrka Meteorits*, eines kohligen *Chondriten*, sind, der im *Koryak Gebirge* im autonomen Gebiet der *Tschuktschen* auf der Halbinsel *Kamtschakta* gefunden wurde. Der **Ikosaedrit** ($Al_{63}Cu_{24}Fe_{13}$) weist eine fünfzählige Drehachse und der **Decagonit** ($Al_{71}Ni_{24}Fe_5$) eine zehnzählige Drehachse auf. Beide natürlichen Quasikristalle wurden von der *International Mineralogical Association* (IMA) geprüft und wurden als neue Minerale anerkannt. Bei dem dritten natürlichen Exemplar handelt es sich um einen *Al-Cu-Fe Quasikristall* der Zusammensetzung $Al_{62.0(8)}Cu_{31.2(8)}Fe_{6.8(4)}$, welche außerhalb des Stabilitätsgebietes für *Al-Cu-Fe Quasikristalle* liegt, die unter Normaldrücken entstehen. Daraus schlussfolgern die Autoren, dass dieser Quasikristall extraterristisch, also vor dem eigentlichen Impakt, gebildet wurde.

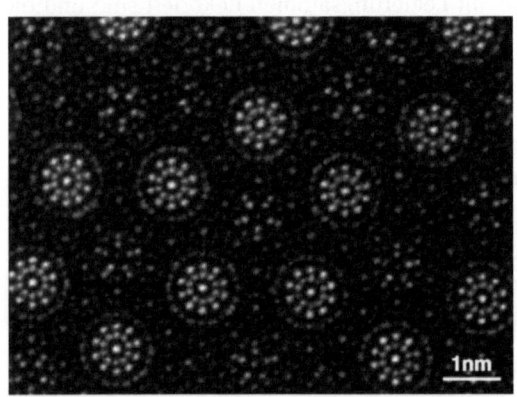

Abb. 1.54: Hochauflösungsabbildung eines dekaedrischen $Al_{70}Mn_{17}Pd_{13}$-Quasikristalls (Nachdruck mit CCC-Genehmigung aus E. Abe [195]).

Die charakteristischen Merkmale eines Quasikristalls sind:

- Ein Beugungsdiagramm mit diskreten Beugungspunkten, welches *nichtkristallographische Symmetrien* aufweist.
- Die langreichweitige Lageordnung (Translationsordnung) ist nicht periodisch, sie ist *quasiperiodisch*.
- Beliebige langreichweitige Rotationssymmetrien, von denen bisher pentagonale, oktagonale, dekagonale und dodekagonale Drehachsen nachgewiesen wurden.
- Zur Beschreibung im Quasikristallraum beträgt die endliche Anzahl *l* der Elementarzellen $l \geq 2$.

Mit der Entdeckung der Quasikristalle wurde ein neues Kapitel der Strukturforschung aufgeschlagen, das zwar nicht wie *Linus Pauling* meinte von *Quasiwissenschaftlern* betrieben wird, aber zu dem neuen *Gebiet der Quasikristallographie* geführt hat. Die Quasikristalle haben eine Neubewertung des Kristallbegriffs erfordert und einen Paradigmenwechsel in der Symmetrielehre bedingt. Deshalb wurde von der *International Union of Crystallography (IUCr)* 1992 eine Neudefinition des Kristallbegriffs vorgenommen, die gleichermaßen **periodische** und **aperiodische Kristalle** erfasst.

Unter der Rubrik „*Was ist ein Kristall*" findet man im Heft 6 des Jahres 2007 der *Zeitschrift für Kristallographie* Diskussionsbeiträge zur Neudefinition des Kristallbegriffs [196]. Es bleibt wohl eine offene Frage, ob eine Definition zum Kristallbegriff über eine mathematische Funktion oder über ein Beugungsexperiment erfolgen sollte.

Kristalldefinition:

Ein Festkörper, der ein **diskretes Beugungsdiagramm** aufweist ist ein **Kristall**.
Ein **periodischer Kristall** besitzt eine Struktur, die idealerweise zu **scharfen Beugungspunkten** an den **Positionen** des **reziproken Gitters** führt. Periodizität bedeutet Translationsperiodizität des Gitters.
Ein **aperiodischer Kristall** weist scharfe Beugungspunkte auf, besitzt jedoch **keine dreidimensionale Gitterperiodizität**.
Die aperiodischen Kristalle umfassen folgende vier Klassen:
- Inkommensurabel modulierte Strukturen
- Inkommensurable Kompositkristalle
- Quasikristalle
- Inkommensurable magnetische Strukturen

1.4 Was bestimmt die Eigenschaften eines Kristalls?

Crystals are like people; it is only the defects that make them interesting.
Sir Frederick Charles Frank

Streng genommen ist es die Struktur eines Kristalls, die wesentlich seine Eigenschaften bestimmt. In vielen Arbeiten zur Beschreibung von kristallinen Materialien findet man deshalb in der Überschrift den Passus: *„Struktur-Eigenschaftsbeziehungen von….".* Im Folgenden soll anhand von ausgewählten Beispielen gezeigt werden, inwieweit die **Idealstruktur** und die **Realstruktur** die Eigenschaften eines Kristalls determinieren. *Viktor Moritz Goldschmidt* (1888 – 1947), einer der Begründer der Kristallchemie, sah die wohl wesentliche Aufgabe der **Kristallchemie** darin festzustellen, *„welche gesetzmäßigen Beziehungen zwischen der chemischen Zusammensetzung und den physikalischen Eigenschaften kristalliner Stoffe bestehen"*. Es kommt also darauf an herauszufinden, in welcher Weise die **Kristallstruktur**, d. h. die Anordnung der atomaren bzw. molekularen Bausteine in der Elementarzelle, von der **chemischen Zusammensetzung** (Art und Größe der Bausteine, Mengenverhältnisse, Bindungszustände) abhängt. Die Beschreibung der **Zusammenhänge** zwischen der **Kristallstruktur** und den **physikalischen Eigenschaften** ist Aufgabe der **Kristallphysik**. Ein wichtiges Anliegen ist es, die Beziehungen zwischen Kristallsymmetrie und den richtungsabhängigen Eigenschaften aufzuzeigen. Nach dem **Neumannschen Symmetrieprinzip** (s. Kap. 1.1), welches die Beziehungen zwischen Kristallsymmetrie und der Symmetrie der physikalischen Eigenschaften beschreibt, muss die Punktsymmetriegruppe der Eigenschaft die Punktgruppe des Kristalls enthalten. Anders ausgedrückt, die Symmetriegruppe der Eigenschaft kann höher, aber nicht kleiner als die Punktsymmetriegruppe des Kristalls sein. Eine Erweiterung dieses Prinzips wurde von *Pierre Curie* (1859 – 1906) 1894 vorgenommen[30]. Ist die Punktgruppe eines Kristalls bekannt, so können bereits Aussagen über das Vorhandensein oder Nichtvorhandensein bestimmter richtungsabhängiger Eigenschaften getroffen werden. Weist die Punktgruppe als Symmetrieelemente nur eine Drehachse bzw. eine Kombination von Drehachsen auf, nur dann können in der Kristallstruktur **chirale Moleküle (Links- und Rechtsform)** auftreten. Diese Erscheinung wird in der chemischen Literatur als **Enantiomerie** bezeichnet. Betrachten wir das Phänomen des spiegelbildlichen Verhaltens von Kristallformen, wie dies unser Beispiel in Abb. 1.36 zeigte, dann sprechen wir von **Enantiomorphie**. Die *Chiralität (Enantiomorphie)* wurde von *Louis Pasteur*

---

[30] *Pierre Curie* zeigte, dass die Symmetriegruppe des Kristalls unter einer Einwirkung (z. B. elektrisches Feld, magnetisches Feld, mechanische Spannung) nur die Symmetrieelemente aufweist, die sowohl in der Symmetriegruppe der Einwirkung als auch in der Symmetriegruppe des Kristalls ohne Einwirkung enthalten sind.

(1822 – 1895) im Jahre 1848 entdeckt. Angeregt durch die Arbeiten von *Eilhard Mitscherlich* untersuchte er *Weinsäure* und fand dabei heraus, dass es eine *Links-* und eine *Rechtsform* gibt und die Kristalle dieser sich zueinander spiegelbildlich verhalten.

Kristallisiert ein Festkörper in einer zentrosymmetrischen Kristallklasse, dann können kristallphysikalische Eigenschaften wie *Piezoelektrizität*, *Pyroelektrizität* und *Ferroelektrizität* nicht auftreten. Der piezoelektrische Effekt wurde 1880 von den Gebrüdern *Pierre* (1859 – 1906) und *Jaques Curie* (1855 – 1941) bei der Untersuchung von *Turmalin* entdeckt. Der *direkte Piezoeffekt* beschreibt die Erzeugung einer elektrischen Polarisation (Auftreten von elektrischen Ladungen an der Kristalloberfläche) durch die Einwirkung einer mechanischen Spannung. Der *reziproke Piezoeffekt* erfasst die unter Einwirkung eines elektrischen Feldes entstehende mechanische Deformation (Kontraktion bzw. Dilatation in Abhängigkeit von der Richtung des elektrischen Feldes). **Piezoelektrizität tritt in 20 der 21 azentrischen Kristallklassen auf.**[31] Das wohl bekannteste Piezomaterial ist der Quarz, der als Schwingquarz mit einer hohen Frequenzgenauigkeit zur Steuerung zeitabhängiger Vorgänge (z. B in Uhren, Raketen) eingesetzt wird.

Turmalin war schon in der Antike wegen seiner mystischen Eigenschaften Gegenstand von Betrachtungen und wird von *Theophrastus von Eresos* in seinem Buch „Über die Steine" erwähnt (s. Kap. 1.1). Zu Beginn des 18. Jahrhunderts wusste man von holländischen Juwelieren, die Turmaline aus Ceylon mitbrachten, dass in heiße Asche gefallene Turmaline an einem Ende Ascheteilchen wie ein Eisenmagnet anzogen. Deshalb wurden diese als „Aschentrekker", aber auch als *Ceylonmagnete* bezeichnet, da man von einer magnetischen Erscheinung ausging. *Carl von Linné* bezeichnete 1747 den Turmalin als „*lapis electricus*", ohne jedoch die Ursachen des Phänomens der Anziehung und Abstoßung der Ascheteilchen aufgeklärt zu haben. Dies geschah erst durch den Physiker, Mathematiker und Astronom *Franz Ulrich Theodor Aepinus* (1724 – 1802)[32] im Jahre 1756 in Berlin. Es war der Bergrat *Johann Gottlob Lehmann* (1719 – 1767), der *Aepinus* auf die Eigenschaften des Turmalins hinwies und ihm Proben für die Untersuchungen zur Verfügung stellte. Mit seinen systematischen Experimenten, bei denen *Aepinus* Turmalin erwärmte, abkühlte und mechanischem

---

31 In der kubischen azentrischen Kristallklasse 432 werden aus Symmetriegründen die piezoelektrischen Koeffizienten Null.
32 *Franz Ulrich Theodor Aepinus* studierte Mathematik, Naturwissenschaften und Medizin in Jena und Rostock. Nach der Promotion 1747 lehrte er als Privatdozent Mathematik, Astronomie und Physik an der Universität Rostock. Im Jahre 1755 wurde er Direktor der Sternwarte in Berlin und als ordentliches Mitglied in die Preußische Akademie der Wissenschaften gewählt. Von 1757 – 1798 war Aepinus Professor für Physik an der Kaiserlichen Akademie der Wissenschaften in St. Petersburg. In seinem Hauptwerk (1759) „*Tentatem theoriae electricitatis et magnetismi* (Versuch einer Theorie der Elektrizität und des Magnetismus)" zeigt er die Zusammenhänge von elektrischen und magnetischen Erscheinungen auf.

Druck aussetzte, konnte er nachweisen, dass unterschiedlich elektrisch geladene Pole an den beiden Enden der Kristalle auftreten. Die Polarität kehrt sich beim Wechsel vom Erwärmen zum Abkühlen um. Der Begriff „*Pyroelektrizität*" für dieses elektrische Verhalten wurde jedoch erst 1824 von *David Brewster* (1781 – 1868) geprägt. Physikalische Ursache für die Pyroelektrizität ist, dass diese Kristalle einen permanenten elektrischen Dipol besitzen. Das Auftreten von Pyroelektrizität setzt voraus, dass in der Struktur eine singuläre polare Achse vorhanden ist. Von den 21 azentrischen Kristallklassen ist dies nur in folgenden **10 Kristallklassen** gegeben: **1, m, 2, mm2, 3, 3m, 4, 4mm, 6, 6mm.** Alle pyroelektrischen Kristalle sind auch piezoelektrisch. Pyroelektrische Kristalle werden beispielsweise zur Herstellung von Sensoren (z. B. Infrarotbewegungsmelder) und Detektoren verwendet.

Eine spezielle Klasse *pyroelektrischer Kristalle* sind die *ferroelektrischen Kristalle*, bei denen durch Anlegen eines elektrischen Feldes die Richtung der spontanen Polarisation geändert werden kann. Ferroelektrische Kristalle zeigen dabei ein Hystereverhalten der Polarisation, was in Abb. 1.55 dargestellt ist. Die **Ferroelektrizität** und das damit verbundene Hystereseverhalten wurde von *Joseph Valasek* (1897 – 1993) im Jahre 1920 bei der Untersuchung von *Seignettesalz* (KNaC$_4$H$_4$O$_6$) entdeckt. Die *Hysteresekurve* zeigt uns, dass man einerseits einen Sättigungswert P$_s$ der Polarisation erreichen kann. Zum anderen ist bei einem Wert 0 der elektrischen Feldstärke noch ein remanenter Wert P$_R$ der Polarisation vorhanden. Die Polarisation verschwindet erst bei einer Koerzitivfeldstärke E$_c$ bzw. –E$_c$.

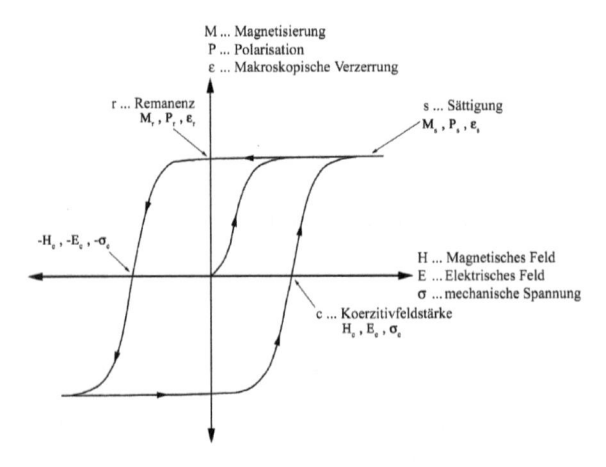

Abb. 1.55: Hysteresekurven von ferroischen Kristalle

Die *Ferroelektrizität* der Kristalle ist temperaturabhängig. Bei der sogenannten *Curie-Temperatur* findet ein Phasenübergang zur höhersymmetrischen *paraelektrischen*

Phase statt, bei der keine spontane Polarisation vorhanden ist. Der Phasenübergang *ferroelektrisch-paraelektrisch* ist reversibel. Wird der Kristall abgekühlt und durchläuft die *Curie-Temperatur* wird der Kristall wieder *ferroelektrisch*. Bei diesem Phasenübergang entstehen im Kristall Domänen. Die Anzahl und Orientierung dieser Domänen lässt sich aus den zwischen den beiden Phasen bestehenden Symmetrierelationen berechnen. In einem *ferroelektrischen* Kristall können auch mehrere Phasenübergänge auftreten. *BaTiO$_3$* weist oberhalb der *Curietemperatur* von 120 °C eine kubische Symmetrie auf (Punktgruppe: $m\bar{3}m$) und ist *paraelektrisch*. Es zeigt das Verhalten eines Isolators. Legt man ein elektrisches Feld an den Kristall an, werden elektrische Dipole gebildet und es findet eine Polarisation statt. Wird das Feld ausgeschaltet, verschwindet die Polarisation. Unterhalb der Curie-Temperatur geht *BaTiO$_3$* in eine *tetragonale ferroelektrische Phase* (Punktgruppe: *4 mm*) über. In der ferroelektrischen Phase ist ein permanenter Dipol vorhanden. Aus den Symmetriebeziehungen zwischen den beiden Punktgruppen resultiert, dass dabei 6 verschiedene Domänenzustände entstehen. Jeder einzelne Domänenzustand besitzt eine einheitliche Orientierung der spontanen Polarisation. Die zwischen den Domänen bestehenden Domänengrenzen weisen eine Orientierung von 90° bzw. 180° auf. Weitere Phasentransformationen, die mit der Bildung zusätzlicher Domänen verbunden sind, finden unterhalb von 5 °C (Übergang zur *orthorhombischen ferroelektrische Phase* (Punktgruppe: *mm2*)) und unterhalb -50 °C (Bildung einer *rhomboedrischen ferroelektrischen Phase* (Punktgruppe: *3m*)) statt. Für all diese Fälle lassen sich aus den Symmetriebeziehungen zwischen den Punktgruppen die Anzahl der Domänenzustände und die Winkel zwischen den Domänen berechnen.

Ferroelektrische, *ferromagnetische* und *ferroelastische* Kristalle weisen ein analoges Hystereseverhalten auf (s. Abb. 1.55). Der japanische Forscher *Keitsiro Aizu* prägte 1970 für diese Materialien den Begriff „*ferroisch*". Allgemein ausgedrückt: **Ferroische Kristalle** sind solche, die zwei oder mehrere Orientierungszustände (Domänenzustände) aufweisen, zwischen denen durch Einwirkung eines Kraftfeldes ein Umschalten von dem einen Orientierungszustand in einen anderen möglich ist. Die oben aufgeführten Kristalle sind **primäre ferroische Kristalle**. Bei den *sekundären* und *multiferroischen* Kristallen sind Umschaltprozesse durch verschiedene Kraftfelder möglich und steuern dabei auch mehrere physikalische Eigenschaften an.

Die Herstellung und Untersuchung von *Multiferroika* ist ein hochaktuelles Forschungsgebiet. Beispiele für primäre und sekundäre ferroische Kristalle und ihre Kenndaten sind in der nachfolgenden Tabelle enthalten.

Tab. 5: Kenndaten einiger primärer (p) und sekundärer (s) ferroischer Kristalle

Ferroische Klasse	Unterschied der Orientierungszustände	Umschaltparameter	Kristall
Ferroelektrisch (p)	Spontane Polarisation	Elektrisches Feld	$BaTiO_3$
Ferromagnetisch (p)	Spontane Magnetisierung	Magnetfeld	Fe_3O_4
Ferroeleastisch (p)	Spontane Deformation	Mechanische Spannung	$LaAlO_3$
Ferroelastoelektrisch (s)	Piezoelektrische Koeffizienten	Elektrisches Feld und Mechanische Spannung	NH_4Cl
Ferromagnetoelektrisch (s)	Magnetoelektrische Koeffizienten	Magnetfeld und Elektrisches Feld	Cr_2O_3

Bei den bisher abgehandelten Kristalleigenschaften hatten wir gezeigt, welchen direkten Einfluss die Punktgruppensymmetrie der Kristalle hat und insbesondere bestehende Unterschiede für zentrosymmetrische und azentrische Kristalle aufgezeigt. Im Folgenden soll anhand einiger ausgewählter Beispiele illustriert werden, in welchem engen Zusammenhang die Eigenschaften eines Kristalls mit seiner Kristallstruktur stehen. In Abb. 1.56 sind die Strukturen der Kohlenstoffmodifikationen Diamant (a), Graphit (b) und C_{60}-Fullerit (c) dargestellt.

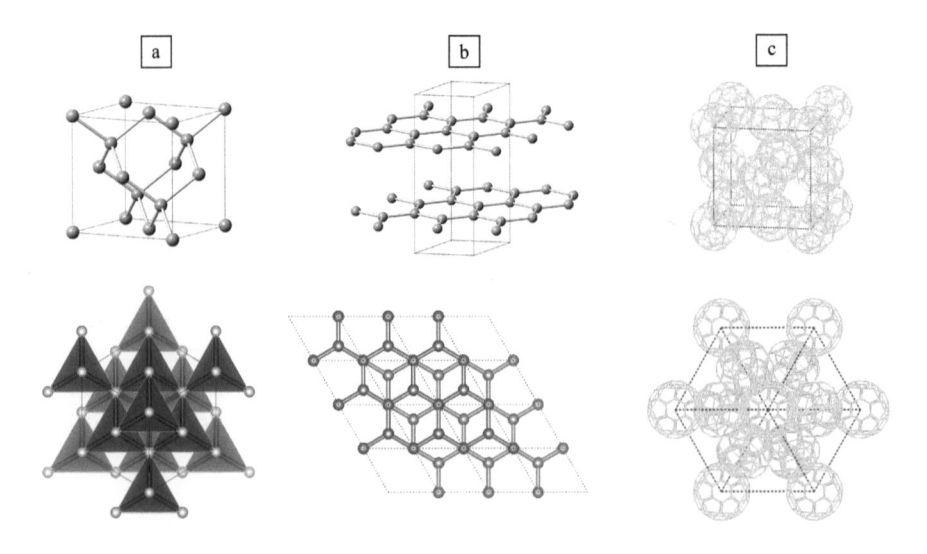

Abb. 1.56: Kristallstrukturen der Kohlenstoffmodifikationen; a)Diamant, b) Graphit, c) C_{60}-Fullerit. Untere Reihe: Projektion der Strukturen in [111] (a), (c) und in [00.1] (b).

Die Struktur von *Diamant* gehörte mit zu den ersten Strukturen, die mit Hilfe der Röntgenstrukturanalyse bereits im Jahre 1913 von Vater und Sohn Bragg bestimmt wurden [158]. Nach dem *Diamant* wurde später dieser *Strukturtyp* benannt, in welchem ebenso *Si*, *Ge* und *α-Sn* kristallisieren. Aus dem Kugel-Stab Modell ist ersichtlich, dass die Kohlenstoffatome die Gitterpunkte eines kubisch-flächenzentrierten Gitters dekorieren und alternierend die Raummitten der Achtelwürfel besetzen. Es befinden sich somit 8 Atome in der Elementarzelle. Alle Kohlenstoffatome sind von vier Nachbarn in Form eines Tetraeders umgeben, welches aus der Projektion des Polyeder-Strukturmodells in [111]-Richtung (Abb. 1.56 a, unten) ersichtlich ist. Die gerichtete Bindung zwischen den Kohlenstoffatomen, deren Abstand 1,54 Å beträgt, ist sehr stark. Dies führt zu überlappenden Bereichen der Bindung, was realistischer mit einem *Kugelkalottenmodell* als mit starren Kugeln beschrieben werden kann. Die außerordentliche starke Bindung ist dafür ausschlaggebend, dass *Diamant* auf der Ritzhärteskala als Vergleichsmaterial für die höchste Ritzhärte H= 10 steht. So weisen *Silizium* (H = 6,5) und *Germanium* (H = 6), die ebenso in der Diamantstruktur kristallisieren, wesentlich geringere Ritzhärten auf. Dies zeigt klar, dass bei der Betrachtung der Eigenschaften *Strukturanordnung* und *chemische Bindungszustände* gleichermaßen berücksichtigt werden müssen. Reiner *Diamant* ist farblos und ein Isolator mit einer großen Bandlücke von 5,47 eV. (für eine ausführliche Beschreibung zur elektrischen Leitung in Kristallen s. Kap. 2). Es existiert noch eine hexagonale Modifikation des Diamant, der **Lonsdaleit**. Als Mineral wurde er in Meteoriten gefunden. Synthetisch wird er mittels Schockwellenverfahren bei hohen Temperaturen und Drücken hergestellt.

Die *Graphitstruktur* besteht aus planaren hexagonalen Schichten, wo jedes Kohlenstoffatom von drei nächsten Nachbarn umgeben ist. Die parallelen Schichten sind in [00.1]-Richtung entlang der c-Achse gestapelt. Aus der Abbildung der Projektion der Struktur entlang der c-Achse ist die Verschiebung der identischen Schichten zueinander ersichtlich. Die eine Hälfte der Atome der unteren Schicht liegt exakt unter den Atomen der oberen Schicht und die andere Hälfte genau unter den Ringmitten der oberen Schicht (Abb. 1.56 b, unten). Die Stapelung kann in einer hexagonalen 2-Schichtfolge – wie in der Abbildung gezeigt – oder in einer rhomboedrischen Dreischichtfolge vorliegen. Letztere wird seltener beobachtet. Der Abstand zwischen 2 Kohlenstoffatomen in der Schicht beträgt 1,42 Å. Der Abstand zwischen den Schichten beträgt 3,35 Å. Während die C-C-Bindungen in der Schicht stark sind, liegt zwischen den Schichten eine äußerst schwache Bindung vor. Aus dem strukturellen Aufbau und den damit vorliegenden Bindungsverhältnissen resultieren die Eigenschaften des *Graphits*. Er ist vollständig nach (00.1) spaltbar, weist die geringste Ritzhärte H = 1 auf. Die weichen stahlgrauen bis eisenschwarzen Kristalle sind fettig und abfärbend. *Graphit* ist elektrisch leitend.

Wie bereits in Kap. 1.2 gezeigt, besetzen die C_{60}-*Moleküle* im C_{60}-*Fulleritkristall* (Abb. 1.56 c) die Positionen eines kubisch-flächenzentrierten Gitters (Gitterkonstante a = 14,17 Å). Die Bindung zwischen den C_{60}-Molekülen ist schwach, was zu einer geringen Ritzhärte H = 3,5 führt. Die hohlkugelförmigen Moleküle führen im Vergleich zu Diamant (ρ= 3,51 g/cm^3) und zu Graphit (ρ= 2,25 g/cm^3) zu einer relativ geringen Dichte von ρ= 1,7 g/cm^3. *Fullerit* ist elektrisch nichtleitend.

Eine außergewöhnlich große Vielfalt an Bauprinzipien liegt den *Silikaten* zu Grunde, welche die wichtigste Mineralklasse der gesteinsbildenden Minerale ist. Charakteristische Grundbausteine aller *Silikate* sind die [SiO$_4$]-Tetraeder nach deren Polymerisationsgrad die *Silikate* eingeteilt werden. Die Klassifizierung der *Silikate* nach der Verknüpfungsart ist in Tab. 6 dargestellt. An einigen ausgewählten Strukturbeispielen sollen die Zusammenhänge zwischen Struktur und Eigenschaften illustriert werden.

Die Minerale der **Granatgruppe** sind Inselsilikate mit folgender allgemeiner Formel: $A_3B_2[SiO_4]_3$ mit $A = Mg^{2+}$, Ca^{2+}, Fe^{2+} und $B = Al^{3+}$, Y^{3+}, Cr^{3+}, Fe^{3+}. *Granat* ist kubisch und kristallisiert in der holoedrischen Punktgruppe $m\bar{3}m$. Abb. 1.57 zeigt die Struktur von *Almandin* $Fe_3Al_2[SiO_4]_3$. Die isolierten SiO$_4$-Tetraeder sind in der Struktur mit den AlO$_6$-Oktaedern über Ecken (gemeinsame Sauerstoffatome) verknüpft. Die Fe-Ionen bilden mit den sie umgebenden 8 Sauerstoffatomen ein Dodekaeder. Sie sind untereinander kantenverknüpft, haben aber auch eine gemeinsame Kantenverknüpfung mit SiO$_4$-Tetraedern und AlO$_6$-Oktaedern. Diese sehr komplexe Verknüpfung der Polyeder führt zu einer hohen Dichte von ρ = 3,5 – 4,3 g/cm^3 und einer Ritzhärte H = 6,5 – 7,5.

Tab. 6: Zur Klassifikation der Silikate

Nomenklatur	Verknüpfungsart	Beispiel
Inselsilikate (Nesosilikate)	Inselartige [SiO$_4$]-Tetraeder	Olivine (Mg,Fe)$_2$[SiO$_4$]-
Gruppensilikate (Sorosilikate)	Eckenverknüpfung von 2 oder 3 Tetraedern zu einer Gruppe	Åkermanit Ca$_2$Mg[Si$_2$O$_7$] Thalenit Y$_3$[Si$_3$O$_{10}$](OH)
Ringsilikate (Cyclosilikate)	Verknüpfung von [SiO$_4$]-Tetraedern zu Ringen	Beryll Al$_2$Be$_3$[Si$_6$O$_{18}$]- Wadeit K$_2$Zr[Si$_3$O$_9$]
Kettensilikate (Inosilikate)	Verknüpfung von [SiO$_4$]-Tetraedern zu Ketten	Rhodonit (Mn,Ca)$_5$[Si$_5$O$_{15}$] Hedenbergit CaFe[SiO$_3$]$_2$
Schichtsilikate (Phyllosilikate)	Verknüpfung von Tetraederketten unterschiedlicher Periodizität	Kaolinit Al$_2$[Si$_2$O$_5$](OH)$_4$ Muskovit KAl$_2$[AlSi$_3$O$_{10}$](OH)$_2$
Gerüstsilikate (Tektosilikate)	Verknüpfung von [SiO$_4$]-Tetraedern über alle vier Ecken	Feldspäte, Sodalith, Ultramarine, Zeolithe

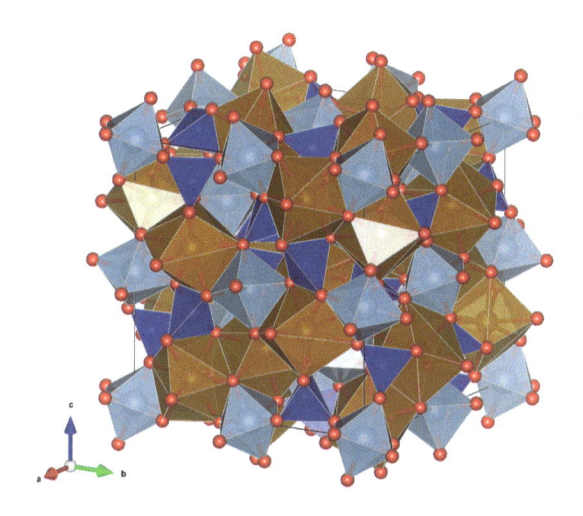

Abb. 1.57: Granatstruktur (*Almandin Fe₃Al₂[SiO₄]₃*), Software: http://jp-minerals.org/vesta/en.

Die Mehrzahl der wichtigen *Schichtsilikate* wird durch Verknüpfung von *Zweiereinfachketten* gebildet. Bei diesen Verbindungen sind alle SiO₄-Tetraeder mit drei anderen eckenverknüpft. Zu den in der Natur häufig vorkommenden Schichtsilikaten gehören u.a. die Minerale der *Talk-*, *Kaolinit-*, *Serpentin-* und *Glimmergruppe*. In den Abbn. 1.58 und 1.59 sind die Strukturen von *Kaolinit* (Al₂ [Si₂O₅(OH)₄] und *Talk* (Mg₃[Si₄O₁₀(OH)₂] dargestellt. Die Verknüpfung der SiO₄-Tetraederketten zu einer Schicht zeigt die Projektion der Strukturen in Stapelrichtung. Im Falle des *Kaolinits* liegt eine Stapelung eines Zweischichtpaketes (Tetraeder-Oktaeder) vor. Die SiO₄-Tetraeder einer Schicht sind alle gleichorientiert, was zu einer Polarisierung der Schicht führt. *Talk* weist im Gegensatz zu *Kaolinit* die Stapelung eines Dreischichtpaketes (Tetraeder – Oktaeder – Tetraeder) auf. Beide Minerale weisen strukturbedingt die geringste Ritzhärte H = 1 auf. Sie sind weich und biegsam.

Bei den *Gerüstsilikaten* erfolgt eine Verknüpfung der [SiO₄]-Tetraeder über alle vier Ecken, woraus sich eine chemische Zusammensetzung von SiO₂ ergibt. Die Minerale der *Quarzgruppe* umfassen die verschiedenen Modifikationen des SiO₂, welche aber nach der Mineralklassifizierung von *Strunz*[33] nicht zu den *Silikaten* sondern zur

---

[33] *Hugo Strunz* (1910 – 2006) studierte in München Mineralogie, wo er 1933 an der Ludwig-Maximilians-Universität zum *Dr. phil* und zwei Jahre später an der TH München zum Dr. sc. techn. promoviert wurde. Nach Forschungsaufenthalten bei *W.L. Bragg* in Manchester und *P. Niggli* in Zürich wirkte er von 1937 bis zum Kriegsende zunächst am Mineralogischen Museum und nach erfolgter Habilitation (1938) als Dozent für Mineralogie und Petrographie an der Berliner Universität. Nach dem Krieg lehrte er in Regensburg Mineralogie an der philosophisch-theologischen Hochschule. Von 1951 – 1978 war

Mineralklasse der *Oxide* zählen. Nach dem Klassifikationssystem von *Dana*[34], welches im englischsprachigen Raum angewandt wird, werden die Minerale der *Quarzgruppe* den Gerüstsilikaten zugeordnet (so z. B. in dem Lehrbuch „*Earth Materials*" von *K. Hefferau* und *J. O'Brien* [1]).

Um ein *Gerüstsilikat* zu bilden, bedarf es eines Ersatzes von *Silizium* (vierwertig) durch *Aluminium* (dreiwertig). Die dadurch entstandene negative Ladung des Gerüstes wird durch Einlagerung von Kationen (z. B. Na^+, K^+, Ca^{2+}, Ba^{2+}) in den vorhandenen *Lücken* (*Hohlräumen*) des Gerüstes ausbalanciert.

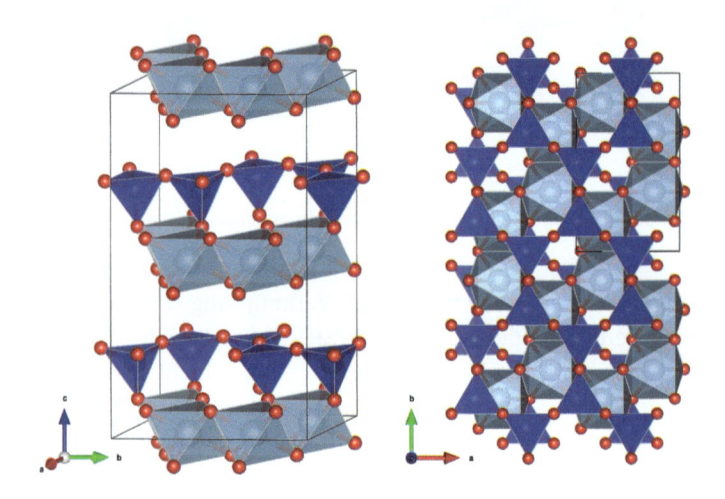

Abb. 1.58: Zur Kristallstruktur von *Kaolinit*, Software: http://jp-minerals.org/vesta/en.

Hugo Strunz Ordinarius für Mineralogie und Petrographie an der TH Berlin. Sein Werk „*Mineralogische Tabellen. Eine Klassifizierung der Mineralien auf kristallchemischer Grundlage. Mit einer Einführung in die Kristallchemie*" (1. Auflage 1941, 9. Auflage 2001 „*Mineralogical tables: chemical structural mineral classification system*" unter Mitwirkung von E. H. Nickel) wurde zu einem Standardbuch für die Mineralklassifizierung. Es wurde in mehrere Sprachen, darunter Russisch und Chinesisch übersetzt.

34 Der amerikanische Mineraloge und Geologe *James Dwight Dana* (1813 – 1895), dessen bedeutende Arbeiten ihm Mitgliedschaften in zahlreichen Wissenschaftsakademien einbrachten, veröffentlichte sein „*System of mineralogy*" 1837 und das „*Manual of mineralogy*" 1848 (21. Aufl. 1998). Beide Bücher werden gegenwärtig in erweiterter Form verlegt („*Dana's new mineralogy: the system of mineralogy of James Dwight Dana and Edward Salisbury Dana*, Wiley 1997, 8. Aufl., bearbeitet von R. V. Gaines). Der amerikanische Mineraloge *Edward Salisbury Dana* (1849 – 1935) ist der Sohn von *James Dwight Dana*. Er veröffentlichte 1875 das „*Textbook of mineralogy*" (4. Aufl 1932).

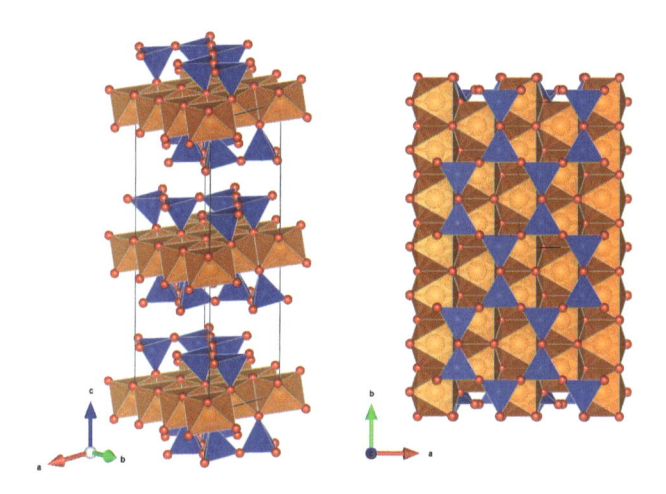

Abb. 1.59: Zur Kristallstruktur von Talk, Software: http://jp-minerals.org/vesta/en.

Die Feldspäte sind die am häufigsten vorkommenden Minerale der Erdkruste (ca. 65 %). Die beiden wichtigsten Gruppen sind die *Alkalifeldspäte* und die *Kalknatronfeldspäte*. Der wohl bekannteste Vertreter der Alkalifeldspäte ist der **Orthoklas** ($K[AlSi_3O_8]$). Bei hohen Temperaturen bilden die Alkalifeldspäte ein Mischkristallreihe mit den Endgliedern **Albit** ($Na[AlSi_3O_8]$) und **Orthoklas** ($K[AlSi_3O_8]$). Die Gruppe der **Plagioklase** (Kalknatronfeldspäte) umfasst die Minerale der Mischkristallreihe mit den Endgliedern **Albit** ($Na[AlSi_3O_8]$) und **Anorthit** ($Ca[Al_2Si_2O_8]$. Von den *Feldspäten* gibt es Hoch- und Tieftemperaturphasen. Die Art der Symmetriebeziehung zwischen den beiden Phasen ist entscheidend, ob beim Phasenübergang als Kristalldefekte Zwillinge oder Antiphasengrenzen auftreten. Bei den Feldspäten liegen sogenannte *Ordnungs-Unordnungsstrukturen* vor. Bei hohen Temperaturen liegt beispielsweise bei dem *monoklinen Sanidin* ($K[AlSi_3O_8]$) eine statistische Verteilung der Al- und Si-Ionen vor. Nach dem Phasenübergang, der mit Zwillingsbildung verbunden ist, existiert im triklinen *Mikroklin* eine geordnete Ionenverteilung. In den Strukturen der Feldspäte sind nur sehr kleine Hohlräume vorhanden. Sie weisen eine mittlere Dichte von $\rho = 2{,}5 - 2{,}7$ g/cm^3 und eine Ritzhärte H = 6 auf.

Die Gruppe der Gerüstsilikate, welche große Hohlräume (Käfige und Kanäle) aufweisen, die miteinander verbunden sind und eine Diffusion von Ionen und Molekülen ermöglichen, sind die **Zeolithe**. Bezogen auf die Dimensionalität der Kanäle, werden diese in folgende drei Gruppen unterteilt:
- **Faserzeolithe** (eindimensionale Kanäle*)*,
  Vertreter: *Natrolith* ($Na_2[Al_2Si_3O_{10}]$ 2 H$_2$O)
- **Blätterzeolithe** (zweidimensionales Kanalsystem),
  Vertreter: *Heulandit* ($Ca[AlSi_3O_8]$·5 H$_2$O)

- **Würfelzeolithe** (dreidimensionales Kanalsystem),
  Vertreter: *Analcim* (Na[AlSi$_2$O$_6$]·H$_2$O)

Aus den Formeln der aufgeführten Vertreter der *Zeolithe* ist ersichtlich, dass sie Wasser enthalten, welches reversibel abgegeben und aufgenommen werden kann. Die Kanalgrößen in den verschiedenen *Zeolithen* sind unterschiedlich, so dass in Abhängigkeit von deren Größe die *Zeolithe* als spezifische Molekülsiebe angewandt werden. Die Dichte der *Zeolithe* liegt im Bereich von $\rho = 2{,}1 - 2{,}3$ g/cm^3. Die Kristalle weisen Ritzhärten von H = 3, 5 bis maximal H = 5,5 auf. Abb. 1.60 zeigt die Struktur des Faserzeoliths *Natrolith*.

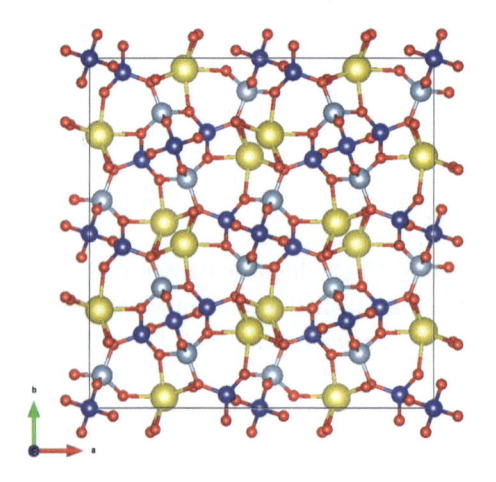

Abb. 1.60: Struktur von Natrolith.

Obwohl die biologischen Makromoleküle nur in den *65 Sohnckegruppen* der 230 Raumgruppentypen auftreten können, sind sie hinsichtlich der möglichen Strukturvielfalt und Variabilität die komplexesten Kristallstrukturen, die wir kennen. Welche allgemeinen Zusammenhänge bestehen zwischen Struktur und Eigenschaften eines Proteins? In Kap. 1.2 wurden bereits die vier Strukturebenen der Proteine kurz beschrieben.

Die *Primärstruktur* gibt die Sequenz, d. h. die lineare Abfolge der *Aminosäuren* an. Die Abfolge bestimmt, in welcher Weise aus der linearen Struktur durch den Prozess der *Faltung* die *räumliche Struktur* entsteht und definiert damit auch die Funktion des Proteins. Die Primärstruktur des Proteins *Hämoglobin* besteht aus *4 Aminosäureketten*, die jeweils eine Sequenz von *141 Aminosäuren* aufweisen. Kommt es in einer der Ketten zu einer Abweichung in der vorgegebenen Sequenz, so kann dies zu Krankheiten wie etwa zur Sichelzellenanämie führen. Zwei Beispiele, die den Zusammenhang zwischen *räumlicher Gestalt* und *Funktion* von *Proteinen* illustrieren, sind in Abb. 1.61

dargestellt. Das Faserprotein *Kollagen* ist ein wichtiger Bestandteil des menschlichen Bindegewebes und der Haut. Etwa 25 % aller Proteine im menschlichen Körper sind *Kollagen*. Es dient der Festigung unseres Bindegewebes, der Sehnen, Bänder und Knorpel. Ferner trägt es zum Aufbau der Knochen und Zähne bei. *Kollagen* besteht aus *drei Aminosäureketten*, die eine *Dreifachhelix* bilden. Die Aminosäureketten können bis zu 1400 Aminosäuren enthalten. *Kollagenfasern* weisen eine hohe Zugfestigkeit auf.

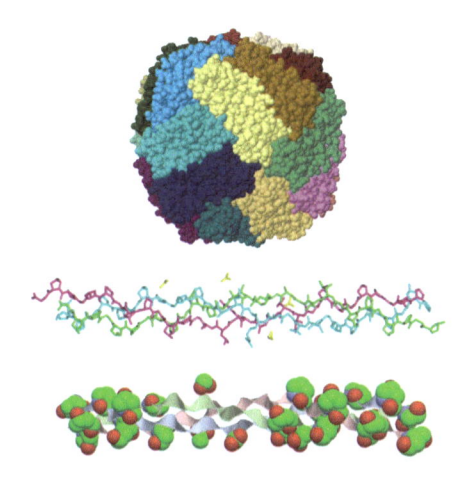

Abb. 1.61: Zur Struktur des globulären Proteins *Ferritin* und des Faserproteins *Kollagen*.
(Protein Datenbank (PDB) Identifikator: 1FHA für Ferritin (**DOI**: 10.2210/pdb1fha/pdb), 1 BKV (**DOI**: 10.2210/pdb1bkv/pdb) und 1CAG (**DOI**: 10.2210/pdb1cag/pdb)für Kollagen, Graphische Darstellung JMol, **Jena Library** of Biological Macromolecules).

Ferritin ist ein globulares Protein, welches aus 24 identischen Proteinuntereinheiten besteht, die annähernd eine Hohlkugel bilden. Die Funktion des Proteinkomplexes ist es, im Inneren des kugelförmigen Gebildes Eisen zu speichern. Zwischen den 24 Untereinheiten gibt es durchlässige Poren.

Bisher haben wir dargestellt, welche Zusammenhänge zwischen ungestörter Kristallstruktur, was mit dem Begriff „*Idealstruktur*" verknüpft ist, und den Eigenschaften eines Kristalls bestehen. Für dieses Unterkapitel wurde bewusst das Zitat des bedeutenden Festkörperphysikers *Sir Frederick Charles Frank* (1911 – 1998)[35] ge-

---

[35] *Frederick Charles Frank* (1911 – 1998) studierte ab 1929 Chemie in Oxford, wo er auch all seine akademischen Abschlüsse machte. Seine bedeutenden Arbeiten auf dem Gebiet der Festkörperphysik (Versetzungstheorie, BCF (*Burton, Cabrera, Frank*)-Kristallwachstumstheorie, theoretische Arbeiten

wählt: *Kristalle sind wie Menschen, es sind die Eigenheiten (ihre Fehler), die sie interessant machen.* Im Folgenden soll gezeigt werden, welche Auswirkung die „*Realstruktur*", d. h. die strukturellen Baufehler eines Kristalls auf seine Eigenschaften haben. Wir werden dabei sehen, dass die Baufehler Segen und Fluch zugleich sein können. Das Defektgeschehen in einem Kristall ist sehr komplex und in vielen Fällen findet eine Wechselwirkung zwischen den verschiedenen Defektarten statt. Bei der Beschreibung wollen wir uns auf die substantiellen Kristallbaufehler beschränken und diese nach ihrer räumlichen Ausdehnung klassifizieren. Eine Auswahl wichtiger substantieller Kristalldefekte ist in Tab. 7 zusammengestellt.

Tab. 7: Substantielle Kristalldefekte – eine Auswahl

Dimension	Defekttyp
0-D Punktdefekte	Leerstellen, Zwischengitteratome, Fremdatome (Substitutionsatome), Antistruktur-Defekte (antisite defects)
1-D Liniendefekte	Versetzungen
2-D Flächendefekte	Korngrenzen, Stapelfehler, Antiphasengrenzen, Zwillinge, Domänengrenzen
3-D... Volumendefekte	Cluster, Einschlüsse, Ausscheidungen, Hohlräume(z. B. Poren, Röhren)

Lokale Störungen mit einer Ausdehnung von wenigen Atomabständen in einer ansonsten perfekten Anordnung der atomaren Bausteine in einer Kristallstruktur werden als *Punktdefekte* bezeichnet. In einem monoatomaren Kristall gibt es zwei elementare Punktdefekttypen: *Leerstellen* und *Zwischengitteratome* (Abb. 1.62 a, b). Diese beiden Defekttypen existieren auch in Verbindungskristallen. Ein spezieller Punktdefekt in Verbindungskristallen ist der *Antistruktur-Defekt* (Abb.1.62 c). Im Falle eines Verbindungshalbleiters wie *GaAs* entstehen solche „*antisite-Defekte*", wenn ein *Ga*-Atom den Gitterplatz eines *As*-Atoms besetzt oder umgekehrt ein As-Atom die Position eines *Ga*-Atoms einnimmt. Enthält ein Kristall eine gewisse Konzentration an *Fremdatomen*, dann können diese entweder die Position eines Gitterplatzes oder eines Zwischengitterplatzes einnehmen. Es entstehen damit zwei weitere Typen von Punktdefekten: *Fremdatome auf Gitterplätzen* und *Fremdatome auf Zwischengitterplätzen* (Abb. 1.62 d). Bei der Bildung von Punktdefekten in Verbindungskristallen, wie binären Ionenkristallen, ist zu berücksichtigen, dass bezüglich der

---

zu Flüssigkristallen) entstanden nach 1951 an der Universität in Bristol, wo er Professor für Physik und Direktor des *H.H. Wills Physics Laboratory* war. Er war Mitglied der *Royal Society* (1954) und hat für seine bahnbrechenden Arbeiten zahlreiche Auszeichnungen erhalten.

elektrischen Ladung, der Masse und der Anzahl der Gitterplätze ein Gleichgewicht vorhanden ist.

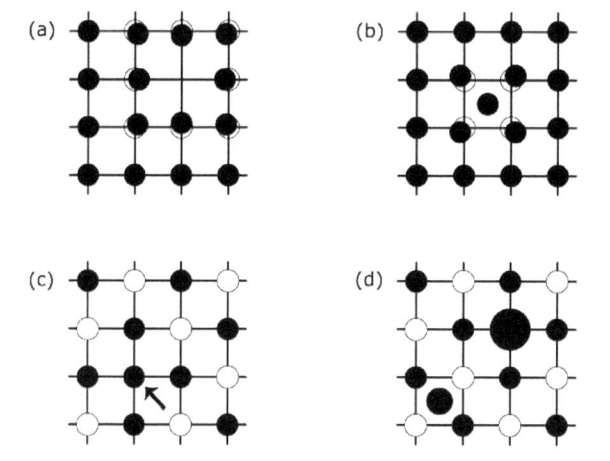

Abb. 1.62: Typen von Punktdefekten; a) Leerstelle, b) Zwischengitteratom, c) Antistruktur-Defekt, d) Fremdatom auf Zwischengitterplatz und Gitterplatz.

Die vier Grundtypen von Punktdefektpaaren in Ionenkristallen sind folgende:

Grundtypen von Punktdefektpaaren in Ionenkristallen
Frenkel-Defekt:
Leerstellen im Kationengitter und Kationen auf Zwischengitterplätzen.
Schottky-Defekt:
Leerstellen im Kationen- und Anionengitter.
Anti-Frenkel-Defekt:
Leerstellen im Anionengitter und Anionen auf Zwischengitterplätzen.
Anti-Schottky-Defekt:
Kationen und Anionen auf Zwischengitterplätzen.

Punktdefekte entstehen während des Kristallwachstums und werden als *Leerstellen* und *Zwischengitteratome* in das Kristallgitter eingebaut. Diese Eigendefekte, die als *intrinsische Punktdefekte* bezeichnet werden, stehen im thermischen Gleichgewicht. Mit wachsender Temperatur nimmt die Anzahl der Punktdefekte zu. **Es gibt keinen Kristall, der punktdefektfrei ist.** *Fremdatome*, ob direkt beim Wachstum entstanden oder später als Dotierungselemente in den Kristall eingebracht, sind *extrinsische Punktdefekte,* die nicht im *thermischen Gleichgewicht* sind. Dies bedeutet, sie liegen in einer bestimmten Konzentration im Kristall vor, die sich nicht in Abhängigkeit von der Temperatur ändert. *Punktdefekte* können auch nachträglich durch Bestrahlung der Kristalle mit hochenergetischen Teilchen, durch mechanische Behandlung und plastische Verformung erzeugt werden. Neben den singulären *Punktdefekten* können in den Kristallstrukturen daraus zusätzlich eine Vielzahl von *Punktdefektkomplexen* und *Punktdefektagglomeraten* gebildet werden. *Punktdefekte* beeinflussen in vielfältiger Weise die physikalischen Eigenschaften eines Kristalls. In Kap. 2 wird ausführlich erläutert wie durch *Dotierung mittels Fremdatomen* (*Donator-* bzw. *Akzeptoratomen*) gezielt die elektrische Leitfähigkeit des Halbleiters Si verändert wird. Die magnetischen Eigenschaften von Kristallen (z. B. von Spinellen) werden durch *Punktdefektkomplexe* und insbesondere auch durch *Antisite-Defekte* verändert. Eine wichtige Rolle spielen *Punktdefekte*, insbesondere *Leerstellen*, bei Diffusionsprozessen (s. Kap. 2) in Festkörpern. Durch *Punktdefekte* (*Leerstellen, Zwischengitteratome, Fremdatome*) können nichtstöchiometrische Zusammensetzungen entstehen. So wird bei den Mineralen *Pyrrhothin* $Fe_{1-x}S$ und *Wüstit* $Fe_{1-x}O$ die Nichtstöchiometrie durch *Leerstellen* im Kationenteilgitter hervorgerufen.

Eine wichtige Rolle spielen Punktdefekte als optische Zentren, d. h. isolierte und lokalisierte Punktdefekte, welche die optischen Eigenschaften und insbesondere die Farbe eines Kristalls verändern. Erstmals wurden solche *Farbzentren* in Alkalihalogeniden mit NaCl-Struktur, die mit Röntgenstrahlen bestrahlt wurden, um 1920 in Göttingen von dem Physiker *Robert Wichard Pohl* (1884 – 1976) und Mitarbeitern beobachtet. Das klassische *F-Zentrum* besteht aus einer *Anionenleerstelle,* in welcher ein Elektron durch die umgebenden Kationen eingefangen ist.

Diamant ist der Kristall, der wohl die meisten Farbzentren aufweist. Insgesamt sind mehr als 500 optischer Zentren in *Diamant* bekannt. Die meisten dieser Zentren wurden in synthetischen *Diamanten* nachgewiesen und enthalten Fremdatome. Die wichtigste Verunreinigung in *Diamant* ist *Stickstoff*, der in mehr als 50 Farbzentren nachgewiesen wurde. Liegt ein chemisch reiner und nahezu perfekter *Diamant* vor, so ist dieser farblos und transparent. Dies ist das Resultat der großen Bandlücke von 5,47 eV (für eine ausführliche Beschreibung der Bandstruktur eines Festkörpers s. Kap. 2).

Farbe und Farbzentren von Diamant

Gelbe Diamanten:
N3 – Farbzentrum: Drei Stickstoff-Fremdatome, die eine Leerstelle umgeben.
Orange Diamanten:
H4- und H3-Farbzentrum: H4-Zentrum, vier Stickstoff-Fremdatome, die von zwei Leerstellen umgeben sind. H3-Zentrum, zwei Stickstoffatome, die durch eine neutrale Leerstelle getrennt sind.
Grüne Diamanten:
GR1-Farbzentrum: eine neutrale Leerstelle.
Blaue Diamanten: Die blaue Farbe wird durch eine geringe Verunreinigung von Bor (< 50 ppm) verursacht. Bor ist ein Akzeptoratom und verändert die Bandlücke, was zu einem veränderten Absorptionsverhalten führt.
Schwarze Diamanten: Die Ursache für diese Färbung sind häufig feinste Einschlüsse (z. B. Graphit).
Braune Diamanten: Welche Defekte die Braunfärbung verursachen, ist nach wie vor nicht eindeutig geklärt (mögliche Ursachen: plastische Deformation und Versetzungen oder Multileerstellen).

Die Beispiele illustrieren welche Farbgebung von *Diamanten* durch Farbzentren erzeugt wird.

Das wohl am intensivsten untersuchte Farbzentrum im *Diamant* ist das 1997 nachgewiesene *NV-Zentrum*. Dieses existiert als neutrales $(NV)^0$ und als negativ geladenes $(NV)^{-1}$-Zentrum. Das *NV-Zentrum* wurde sowohl in natürlichen als auch in synthetischen *Diamanten* detektiert. Es besteht aus einem *Stickstofffremdatom* und einer benachbarten *Leerstelle* (Abb. 1.63). Die umfangreichen Untersuchungen zeigten, dass Nanodiamanten mit *NV-Zentren* als *Einzelphotonenquellen* für quantenoptische Experimente angewandt werden können. Die Erzeugung von *Punktdefekten* in Kristallen durch Bestrahlung mit energiereichen Röntgen-, Neutronen- und γ-Strahlen ist ein häufig angewandtes Verfahren um nachträglich Farbänderungen von Mineralien und Edelsteinen herbeizuführen[36].

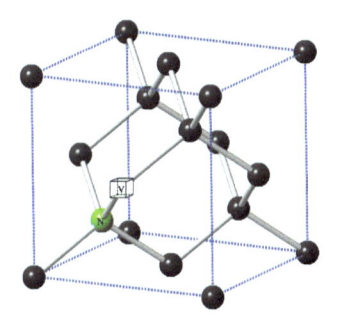

Abb. 1.63: Struktur des NV-Farbzentrums im Diamant.

Auf diese Weise kann aus einem farblosen *Fluoritkristall* beispielsweise ein *violetter Fluoritkristall* erzeugt werden. *Punktdefekte* können rekombinieren. Das bedeutet, die Farbe des Kristalls kann nach einem längeren Zeitraum verblassen.
Punktdefekte und Agglomerationen von Punktdefekten spielen ferner eine wichtige Rolle bei der Erzeugung von anderen *Kristalldefekten* (*Versetzungen*, *Stapelfehler*, *Ausscheidungen*).

Versetzungen sind die wichtigsten *Liniendefekte* in Kristallen. Sie kommen in allen Materialien vor (z. B. in Metallen, Keramiken, Halbleitern, Polymeren, Proteinen).

---

[36] Nach dem Regelwerk der CBIJO (*Confédération International de la Bijouterie, Joaillerie, Orfèvrerie des Diamantes, Perles et Pierres*) der Internationalen Vereinigung Schmuck, Silberwaren, Diamanten, Perlen und Steine müssen alle künstlich bestrahlten Edelsteine als „bestrahlt" bzw. „behandelt" deklariert werden.

Versetzungen werden infolge vorhandener thermischer und mechanischer Spannungen bereits während des Kristallwachstums beim Abkühlungsprozess erzeugt. Bei einer mechanischen Bearbeitung von Kristallen, die mit einer plastischen Verformung verbunden ist, werden ebenso Versetzungen gebildet. Ganz allgemein, eine *Versetzung* beschreibt die Gitterstörung in einem Kristall entlang einer Linie, **der Versetzungslinie**. Wir wollen diese Störung einmal genauer am Beispiel einer **Stufenversetzung** (Abb. 1.64) erläutern. Ein charakteristisches Merkmal für diesen Versetzungstyp ist die eingeschobene Halbebene im oberen Teil des Kristalls. Entlang der Gitterreihe am unteren Ende der Halbebene verläuft die **Versetzungslinie**. Wir sprechen von einem *Liniendefekt*, weil die Gitterbereiche um diese Linie herum gestört sind. Die Störung selbst ist nicht eine eindimensionale, linienhafte Störung. Die Gitterverzerrung erstreckt sich über einen Volumenbereich und nimmt mit zunehmenden Abstand von der Versetzungslinie ab. Der am meisten gestörte Bereich um die Versetzungslinie herum ist der **Versetzungskern**. Zur vollständigen Charakterisierung der Geometrie einer Versetzung benötigen wir noch einen Parameter, der den Verzerrungszustand beschreibt. Dieser Parameter ist der **Burgersvektor b,** der Betrag und Richtung der Verschiebung der Atome im Kristallgitter angibt. Der **Burgersvektor b** kann durch einen **Burgers-Umlauf** nach der Ziel/Start rechte Handregel bestimmt werden. Dabei wird einmal ein *Burgersumlauf* um einen ungestörten Referenzkristall durchgeführt, wo Start- und Zielpunkt nach Umlauf von Gitterpunkt zu Gitterpunkt zusammenfallen. Dieser Umlauf wird dann auf den gestörten Kristall übertragen. Der Umlauf ist dann nicht geschlossen und der *Burgersvektor* zeigt vom Startpunkt zum Zielpunkt (s. Abb. 1.64). Der Umlauf kann auch in umgekehrter Reihenfolge beginnend mit dem gestörten Kristall und Übertragung in den Referenzkristall vorgenommen werden.

Versetzungen werden somit durch zwei Parameter, die **Versetzungslinie** und den **Burgersvektor** charakterisiert. Es gibt zwei Grenzfälle von Versetzungen, die **Stufenversetzung** und die **Schraubenversetzung**. Bei einer *Stufenversetzung* liegt der *Burgersvektor* senkrecht zur Versetzungslinie (**90° Versetzung**), bei einer *Schraubenversetzung* sind *Burgersvektor* und *Versetzungslinie* parallel (**0° Gradversetzung**). Eine **allgemeine Versetzung** hat Stufen- und Schraubenanteile und einen Winkel $\angle(s, b) > 0° - < 90°$.

Wenn der **Burgersvektor ein Gittervektor** ist, wie im Beispiel der gezeigten Stufenversetzung, dann liegt eine **vollständige Versetzung** vor. Eine vollständige Versetzung kann dissoziieren, d. h. in Teilversetzungen aufspalten. *Bei einer* **Teilversetzung** *ist der* **Burgersvektor ein Teilgittervektor**. Zwischen den Teilversetzungen entsteht dann ein **Stapelfehler.** Versetzungen können nicht frei im Kristall enden, sie stoßen bis zur Oberfläche des Kristalls durch. Versetzungen können jedoch an anderen Versetzungen (Versetzungsknoten, Versetzungsnetzwerk in Korngrenzen) im Kristall enden, und sie können *Versetzungsringe* bilden. Der *Burgersvektor* ist für eine

Versetzung entlang ihrer Versetzungslinie gleich, auch wenn diese – wie im Fall der Versetzungsringe – ihre Richtung stetig verändert.

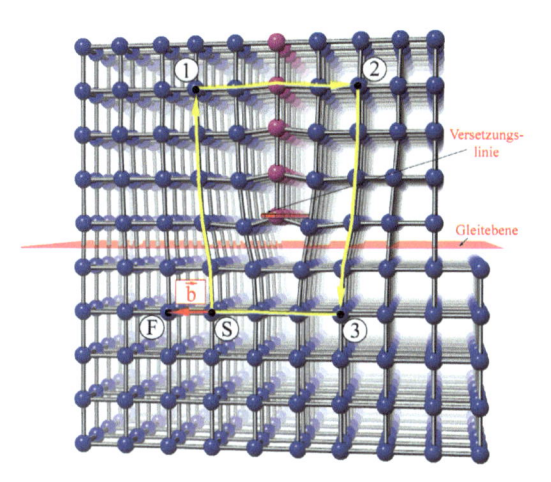

Abb. 1.64: Schematische Darstellung einer Stufenversetzung in einem Kristall.

Zur Klassifizierung der Güte eines Kristalls dient die **Versetzungsdichte**. Diese ist definiert als die Gesamtlänge der im Kristall vorhandenen Versetzungen (*cm*) pro Volumeneinheit (*cm³*). Werden bei der Kristallzüchtung nahezu perfekte Einkristalle hergestellt, so liegt die Versetzungsdichte ρ im Bereich von $10^2 - 10^4$ cm^{-2}. Die Versetzungsdichte eines nach dem *Czochralski-Verfahren* (s. Kap. 2) gezüchteten stöchiometrischen *Spinellkristalls* MgAl$_2$O$_4$, der keinerlei Subkörner aufweist, liegt in diesem Größenbereich. Werden Spinellkristalle nach dem *Verneuil-Verfahren* gezüchtet, so enthalten die birnenförmigen MgAl$_2$O$_4$ Kristalle Subkörner. Die Verneuil-Synthese ist ein tiegelfreies Flammenschmelzverfahren, welches zur Herstellung synthetischer Edelsteine 1902 vom französischen Chemiker *Auguste Verneuil* (1856 – 1913) entwickelt wurde. Ein Spinell mit geringer Nichtstöchiometrie (***MgO : Al₂O₃ = 1 : 1,75***) enthält ca. 10^7 Versetzungen/cm³ (Versetzungsdichte ρ = ***10⁷ cm⁻²*** !!). Bei einem Spinell, bei dem das Verhältnis ***MgO : Al₂O₃ = 1 : 3*** beträgt, wächst die Versetzungsdichte ρ auf 10^9 cm^{-2} an. Bei einem höheren Nichtstöchiometriegrad sind mehr Punktdefekte im Kristall, die agglomerieren können und dabei Versetzungen bilden. Dabei kommt es neben der Versetzungsbildung auch durch Diffusion, Agglomeration und Kondensation von Punktdefekten und Punktdefektkomplexen im stark nichtstöchiometrischen Spinell zur Bildung von Ausscheidungen. Die Versetzungsdichte von Metallen, die stark plastisch verformt wurden, kann Werte von 10^{12} cm^{-2} annehmen. Die grundlegenden Prozesse der **plastischen Verformung**, d. h. einer dauerhaften bleibenden Verformung eines Kristalles, sind die Erzeugung und Bewegung von Versetzungen.

Dies soll am Beispiel einer *in-situ Verformung* einer einkristallinen *Nickelbasis-Superlegierung SC16* in einem *Höchstspannungs-Transmissionselektronenmikroskops* mit einer Beschleunigungsspannung von 1000 kV illustriert werden (Abb. 1.65) [197].

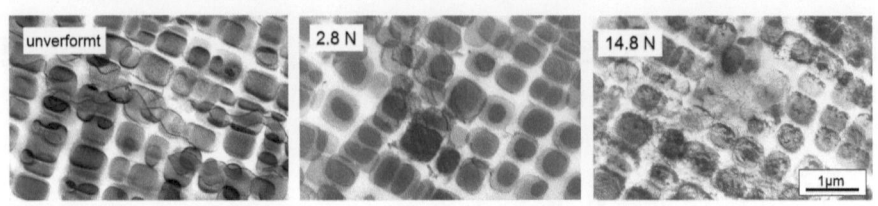

Abb. 1.65: Mikrostruktur einer Nickelbasis-Superlegierung nach verschiedenen Stadien der in-situ Verformung bei 1000°C in einem Höchstspannungselektronenmikroskop[197].

Das linke Teilbild zeigt die Mikrostruktur der unverformten SC16-Legierung, die aus geordneten würfelförmigen Ni_3Al- Ausscheidungen (γ'-Phase) besteht, die in einer kubisch-flächenzentrierten Matrix (γ-Phase) eingelagert sind. Die dunklen schlangenförmig verlaufenden Linien sind die Versetzungslinien. Wird die Legierung im Elektronenmikroskop in einer speziellen Dehnrichtung bei 1000°C plastisch verformt, so werden in Abhängigkeit von der einwirkenden Kraft neue Versetzungen gebildet. Man sieht deutlich, dass bei einer Verformung unter der Krafteinwirkung von 14,8 N die Anzahl der gebildeten Versetzungen im Vergleich zu der bei 2,8 N (1N = 1kg $\cdot m/s^2$) verformten Probe stark gestiegen ist. Verfolgt man den Verformungsprozess mit einer Videokamera, dann lässt sich sowohl die Bewegung von Versetzungen als auch die Bildung neuer Versetzungen nachverfolgen. Die zwei grundlegenden Prozesse der Bewegung von Versetzungen sind **Gleiten und Klettern**. Die Gleitbewegung einer Versetzung erfolgt in einer Ebene, *der Gleitebene*, entlang einer Richtung, der *Gleitrichtung*. *Gleitebene* und *Gleitrichtung* bestimmen das **Gleitsystem**. Die Gleitebene enthält die Versetzungslinie. Bei einer Stufenversetzung wird die Gleitebene durch den **Burgersvektor b** und die **Gleitlinie s** bestimmt.[37] Bei einer Schraubenversetzung, wo Burgersvektor und Gleitlinie parallel sind, gibt es keine definierte Gleitebene. Deshalb können Schraubenversetzungen sehr leicht die Gleitebene wechseln. Bei den Gleitebenen handelt es sich meist um dicht besetzte Gitterebenen. Metalle, wie *Kupfer, Gold* und *Silber*, deren Struktur eine kubische-dichteste Kugelpackung ist, weisen folgendes **Gleitsystem** auf: *{111}*, *<110>* auf. Es gibt somit in diesen Kristallstrukturen insgesamt **12 Gleitsysteme** entsprechend der **vier (111) Ebenen** mit jeweils **drei** verschiedenen **[110] Richtungen**. Metalle, wie *Magnesium* (**Mg**), (**Cd**), (**Zn**) mit einer hexagonal-dichtesten Kugelpackung können nur entlang der dicht gepackten **(00.1) Ebene** und in **drei** verschiedenen **<11$\bar{2}$0> Richtungen** gleiten

---

37 Das Vektorprodukt von Versetzungslinie **s** und Burgersvektor **b** ergibt die Normale **n** der Gleitebene (**n** = **s** x **b**). Bei einer Schraubenversetzung ist **s** ∥ **b**, d.h. das Vektorprodukt ist Null.

(*3 Gleitsysteme*). Ein Gleitprozess findet nur dann statt, wenn die einwirkende Schubspannung einen kritischen Wert (**Peierls-Nabarro Spannung**) überschreitet. Diese ist bei Metallen um einige Größenordnungen geringer als bei Kristallen mit Ionen- und Atombindung (z. B. keramische Materialien). Bei einer geringeren Spannung liegen eine elastische Verformung und keine bleibende Verformung des Materials vor. Wie verläuft ein Gleitprozess? Nehmen wir an, in unserem Beispiel der *Stufenversetzung* (Abb. 1.64) wirkt von links eine Scherspannung ein, dann wandert die Versetzung durch den Kristall nach rechts und am Ende (Kristalloberfläche) entsteht eine Stufe deren Höhe dem Betrag des Burgersvektors entspricht.

Jede Bewegung einer Versetzung außerhalb ihrer Gleitebene wird als **Klettern** bezeichnet. Bei *Schraubenversetzungen* gibt es keine definierte Gleitebene. Wenn eine *Schraubenversetzung* beim Gleiten auf ein Hindernis trifft, kann sie quergleiten und setzt dann auf einer parallelen Ebene zur Ausgangsebene ihre Wanderung fort. Anders ist dies bei *Stufenversetzungen*. Treffen diese auf ein Hindernis können sie die Gleitebenen nur durch Klettern verlassen. Dazu müssen Punktdefekte (Leerstellen bzw. Zwischengitteratome) angelagert werden. Der Kletterprozess ist im Gegensatz zum Gleiten immer mit einer Umlagerung von Atomen (Volumenmaterial) verbunden. Da die Anzahl der Punktdefekte mit steigender Temperatur zunimmt, finden Kletterprozesse bevorzugt bei höheren Temperaturen statt.

Es soll nicht unerwähnt bleiben, dass nach Versetzungsreaktionen auch Teilversetzungen entstehen, die weder gleiten noch klettern können. Versetzungsmultiplikation im Kristall, d. h. die **Entstehung neuer Versetzungen**, findet durch: **Quergleitprozesse** und die sogenannte **Frank-Read Quelle statt**, deren Wirkungsmechanismus hier aber nicht weiter behandelt werden soll.

Wir wollen jetzt am Beispiel eines Kupferkristalls zeigen, wie groß die Verschiebung (Länge des Burgersvektors) der Gitterteile gegeneinander ist, die durch den Gleitprozess einer Versetzung erzeugt wird. Die Struktur des Kupfers weist eine kubisch-dichteste Kugelpackung auf (F-Bravaisgitter). Die stabilen Versetzungen in dieser Struktur besitzen einen **Burgersvektor $b = a/2\sqrt{2}$**. Die Gitterkonstante von Kupfer beträgt *a = 3,62 Å = 3,62 $\cdot 10^{-10}$ m*. Damit ist *b = 2,56 $\cdot 10^{-10}$ m = 2,56 $\cdot 10^{-9}$ dm*. Eine Versetzung erzeugt damit eine **Verschiebung von 3,6 Milliardstel Dezimeter**! Wie können mit solch kleinen Verschiebungen des Gitters makroskopische plastische Verformungen bewirkt werden? In verformten Metallen liegen die Versetzungsdichten in einem Bereich von $\rho = (10^{10} - 10^{12})$ cm^{-2}. Eine Versetzungsdichte von $\rho = 10^{10}$ cm^{-2} heißt, dass in *1 cm³ Kristallmaterial* die *Gesamtlänge der Versetzungslinien 10^{10} cm = 10^5 km = 100000 km* beträgt. Steigt die Versetzungsdichte auf $\rho = 10^{12}$ cm^{-2} an, dann beträgt die Gesamtlänge der **Versetzungslinien pro cm³ 10^7 km, d. h. 10 Millionen km**. Die große Anzahl kleiner Verschiebungen ist es, welche die makroskopische Verformung erzeugt.

Die komplexe Versetzungsstruktur in einem kristallinen Material bestimmt wesentlich seine mechanischen Eigenschaften. So hängen **Duktilität** (Verformbarkeit) und **Sprödigkeit** eines kristallinen Werkstoffs stark vom Versetzungsgeschehen ab. Metalle mit einer kubisch-flächenzentrierten Struktur wie *Kupfer, Silber, Gold* haben viele Gleitsysteme, weisen eine geringe *Peierls-Nabarro-Spannung* auf und sind somit leicht verformbar. Bei den hexagonalen Metallen mit der Struktur einer hexagonaldichtesten Kugelpackung wie *Magnesium, Cadmium, Zink* gibt es nur drei Gleitsysteme. Die Gleitung findet auf einer Ebene, der (00.1) Ebene statt. Diese Metalle sind weniger duktil. *Keramische Materialien sind spröde*, d.h sie besitzen eine geringe Verformbarkeit und brechen sehr schnell. In keramischen Materialien gibt es ebenso eine Vielzahl von Versetzungen. Die *Peierls-Nabarro*-Spannung ist jedoch um Größenordnungen höher als bei Metallen, was auf Parameter wie Bindungsstärke, Ladung und Größe der Ionen, zurückzuführen ist. Gleitvorgänge bei Normaltemperaturen sind somit wesentlich schwieriger und seltener.

Versetzungen, besonders auch in Wechselwirkung mit Punktdefekten, beeinflussen die elektrischen Eigenschaften eines Kristalls. In den meisten Fällen führt die Anwesenheit von Versetzungen in Halbleiterbauelementen (z. B. integrierten Schaltkreisen, Dünnschichttransistoren, Leuchtdioden) zu einem schnellen Versagen dieser. Deshalb war es für den Einsatz von *Silizium* für die Halbleitertechnologie notwendig, **versetzungsfreie Si-Einkristalle** zu züchten. Ein langwieriger Prozess, der *Silizium* wohl zu dem am besten untersuchten Material weltweit gemacht hat.

Die wichtigsten Grundbegriffe zur Beschreibung von Versetzungen sind in der nachfolgenden Informationsbox zusammengefasst.

Grundbegriffe zu Versetzungen

Vollständige Versetzungen: Burgersvektor **b** ist ein Gittervektor.
Unvollständige Versetzungen(Teilversetzungen): Burgersvektor **b** ist ein Teil eines Gittervektors.
Geometrie der Versetzungen: Parameter Burgersvektor **b** und Versetzungslinie s(Linienvektor)
Allgemeiner Fall: gemischte Versetzung $\angle(s,b) > 0°$ - $<90°$
Grenzfälle: Stufenversetzung $\angle(s,b) = 90°$ Schraubenversetzung $\angle(s,b) = 0.°$
Versetzungsbewegung: Gleiten - Bewegung in der Gleitebene.
   Klettern – Bewegung außerhalb der Gleitebene.
Gleitsystem: Gleitebene und Gleitrichtung.

Das gemeinsame Wesensmerkmal aller *Flächendefekte*, die allgemein als *Planardefekte* bezeichnet werden, sind *innere Grenzflächen* (**Interfaces**). Diese Grenzflächen beeinflussen und steuern wichtige Eigenschaften der Materialien. Bei den *Planardefekten* handelt es sich durchweg um **Homophasengrenzen,** d. h. Grenzflächen von Kristalliten mit identischer Kristallstruktur und identischer chemischer Zusammensetzung. Von **Heterophasengrenzen** spricht man dann, wenn Grenzflächen zwi-

schen zwei Kristallen bestehen, die sich in der Kristallstruktur und/oder in der chemischen Zusammensetzung unterscheiden (z. B. heteroepitaktische Schichten Silizium auf Spinellsubstraten (Si/MgAl$_2$O$_4$), Kompositkristalle wie Misfitschichtverbindungen oder Ferekristalle, dreidimensionale Ausscheidungen (Al$_2$O$_3$ in MgAl$_2$O$_4$).
Unter dem *Planardefekt* **Korngrenze** versteht man die Grenzflächenregion zwischen zwei fehlorientierten Kristallkörnern eines Kristalls. Die Bildung einer Korngrenze ist schematisch in Abb. 1.67 dargestellt. Beide Kristallteile sind über die Symmetrieoperationen Drehungen und Translationen miteinander verknüpft (Abb. 1.66a).

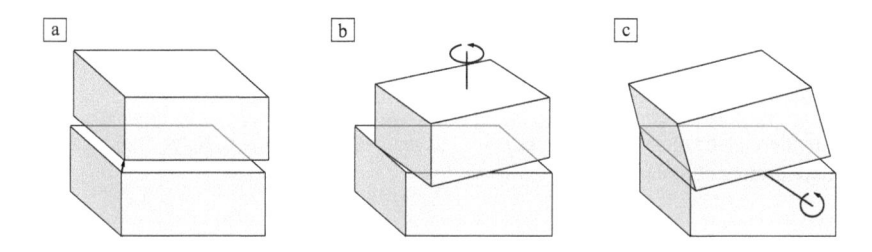

Abb. 1.66: Schematische Darstellung zur Erzeugung von Kipp- und Drehkorngrenzen.

Ist die Normale der Korngrenzenfläche parallel zur Drehachse (Abb. 1.66 b), so liegt eine **Drehkorngrenze** (*twist boundary*) vor. Wenn die Normale der Korngrenzenfläche senkrecht zur Drehachse liegt (Abb. 1.66 c), dann handelt es sich um eine **Kippkorngrenze** (*tilt boundary*). Eine **gemischte Korngrenze** liegt vor, wenn zwischen der Grenzflächennormale und der Drehachse der Winkel 0° <α < 90° ist. Die Korngrenze besteht dann aus Kipp- und Drehkomponenten. Wenn die beiden Flächen, welche die Grenzfläche bilden, identische Indizes aufweisen (($h_1k_1l_1$) ≡ ($h_2k_2l_2$)), dann liegt eine **symmetrische Korngrenze** vor. In allen anderen Fällen mit ($h_1k_1l_1$) ≠ ($h_2k_2l_2$) handelt es sich um **asymmetrische Korngrenzen.**

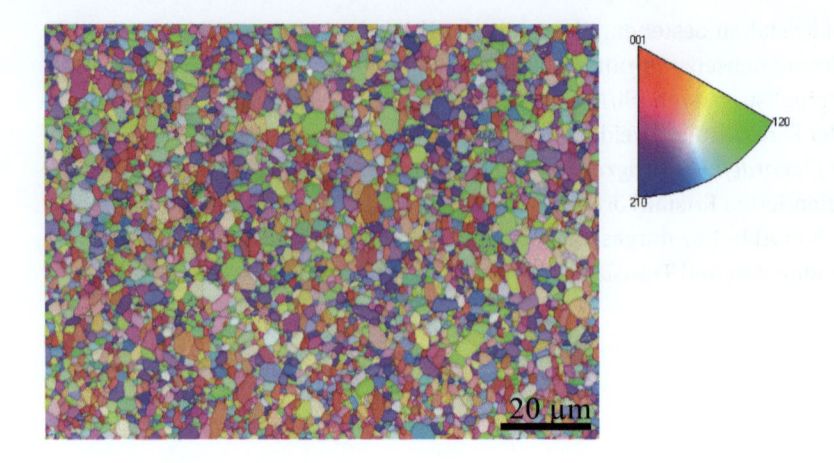

Abb. 1.67: Orientierungsbestimmung der Körner eines Korundvielkristalls (©: G. Nolze, Bundesanstalt für Materialprüfung (BAM) Berlin).

Ein Beispiel für die Orientierungsbestimmung von Kristallkörnern in polykristallinem Korund (α-Al_2O_3) mittels Elektronenbeugung rückgestreuter Elektronen in einem Rasterelektronenmikroskop zeigt Abb. 1.67. Anhand des farbcodierten Orientierungsdreiecks ist dann über die entsprechende Farbe die Orientierung jedes einzelnen Kristallkorns ersichtlich.

In Abhängigkeit von den bestehenden Orientierungsunterschieden zwischen den Kristallkörnern werden Korngrenzen in **Kleinwinkel**- und **Großwinkelkorngrenzen** eingeteilt. Von Großwinkelkorngrenzen spricht man, wenn der Orientierungsunterschied 15° überschreitet. Dieser Winkel ist nicht willkürlich gewählt, er ist durch die Struktur der Korngrenzen bedingt. **Kleinwinkel-Kippkorngrenzen** sind aus **Stufenversetzungen** aufgebaut. Handelt es sich um eine symmetrische Korngrenze besteht diese aus einer Schar von Stufenversetzungen, wohingegen bei unsymmetrischen Kippkorngrenzen mindestens zwei Scharen von Stufenversetzungen am Aufbau der Korngrenze beteiligt sind. Zur Bildung von **Kleinwinkel-Drehkorngrenzen** sind mindestens zwei Scharen von Schraubenversetzungen erforderlich. Zur Beschreibung der Orientierungsbeziehungen zwischen den beiden die Korngrenze bildenden Kristallteile werden das **Koinzidenzgitter** (**CSL**- coincidence site lattice) **Fehlorientierungs-Schema** und das **Grenzflächenebene-Schema** angewandt.

Wir wollen beide Schemata am Beispiel einer symmetrischen Korngrenze erläutern wie sie bei dem mehrfachverzwillingten Germaniumkristall in Abb. 1.46 (Kap. 1.3) vorliegt. Bei dem Germaniumkristall bestehen die Korngrenzen jeweils zwischen zwei (111) Tetraederflächen.

Bei dem CSL-Fehlorientierungsschema wird der Drehwinkel angegeben, um welchen die beiden Tetraeder verdreht sind, die Drehachse und eine Normale der beiden

Tetraeder. Im Falle des Grenzflächenebene-Schema werden die beiden Normalen der Tetraeder angegeben und der Drehwinkel zwischen ihnen.
CSL-Schema: 70,53°, [110], [111].
Grenzflächenebene-Schema: [111], [111], 60°.

Das CSL-Gitter (Koinzidenzgitter) wird gebildet von den Gitterpunkten die bei einer Überlagerung der Gitter der zwei Kristallite in ihrer Korngrenzenorientierung beiden Gittern gemeinsam angehören. Zur Charakterisierung der Korngrenze wird der Wert von Σ herangezogen, welcher das Verhältnis der Volumina der Elementarzelle des CSL-Gitters zur Elementarzelle des Kristallgitters angibt. Für die o.g. Zwillingsgrenze ist $\Sigma = 3$.

Ohne im Detail auf die in einer Großwinkelkorngrenze komplexe Defektstruktur einzugehen, soll das Vorhandensein von speziellen Korngrenzenversetzungen erwähnt werden. Diese werden als *sekundäre Korngrenzenversetzungen* bezeichnet, da sie im Gegensatz zu den primären Versetzungen Burgersvektoren aufweisen, die keine Gittervektoren sind. Die atomare Struktur der Korngrenzen kann mit Hilfe der abberationskorrigierten Transmissions- und Rastertransmissions-Elektronenmikroskopie abgebildet werden.

Von den Planardefekten sind **Stapelfehler** und **Antiphasengrenzen** reine **Translationsgrenzen**. Jede Änderung der Stapelsequenz einer Struktur erzeugt einen Stapelfehler. Der Stapelfehler ist geometrisch bestimmt durch die **Stapelfehlerebene** (hkl) und den Verschiebungsvektor **R**, durch den die beiden ungestörten Kristallteile verschoben sind. Dieser Vektor kann nur ein Teilgittervektor sein, da durch einen vollständigen Gittervektor keine Fehlstapelung erzeugt werden kann. Der Verschiebungsvektor **R** kann in der Stapelfehlerebene, aber auch geneigt zu ihr liegen. Wenn Stapelfehler im Inneren des Kristalls enden und nicht bis zur Oberfläche durchstoßen, werden sie von Teilversetzungen umrandet.

Die Bildung von Stapelfehlern soll am Beispiel des Kugelpackungsmodells erläutert werden (Abb. 1.68).

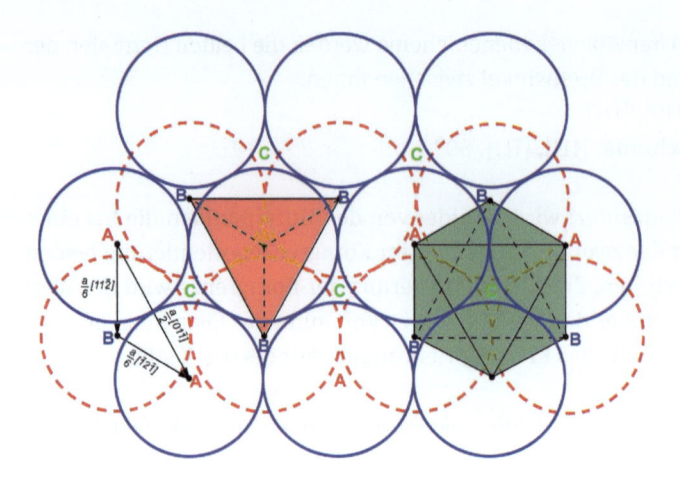

Abb. 1.68: Schichten von Atomen in einer dichtesten Kugelpackung.

Die dichteste Packung von Kugeln in einer Ebene ist die hexagonale Anordnung der Kugeln, wo jede Kugel 6 Kugelkontakte hat. Bilden die blauen Kugeln (Position A) die erste Schicht, dann können die Kugeln der nächsten Schicht in den Lückenpositionen B oder C liegen. Durch fortlaufende Stapelung lassen sich so unendlich viele dichtgepackte Stapelsequenzen erzeugen. Dabei ist jede Kugel von 12 anderen umgeben (von 6 Kugeln in der Schicht und jeweils von 3 Kugeln in der darüber- und der darunterliegenden Schicht). Eine periodische Stapelung der Schichten mit der Stapelsequenz ····**ABCABC**···führt zur **kubisch-dichtesten Kugelpackung** und mit einer Stapelsequenz ···**ABABAB**···zur **hexagonal-dichtesten Kugelpackung**. Die Kugelanordnung der Stapelfolge **ABC** stimmt mit den Positionen der Gitterpunkte eines kubisch-flächenzentrierten Gitters **F** überein, wenn man dieses entlang einer der Raumdiagonalen in [111]–Richtung aufstellt. Die Stapelebene ist die (111) Ebene. Die hexagonal-dichteste Packung kann mit einem hexagonalen **P**-Gitter beschrieben werden. Hier ist die Stapelebene die (00.1) Ebene. Aus der graphischen Darstellung zur dichtesten Kugelpackung ist ersichtlich, dass es zwischen zwei Schichten Lücken gibt. Diese sind entweder von 4 nächsten Kugelnachbarn (**tetraedrische Lücken**) oder von 6 nächsten Kugelnachbarn (**oktaedrische Lücken**) umgeben. Die Packungsdichte **P** für einen Kugelpackungstyp ergibt sich aus dem Verhältnis des Volumens der Kugeln V_K zum Volumen der Elementarzelle V_{EZ}. Die **Packungsdichte P** beträgt für beide Kugelpackungen **0,74**.

Die Kristallstruktur einiger Metalle (z. B. Kupfer, Silber, Gold) bilden eine kubisch dichteste Kugelpackung. **Stapelfehlerebenen** in dieser Struktur sind die **{111}Ebenen**, der Verschiebungsvektor beträgt **R = ±1/3 <111>**. Einen Stapelfehler können wir auf einfache Weise erzeugen, indem wir aus der normalen Stapelfolge ···**ABCABC**··· eine Ebene entfernen oder eine Ebene einfügen.

Bei der **Entfernung einer Ebene** entsteht ein sogenannter **intrinsischer Stapelfehler**:

$$ABCA\downarrow CABC.$$

Fügt man eine Ebene ein, wird ein **extrinsischer Stapelfehler** gebildet:

$$ABCACBCA.$$

Wie würde ein extrinsischer Stapelfehler in einer Struktur mit hexagonal dichtester Kugelpackung, z. B. *Magnesium* aussehen? Die ungestörte Stapelfolge ist ....**ABABAB**. Fügen wir eine Ebene ein, dann könnte z. B. folgender extrinsischer Stapelfehler gebildet werden: **ABABCABAB**. Der Verschiebungsvektor ist dann **R** = ½ <**00.1**>. Wie sieht die Stapelsequenz eines Stapelfehlers von **GaAs** aus, der in der Zinkblendestruktur (Strukturabbildung s. Abb. 2.20) kristallisiert?

Bei dieser Struktur bilden die *Zn*-Atome eine kubisch dichteste Kugelpackung und die *S*-Atome besetzen die Hälfte der 8 oktaedrischen Lücken. In dieser Struktur liegt in einer (111) Stapelfehlerebene dann eine Stapelung von Doppelschichten vor: $A\alpha B\beta C\gamma$. Ein intrinsischer Stapelfehler entsteht, wenn eine Doppelschicht, z. B. $A\alpha$ entfernt wird und umgekehrt ein extrinsischer Stapelfehler entsteht, wenn eine Doppelschicht, z. B. $C\gamma$ eingefügt wird.

Stapelfehler können während des Kristallwachstums gebildet werden. Sie können aber auch durch mechanische Deformation entstehen. So können vollständige Versetzungen in einem Kristall in zwei Teilversetzungen aufspalten, zwischen denen ein Stapelfehler liegt. Ebenso können Versetzungsnetzwerke bestehend aus Teilversetzungen gebildet werden, zwischen denen Stapelfehler liegen.

Eng verknüpft mit Stapelfehlern ist die Bildung von Polytypen. Kristallstrukturen von Elementen und Verbindungen, die sich nur durch ihre Stapelfolge von gleichartigen Schichten unterscheiden werden als **Polytypen** bezeichnet. Die verschiedenen *Polytypen* einer Struktur besitzen in der Ebene identische Gitterparameter. Senkrecht zu den Ebenen bestimmt die Anzahl der Schichten durch welche die Stapelperiode bestimmt wird den Gitterparameter. Die **Polytypie** wurde im Jahre 1912 vom deutschen Mineralogen *Heinrich Adolph Baumhauer* (1848 – 1926) am *SiC* entdeckt [198]. Vom *SiC* sind mehr als 150 polytype Modifikationen bekannt. Zur Kennzeichnung der Polytypen existieren verschiedene Notationen. Bei der Kennzeichnung nach *Ramsdell* wird zuerst die Anzahl der Schichten der Stapelsequenz angegeben, gefolgt von einem Buchstaben für das Kristallsystem der Struktur.

Zur Beschreibung von Polytypen am Beispiel von SiC
Ramsdell-Notation (H-hexagonal, C-kubisch, R-rhomboedrisch), Schichtfolge (ABC)
2H AB, 3C ABC, 4H ABAB, 6H$_1$ ABCACB, 6H$_2$ ABCBAB, 15R ABCACBCABACABCB.

Natürlich können auch in Polytypen Stapelfehler auftreten. In dem *6H*-Typ von *SiC* lassen sich 18 unterschiedliche Möglichkeiten finden, einen intrinsischen Stapelfehler zu erzeugen.

Die Geometrie von **Antiphasengrenzen** wird – analog zu den Stapelfehlern – durch eine Ebene, die Kontaktebene (**hkl**), und einen Verschiebungsvektor **R** charakterisiert. Durch die Kontaktebene zwischen den beiden *Antiphasendomänen* wird die Antiphasengrenze gebildet. Die Bildung einer *Antiphasengrenze* ist schematisch am Beispiel einer zweidimensionalen Struktur in Abb. 1.69a dargestellt. Die *Antiphasengrenzen* werden durch einen Verschiebungsvektor erzeugt, der im Gegensatz zu den Stapelfehlern ein Gittervektor der Ausgangsstruktur ist. Eine Verschiebung des unteren Teils der Struktur parallel zur entstehenden *Antiphasengrenze* führt zu einer sogenannten **konservativen Antiphasengrenze**, bei der die chemische Zusammensetzung der Struktur nicht verändert wird (Abb. 1.69 b). Erfolgt eine Verschiebung senkrecht zur *Antiphasengrenze*, dann entsteht eine sogenannte **nichtkonservative Antiphasengrenze**, die zu einer Änderung der chemischen Zusammensetzung führt (Abb. 1.69 c). *Antiphasengrenzen*, die nicht an der Oberfläche des Kristalls enden, werden - wie dies auch bei Stapelfehlern der Fall war – von Teilversetzungen begrenzt. *Antiphasengrenzen* können während des Kristallwachstums gebildet werden. Sie können jedoch auch bei Phasentransformationen (Ordnungs-Unordnungsumwandlungen) entstehen.

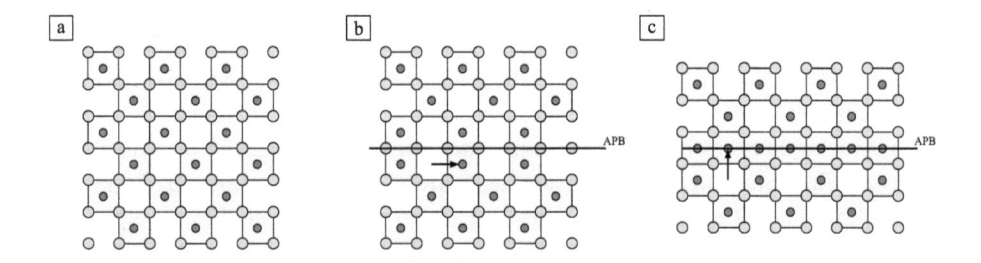

Abb. 1.69: Zur Bildung von Antiphasengrenzen (APG), (a) zweidimensionale Ausgangsstruktur, (b) konservative APG, (c) nicht konservative APB.

Solche Domänen entstehen dann, wenn die durch die Phasenumwandlung entstandene Phase die gleiche Kristallklasse (Punktgruppe) wie die Ausgangsphase aufweist, jedoch die Translationssymmetrie erniedrigt ist. In der Hochtemperaturphase der Legierung Cu_3Au besetzen die *Cu*- und *Au*-Atome statistisch ein kubisch-flächenzentriertes Gitter. Nach der Phasentransformation besetzen die *Au*-Atome ein kubisch primitives Gitter und die *Cu*-Atome die Mitten der Würfelflächen. Die Symmetrieerniedrigung von einem F-Gitter zu einem P-Gitter führt hier zur Bildung von vier Antiphasendomänen. Eine spezielle Strukturklasse bilden die *langperiodischen Antiphasenstrukturen* wie sie in binären Legierungen (z. B. Ti_3Al, Cu_3Au, $Ti_{27}Al_{73}$) auftreten.

Kristallzwillinge haben schon *Romé Delisle, René Just Hauy, Christian Samuel Weiss* und *Friedrich Mohs* im 18. Jahrhundert zu wissenschaftlichen Beschreibungen angeregt. **Ein Zwilling ist per Definition eine gesetzmäßige Verwachsung zweier oder mehrerer Kristallindividuen der gleichen Art mit definierten kristallographischen Orientierungsbeziehungen zwischen ihnen.** Die den Zwilling bildenden Kristallindividuen werden als Zwillingskomponenten oder als Zwillingsdomänen bezeichnet. Die geometrischen Beziehungen zwischen den Zwillingskomponenten werden durch das Zwillingsgesetz beschrieben. Das Symmetriegesetz spezifiziert die jeweilige Symmetrieoperation durch welche die verschiedenen Orientierungen der Zwillingskomponenten ineinander überführt werden. Die spezifische Symmetrieoperation der Verzwillingung kann keine Symmetrieoperation der Kristallindividuen sein. Der Zwilling enthält ein zusätzliches Symmetrieelement, welches nicht in den einzelnen Zwillingskomponenten enthalten ist. Andernfalls würde dies dazu führen, dass das jeweilige Kristallindividuum durch die Operation in sich selbst überführt würde.

Zwillingsbildung kann erfolgen durch:
- Spiegelung an einer Ebene, der *Zwillingsebene*
- Drehung um eine Achse um 180°, der *Zwillingsachse*
- Inversion an einem Inversionszentrum, dem *Zwillingszentrum*.

Inversionszwillinge können nur in azentrischen Kristallen auftreten. Einige Beispiele für Zwillingskristalle zeigt Abb. 1.70.

Aus der Abb. 1.70 a ist ersichtlich, dass die Zwillingskomponenten von Gips eine (010) Spiegelebene gemäß der Symmetrie der monoklinen Kristallklasse 2/m enthalten. **Zwillingsebene ist die (100)-Ebene.** Die Zwillingsbildung erfolgt durch die Spiegelung an der (100) Ebene. In den einzelnen Zwillingsindividuen ist dies keine Spiegelebene! Bei dem **Schwalbenschwanzzwilling** handelt es sich um einen **Kontakt**- oder **Berührungszwilling**, auch als **Juxtapositionszwilling** bezeichnet, bei dem die Zwillingsebene gleichzeitig auch die Verwachsungsebene ist.

Die beiden Quarzzwillinge in den Abbn. 1.70 b und c sind nach ihrer Verwachsungsart sogenannte **Durchdringungs**- oder **Penetrationszwillinge**. Bei der Zwillingsbildung nach dem Alpinen Gesetz sind entweder zwei Links- oder zwei Rechtsquarze verzwillingt. Im obigen Beispiel sind zwei Linksquarze verzwillingt. Diese Quarzzwillinge werden auch als **elektrische Zwillinge** bezeichnet, da sie **keine Pyro**- und **Piezoelektrizität** im Gegensatz zu einem normalen Quarzkristall aufweisen. Nach dem Brasilianer Gesetz durchdringen sich jeweils ein linker und ein rechter Quarzkristall. Diese Zwillinge werden als **optische Zwillinge** bezeichnet. Bei gleichen Anteilen von links- und rechtsdrehendem Quarz wird die Erscheinung der optischen

Aktivität (Drehung der Schwingungsebene) aufgehoben, so dass diese Zwillinge optisch damit nachweisbar sind.

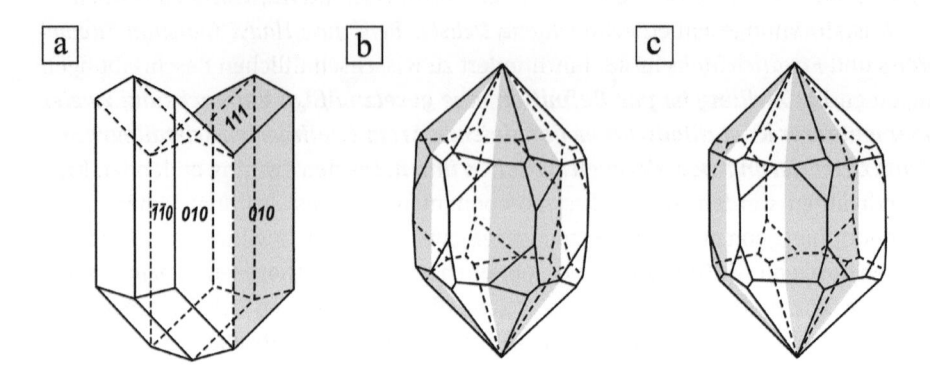

Abb. 1.70: Zwillingskristalle; a) Gips, Zwilling nach (100), Schwalbenschwanzzwilling, b) Quarz, Zwilling nach [00.1], Alpines Gesetz(Dauphinéer Gesetz), c) Quarz, Zwilling nach (11$\bar{2}$0), Brasilianer Gesetz.

Bei dem Brasilianer Gesetz wird üblicherweise immer die Verzwillingung nach der (11$\bar{2}$0) Ebene angegeben, die senkrecht zu einer 2-zähligen Drehachse des Quarzes steht. Daraus folgt ein Symmetriezentrum. Bei den Quarzen, die nach dem Brasilianer Gesetz verzwillingt sind, handelt es sich somit um Inversionszwillinge.

Bei den Zwillingen unterscheidet man zwischen *Einfach-* und *Mehrfachverzwillingung*. *Mehrfachzwillinge,* bei denen die Zwillingsgrenzen parallele Flächen sind, werden als *polysynthetische Zwillinge* bezeichnet. *Mehrfachzwillinge* mit einer kreisförmigen Anordnung der Zwillingsgrenzen werden als *zirkulare Zwillinge* bezeichnet. Wie durch Mehrfachverzwillingung zirkulare Zwillinge entstehen, soll anhand der Abbn. 1.45 und 1.46 (Kap. 1.3) erläutert werden. Ausgangspunkt ist ein Tetraeder, welches nach den {111} Ebenen mehrfachverzwillingt. Das Dekaeder (pentagonale Dipyramide) von Palladium (Abb. 1.45) besteht aus 5 Mehrfachzwillingen (1 Ausgangstetraeder, 2 Primär-, 2 Sekundärzwillinge). Dieser Zwillingsmechanismus – ausgehend von einem idealen Tetraeder – führt jedoch zu keinem geschlossenen Polyeder. Es bleibt eine Lücke von 7,25°. Könnte man durch Verzwillingung eines Tetraeders eine geschlossene pentagonale Dipyramide erzeugen, müsste ein translationsperiodischer Kristall eine fünfzählige Rotationsachse besitzen. Wie bereits in Kap. 1.2 dargelegt wurde, sind mit der Translationsperiodizität nur 1-, 2-, 3-, 4- und 6-zählige Drehachsen verträglich. Das geschlossene Dekaeder mit fünfzähliger Symmetrie wird dadurch ermöglicht, dass durch inhomogene Verzerrungen und Kristallbaufehler in der Struktur die Lücke geschlossen wird (s. Abb. 1.46). Mit Mehrfachverzwillingung lässt sich auch ein nahezu geschlossenes Ikosaeder erzeugen. Es besteht aus 20 Zwillingstetraedern (1 Ausgangstetraeder, 3 Primär-, 6 Sekundär-, 6 Tertiär, 3 Quartär-

und 1 Quintärzwilling). Die Zwillingsgrenzen sind – wie bereits bei der Behandlung der Korngrenzen erwähnt – symmetrische Korngrenzen und werden ebenso mit dem Parameter Σ charakterisiert, der in der **Geminographie** (Zwillingskunde) jedoch als *Zwillingsindex* bezeichnet wird. So beträgt dieser für die o.g. Primär-, Sekundär, Tertiär und Quartärzwillinge *$\Sigma 3$, $\Sigma 9$, $\Sigma 27$, $\Sigma 81$*. Zwillingsbildung findet nicht nur in der Natur bei den Mineralien statt, wo sie durch ihre Gestalt beeindrucken. Wir finden Zwillinge als Kristalldefekte in allen einkristallinen und polykristallinen Materialien (Metalle, Legierungen, Halbleiter, keramische Materialien, Proteinkristallen). Nach der Art der Entstehung unterscheidet man:
- Zwillingsbildung während des Kristallwachstums
- Mechanische Zwillingsbildung
- Zwillingsbildung nach Phasentransformation.

Während des Wachstumsprozesses können Zwillinge bereits im Koaleszenzstadium beim Verschmelzen der Keime, aber auch in späteren Wachstumsstadien gebildet werden.

Mechanische Zwillingsbildung wird durch eine homogene Scherverformung hervorgerufen. Dieser Prozess der plastischen Deformation findet bei tiefen Temperaturen statt. Der Vorgang der Zwillingsbildung verläuft spontan ab, dabei klappt ein Teil des Kristalls in eine Zwillingsstellung um. Der Prozess der mechanischen Zwillingsbildung ist verbunden mit der Bildung dünner Zwillingsbänder (Zwillingslamellen). Eine spezielle Form von Zwillingen sind die *Rekristallisationszwillinge* (annealing twins), die bei Rekristallisation und Kornwachstum in bereits verformten Metallen und Legierungen gebildet werden. Die Bildung dieser Zwillinge findet bei höheren Temperaturen statt und wird nicht durch einen Scherprozess sondern durch Diffusion ausgelöst.

Bei der Phasenumwandlung einer polymorphen Verbindung von der Hochtemperaturphase in die Tieftemperaturphase können Zwillinge gebildet werden. Vorrausetzung dafür ist jedoch, dass die Kristallklasse der Tieftemperaturphase eine geringere Symmetrie aufweist. So findet beim Phasenübergang von β-Quarz (Kristallklasse 622) zu α-Quarz (Kristallklasse 32) die Bildung von zwei Zwillingsdomänen (Dauphiné Zwillinge) statt.

Spezielle Kombinationen von niederdimensionalen Kristalldefekten (z. B. *Punktdefektagglomerate*, *Versetzungscluster*, *Stapelfehlertetraeder*) können als dreidimensionale Kristalldefekte aufgefasst werden. Die am meisten vorkommenden dreidimensionalen Defekte sind **Einschlüsse**, **Ausscheidungen** und **Hohlräume** (voids). Als Einschlüsse werden artfremde feste, flüssige oder gasförmige Stoffe in natürlichen und synthetischen Kristallen bezeichnet. In der Mineralogie und Edelsteinkunde werden Einschlüsse nach ihrem Bildungszeitpunkt nach der Klassifikation von *Eduard Joseph Gübelin* (1913 – 2005) in drei Kategorien eingeteilt [199]. Eine umfassende Darstellung von Einschlüssen in Edelsteinen enthält der dreibändige „*Photoatlas of inclusions in gemstones*" [200]. Auf dem Gebiet der Kristallzüchtung werden Einschlüsse, die während des Wachstumsprozesses gebildet werden als „*primäre Einschlüsse*" bezeichnet und solche die danach entstehen als „*sekundäre*".

Die Bildung von festen Ausscheidungen in Kristallen kann bereits während des Kristallwachstums, beim nachfolgenden Abkühlungsprozess oder bei einer weiteren thermischen Behandlung des Kristalls erfolgen. Bei der Entstehung von Ausscheidungen spielen Diffusion, Agglomeration und Kondensation von Punktdefekten eine wichtige Rolle. In Abhängigkeit vom Materialsystem und den Bildungsbedingungen weisen Ausscheidungen hinsichtlich ihrer Größe und Gestalt eine große Vielfalt auf (z. B. Plättchen, Stäbe, Kugeln, Polyeder). Kristallstruktur und Gitterkoinzidenz der Matrix und Ausscheidung sind entscheidend, ob kohärente, teilkohärente oder inkohärente Ausscheidungen entstehen.

Unter dem Begriff „*Hohlräume*"(*voids*) werden kleinere oder größere Löcher in einem Kristall bezeichnet, wo die atomaren Bausteine fehlen. Zur Charakterisierung von spezifischen Hohlräumen werden in der Materialwissenschaft Begriffe wie Poren, Röhren und Löcher benutzt. Teilweise wird zur Beschreibung auch der englische Fachausdruck „*voids*" verwendet. Hohlräume können entstehen durch Agglomeration von Gasatomen im Kristallgitter (Gasblasen), durch Agglomeration von Leerstellen, aber auch durch Bestrahlung von Kristallen mit Röntgen-, Elektronen- und Neutronenstrahlen. Dabei können Hohlräume im Größenbereich von nm bis mm gebildet werden. Ein klassischer Hohlraumdefekt im *Silizium* sind die oktaedrischen „*Voids*", die durch *Leerstellenagglomeration* während des Kristallzüchtungsprozesses gebildet werden. Die Wände dieser Hohlräume sind mit 2 -4 mm dicken Oxidschichten bedeckt. Die Durchschnittsgröße der *Si-Voids* beträgt 0,1 μm. Die Defektdichte liegt im Größenbereich von $10^5 - 10^6$ cm^{-3}.

Bereits zu Beginn des Kapitels wurde erwähnt, dass strukturelle Kristalldefekte Fluch und Segen sein können. Wir wollen zu den schon bei der Beschreibung der Punkt- und Liniendefekte aufgeführten Beispielen noch einige weitere für die Flächen- und Volumendefekte hinzufügen. Für Halbleiterbauelemente tragen neben den Versetzungen gleichermaßen Flächen- und Volumendefekte zum Versagen dieser bei. Synthetische Quarzkristalle werden zur Herstellung von Schwingquarzen mit hoher Frequenzstabilität verwendet. Sind diese Kristalle verzwillingt, sind sie unbrauchbar. Für alle optischen Kristalle sind Ausscheidungen ein Fluch. Im Falle der Superlegierungen (Abb. 1.66) sind die Ausscheidungen ein Segen. Durch die gezielte Kombination der γ'-Phase (Ausscheidung) mit der γ-Phase (Matrix) wird die Festigkeit der Legierung im Vergleich zur Festigkeit der einzelnen Phasen um das Tausendfache vergrößert.

Literatur

[1] Hefferan, K., O'Brien, J.: Earth Materials, Wiley-Blackwell 2010.
[2] terra mineralia – Glanzlichter aus der Welt der Mineralien, Die Pohl-Ströher-Mineraliensammlung Schloss Freudenstein/Freiberg (Hrsg.: TU Bergakademie Freiberg), 3. Aufl. 2010.
[3] Mineralogische Sammlung Deutschland – Das KRÜGERHAUS in Freiberg (Hrsg.: Dr. Erich Krüger Stiftung an der TU Bergakademie Freiberg), 3. Aufl. 2012.
[4] Garofalo, P. S., Fricker, M.B., Günther, D., Mercuri, A.-M., Loreti, M., Capaccioni, B.: Climatic control on the growth of gigantic gypsum crystals within hypogenic caves (Naica mine, Mexico), Earth and Planetary Science Letters **289** (2010) 560.
[5] Otálora, F., Garcia-Ruiz, J. M.: Nucleation and growth of the Naica giant gypsum crystals, Chem. Soc. Rev. **43** 7 (2014) 1999.
[6] van Driesche, A.E.S., Garcia-Ruiz, J. M., Tsukamoto, K., Patiño-Lopez, L.D., Satoh, H.: Ultralow growth rates of giant gypsum crystals, Proc. Nat. Acad. of Sciences of USA (PNAS) **108** 38 (2011) 15721.
[7] Bentley, W. A.: Snow crystals, McGraw-Hill, New York 1931.
[8] Liebrecht, K., Rasmussen, P.: The SNOWFLAKE Winter´s Secret Beauty, Voyager Press, Stillwater MN 2001/2002.
[9] Raue, R.:Kristallographische Texturen und richtungsabhängige mechanische Eigenschaften des amerikanischen Hummers sowie Texturen weiterer Biomaterialien,Dissertation RWTH Aachen, mbV Berlin 2008.
[10] Löwenstam, H. A.: Magnetite in denticle capping in recent chitons (Polyplacophera), Geol. Soc. Am Bul. **73** (1962) **435.**
[11] Blakmore, R.: Magnetotactic bacteria, Science **190** (1975) 377.
[12] Hofmeister, F.: Ueber die Darstellung von krystallisirtem Eieralbumin und die Krystallisirbarkeit kolloidaler Stoffe, Z.physiol. Chemie, **14** (1889), 165.
[13] Sumner, J. B.: The isolation and crystallization of the enzyme urease: preliminary paper. J. Biol. Chem. **69** (1926) 435.
[14] Northrop, J. H.: Crystalline pepsin I: Isolation and tests of purity, J. Gen. Physiol. **13** (1930) 739.
[15] Northrop, J. H.: The Crystalline Enzymes, Columbia University Press, New York, 1939.
[16] Kendrew, J. C., Bodo, G., Dintzis. H.M., Parrish, R.G., Wyckoff, H., Phillips, D.C.: A three-dimensional model of the myoglobin molecule obtained by X-ray analysis. Nature **181** (1958) 662.
[17] Perutz, M. F., Rossmann, M.G., Cullis, A.F., Muirhead, H., Will, G. North, A.C. T.: Structure of haemoglobin: a three-dimensional Fourier synthesis at 5.5-A resolution, obtained by X-ray analysis, Nature **185** (1960) 416.
[18] Perutz, M. F.: The hemoglobin molecule, Sci Am.**211** (1964) 64.
[19] Nanev, Chr. N.: Bond selection during protein crystallization: Crystal shapes, Cryst. Research Techn. **50** (2015) 451.
[20] Stanley, W.M.: Isolation of a crystalline protein possessing the properties of tabacco-mosaic virus, **81** 2113 (1935) 644.
[21] von Borries, B., Ruska, E., Ruska, H.: Bakterien und Virus in übermikroskopischer Aufnahme, Klinische Wochenschrift, **17** (1938) 921.
[22] Ruska, H. von Borries, B., Ruska, E.: Die Bedeutung der Übermikroskopie für die Virusforschung, Arch f. gesamte Virusforsch., **1** (1940) 155.
[23] Bernal, J. D., Fankuchen, I. X-ray and crystallographic studies of plant virus preparations, J. Gen. Physiol. **25** (1941) 111.
[24] Queiser, H.-J.: Kristallene Krisen -Mikroelektronik -Wege der Forschung um Märkte, Piper, München, Zürich, 2.Aufl. 1987.
[25] Homer: *Ilias, XXII. Gesang*, Zeile 151–152.

[26] Marx, C. M.: Geschichte der Crystallkunde, Carlsruhe, Baden 1825.
[27] Agricola, G.: *De natura fossilium libri X*, Basiliae MDXLIV
[28] Theophrastos: *Peri lithon*, dt. Übersetzung: C. Schmieder: *Theophrast's Abhandlung von den Steinarten*, Freyberg 1807
[29] Ullmann, M.: Das Steinbuch des Xenokrates von Ephesos, Medizinhistorisches Journal, **7** 1/2 (1972) 49.
[30] Ullmann, M.: Die Natur- und Geheimwissenschaften im Islam, in: *Handbuch der Orientalistik*, 1. Abteilung, Ergänzungsband VI, Leiden/Köln, E.J. Brill 1972.
[31] Ullmann, M.: Neues zum Steinbuch des Xenokrates, Medizinhistorisches Journal, **8** (1973) 59.
[32] Ruska, J.: Das Steinbuch des Aristoteles, Carl Winter's Universitätsbuchhandlung 1912.
[33] Berendes, J.: Des Pedanius Diskurides aus Anazarbos Arzneimittellehre in fünf Büchern, Verlag Ferdinand Enke Stuttgart 1902.
[34] Plinius Naturgeschichte (übersetzt v. J.D.Denso), Anton Ferdinand Roesens Buchhandlung, Rostock und Greifswald 1765.
[35] Steinschneider, M.: Arabische Lapidarien, Z. der Deutschen Morgenländischen Gesellschaft, **49** 2 (1895) 244.
[36] Ruska, J.: Die Mineralogie in der arabischen Literatur, ISIS **1** 3 (1913) 341.
[37] Holmyard, E.J., Mandeville, D.C.: Avicennae decongelatione et conglutinatione lapidum being sections of the KITÂB AL SHI-FÂ, the Latin and Arabic texts, with an English translation of the latter and with critical notes, Librairie Orientaliste Paul Geuthner, Paris 1927.
[38] Tifashi: Kitab Azhār alafkār fī jawāhir al-ahjār, engl. Übersetzung: Arab Roots of Gemology: Ahmad Ibn Yusuf Al Tifaschi's Best Thoughts on the Best of Stones, Lanham, Md. Scarecrow Press, 1998.
[39] Reier, H.: *Hildegard von Bingen Physica*. (deutsche Übersetzung nach der Textausgabe von J. P. Migne, Paris 1882) Kiel 1980.
[40] Schuh, C.P.: Mineralogy & Crystallography: An Annotated Biobibliography of BooksPublished 1469 through 1919, Albertus Magnus S.33. Vol. 1. Tucson/Arizona 2007.
[41] Schröder, E.: Dürer - Kunst und Geometrie, Dürers künstlerisches Schaffen aus der Sicht seyner Underweysung, Akademie Verlag, Berlin 1980.
[42] Dürer, A.: Underweysung der messung / mit dem zirckel un richtscheyt / in Linien ebnen unnd gantzen corporen...., Nürnberg 1525 bzw. 1538.
[43] Jamnitzer, W.: *Perspectiva Corporum Regularium*, Nuernberg 1568.
[44] Keppler, J.: *Strena seu de nive sexangula*, Frankfurt/Main 1611, Gottfried Tampach; dt. Übersetzung: *Neujahrsgabe oder über die sechseckige Schneeflocke*, Linz 1907, Verl. d. K. u. K. Staatsgymnasiums.
[45] Hales, T.: *An overview of the Kepler conjecture*, arXiv: math/9811071v2[math.MG]
[46] Hales, T: *A proof of the Kepler Conjecture*, Annals of Mathematics **162** (2005) 1063.
[47] Hales T., Ferguson, S.: *A formulation of the Kepler conjecture*, Discrete and computational geometry **36** (2006) 21.
[48] Hales T., et al.: *A formal proof of the Kepler conjecture*, arXiv: 1501.02155v1 [math.MG].
[49] Bartholin, E.: *De Figura Nivis Dissertatio*, Hafniae 1661.
[50] Bartholin, E.: Experimenta Crystalli Islandici Disdiaclastici, Hafniae 1669; dt. Übersetzung: Versuch mit dem doppelbrechenden isländischen Kristall, die zur Entdeckung einer wunderbaren und außergewöhnlichen Brechung führten (Ostwald's Klassiker der exakten Wissenschaften Nr. 205), Leipzig 1922.
[51] Huyghens, C. *Traité de la luminère*, Leyden 1690.
[52] Steno, N.: De Solido Intra Solidum Naturaliter Contento Dissertationis Prodromus, Florenz 1669; dt.: Übersetzung: Vorläufer einer Dissertation über feste Körper, die innerhalb anderer

fester Körper von Natur aus eingeschlossen sind (Ostwald's Klassiker der exakten Wissenschaften Nr. 209), Leipzig 1923.
[53] Hooke, R.: Micrographia, or some physiological descriptions of minute bodies made by magnifying glasses with observations and inquiries thereupon, London 1665.
[54] Guglielmini, D.: Riflessioni filosofiche dedotte dalle figura de' sali, Bologna, 1688.
[55] Guglielmini, D.: De salibus dissertatio epistolaris physico-medico-mechanica, Venedig 1705.
[56] Lomonossov, M.V.: Über die Entstehung und die Natur des Salpeters (1749)
[57] Cappeller, M. A.: Prodromus crystallographiae de Crystallis improprie sic dictis commentarium, Luzern 1723: dt.: Übersetzung: Mieleitner, K.: Abhandlung über die sogenannten Kristalle, Vorläufer einer Kristallographie, München, Kunst und Verlagsanstalt Piloty & Loehle, 1922.
[58] Gmelin, J. F.: Des Ritters Carl von Linné vollständiges Natursystem des Mineralreichs nach der 12. Lateinischen Ausgabe, Bde. 1-4, Gabriel Nicolaus Raspe Nürnberg 1777- 1779.
[59] Westfeld, C. F. G.: *Mineralogische Abhandlungen*, bey J. C. Dieterich, Göttingen und Gotha 1767.
[60] Bergman, T. O.: *Variae crystallorum formae a Spatho orthae*, Nova Acta Regiae Societatis Scientarum Upsaliensis 1, 150 (1773); dt. Übersetzung: C. E. Weigel: *Verschiedene vom Spath erzeugte Krystallen Gestalten*, in: R. Delisle: Versuch einer Crystallographie, 438. A. F. Rose, Greifswald 1777.
[61] Bergman, T. O.: *De formis Crystallorum praesertim a Spatho orthis*, in: Opuscula Physica et Chimica .2, 1 Johan Erdman Uppsala 1780; dt. Übersetzung: H. Tabor: *Von der Figur der Crystalle, vornemlich welche aus dem Spath entstehet*, in: Kleine Physische und chymische Werke, Hrsg.: E.B.G. Hebenstreit, Frankfyrt/Main 1892–1890.
[62] Romé Delisles, J.-B. L.: Essai de Cristallographie ou Description des figures geometriques. Propres á différens Corps du Régne Minéral, connus vulgairement sousle nom des Cristaux, Paris 1772;
dt. Übersetzung: C. E. Weigel: Versuch einer Krystallographie oder Beschreibung der, unter dem Nahmen der Krystalle bekannten, Koerpern des Mineralreichs eigenen, geometrischen Figuren mit Kupfern und Auslegungs-Planen durch den Herrn Romé Delisles, A. F. Rose, Greifswald 1777.
[63] Romé Delisles, J.-B. L.: Cristallographie, ou description des formes propres a tous les corps du regne min'eral, dans l''etat de combinaison saline, pierreuse ou métallique, avec figures & tables synoptiques detous les Cristaux connus, seconde Èdition, Paris 1783
[64] Burke, J. G.: *Origin of the science of crystals*, University of California Press, Berkeley and Los Angeles 1966.
[65] Werner, A. G.: *Von den aeußerlichen Kennzeichen der Foßilien*, S. L. Crusius, Leipzig 1774.
[66] Werner, A. G.: *Abraham Gottlob Werners letztes Mineral-System*, bey Craz und Gerlach und bey C. Gerold, Freyberg und Wien 1817.
[67] Hoffmann, Chr. A. S.: *Handbuch der Mineralogie*, 1. –4. Bd., bey Craz und Gerlach Freyberg 1811- 1818.
[68] Hauy, R. J.: Essai d'une théorie sur la structure des cristaux appliquée à plusiers genres de substances cristallisées, Paris 1784.
[69] Hauy, R. J.: *Traité de minéralogie*, 4 vol., Chez Louis, Paris 1801.
[70] *Lehrbuch der Mineralogie ausgearbeitet vom Bürger Hauy*, 4 Textbände, 1 Tafelband(Übersetzung: Chr. S. Weiss, K. J. B. Karsten) Bd.**1**, **2** 1804 (Hrsg. D. L. G. Karsten), Bd. **3** 1806, Bd. **4**, Tafelband 1810 (Hrsg. D. L. G. Karsten, Chr. S. Weiss), C.H. Reclam, Paris und Leipzig.
[71] Hauy, R. J.: *Traité de cristallographie*, 2 vol., Paris 1822.
[72] Hauy, R. J.: *Memoire sur une loi de cristallisation, appelée loi de la symétrie*, J. des Mines, **37** (1815) 215; 347; **38** (1815) 5; 161.

[73] Hauy, R. J.: *Traité élementaire de physique*, 2parties, Paris 1803, (dt.Übersetzung: Chr. S. Weiss, *Handbuch der Physik fur den Elementarunterricht, 2 Bde.*, Reclam Verlag Leipzig 1804-1805).
[74] Hauy, R. J.: *Sur l Électricité de Minéraux*, Annales du Mus'eum d'Histoire Naturelle 15 (1810), (dt. *Über die Elektrizität der Mineralkörper*, Frankfurt am Main 1811).
[75] Hauy, R. J.: Traité des charactéres physiques des pierres précieuses pour servir a leur d'etermination lorsqu'elles ont 'et'e taill'ees, M.V.Courcier Imprimeure Libraire, Paris 1817 (dtsch. „Über den Gebrauch physikalischer Kennzeichen zur Bestimmung geschnittener Edelsteine", bey Wilhelm Laufer, Leipzig 1818)
[76] Weiss. C. S.: De notionibus rigidi et fluidi accurate definiendis (dt.: Über sorgfältig zu definierende Begriffe des Flüssigen und Starren) Habilitation, Leipzig 1801.
[77] Hoppe, G.: Zur Geschichte der Geowissenschaften im Museum fur Naturkunde zu Berlin. Teil 3: Von A. G. Werner und R. J. Hauy zu C. S. Weiss -Der Weg von C. S. Weiss zum Direktor des Mineralogischen Museums der Berliner Universitat, Mitt. Mus. Nat.kd. Berl., Geowiss. Reihe **3** (2000) 3.
[78] Weiss, C. S.: De indigando Formarum crystallinarum charactere geometrico principoli, Dissertatio, deutsch: (Über das Aufspuren des wesentlichen geometrischen Charakters von Kristallformen), Tauchnitz Lipsiae 1809.
[79] Weiss, C. S.: De Charactere Geometrico principali Formarum crystallinarum octaedricarum Pyramidus rectis basi rectangula oblanga Commentatio (dt.: „Über den grundsätzlichen geometrischen Charakter der oktaedrischen Kristallformen und geraden Pyramiden von rechteckiger Grundfläche) Tauchnitz Lipsiae 1809.
[80] Weiss, C. S.: *Dynamische Ansicht der Kristallisation*, in: Lehrbuch der Mineralogie ausgearbeitet vom Bürger Hauy (Hrsg. D. L. G. Karsten). Bd. I : C.H. Reclam, Paris und Leipzig 1804, 365.
[81] Weiss, C. S.: *Übersichtliche Darstellung der verschiedenen natürlichen Abteilungen der Krystallisations-systeme,* Vortrag:14. 12. 1815, Abhandlungen der Königl. Akad. d. Wiss. in Berlin für 1814-1815, Berlin 1818, 289.
[82] Weiss, C. S.: *„Krystallographische Fundamentalbestimmung des Feldspats*, Vortrag: 13.6.1816, Abhandlungen der Königl. Akad. d. Wiss. in Berlin für 1816–1817, Berlin 1819, 231.
[83] Weiss, C. S.: Über eine verbesserte Methode für die Bezeichnung der verschiedenen Flächen eine Krystallisationssystems, nebst Bemerkungen über den Zustand der Polarisierung der Seiten in den Linien der krystallinischen Struktur, Vortrag: 20.2.1817, Abhandlungen der Königl. Akad. d. Wiss. in Berlin für 1816-1817, Berlin 1819, 287.
[84] Weiss, C. S.: *Über mehrere neu beobachtete Krystallflächen des Feldspathes und die Theorie seines Kristallsystems im Allgemeinen,* Vortrag: 30.11.1820, Abhandlungen der Königl. Akad. d. Wiss. in Berlin für 1820–1821, Berlin 1822, 145.
[85] Hoppe, G.: Zur Geschichte der Geowissenschaften im Museum fur Naturkunde zu Berlin, Teil 4: Das Mineralogische Museum der Universitat Berlin unter Christian Samuel Weiss von 1810 bis 1856, Mitt. Mus. Nat.kd. Berl., Geowiss. Reihe **4** (2001) 3.
[86] Fischer, E.: *Christian S. Weiss und seine Bedeutung für die Kristallographie*, Wissensch. Z. d. Humboldt-Universität zu Berlin, **11** (1962) 249.
[87] Mitscherlich, E.: *Über die Kristallisation der Salze, in denen das Metall der Basis mit zwei Proportionen Sauerstoff verbunden ist*, Abhandlungen der Königl. Akad. d. Wiss. in Berlin aus den Jahren 1819–1820, Berlin (1820) 427.
[88] Mitscherlich, E.: Über das Verhältnis der Kristallform zu den chemischen Proportionen, 3.Über die künstliche Darstellung der Mineralien ais ihren Bestandtheilen, Abhandlungen der Königl. Akad. d. Wiss. in Berlin aus den Jahren 1822–1823, Berlin (1825) 25.

[89] Mitscherlich, E.: *Über das Verhältnis der Kristallform zu den chemischen Proportionen, 4.Über die Körper*, welche in zwei Formen krystallisieren, Abhandlungen der Königl. Akad. d. Wiss. in Berlin aus den Jahren 1822–1823, Berlin (1825) 43.

[90] Mitscherlich, E.: Ueber das Verhältniss zwischen der chemischen Zusammensetzung und der Krystallform arseniksaurer und phosphorsaurer Salze, Ostwalds Klassiker Nr. 94 (Hrsg. P. v. Groth) 1898.

[91] Mitscherlich, E.: Über das Verhältnis der Form der krystallisierten Körper zur Ausdehnung durch die Wärme, Poggendorf Ann. d. Physik, **1** (1824) 125.

[92] Bernhardi, J. J.: Gedanken über die Krystallogenie und Anordnung der Mineralien, nebst einiger Beilagen über die Krystallisation verschiedener Substanzen, Gehlen's J. Chem. Phys.Mineral.**8** (1809) 360.

[93] Bernhardi, J. J.: *Darstellung einer neuen Methode, Kristalle zu beschreiben*, Gehlen's J. Chem. Phys.Mineral.**5** (1809) 157, 492, 625.

[94] Bernhardi, J. J.: Beobachtungen über doppelte Strahlenbrechung einiger Körper, nebst einigen Gedanken über die allgemeine Theorie derselben: Gehlen's J.Chem. Phys. Mineral, **4** (1807) 230.

[95] Bernhardi, J. J.: *Beiträge zur nähern Kenntniss der regelmäßigen Krystallformen*, Maring'sche Buchhandlung, Erfurt 1826

[96] Mohs, F.: *Grund-Riß der Mineralogie 2 Bde.*, Arnoldsche Buchhandlung, Dresden 1822/24.

[97] Mohs, F.: Versuch einer Elementarmethode zur naturhistorischen Erkennung und Bestimmung der Fossilien, Camesianische Buchhandlung, Wien 1812.

[98] Hessel, J. F. C.: Krystallometrie oder Krystallonomie und Krystallographie auf eigenthümliche Weise und mit Zugrundelegung neuer allgemeiner Lehren der reinen Gestaltenkunde etc., in: Gehler's Physikalisches Wörterbuch, E. B. Schwickert, Leipzig 1830; Nachdruck in: Ostwald's Klassiker der exakten Naturwissenschaften Nr.**88** u. **89** (Hrsg.: E. Hess), Verl. Wilhelm Engelmann, Leipzig 1897.

[99] Sohncke, L.: Die Entdeckung des Eintheilungsprinzips der Krystalle durch J. F. C. Hessel, Z. Kristallogr. **18** (1891) 486.

[100] Hessel, J. F. C.: *Hauy's Ebenmaaßgesetz der Krystall-Bildung*, Herrmannsche Buchhandlung, Frankfurt am Main (1819).

[101] Graßmann, J. G.: Zur physischen Krystallonomie und geometrischen Kombinationslehre, Stettin 1829.

[102] Graßmann, J. G.: *Combinatorische Entwicklung der Kristallgestalten*, Annalen d. Physik und Chemie **106** (Poggendorfs Annalen **30**) (1833) 1.

[103] Burckhardt, J. J.: Die Entdeckung der 32 Kristallklassen durch M.L. Frankenheim im Jahre 1826, N. Jb. Miner. Mh. **31**,11 (1984) 481.

[104] Frankenheim, M. L.: „*Crystallonomische Aufsätze* II, ISIS **19** (1826) 542.

[105] rankenheim, M. L.: *Crystallonomische Aufsätze*, ISIS **19** (1826) 497.

[106] Frankenheim, M. L.: Die Lehre von der Cohäsion umfassend die Elasticität der Gase, die Elasticität und Cohärenz der flüssigen und festen Körper und die Krystallkunde, August Schulz, Breslau 1835.

[107] Frankenheim, M. L.: *System der Kristalle ein Versuch*, Druck von Grass, Barth und Comp., Breslau 1842.

[108] Frankenheim, M. L.: *Über die Anordnung der Molecüle im Krystall*, Ann. Phys. **173** (1856) 337.

[109] Seeber, L.: Versuch einer Erklärung des inneren Aufbaus der festen Körper, Annalen der Physik Nr. 76, Leipzig 1824.

[110] Seeber, L.: Untersuchungen über die Eigenschaften der positiven ternären quadratischen Formen, in: Mathematische Abhandlungen, Freiburg im Breisgau 1831.

[111] Bravais, A.: *Mémoire sur les polyédres de forme symmétrique*, J. de Mathématique **14** (1849) 141.
[112] Bravais, A.: Mémoire sur les systèmes formés par des points distribuées régulièrement sur un plan ou dans l`space, J. Ec. Polytech. **19** (1850) 1; dt. Übersetzung: Abhandlung über die Systeme von regelmässig auf einer Ebene oder im Raum vertheilten Punkten (Hrsg.: C. u. E. Blasius), Ostwald's Klassiker der exakten Naturwissenschaften Bd. **90,** Leipzig1897.
[113] Gadolin, A. V.: *Abhandlung über die Herleitung aller krystallographischen Systeme mit ihren Unterabtheilungen aus einem einzigen Prinzipe,* Ostwalds Klassiker der exakten Wissenschaften (Hrsg.: Paul von Groth) Bd. **75,** W. Engelmann, Leipzig 1896.
[114] Burckhardt, J. J.: Die Symmetrie der Kristalle, S. 58, Abb. 14, Birkhäuser Verl. Basel, Boston, Berlin 1988.
[115] Naumann, C. F.: *Lehrbuch der reinen und angewandten Krystallographie*, 2 Bde. F.A. Brockhaus, Leipzig 1829.
[116] Naumann, C. F.: *Grundriss der Krystallographie*, Verlag v. Johann Ambrosius Barth, Leipzig 1826.
[117] Naumann, C. F.: *Anfangsgründe der Krystallographie*, Arnoldsche Buchhandlung, Dresden & Leipzig 1841.
[118] Naumann, C. F.: *Elemente der theoretischen Krystallographie*, Verl. v. Wilhelm Engelmann, Leipzig 1856.
[119] Naumann, C. F.: *Elemente der Mineralogie*, Verlag Wilhelm Engelmann, Leipzig 1846.
[120] Minnigerode, B.: *Untersuchungen über die Symmetrieverhältnisse der Krystalle*, Neues Jahrbuch f. Mineral. **5,** (1887) 145.
[121] Neumann, F. E.: *Beiträge zur Krystallonomie*, Ernst Siegfried Mittler, Berlin und Posen 1823.
[122] Neumann, F. E.: De lege zonarum principio evolutionis systematum crystallinorum, Dissertation, Berlin 1826.
[123] Neumann, F. E.: Vorlesungen über die Theorie der Elastizität der festen Körper und des Lichtäthers, Hrsg.: O. E. Meyer , B. G. Teubner-Verlag, Leipzig 1885.
[124] Miller, W. H.: *Treatise on Crystallography*, J.J. Deighton, Cambridge 1836; (dt. Lehrbuch der Kristallographie von W.H. Miller (übersetzt und erweitert durch Dr. J. Grailich), Verl. v. Carl Gerold's Sohn, Wien 1856.
[125] Miller, A tract on crystallography, Deighton, Bell and Co., Cambridge, Bell and Daldy, London 1863.
[126] Sohncke, L.: Die unbegrenzten regelmäßigen Punktsysteme als Grundlage einer Theorie der Kristallstruktur, Annalen d. Physik **E7** (1876) 337
[127] Sohncke, L.: *Entwickelung einer Theorie der Krystallstruktur*, B. G. Teubner, Leipzig 1879.
[128] Jordan, C.: *Mémoire sur leles groupes de mouvements*, Annali di Matematica Pura Appl. 2 (1868) 167., 322.
[129] Sohncke, L.: *Erweiterung der Theorie der Krystallstruktur*, Z. Krystallogr. **14** (1888) 426.
[130] Fedorov, E. S.: Simmetrija pravelnich sistem figur, Zapiski .Miner. Obschtsch. **28** (1891) 1.
[131] Fedorov, E. S.: Simmetrija na ploskosti, Zapiski .Miner. Obschtsch. **28** (1891) 346.
[132] Fedorov, E. S.: Universal-Theodolith Methode in der Mineralogie und Petrographie, Z. Kristallogr. **21** (1893) 574.
[133] Schoenflies, A. M.: *Über Gruppen von Bewegungen*, Mathem. Abhandl., **28** (1887), 319; **29** (1887), 50.
[134] Kaemmel, Th.: Arthur Schoenflies Mathematiker und Kristallforscher – Eine Biographie mit Aufstieg und Zerstreuung einer jüdischen Familie, Projekte Verlag 188, Halle 2006.
[135] Schoenflies, A. M.: *Krystallsysteme und Krystallstruktur*, B.G. Teubner, Leipzig 1891.

[136] Fritsch, R., Fritsch, G.: *Ansätze zu einer wissenschaftlichen Biographie von Arthur Schoenflies (1853 – 1928)*, Algorismus 37 Florilegium Astronomicum, Festschrift für Felix Schmeidler, (Hrsg.: M. Folkerts, S. Kirschner, T. Schmidt-Kaler) München (2001) 141.

[137] Barlow, W.: Über die geometrischen Eigenschaften homogener starrer Strukturen und ihre Anwendung auf die Krystalle, Z. Kristallogr. **23** (1894) 1.

[138] Barlow, W.: Probable nature of the internal symmetry of crystals, Nature **29** (1883) 186., 205.

[139] Barlow, W.: A mechanical cause of homogeneity of structures and symmetry geometrically investigated; with special applications to crystals and chemical combination, Sc. Proceed. of the Royal Dublin Soc., **8** (1897) 527.

[140] Röntgen, W. C.: *Über eine neue Art von Strahlen*, Sitzungsber. der Würzburger Physik.-Medic. Gesellschaft, **137** (1895) 132.

[141] Röntgen, W. C.: *Über eine neue Art von Strahlen. II. Mittheilung*, Sitzungsber. der Würzburger Physik.-Medic. Gesellschaft, **138** (1896) 1.

[142] Röntgen, W. C.: *Weitere Beobachtungen über die Eigenschaften der X-Strahlen*, Sitzungsber. Königl. Preussische Akad. Wiss. zu Berlin, Jahrgang 1897, Erster Halbband Januar – Juni, 576.

[143] Ewald, P. P. in: *Fifty years of X-ray diffraction* (Ed. P. P. Ewald), IUCr., N. V. A. Oosthoek's Uitgeversmaatschappij, Utrecht 1962.

[144] v. Groth, P.: „Physikalische Krystallographie und Einleitung in die krystallographischen Kenntnisse der wichtigsten Substanzen, Verl. Wilhelm Engelmann, 4. Aufl. Leipzig 1905.

[145] v. Groth, P.: *Chemische Krystallographie*, 5 Bde., Leipzig 1906–1919.

[146] v. Groth, P.: Die Elemente der physikalischen und chemischen Krystallographie, Oldenbourg, München 1921

[147] v. Groth, P.: *Entwicklungsgeschichte der mineralogischen Wissenschaften*, Verl. Julius Springer, Berlin 1926.

[148] Laue, M.: *Das Relativitätsprinzip*, Vieweg Verlag, Braunschweig 1911.

[149] v. Laue, M.:: *Wellenoptik*, in: Encyklopädie der mathematischen Wissenschaften mit Einschluss ihrer Anwendungen, Physik Bd. 5-3, Kap. **24**, 359 (1915).

[150] Friedrich, W., Knipping, P., Laue, M.: *Interferenzerscheinungen bei Röntgenstrahlen*, Sitzungsberichte math.-phys.Klasse Bayerische Akad. Wiss., (1912) 363.

[151] v. Laue, M.: *Röntgenstrahl-Interferenzen*, Akad. Verlagsgesellschaft, Beckert&Erler Kommandit-Gesellschaft, Leipzig 1941.

[152] v. Laue, M.: *Materiewellen und ihre Interferenzen*, Akademische Verlagsgesellschaft Becker & Ehler, Leipzig 1944.

[153] Ewald, P. P.: Zur Begründung der Kristalloptik. I. Theorie der Dispersion, Ann. Phys. **354** (1916) 1.

[154] Ewald, P. P.: Zur Begründung der Kristalloptik. II. Theorie der Reflexion und Brechung, Ann. Phys. **354** (1916) 117.

[155] Ewald, P.P.: Zur Begründung der Kristalloptik. III. Theorie der Reflexion und Brechung, Ann. Phys. **359** (1917) 519, 557.

[156] Ewald, P. P., Hermann, C.: *Strukturbericht 1913-1928*, Akad. Verlagsgesellschaft mbH, Leipzig 1931.

[157] Bragg, W. L.: *The diffraction of short electromagnetic waves by a crystal*, Proc. Cambridge Phil. Soc. **13** (1913) 43.

[158] Bragg, W. L. The structure of some crystals as indicated by their diffraction of X-rays, Proc. Roy. Soc., A**89** (1913) 248.

[159] Bragg, W. H., Bragg, W.L.: *X-rays and crystal structure*, G. Bell and Sons Ltd, London 1915.

[160] Rinne, F.: *Das feinbauliche Wesen der Materie nach dem Vorbilde der Kristalle*, 2. und 3. Aufl. Verlag Gebrüder Bornträger, Berlin 1922,

[161] Rinne, F.: *The fine structure of matter*, Dutton, New York, 1922.

[162] Goldschmidt, V. Mordechai: *Atlas der Kristallformen*, 9 Bde. Carl Winters Universitätsbuchhandlung Heidelberg, 1913–1923.
[163] Goldschmidt, V. Mordechai: *Index der Krystallformen der Mineralien*,3 Bde. Verlag Julius Springer Berlin, 1886 –1891.
[164] Goldschmidt, V. Mordechai: *Krystallographische Winkeltabellen*, Verlag Julius Springer, Berlin 1897.
[165] Linck, G. E.: Grundriss der Kristallographie": Für Studierende und zum Selbstunterricht, 3. Aufl., Verlag Gustav Fischer Jena, 1913.
[166] Niggli, P.: *Geometrische Kristallographie des Diskontinuums*, Verlag Gebrüder Bornträger Leipzig, 1919.
[167] Niggli, P.: *Lehrbuch der Mineralogie*, 2. Aufl., Verlag Gebrüder Bornträger Leipzig, 1924.
[168] Niggli, P.: *Lehrbuch der Mineralogie und Kristallchemie*, 3. Aufl., Verlag Gebrüder Bornträger Berlin, 1941.
[169] Internationale Tabellen zur Bestimmung von Kristallstrukturen. Band 1: Gruppentheoretische Tafeln; Band 2: Mathematische und physikalische Tafeln (Eds.: Bragg, W.H.; von Laue, M.; Hermann, C.) Gebrüder Borntraeger Verlag Berlin, 1935.
[170] Klockmann, F.: *Lehrbuch der Mineralogie*, 1. Aufl., Verlag von Ferdinand Enke, Stuttgart 1892.
[171] Ramdohr, P., Strunz, H.: *Klockmann's Lehrbuch der Mineralogie*, 16. Aufl., Ferdinand Enke Verlag Stuttgart, 1978.
[172] Kroto, H. W., Heath, J. R., O'Brien, S. C., Curl, R. F., Smalley, R. E.: C_{60}: *Buckminsterfullerene*, Nature **318** (1985) 162.
[173] Höche, T.: Incommensurate structural modulations in fresnoite framework structures, Habilitation thesis , University Leipzig (2004).
[174] Höche, T., Neumann, W.: Retrieving modulation parameters from HRTEM images of modulated structures, Ultramicroscopy **96** 2 (2003) 181.
[175] Höche, T., Esmaeilzadeh, S., Uecker, R., Lidin, S., Neumann, W.: (3+1)-dimensional structure refinement of the Fresnoite framework-structure type compound $Ba_2TiGe_2O_8$, Acta Cryst. **B59** (2003) 209.
[176] Jannsen, T., Janner, A., Looijenga-Vos, A., de Wolff, P.M.: *Incommensurate and commensurate modulated structures*, in: International Tables for Crystallography, Vol. C, Ed, A.J.C.Wilson, Kluwer Academic Publ., Dordrecht 1992.
[177] Neumann, W., Kirmse, H., Häusler, I., Grosse, C., Moeck, P., Rouvimov, S., Beekman, M., Atkins, R., Johnson, D. C., Volz,K.: *Methods of electron crystallography as tools for materials analysis*, in: Electron Microscopy XIV (Eds.: D. Stróz, K. Prusik), Solid State Phenomena, **186** (2012) 1.
[178] International Tables for Crystallography, Vol. A: Space-group symmetry (Ed.: M. I. Aroyo), 6th Ed., publ. for the International Union of Crystallography by WILEY.
[179] International Tables for Crystallography, Vol. A1: Symmetry relations between space groups (Ed.: H. Wondratschek, U. Müller), 2nd Ed., publ. for the International Union of Crystallography by WILEY.
[180] Hofmeister, H.: Lattice defects in decahedral multiply twinned particles of palladium, Z. Phys. D **19** (1991) 307.
[181] Hofmeister, H.: Fourty years study of fivefold twinned structures in small particles and thin films, Cryst. Res. Technol. **33** (1998) 3.
[182] Shechtman, D., Blech, I.: *The microstructure of rapidly solidified Al6Mn*, Metallurgical Transactions, **16A** (1985) 1005.
[183] Shechtman, D., Blech, I., Gratias, D., Cahn, J.W.: *Metallic phase with long-range orientational order and no translational symmetry*, Phys. Rev- Lett., **53** (1984) 1951.

[184] Levine, D., Steinhardt, P.J.: *Quasicrystals: a new class of ordered materials*, Phys. Rev. Lett. **53** (1984) 2477.
[185] Pauling, L.: Apparent icosahedral symmetry is due to directed multiple twinning of cubic crystals, Nature **317** (1985) 512.
[186] Pauling, L.: Icosahedral quasicrystals of intermetallic compounds are icosahedral twins of cubic crystals of three kinds, consisting of large (about 5000 atoms) icosahedral complexes in either a cubic body-centered or a cubic face-centered arrangement or smaller (about 1350 atoms) icosahedral complexes in the ‚8-tungsten arrangement, Proc. Natl. Acad. Sci. USA, **86** (1989) 8595.
[187] Bancel, P. A., Heiney, P. A., Horn, P. M., Steinhardt, P. J.: *Comment on a paper by Linus Pauling*, Proc. Natl. Acad. Sci. USA, **86** (1989) 8600.
[188] Pauling, L.: Letter to Dan Shechtman, 6. October 1987, in: Shechtman and Pauling debate and quasicrystal theory (part 3), Special Collections & Archives Research Center (SCARC), Oregon State University libraries.
[189] Bohr, H.: *Fastperiodische Funktionen*, Julius Springer, Berlin 1932
[190] Penrose, R.: The role of aesthetics in pure and applied mathematical research, Bull. Inst. Math. Appl. 10 (1974) 266.
[191] Mackay, A. L.: *De nive quinquangula*, Kristallografiya **26** (1981) 910.
[192] Mackay, A. L.: *Crystallography and the Penrose pattern*, Physica A **114** (1982) 609.
[193] Steurer, W., Deloudi, S.: *Crystallography of quasicrystals*, Springer Verlag 2009.
[194] Neumann, W., Kirmse, H., Häusler, I., Mogilatenko, A., Zheng, C., Hetaba,W.: Advanced microstructure diagnostics and interface analysis of modern materials by high-resolution analytical transmission electron microscopy, Bull. Pol. Academy of Sciences, Technical Sciences, **58** (2010), 235.
[195] Abe, E.: Electron microscopy of quasicrystals – where are the atoms? Chem. Soc. Rev. **41** (2012) 6787.
[196] *Discussions: What is a crystal?* (7 contributions), Z. Kristallogr. **222**, 7 (2007) 308.
[197] Neumann, W. Schneider, R., Richter, U. Schulze, C. Schumacher, G. Wanderka, N. Bartsch, M. Messerschmidt, U.: *Structural and analytical studies of Nickel-based superalloy SC16,* Proc. 15th Int. Conf. Electr. Microsc., (Eds. J. Engelbrecht, T. Sewell, M. Witcomb, R. Cross, P. Richards, Microscopy Society of Southern Africa), Vol. **1** (2002) 675.
[198] Baumhauer, H.: *Über die Kristalle des Carborundums*, Z. Kristallogr. **50** (1912) 33.
[199] Gübelin, E. J.:Inclusions as a means of gemstone identification, GIO, Los Angeles, CA.
[200] Gübelin, E. J., Koivala, J.: *Photoatlas of inclusions in gemstones,* Vol. **1**, Opinio Verlag, Basel 2005, Vol. **2** u. **3** 2008.

Zusammenstellung weiterführender Literatur:

1. Zur Geschichte der Mineralogie und Kristallographie

Authier, A.: *Early days of X-ray crystallography*, Oxford University Press 2013.
Burckhardt, J.J.: *Die Symmetrie der Kristalle*, Birkhäuser Verlag, Basel, Boston, Berlin 1988.
Burke, J. G.: *Origins of the Science of Crystals*, University of California Press, Berkeley and Los Angeles 1966.
Ewald, P. P.: *Fifty Years of X-ray Diffraction*, Oosthoek's, Utrecht, Netherlands 1962.
Fabian, E.: *Die Entdeckung der Kristalle*, VEB Deutscher Verlag für Grundstoffindustrie, Leipzig 1986.
Glocker, E. F.: *Handbuch der Mineralogie*, Johann Leonhard Schrag, Nürnberg 1829.
Groth, P. v.: *Die Entwicklungsgeschichte der Mineralogischen Wissenschaften*, Verlag Julius Springer, Berlin 1926 (Nachdruck 1978).
Kobel, F. v.: *Geschichte der Mineralogie von 1650 – 1860*, J.G. Cottasche Buchhandlung, München 1864.
Lima-de Faria, J. (Ed.): *Historical Atlas of Crystallography* International Union of Crystallography and Kluwer Academic Publishers, Dordrecht, London and New York 1990.
Marx, C. M.: Geschichte der Crystallkunde, Carlsruhe, Baden 1825.
Šafranofskij, I. I.: *Istorija kristallografii*, Tom 1, Nauka Leningrad 1978.
Šafranofskij, I. I.: *Istorija kristallografii XIX vek*, Tom 2, Nauka Leningrad 1980.
Scholz, E.: Symmetrie, Gruppe, Dualität: Zur Beziehung zwischen theoretischer Mathematik und Anwendungen in Kristallographie und Baustatik des 19. Jahrhunderts, Birkhäuser Verlag, Basel, Boston, Berlin 1989.
Schuh, C. P.: Mineralogy & Crystallography: An Annotated Biobibliography of Books Published 1469 through 1919, Vol.I, Tucson, Arizona 2007; archives.org:http://www.archive.org/details/BioBib_Mineralogy_2007_Vol_1.
Schuh, C. P.: Mineralogy & Crystallography: An Annotated Biobibliography of Books Published 1469 through 1919, Vol.II, Tucson, Arizona 2007; archives.org:http://www.archive.org/details/BioBib_Mineralogy_2007_Vol_2.
Schuh, C. P.: Mineralogy & Crystallography: On the History of These Sciences From Beginnings Through 1919, Tucson, Arizona 2007; archives.org: http://www.archive.org/details/History_Mineralogy_2007.

2. Lehrbücher der Kristallographie

Benz, K.-W., Neumann, W.: *Introduction to Crystal Growth and Characterization*, Wiley-VCH 2014.
Borchardt-Ott, W., Sowa, H.: *Kristallographie – Eine Einführung für Naturwissenschaftler*, 8. Aufl. Springer Spektrum 2013.
Borchardt, R., Turowski, S.: Symmetrielehre der Kristallographie, Modelle der 32 Kristallklassen zum Selbstbau,Oldenbourg Verlag München. Wien 1999.
Burzlaff, H., Zimmermann, H.: Kristallsymmetrie – Kristallstruktur, 2. Aufl., Verlag Rudolf Merkel Universitätbuchhandlung Erlangen 1993.
De Graef, M., McHenry, M. E.: *Structure of Materials: An Introduction to Crystallography, Diffraction and Symmetry*, Cambridge University Press 2007.
Engel, P.: Geometric Crystallography: An Axiomatic Introduction to Crystallography, D. Reidel Publishing Company, Dordrecht, Holland 1986.
Giacovazzo, C.: (Ed.:): *Fundamentals of Crystallography*, Third Edition, Oxford University Press 2011.
Glazer, M., Burns, G.: *Space Groups for Solid State Scientists*, Third Edition, Elsevier 2013.

Hammond, Chr.: *The Basics of Crystallography and Diffraction*, Third Edition, Oxford University Press 2013,
Hermann, K.: *Crystallography and Surface Structure*, 2nd Edition, Wiley-VCH 2016.
Hoffmann, F.: *Faszination Kristalle und Symmetrie – Einführung in die Kristallographie*, Springer Spektrum 2016.
Janot, Chr.: *Quasicrystals – A Primer*, 2nd Edition, Oxford University Press, New York 2012.
Julian, M. M.: *Foundations of Crystallography with Computer Applications*, CRC Press 2008.
Kleber, W., Bautsch, H.-J., Bohm, J. Klimm, D.: *Einführung in die Kristallographie*, 19. Aufl., Oldenbourg Verlag München 2010.
Prince, E.: *Mathematical Techniques in Crystallography and Materials Science*, 3rd Edition, Springer-Verlag Berlin Heidelberg New York 2004.
Rousseau, J. J.: *Basic Crystallography*, Wiley 1998.
Rupp, B.: *Biomolecular Crystallography, Principles, Practice, and Application to Structural Biology*, Garland Science 2010.
Senechal, M.: *Quasicrystals and Geometry*, Cambridge University Press 1995.
Steurer, W., Deloudi, S.: *Crystallography of quasicrystals*, Springer Verlag 2009.
Schwarzenbach, D.: *Kristallographie*, Springer Berlin, Heidelberg 2000.
Tilley, R. J. D.: *Crystals and Crystal Structures*, John Wiley & Sons 2006.
Vainshtein, B. K., Chernov, A. A., Shuvalov, L. A. (Eds.): *Modern Crystallography* 4 Vol., Springer Verlag Berlin, Heidelberg, New York.
Vol. 1: Vainshtein, B. K.: Fundamentals of Crystals, *Symmetry and Methods of Structural Crystallography*, Second Edition 1994.
Vol.2: Vainshtein, B. K., Fridkin, V. M., Indenbom, V. L.: *Structure of Crystals*, Third Edition 2000.
Vol.3: Chernov, A. A.: *Crystal Growth,* First Edition 1984.
Vol. 4: Shuvalov, L. A.: *Physical Properties of Crystals*, First edition 1988.
Zolotoyabko, E.: *Basic Concepts of Crystallography*, Wiley-VCH 2011.

3. Nachschlagewerke der Kristallographie

International Tables for Crystallography (Vol. A – G)
Vol. A: *Space-group symmetry* (Ed.: M.I.Aroyo), 2nd online edition, Wiley 2016.
Brief teaching edition of Vol. A: *Space-group symmetry* (Ed.: Th. Hahn), 5th printed edition, Wiley 2005.
Vol. A1: *Symmetry relations between space groups* (Eds.: H. Wondratschek, U. Müller), 2nd online edition, Wiley 2011.
Vol. B: *Reciprocal space* (Ed.: U. Shmueli), 2nd online edition, Wiley 2010.
Vol. C: *Mathematical, physical and chemical tables* (Ed.: E. Prince), 1st online editon, Wiley 2006.
Vol. D: *Physical properties of crystals* (Ed.: A. Authier), 2nd online edition, Wiley 2013.
Vol. E: *Subperiodic groups* (Eds.: V. Kopský, D.B. Litvin), 2nd online edition, Wiley 2010.
Vol. F: *Crystallography of biological macromolecules* (Eds.: E. Arnold, D. M. Himmel, M. G. Rossmann), 2nd online edition, Wiley 2012.
Vol. G: *Definition and exchange of crystallographic data* (Eds.: S. R. Hall, B. McMahan), 1st online editon, Wiley 2006.

Authier, A., Chapuis, G. (Eds.:): A Little Dictionary Of Crystallography, 2nd Edition, International Union of Crystallography 2017.[38]
Brown, H., Bülow, R., Neubüser, J., Wondratschek, H., Zassenhaus, H.: *Crystallographic groups of four-dimensional space*, John Wiley & Sons, New York 1978.
Jackson, A. G.: *Handbook of Crystallography: For Electron Microscopists and Others*, Springer-Verlag New York 1991.

4. Lehrbücher und Nachschlagewerke der Mineralogie

Anthony, J. W., Bideaux, R. A., Bladh, K. W, Nichols, M. C. (Eds.): *Handbook of Mineralogy*, 5 volumes,
Vol.1: Elements, Sulfides, Sulfosalts; Vol. 2: Silica, Silicates; Vol. 3: Halides, Hydroxides, Oxides;
Vol. 4: Arsenates, Phosphates, Vanadates; Vol. 5: Borates, Carbonates, Sulfates; Mineral Data Publishing 2003.
Das Handbuch ist online erhältlich über die *Mineralogical Society of America*, Chantilly, VA 20151-1110, USA. http://www.handbookofmineralogy.org/.
Dorian, A. F.: *Dictionary of Mining and Mineralogy*, English, French, German, Italian, Elsevier Amsterdam 1993.
Götze, J., Göbbels, M.: Einführung in die Angewandte Mineralogie, Springer Spektrum 2017.
Haldar, S. K., Tišljar, J.: *Introduction to Mineralogy and Petrology*, Elsevier 2014.
Klein, C.: Minerals and Rocks, Exercises in Crystal and Mineral Chemistry, Crystallography,
X-ray Powder Diffraction, Mineral and Rock Identification, and Ore Mineralogy, 3rd Edition, Wiley 2010.
Markl, G.: *Minerale und Gesteine*, 3. Aufl. Springer Spektrum 2015.
Martin, Chr., Eiblmaier, M. (Hrsg.): *Lexikon der Geowissenschaften* (5 Bde., 1 Registerband), Spektrum Akademischer Verlag, 1999 – 2001.
Nesse, W. D.: Introduction to Mineralogy, Oxford University Press, 3rd Edition 2016.
Okrusch, M., Matthes, S.: *Mineralogie – Eine Einführung in die spezielle Mineralogie, Petrographie und Lagerstättenkunde*, 8. Aufl., Springer Spektrum 2014.
Putnis, A.: *Introduction to Mineral Sciences*, Cambridge University Press 1992.
Ramdohr, P., Strunz, H.: Klockmanns Lehrbuch der Mineralogie, 16. Aufl. Ferdinand Enke Verlag Stuttgart 1978.
Rösler, H.-J.: Lehrbuch der Mineralogie, Dt. Verlag für Grundstoffindustrie, 4. Aufl. 1991.
Strunz, H., Nickel, E.H.: *Strunz Mineralogical Tables: Chemical-Structural Mineral Classification System*, E. Schweizerbart'sche Verlagsbuchhandlung (Nägele und Obermiller) Stuttgart 2001.

5. Lehrbücher der Kristallphysik

Haussühl, S.: *Kristallphysik*, Deutscher Verlag für Grundstoffindustrie, Leipzig 1983 und Physik Verlag/ Verlag Chemie, Weinheim 1983.
Haussühl, S.: *Physical Properties of Crystals*, Wiley-VCH 2007.
Kleber, W., Meyer, K., Schoenborn, W.: *Einführung in die Kristallphysik*, Akademie-Verlag, Berlin 1968.
Newnham, R. E.: *Properties of Materials: Anisotropy, Symmetry, Structure*, 4th Edition, Oxford University Press 2008.

---

[38] Das Wörterbuch steht auch online über die Webadresse der IUCr http://www.iucr.org/ jedem Nutzer frei zur Verfügung.

Ney, J. F.: *Physical properties of crystals*, Oxford University Press 1985.
Paufler, P.: *Physikalische Kristallographie*, Akademie-Verlag Berlin 1986.
Shuvalov, L. A.: *Physical Properties of Crystals*, Vol. 4, *Modern Crystallography* (Eds.: B.K. Vainshtein, A. A. Chernov, L. A. Shuvalov), Springer Verlag Berlin, Heidelberg, New York 1988.
Voigt, W.: *Lehrbuch der Kristallphysik* (mit Ausschluss der Kristalloptik), B. G. Teubner Verlag Leipzig und Berlin 1910, Nachdruck: Teubner Verlag Stuttgart 1966.
Zheludev, I. S.:*Kristallphysik und Symmetrie*, Akademie-Verlag Berlin 1990.

6. Lehrbücher der Kristall- und Strukturchemie

Buchanan, R. C., Park, T.: *Materials Crystal Chemistry*, CRC Press 1997.
Dronskowski, R.: *Computational Chemistry of Solid State Materials*: A Guide for Material Scientists, Chemists, Physicists, and others, Wiley-VCH 2005, reprinted 2007.
Evans, R. C.: Einführung in die Kristallchemie, De Gruyter 1976.
Ferey, G.: Crystal Chemistry, From Basics to Tools for Materials Creation, World Scientific 2017.
Ferraris, G., Makovicky, E., Merlino, St.: *Crystallography of Modular Materials*, IUCr Monographs on Crystallography 15, Oxford University Press 2004.
Jaffe, H. W.: *Introduction to Crystal Chemistry*, Cambridge University Press 1988, reprinted 2009.
Kleber, W.: *Kristallchemie*, B. G. Teubner Verlag, Leipzig 1963.
Krebs, H.: *Grundzüge der anorganischen Kristallchemie*, Ferdinand Enke Verlag, Stuttgart 1968.
Liebau, Fr.: Structural Chemistry of Silicates: Structure, Bonding and Classification. Springer-Verlag Berlin, Heidelberg, New York, Tokyo 1985.
Mak, T. C. W., Zhou, G. D.: Crystallography in Modern Chemistry: A Resource Book of Crystal Structures, Wiley-Interscience 1997.
Megaw, H. D.: *Crystal Structures: A Working Approach*, Saunders Company Philadelphia 1973.
Müller, U.: *Anorganische Strukturchemie*, 6. Aufl., Vieweg und Teubner Verlag, 2008.
Müller, U.: Symmetriebeziehungen zwischen verwandten Kristallstrukturen, Anwendungen der kristallographischen Gruppentheorie in der Kristallchemie, Vieweg und Teubner Verlag, 2012.
Parthé, E.: *Elements of Structural Chemistry, Selected Efforts to predict Structural Features*, 2nd Edition, K Sutter Parthé Publ., Petit-Lancy 1996.
Pearson, W. B.: *The Crystal Chemistry and Physics of Metals and Alloys*, John Wiley & Sons 1972.
Wells, A. F.: Structural Inorganic Chemistry, 5th Edition 1984, Oxford University Press, republished 2012.
O'Keefe, M., Hyde, B. G.: *Crystal Structures, I. Patterns and Symmetry*, Mineralogical Society of America, 1996.
O'Keefe, M., Hyde, B.G.: *Symmetry and Structures of Crystals*, World Scientific Publishing 1994.
Vainshtein, B. K., Fridkin, V. M., Indenbom, V. L.: *Structure of Crystals*, Vol. 2, *Modern Crystallography* (Eds.: B. K. Vainshtein, A. A. Chernov, L. A. Shuvalov), Springer Verlag Berlin, Heidelberg, New York Third Edition, 2000

7. Lehrbücher und Nachschlagewerke zur Realstruktur von Kristallen

Anderson, P. M., Hirth, J. P., Lothe, P.: *Theory of Dislocations*, 3rd Edition, Cambridge University Press 2017.
Benz, K.-W., Neumann, W.: *Introduction to Crystal Growth and Characterization*, Wiley-VCH 2014.
Bohm, J.: *Realstruktur von Kristallen*, E. Schweizerbart'sche Verlagsbuchhandlung (Nägele u. Obermiller, Stuttgart 1995.
Bollmann, W.: *Crystal Defects and Crystalline Interfaces*, Springer Verlag, Berlin 1970.
Bollmann, W.: *Crystal Lattices, Interfaces, Matrices*, Geneva 1982.

Cai, W., Nix, W. D.: *Imperfections in Crystalline Solids*, Cambridge University Press 2016.
Hull, D., Bacon, D. J.: *Introduction to Dislocations*, 5th Edition, Butterworth-Heinemann/Elsevier 2011.
Kelly, A., Knowles, K. M.: *Crystallography and Crystal Defects*, 2nd Edition, Wiley 2012.
Kossevich, A. M.: *The Crystal Lattice, Phonons, Solitons, Dislocations*, Wiley-VCH 1999.
Nabarro, F. R. N.: *Theory of Crystal Dislocations*, Dover Publications, New York 1987.
Priester, L.: *Grain Boundaries, From Theory to Engineering*, Springer Series in Materials Science, Vol. 172, Springer Dordrecht 2013.
Randle, V.: *The Measurement of Grain Boundary Geometry*, IOP Publishing, Bristol, Philadelphia, 1993.
Sutton, A. P., Balluffi, R.W.: *Interfaces in Crystalline Materials*, Oxford Science Publishing 1995.
Tilley, R. J. D.: *Defects in Solids*, John Wiley & Sons, Hoboken/NJ 2008.
Tilley, R. J. D.: *Principles and Applications of Chemical Defects*, Stanley Thornes (Publishers) Ltd. 1998.
Wolf, D., Yip, S.: *Materials Interfaces*, Chapman & Hall, London 1992.

Dislocations in Solids Volumes 1-16, North-Holland Publ. Co. /Elsevier 1979 -2010.
Vol.1–9: Ed.: F. R. N. Nabarro, Vol. 10-11: Eds.: F. R. N. Nabarro, M. S. Duesbury,
Vol.12–13: Ed.: F. R. N. Nabarro, J. P. Hirth, Vol.14: Ed.: J. P. Hirth, Vol. 15–16: Eds.: J. P. Hirth, L. Kubin.

8. Lehrbücher zur Strukturanalyse von Kristallen

Allmann, R.: *Röntgenpulverdiffraktometrie*, Springer-Verlag, Berlin 2003.
Birkholz, M.: *Thin Film Analysis by X-Ray Scattering*, Wiley-VCH 2006.
Clegg, W: X-ray Crystallography, 2nd Edition, Oxford University Press 2015.
Dorset, D. L.: *Structural Electron Crystallography*, Plenum Press, New York 1995.
Drenth, D.: *Principles of Protein X-ray Crystallography*, Springer Verlag 1994.
Frank, J. (Ed.): *Electron Tomography: Methods for Three-Dimensional Visualization of Structures in the Cell*, 2nd Edition, Springer Verlag, 2010.
Frank, J.: *Three-Dimensional Electron Microscopy of Macromolecular Assemblies*, 2nd Edition, Oxford University Press, 2010.
Glaeser, R., Downing, K., DeRosier, D., Chiu, W., Frank, J.: *Electron Crystallography of Biological Macromolecules*, Oxford University Press New York 2007.
Glusker, J., Lewis, M., Rossi, M.: *Crystal Structure Analysis for Chemists and Biologists*, Wiley-VCH 1994.
Helliwell, J. R.: *Macromolecular Crystallography with Synchrotron Radiation*, Cambridge University Press 1992.
Ladd, M., Palmer, R.: Structure Determination by X-Ray Crystallography, Analysis by X-Rays and Neutrons, 5th Edition, Springer Verlag 2013.
Luger, P.: *Modern X-Ray Analysis on Single Crystals, A Practical Guide*, De Gruyter 2014.
Massa, W.: *Kristallstrukturbestimmung*, 8. Aufl. Springer Spektrum 2015.
McPherson, A.: *Introduction to Macromolecular Crystallography*, John Wiley & Sons, Hoboken/NJ 2003.
Messerschmidt, A.: *X-Ray Crystallography of Biological Macromolecules*, A Practical Guide, Wiley-VCH 2006.
Rupp, B.: *Biomolecular Crystallography, Principles, Practice, and Application to Structural Biology*, Garland Science 2010.

Spieß, L., Teichert, G., Schwarzer, R., Behnken, H., Genzel, Chr.: *Moderne Röntgenbeugung, Röntgendiffraktometrie für Materialwissenschaftler, Physiker und Chemiker*, 2. Aufl. Vieweg +Teubner 2009.

Willis, B. T. M., Carlile, C. J.: *Experimental Neutron Scattering*, Oxford University Press 2013.

Wilson, C. C.: *Single Crystal Neutron Diffraction from Molecular Materials*, World Scientific 2000.

Zou, X., Hovmöller, S., Oleynikov, P.: *Electron Crystallography, Electron Microscopy and Electron Diffraction*, Oxford University Press 2011.

2 Das Elektronikzeitalter: Vom Silizium zu den Verbindungshalbleitern

In Mitteleuropa begannen die Menschen vor etwas mehr als 4000 Jahren neben Stein, Knochen und Holz auch Metall für ihre Waffen und Arbeitsgeräte zu nutzen. Auch für Schmuckstücke wurden Metalle eingesetzt. Neben Kupfer und Bronze wurde Eisen verwendet. Zur Klassifizierung der Urgeschichte verwendet man deshalb neben dem Begriff „*Steinzeit*" auch die Begriffe „*Bronzezeit*" und „*Eisenzeit*". Die letzten beiden Bezeichnungen kann man zur „*Metallzeit*" zusammenfassen. In der *Bronzezeit* wurden Metallgegenstände vorwiegend aus Bronze hergestellt. Die *Bronzezeit* reichte etwa von 2200 bis 800 v. Chr. *Bronze* selbst ist eine Legierung bestehend aus 90 % Kupfer und 10 % Zinn. *Bronze* wird dabei härter als reines Kupfer. Die Bronzezeit wurde von der *Eisenzeit* (800 – 15 v. Chr.) abgelöst. Ein besonderes Charakteristikum der *Eisenzeit* sind kunstvoll geschmiedete Werkzeuge und Waffen. Zu den bisherigen Zeitalter – Definitionen muss man aber hinzufügen, dass sie kein Ausdruck der Kultur eines Volkes oder eines Landes darstellen.

Durch eine Vielzahl von Erfindungen im Bereich der Elektrik und der Elektronik sowie deren technische Anwendungen kommt im 20.Jahrhundert die Bezeichnung **„*Elektronikzeitalter*"** hinzu. Als ein Meilenstein kann man die gesteuerte Glühkathodenröhre zur Verwendung in der drahtlosen Nachrichtenübertragung ansehen. Sie wurde von *Robert von Lieben* (1878 – 1913) erfunden und am 03. März 1906 zum Patent angemeldet. 1913 erfolgte dann die erste Patentanmeldung für einen Röhrensender. 1936 kamen Fernsehübertragungen im Rahmen der olympischen Spiele hinzu. Den ersten Spitzentransistor, ein neues Bauelement aus Halbleitermaterialien gab es 1947 und die erste integrierte Schaltung kam 1958 auf den Markt. Gegenüber den Geräten mit Röhren war beim Spitzentransistor die Basis das Halbleitermaterial *Germanium*. Der Bipolare Transistoreffekt in *Germanium* wurde von *John Bardeen* (1908 – 1991), *Walter H. Brattain* (1902 – 1987) und *William B. Shockley* (1910 – 1989) entdeckt. Sie erhielten dafür 1956 den Nobelpreis für Physik. Das Element *Germanium* wurde von seinem Entdecker *Clemens Winkler* (1838 – 1904) in Anlehnung an *Germania* „Deutschland" benannt. *Germanium* hat das Elementsymbol *Ge* sowie die Ordnungszahl 32 aus der 4. Hauptgruppe des Periodischen Systems. Im Rahmen der weiteren Transistorentwicklung erfolgten wissenschaftliche und technologische Untersuchungen zunächst zum *Germanium*. Im Hintergrund dieser Entwicklungsarbeiten wurde von einigen Forschern auch *Silizium* für eine Transistorherstellung herangezogen. Durch seinen metallischen Glanz und seine hohe Leitfähigkeit wurde *Silizium* deshalb auch als Halbmetall bezeichnet. *Pearson* und *Bardeen* konnten aber an polykristallinem *Silizium* halbleitende Eigenschaften nachweisen.

Der Transistor ist ein Halbleiterbauelement zum Schalten und Verstärken von elektrischen Strömen. Der Transistor hat 3 Anschlüsse: Kollektor, Basis und Emitter. Ein weiteres Grundelement bei Integrierten Schaltkreisen ist die Halbleiterdiode. Sie besteht aus 2 unterschiedlich dotierten Schichten (p- und n-Dotierung). Der Übergang von der p- zur n-Schicht wird als pn-Übergang bezeichnet. Schließt man die p-Schicht an einen Pluspol einer Batterie an und die n-Schicht an den Minuspol, so fließt nach Überwindung einer kleinen Schwellspannung hervorgerufen durch die Grenzschicht ein elektrischer Strom (Durchlassrichtung). Bei umgekehrter Polung wird das Gegenfeld vergrößert und es fließt kein Strom (Sperrrichtung).

Die elektrischen Eigenschaften von Halbleitern kann man mit dem sogenannten *Bändermodell* erklären. Danach befinden sich die für die Leitfähigkeit maßgeblichen Elektronen bei tiefen Temperaturen (z. B. bei der Temperatur des flüssigen *Heliums*, T= 4,2 K) im **Valenzband**. Bei *Silizium* und *Germanium* ist das Valenzband dann vollständig mit Elektronen besetzt. In diesem Fall kann dann in diesen Materialien kein elektrischer Strom fliesen. Gegenüber den Metallen *Aluminium* und *Kupfer* ist dabei die spezifische elektrische Leitfähigkeit um viele Größenordnungen geringer. Bereits bei Zimmertemperatur von 20 °C besitzen die Elektronen jedoch ausreichend thermische Energie um in das **Leitungsband** überzuwechseln und für einen elektrischen Strom im Halbleitermaterial zu sorgen. **Leitungsband und Valenzband sind durch eine Energielücke voneinander getrennt**. Mit weiter steigender Temperatur nimmt dann die elektrische Leitfähigkeit weiter zu.

Trotz der entdeckten Halbleitereigenschaften von *Silizium* zeigte *Germanium* die weitaus besseren physikalischen Besonderheiten für die Nutzung in den Kommunikationstechnologien. Der geringe Bandabstand von *Germanium* mit $E_g = 0{,}7$ eV (Silizium: $E_g = 1{,}12$ eV) sowie die geringe thermische Beanspruchung des Materials bis etwa 80 °C wurde als annehmbar betrachtet.

Im weiteren Verlauf der Halbleiterforschung kamen auch andere Materialgruppen ins Gespräch wie die von *Heinrich Welker*[1] (1912 – 1981) 1950 hergestellten *III-V-Verbindungshalbleiter*, die sehr hohe Werte der Beweglichkeit der Elektronen zeigten. Im weiteren Verlauf internationaler Forschungsarbeiten konnte aber *Silizium* besser und reproduzierbarer hergestellt werden; eine wichtige Voraussetzung für hochwertige, komplexe Bauelemente und Bauelementestrukturen. Zu verdanken ist dieser Umstand aber auch der intensiven Zusammenarbeit von Materialwissenschaftlern, Bauelementeentwicklern und Halbleitertechnologen. In Kap. 2.1 soll deshalb die technologische Entwicklung von *Silizium* in all ihren Facetten wie Materialreinigung, Kristallzüchtung und Anwendungstechnologien anschaulich aufgezeigt werden. Am

---

[1] *Heinrich Johann Welker* war ein bedeutender deutscher Physiker besonders auf dem Gebiet der Halbleitertechnologie. Er ist der Entdecker der III-V-Verbindungen und untersuchte diese Verbindungen mit seinem Team bei Siemens, insbesondere GaAs.

Beispiel des *Siliziums* werden aber auch grundsätzliche Fragen der Kristallherstellung sowie des Kristallwachstums mit besprochen.

Eine weitere Materialgruppe, die heute im Elektronik-Zeitalter eine große Bedeutung erlangt hat ist die Gruppe der III-V-Verbindungshalbleiter, also Verbindungen die sich aus Elementen der III. Hauptgruppe wie *Gallium* oder *Indium* und Elementen aus der V. Hauptgruppe wie *Arsen* und *Phosphor* zusammensetzen. Das sind dann Verbindungen wie *Galliumarsenid, GaAs* und *Indiumphosphid, InP*. Diese Halbleiter ermöglichen es eine wirkungsvolle Emission von Licht zu erreichen, was mit *Silizium* nicht zu erzeugen ist.

In den Jahrzehnten 1960 – 1990 standen die binären Gruppe III-*Arsenide* und Gruppe III – *Phosphide* im Vordergrund der wissenschaftlichen Entwicklung. Ternäre Materialien wie *(Al,Ga)As* und quarternäre Verbindungen wie *(Al,Ga,In)P* erbrachten große Fortschritte im gelbroten bis infraroten Spektralbereich.

Die Anwendung erfolgte in dem angegebenen Zeitrahmen hauptsächlich als Leuchtanzeige und zur Signalübertragung. Durch technologische Verbesserungen, insbesondere bei der Kristallzüchtung von massiven Einkristallen und dünnen Einkristallschichten, den *Epitaxieschichten*, konnte die Lichtausbeute von **Lichtemittierenden Dioden**, **LED**, immer mehr gesteigert werden.

Von 1990 an gelang es Gruppe III-*Nitride* wie *Galliumindiumnitrid, (Ga,In)N* mit einer sehr hohen Lichtleistung herzustellen. Mit Hilfe dieser binären und ternären Stickstoffverbindungen lassen sich heute weiß strahlende Dioden-Lichtquellen mit einer hohen Lichtstromausbeute produzieren. Ende der 1990'er führten daher Anwendungen in den Bereich der LED-Leuchtmittel für den Alltagsgebrauch.

Die geschichtliche Entwicklung der LEDs begann 1907 durch eine Beobachtung des englischen Forschers *Henry Joseph Round* (1881 – 1966): Legt man an bestimmte Substanzen eine elektrische Spannung an, so kann man diese zur Lichtemission anregen. *Round* gilt daher als Erfinder der modernen LED. Interessant ist, dass 1921 der russische Physiker *Oleg Lossew* (1903 – 1942) den *Round-Effekt* unabhängig nochmals entdeckte. *Lessow* untersuchte diesen Effekt aber wesentlich genauer und intensiver als *Round*.

Die heute erhältlichen weiß leuchtenden LEDs sind daher auf dem besten Weg die Beleuchtungstechnik zu revolutionieren und langfristig Glühlampen und Energiesparlampen vollständig zu ersetzen.

In den folgenden Kapiteln 2.1 und 2.2 sollen sowohl zum Silizium als auch zu den III-V-Verbindungshalbleitern, ihre Darstellung und speziellen Herstellungsverfahren, sowie ihre besonderen Anwendungen im Bereich der Kommunikationstechnologien aufgezeigt werden.

2.1 Silizium als Basis für die Computertechnologie

Silizium ist ein chemisches Element mit der Ordnungszahl 14 und dem Symbol **Si**. Es steht im Periodischen System der Elemente in der 4. Hauptgruppe, der Kohlenstoffgruppe. In der Erdhülle ist *Si* mit einem Massenanteil von 25,8 % neben dem *Sauerstoff* das zweithäufigste Element. *Silizium* ist ein klassisches Metall, zeigt aber auch Eigenschaften von Nichtmetallen. Es ist, wie bereits erwähnt, ein klassischer Halbleiter. Es hat eine grau-schwarze Farbe und weist einen metallischen Glanz auf (Abb. 2.1). Wichtig für einen Anwendungsbereich ist die Tatsache, dass es für den Menschen nicht giftig ist. In silikatischer Form ist es für den menschlichen Körper sogar wichtig. Das Element *Si* besitzt eine strukturgebende Wirkung für den Erhalt der Elastizität des Bindegewebes. Der menschliche Körper enthält etwa 20mg *Si* pro Kilogramm Körpermasse. *Jöns Jakob Berzelius* (1779 – 1848), ein schwedischer Chemiker, stellte 1823 *Silizium* als Element aus *Siliziumtetrafluorid* und *Kalium* her. Sehr wahrscheinlich haben aber schon früher andere Wissenschaftler dieses Material hergestellt ohne dabei den Elementcharakter von *Si* zu erkennen.

Abb. 2.1: Polykristalline Silizium-Bruchstücke (©Foto: KWB).

Herstellung von Silizium als Ausgangsmaterial für die Elektronik
Silizium wird heute für unterschiedliche Anwendungen wie beispielsweise die Herstellung von Solarzellen, die Photovoltaik oder die Halbleiterelektronik benötigt. Man unterscheidet zwischen metallurgischem, polykristallinem und einkristallinem *Silizium*. Metallurgisches *Silizium* wird auch als Rohsilizium bezeichnet, polykristallines Silizium dient als Solarsilizium und wird als Ausgangsmaterial für Halbleitersilizium verwendet.

Metallurgisches *Silizium* wird aus *Siliziumdioxyd* SiO_2 als Quarzkies und *Kohlenstoff C* hergestellt. Die Reaktion erfolgt bei hohen Temperaturen von etwa 1730 °C im elektrischen Lichtbogenofen (Abb. 2.2). Dabei werden pro Tonne *Silizium* etwa 130 kg *Graphit* eingesetzt.

Die chemische Reaktion läuft exotherm nach folgender Gleichung ab:
$$SiO_2 + 2C \rightarrow Si + 2CO$$
Eine exotherme Reaktion ist eine chemische Reaktion bei der in diesem Fall Energie als Wärme frei wird und an die Umgebung abgegeben wird. Das *Silizium*-Endprodukt weist eine Reinheit von 98 – 99 % auf. Wichtigste Restverunreinigungen sind dabei *Eisen* **Fe** und *Aluminium* **Al**. Für weitere Anwendungen reicht die erzielte Qualität des *Siliziums* aber nicht aus. Für die Verwendung in der Solar- und Halbleiterindustrie müssen weitere Reinigungsschritte vorgenommen werden, die im Folgenden beschrieben werden.

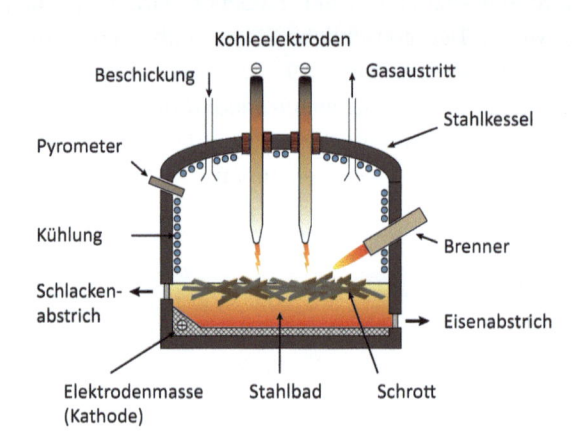

Abb. 2.2: Lichtbogenofen zur Herstellung von metallurgischem Silizium.

Das metallurgische *Silizium* kann nach unterschiedlichen Verfahren weitergereinigt werden. Hier wollen wir den weit verbreiteten Prozess, der über die Verbindung *Trichlorsilan*, SiHCl$_3$ abläuft, beschreiben.

Herstellung von *Poly-Silizium:* Das metallurgische *Silizium* wird mit gasförmigem *Chlorwasserstoff* zu flüssigem *Trichlorsilan* SiHCl$_3$ bei etwa 330 °C umgesetzt und zwar nach folgender Gleichung:
$$Si + 3HCl \rightarrow SiHCl_3 + H_2$$
Der anfallende *Wasserstoff* wird vom *Trichlorsilan* getrennt und später weiterverwendet. Das *Trichlorsilan* wird nun in mehreren Destillationsschritten aufwendig gereinigt. Das Destillat wird zum Sieden gebracht und über die Gasphase im Abscheidungsreaktor an vorgeheizten Si-Stäben vorbeigeleitet (Abb. 2.3). An diesen Stäben wachsen dann Si-Kristalle. Dabei wird das *Trichlorsilan* mit dem vorher angefallenen *Wasserstoff* bei ca. 1100 °C zu *Silizium*, *Chlorwasserstoff* und *Siliziumtetrachlorid* nach folgenden Gleichungen zersetzt:
$$SiHCl_3 + H_2 \rightarrow Si + 3\,HCl$$

$$2\text{SiHCl}_3 \rightarrow \text{Si} + \text{SiCl}_4 + 2\text{HCl}$$
$$4\text{SiHCl}_3 \rightarrow \text{Si} + 3\text{SiCl}_4 + 2\text{H}_2$$

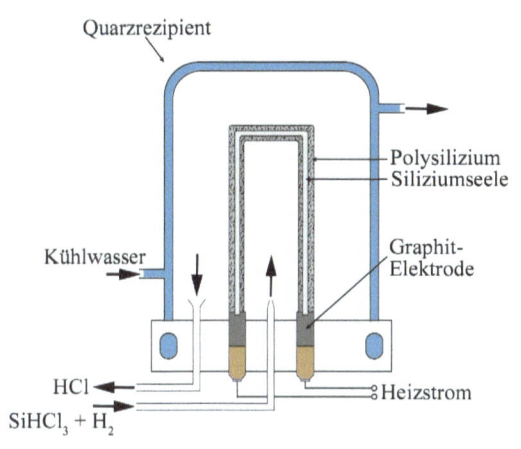

Abb. 2.3: Wirbelschichtreaktor zur Abscheidung von polykristallinem Silizium.

Das *Silizium* wird überall an den Si-Stäben abgeschieden. Das kristallisierende Material ist dann nicht einkristallin sondern besteht aus mehreren Kristallen. Man spricht dann von *polykristallinem Si*. Nach etwa einer Woche sind die Stäbe auf den gewünschten Durchmesser angewachsen und müssen ausgetauscht werden. Das beschriebene Aufwachsverfahren geht zurück auf *Anton Eduard van Arkel* (1893 – 1976) und *Jan Hendrik de Boer (1899 – 1971)*. Das von Ihnen 1924 entwickelte Transportverfahren wurde zur Gewinnung und Reinigung von Metallen, wie *Titan* und *Tantal* entwickelt. Für die Reinigung von metallischem *Silizium* wurde das *van Arkel Verfahren* 1953 von *Siemens* aufgegriffen und großtechnisch weiter verbessert (*Siemens-Verfahren*). Das auf diesem Wege hergestellte *Polysilizium* ist als Ausgangsmaterial für die Solarindustrie geeignet. Die erzielte Reinheit ist besser als 99,99 % (Verunreinigungsgehalt kleiner als 0,01 %). Berichte aus dem Jahr 2015 zeigen, dass die Halbleiter-Chip (Halbleiterkomponenten) Industrie Reinheitswünsche bis zu **99,9999999 %** angegeben hat.

Interessant ist, dass der Markt für *Polysilizium* sich seit dem Jahr 2006 in einem Übergang befindet. Aufgrund der weltweit hohen Nachfrage nach *Polysilizium* kam es 2008/2009 zu einer hohen Verknappung und der Preis für dieses Material stieg erheblich. Daraufhin erhöhten die etablierten Firmen ihre Herstellungskapazitäten. Andere Firmen, vor allem in Asien, gingen dazu über neue Produktionsanlagen zu errichten. Das führte aber wiederum zu einem neuen Preisabfall. Genaue Vorhersagen zur weltweiten Produktion von *Polysilizium* sind daher auch heute sehr schwer zu machen. Für die Firma *Wacker Chemie* lagen für das Jahr 2010 die erwarteten Produktionskapazitäten bei 33 kiloTonnen.

Wie bereits erwähnt, benötigt man für Bauelementestrukturen in der Mikroelektronik ein hochreines *Polysilizium*, sogenanntes *Halbleitersilizium*. Neben der hohen Reinheit muss ein solches Material für Anwendungen, z. B. als integrierte Schaltkreise, einkristallin sein. Das bedeutet die *Si*-Atome müssen entsprechend ihrer Kristallstruktur angeordnet sein und den Volumenkristall entsprechend aufbauen. Leider weicht der Kristall in seiner *Realstruktur* oft stark von der beschriebenen Idealstruktur ab und zeigt unerwünschte Defekte und Defektstrukturen. Ziel der Materialentwicklung ist es daher, solche unerwünschten Defektstrukturen zu verstehen und in einer Weise zu reduzieren, dass die gewünschten physikalischen und elektronischen Eigenschaften nicht beeinflusst werden. Zunächst sollen daher zwei wichtige Einkristall-Herstellungsverfahren, das nach *Jan Czochralski* (1885 – 1953) benannte **Tiegelziehverfahren** und das **Zonenziehen** beschrieben werden.

Tiegelziehverfahren oder Ziehen aus der Schmelze:
Das Ziehen aus der Schmelze wurde nach dem polnischen Chemiker *Jan Czochralski* benannt. Ab 1908 arbeitete er als wissenschaftlicher Mitarbeiter im Metalllabor der *Kabelwerke Oberspree* der *Allgemeinen Elektrizitätsgesellschaft*, AEG in Berlin. Während dieser Zeit entdeckte er 1916 zufällig das *Einkristallziehen*, indem er aus Versehen eine Schreibfeder anstatt in Tinte in flüssiges Zinn eintauchte. Beim Herausziehen der Feder erkannte er dann ein Stück kristallines Material. Er baute dann das Verfahren aus, um die Kristallisationsgeschwindigkeit von Metallen zu bestimmen. Die Kristallisationsgeschwindigkeit ergab sich dann aus der höchsten Ziehgeschwindigkeit bei welcher der Metallstab noch nicht abgerissen war. Die Züchtungsanlage und die verschiedenen Schritte für den Kristallzüchtungsprozess sind in Abb. 2.4 schematisch dargestellt.

Für die Züchtung von *Silizium* nach dem *Czochralski*-Verfahren wird in einen hochreinen Quarztiegel zerkleinertes Polysilizium eingebracht, eventuell mit weiterem *Silizium*, das mit Zusatzstoffen wie *Arsen* oder *Phosphor* vordotiert ist (Abb. 2.4 a). Unter Dotieren versteht man beim *Si* (und auch bei anderen Werkstoffen) das gezielte Zugeben von anderen Elementen, wie beispielsweise *Arsen* (**As**) oder *Phosphor* (**P**). Damit kann man über die Schmelze die elektrische Leitfähigkeit des hergestellten (gezüchteten) *Si*-Kristalls stark beeinflussen. Dabei ist die Anzahl der zugesetzten Dotierstoffatome sehr klein: auf 1 Million Si-Atome kommt 1 Fremdatom oder anders ausgedrückt: die Konzentration der Fremdatome beträgt 1/1Million. Die Füllprozedur findet unter Reinraum-Atmosphäre statt, um eine unerwünschte Kontamination der Schmelze und des Tiegels zu vermeiden. Das Aufschmelzen des *Si* im Tiegel erfolgt mit elektrischer Widerstandsheizung oder mit Hochfrequenz-Heizung. Im Tiegel wird die Temperatur des *Si* dann einige Grade über der Schmelztemperatur des Siliziums gehalten. Während der Züchtung befindet sich die gesamte Anlage unter Schutzgas-Atmosphäre um eine Oxydation des *Si* zu verhindern. Der *Si*-Schmelzpunkt beträgt 1414 °C. Um den Kristallisationsprozess zu beginnen, wird ein *Si*-Impfkristall in die

Schmelze eingetaucht (Abb. 2.4 b). Der Impfkristall ist an einem drehbaren Metallstab befestigt. Ein mögliches Rotieren des Impfkristalls dient hauptsächlich zum Ausgleich von möglichen Unsymmetrien der Temperatur.

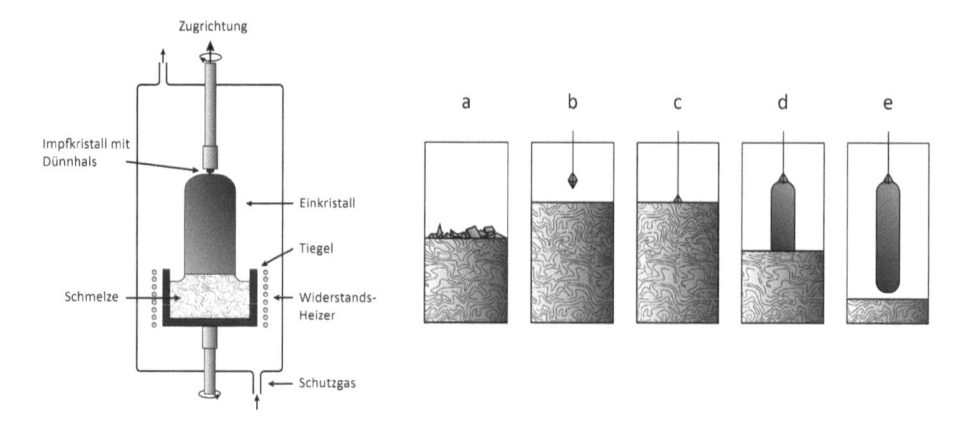

Abb. 2.4: Anlage zum Tiegelziehen von Silizium und Abfolge beim Ziehen; a) Aufschmelzen, b) Vorbereiten des Si-Impfkristalls, c) Eintauchen des Impfkristalls in die Schmelze, d) Kristallziehen, e) Beenden des Ziehprozesses durch Herausziehen des Kristalls aus der Restschmelze.

Der Impfkristall muss von einer hohen kristallographischen Perfektion sein, d. h. er muss im Gitteraufbau nahezu ideal sein und damit eine geringe Fehlstruktur aufweisen. Der Impfkristall gibt die Orientierung des Kristalls vor. Das weitere Vorgehen bis zum Eintauchen des Impf- oder auch Keimkristalls ist sehr entscheidend für den folgenden Anwachsprozess und muss sehr sorgfältig überwacht werden. Der Impfkristall wird dann bis kurz vor die Schmelzoberfläche heruntergefahren und dort einige Zeit zum Temperaturausgleich belassen. Die Temperatur des Impfkristalls befindet sich dann 1 – 2 °C unterhalb der Schmelztemperatur des *Siliziums*. Anschließend wird der Keimkristall in die Schmelze eingetaucht (Abb. 2.4 c). Die Eintauchtiefe beträgt nur wenige Millimeter. Während dieses Vorgangs wird ein Teil der Keimenden angelöst.

Wenn der Anschmelzvorgang beendet ist, wird der Keimkristall langsam aus der Schmelze gezogen (Abb 2.4 d, e). Dabei erstarrt die Schmelze an der sich ausbildenden Grenzfläche fest/flüssig. Beim Kontakt des Keims mit der Schmelze lagert sich *Silizium* am Keim an und übernimmt dessen Kristallstruktur. Dabei ist die Orientierung der Anwachsfläche von besonderer Bedeutung. Wichtige Anwachsflächen für *Silizium* sind in Abb. 2.5 dargestellt. Abb. 2.6 zeigt die Kristallstruktur von Si. Um Inhomogenitäten beim nachfolgenden Kristallwachstum zu vermeiden, werden Kristall und Tiegel gegenläufig rotiert. Vorteilhaft ist dabei auch, dass die Konvektion in der

Schmelze unterhalb des Keimkristalls dabei ihre Richtung ändert. Durch äußere Einstellung von Ziehgeschwindigkeit und Temperatur kann man für den wachsenden Kristall einen bestimmten Durchmesser einstellen. Der wachsende Si-Kristall kann durch ein Sichtfenster beobachtet und sein Durchmesser über eine CCD Kamera kontrolliert werden. Dabei wird der am Kristallende befindliche Schmelzmeniskus exakt vermessen, so dass der Kristalldurchmesser mit Hilfe einer Regelung bis zum Ende der Züchtung auf +/- 1 mm konstant gehalten werden kann.

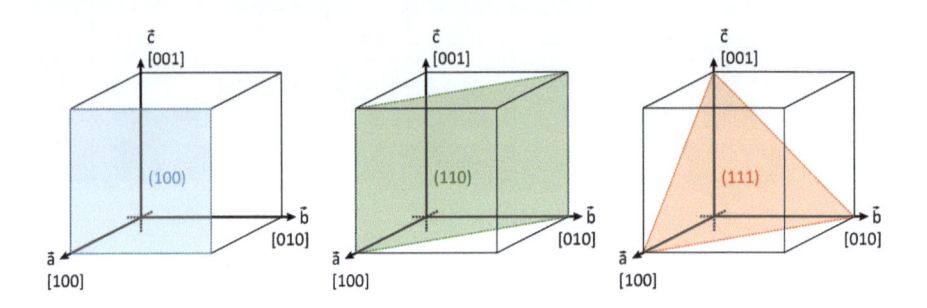

Abb. 2.5: Wichtige Anwachsflächen bei der Einkristallzüchtung von Silizium: (100), (110), (111).

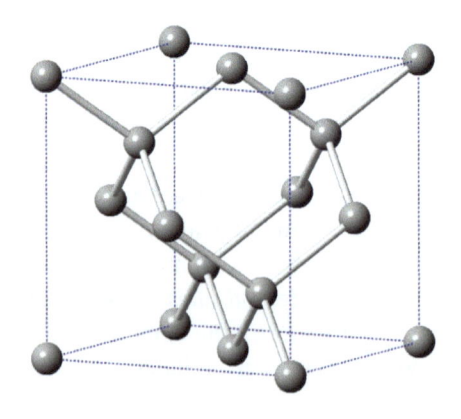

Abb. 2.6: Kristallstruktur des Siliziums

Kurzfristige Änderungen des Kristalldurchmessers werden über die Variation der Ziehgeschwindigkeit, langfristige dagegen über die Temperatur ausgeglichen. Zu Beginn des Züchtungsprozesses wird zunächst ein Dünnhals gezogen, mit einer maximalen Geschwindigkeit von 5mm/min bei einer Länge von etwa 100 – 300 mm.

Der Durchmesser des Halses beträgt ca. 3 – 5mm. Danach wird der Schulterbereich durch Reduzierung der Temperatur und der Ziehgeschwindigkeit bis zum gewünschten Durchmesser hergestellt (Abb. 2.4). Bei einem angestrebten Durchmesser von 300 mm (Standard) werden Kristalle bis zu einer Länge von 2 m gezüchtet. Am Schluss des Züchtungsprozesses wird der Kristalldurchmesser wieder langsam zu Null verjüngt. Damit soll verhindert werden, dass beim Abkühlprozess, bedingt durch thermische Spannungen, Fehlstrukturen in den gewachsenen Kristall hinein wandern. Abb. 2.7 zeigt einen nach *Czochralski* gezüchteten *SiGe*-Einkristall. Um besondere physikalische Eigenschaften des gewachsenen Kristalls einzustellen, werden der Schmelze Dotierstoffe zugefügt. Für Anwendungen können Si-Kristalle bis 450 mm Durchmesser und 2m Länge gezüchtet werden. Standarddurchmesser ist 300 mm. Viele Folgetechnologien sind auf diesen Durchmesser ausgerichtet. Zur weiteren Verarbeitung werden die Kristalle in Scheiben gesägt. Solche etwa 1 mm dicke **Wafer** werden dann als Substrate für elektronische Bauelemente und integrierte Schaltkreise (IC) weiterverwendet.

Wie wir gesehen haben sind die Vorteile des *Czochralski*-Verfahrens größere Wafer herzustellen als dies beim Zonenziehen der Fall ist, welches nachfolgend beschrieben wird. Ein Nachteil des Verfahrens ist, dass sich während des Züchtungsvorgangs Dotierstoffe in der Restschmelze anreichern. Entlang des gewachsenen Si-Zylinders ist daher die Dotierstoffkonzentration ungleichmäßig verteilt. Außerdem können sich Verunreinigungen aus dem Tiegel lösen und in den Kristall eingebaut werden.

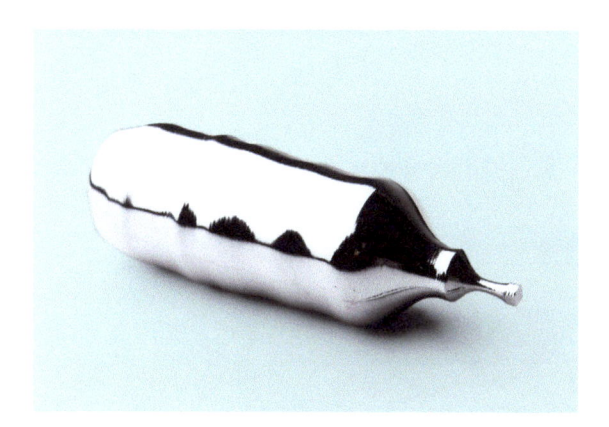

Abb. 2.7: CZ-SiGe-Kristalls (©: Leibniz Institut für Kristallzüchtung (IKZ) Berlin, Aufnahme: M. Thau).

Tiegelfreies Zonenziehen von Si-Einkristallen: Bei dem von *William G. Pfann* 1950 entwickelten *Zonenziehverfahren* wird durch einen zylindrischen Festkörper eine schmale Schmelzzone hindurch gezogen (Abb. 2.8). Der Materialwissenschaftler *William Gardner Pfann* (1917 – 1982) entwickelte 1950/1951 das *Zonenschmelzverfahren* für *Germanium*, wobei unerwünschte Zusatzstoffe im *Germanium*, sogenannte Verunreinigungen mit der Schmelzzone an das eine Ende des Stabes transportiert wurden. Das *Germanium* befand sich dabei in einem hochreinen Quarztiegel. Durch mehrfaches Wiederholen dieses Prozesses zeigte das so gereinigte *Germanium* noch eine Restverunreinigung, die um das 1000- bis 10000 fache geringer war als im ungereinigten Material. Am Schluss konnte die jetzt mit Verunreinigungen angereicherte flüssige Phase nach dem Erstarren abgetrennt werden. Während des *Zonenziehprozesses* kann *Germanium* unter Verwendung eines Impfkristalles auch in einen Einkristall überführt werden. Hierzu später mehr beim Zonenziehen von *Silizium*. Die beim *Germanium* verwendeten Quarztiegel waren für ein Zonenziehen von *Si* wegen der höheren Prozesstemperatur von 1414 °C nicht geeignet (*Ge* etwa bei 960 °C).

Den Durchbruch für *Silizium* brachte hier das *tiegelfreie Zonenschmelzen*. Die Entwicklung wurde fast gleichzeitig in mehreren Labors begonnen. In Deutschland waren dies die Firmen *Siemens* und die *Süddeutsche Apparatefabrik*. In den USA erfolgten Arbeiten hierzu bei *Western Electric* und bei der *US-Army* in *Ford Monmouth*. Bei *Siemens* in *Pretzfeld* (im oberfränkischen Landkreis *Forchheim*) wurden das tiegelfreie Zonenziehen von dem jungen Physiker *Reimer Emeis* im Halbleiterforschungslabor von *Eberhard Spenke* (1905 – 1992), dem „Vater der *Silizium*-Halbleiter", zur Gewinnung von *Reinstsilizium* für elektronische Bauelemente intensiv untersucht.

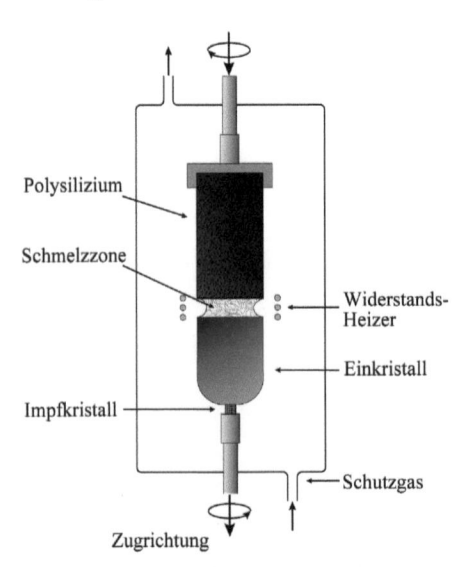

Abb. 2.8: Zonenziehen von Silizium.

Emeis führte das *Zonenziehverfahren* in einer senkrechten Anordnung durch. Auf diese Weise gelang es ihm den Kontakt des heißen *Siliziums* mit dem Tiegelmaterial zu vermeiden. Die heiße Si- Schmelzzone wurde durch einen freistehenden, an beiden Enden eingespannten Si-Stab geführt. Durch die relativ große Oberflächenspannung des flüssigen *Siliziums* konnte der Tropfen zwischen beiden Stabenden frei gehalten werden.

Eine Oberflächenspannung entsteht durch attraktive Wechselwirkung von Flüssigkeitsmolekülen. Für ein Molekül im Innern der Schmelze ist die Summe dieser Kräfte gleich Null. An der Oberfläche der Si-Schmelze findet zusätzlich eine Wechselwirkung mit den umgebenden Gasmolekülen statt, die jedoch meist schwächer ist. Daraus folgt eine nach innen gerichtete resultierende Kraft, die senkrecht zur Schmelzoberfläche gerichtet ist. Die Energie, die nötig ist die Grenzschicht flüssig-gasförmig gegen die Kraft, die nach innen gerichtet ist zu überwinden, wird als **Oberflächenenergie** oder **Oberflächenspannung** bezeichnet.

Im Vergleich zur Kristallzüchtung beim *Czochralski*–Verfahren wird bei der Kristallzüchtung nach dem tiegelfreien Zonenziehen nicht der ganze *Poly-Siliziumstab* aufgeschmolzen, sondern nur ein kleiner Bereich von einigen Millimetern. Auch hier wird ein Impfkristall an das obere Ende des dort aufgeschmolzenen Si-Stabes herangeführt. Der aufgeschmolzene Teil des Polykristalls übernimmt dann die Struktur des Keimkristalls. Die Heizzone wird durch den Polykristallstab mit einer Heizergeschwindigkeit von etwa 3 mm pro Minute nach unten geführt. Die Dotierung des Kristalls erfolgt hier durch Zugabe der Dotierstoffe in das Schutzgas (z. B. mit Diboran (Bor-Dotierung) oder Phosphin (Phosphor-Dotierung)). Durch den Zonenzieheffekt werden Verunreinigungen an das Ende des Kristalls transportiert. Mit diesem Verfahren können daher hochreine Si-Kristalle mit einem Durchmesser von 200 mm hergestellt werden.

Weiterverarbeitung der zylindrischen Si-Einkristalle: Als erstes wird der Si-Stab auf einen gewünschten Durchmesser abgedreht und wird dann je nach Orientierung und Dotierung mit sogenannten *Flats* gekennzeichnet (Abb. 2.9) Das erste *Flat* dient dazu, die Wafer für die weitere Fertigung exakt ausrichten zu können. Der zweite *Flat* dient zur Erkennung von Kristallorientierung und Dotierung (*p-typ* oder *n-typ*). Bei Wafern ab 200 mm werden anstelle der *Flats* sogenannte *Notches* verwendet. Dies sind winzige Einkerbungen am Scheibenrand um kostbare Kristallfläche für die Chip-Herstellung einzusparen. Nach der Kennzeichnung der zylinderförmigen Einkristalle werden diese in dünne Scheiben gesägt, die sogenannten *Wafer*. Sie stellen das wichtigste Ausgangsmaterial zur Herstellung von Halbleiterbauelementen und Mikrochips dar. Das Sägen der Si-Stäbe kann nach zwei unterschiedlichen Verfahren erfolgen entweder mit der Innenlochsäge, deren innerer Schnittbereich mit Diamantkörnern besetzt ist, oder mit einer Drahtsäge. Bedingt durch die Dicke des Sägeblattes gehen bis zu 20 % des Si-Stabes verloren (s. Abb. 2.10 a) Die Genauigkeit des Sägens ist bei der Innenlochsäge sehr hoch (keine Unebenheiten). Die Drahtsäge ist heute jedoch das bevorzugte Verfahren. Dabei wird ein langer Draht über rotierende Walzen geführt (s. Abb. 2.10 b).

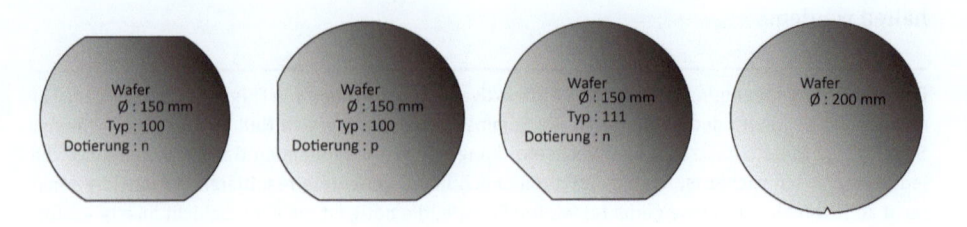

Abb. 2.9: Kennzeichnung von Si-Wafern zur Oberflächenorientierung.

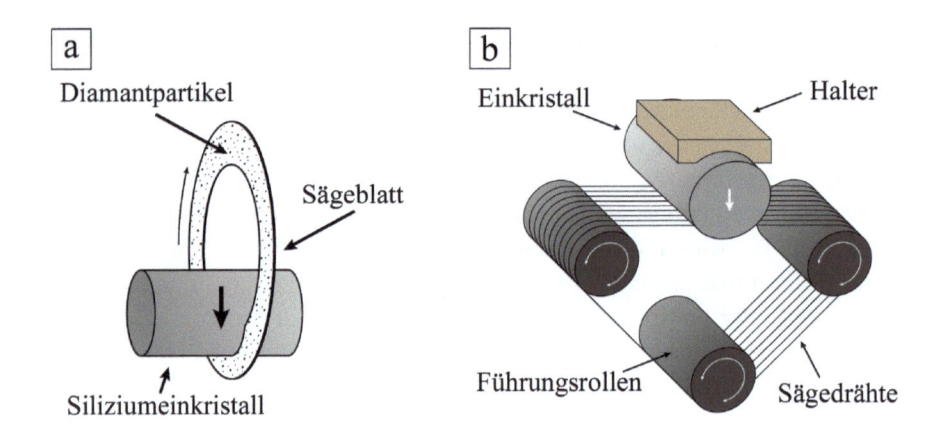

Abb. 2.10: Sägen des zylinderförmigen Einkristalls in Scheiben(Wafer); a) Innenlochsäge, b) Mehrfachdrahtsäge.

Es können mehrere *Wafer* parallel aus dem zylinderförmigen Si-Stab herausgeschnitten werden. Die parallel angeordneten Drähte bewegen sich gegenläufig mit einer Geschwindigkeit von etwa 10 m/s. Die langen Drähte sind mit einer Mischung aus *Siliziumkarbidkörnern* und Öl benetzt. Die abgesägten Wafer weisen eine Dicke von 100 – 200 µm auf. Nach dem Sägen müssen die Wafer weiterbehandelt werden. Durch die mechanische Belastung beim Sägen ist die Oberfläche aufgeraut und weist auch Gitterschäden im oberflächennahen Bereich des Kristalls auf. Gitterschäden bedeuten, dass die ideale Ordnung der Si-Atome stark gestört ist. Durch einen folgenden Läpp-Prozess mit einer rotierenden Stahlscheibe, die mit Aluminiumoxyd-Körnern besetzt ist werden etwa 0,05 mm abgetragen. Die Oberfläche ist dann zwar immer noch geschädigt, zeigt aber schon eine verbesserte Ebenheit von +/- 2 µm. Die so präparierten Scheiben werden dann mit einem Diamantfräser abgerundet, damit keine scharfen

Kanten die weiteren Prozessführungen stören können (Abb. 2.11). Mit einem Tauchgang der Wafer in einer Säuremischung werden noch einmal 0,05 mm abgetragen. Die Kristallfehler, die beim Sägen und Läppen entstanden sind, werden dadurch vollständig beseitigt. Der letzte Schritt zum fertigen Wafer ist das Polieren der Scheiben. Dazu werden diese mit einem Gemisch aus *Natronlauge*, *Wasser* und *Siliziumdioxydkörnern* behandelt. Am Ende dieses Vorgangs weisen die Wafer noch eine Unebenheit von kleiner als 0,000005 mm auf.

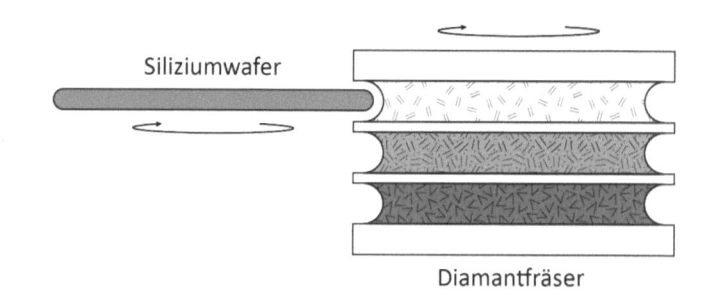

Abb. 2.11: Abrundung der Scheiben mit einem Diamantfräser.

Zur Darstellung von elektronischen Bauelementen und Schaltkreisen sind die Si-Wafer das wichtigste Grundelement. Mikroelektronische Schaltelemente benötigen unterschiedlich dotierte Bereiche im Si-Kristall. Unter Dotieren versteht man das Einbringen von Fremdstoffen in den homogenen Halbleiterkristall. Dabei soll die Leitfähigkeit des Kristalls durch Elektronenüberschuss oder Elektronenmangel gezielt geändert werden. Bei der Züchtung des Kristalls aus der Schmelze wird der Dotierstoff der Schmelze direkt zugesetzt. Elemente der dritten Hauptgruppe des Periodensystems wie *Bor*, *Aluminium*, *Gallium* und *Indium* eignen sich als **Akzeptoren** für *p*- oder **Löcherleitung im Kristall**. *Gallium* und *Indium* werden für die Si-Technologie nicht verwendet, *Aluminium* möglicherweise bei Solarzellen. Das Dotierelement *Bor* weist im *Silizium* eine genügend hohe elektrische Leitfähigkeit auf um hohe Löcherleitfähigkeiten zu erzeugen. Elemente der fünften Hauptgruppe des Periodensystems wie *Phosphor*, *Arsen* und *Antimon* werden als **Donatoren** für die *n*- oder **Elektronenleitung im Kristall** verwendet. Da *Antimon* eine geringe Löslichkeit im *Silizium* aufweist wird es nur für schwache Dotierungen verwendet. *Phosphor* und *Arsen* lassen sich in einer hohen Konzentration in den Kristall einbauen und ermöglichen eine hohe *n*-Leitung.

Betrachten wir nun ein Si-Atom, so hat es in der äußeren Schale 4 Elektronen. Im Kristallgitter sind die Atome in gemeinsamen Elektronenpaaren durch Atombindung miteinander verbunden (Abb. 2.12). Damit sind nahezu alle Elektronen in der Si-

Struktur fest verbunden. Die resultierende Leitfähigkeit ist somit äußerst gering. In diesem Fall ist Silizium ein Isolator.

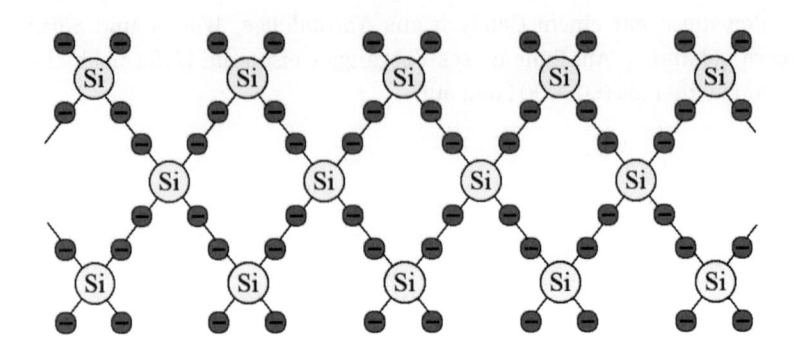

Abb. 2.12: Atombindung in der Siliziumstruktur.

Werden durch einen Dotiervorgang *Phosphoratome* in die Si-Struktur eingeführt, dann kann ein Elektron des V-wertigen *Phosphors* (5 Elektronen in der Außenhülle) nicht mehr gebunden werden. Es kann sich im Kristallgitter frei bewegen und steht für den elektrischen Leitungsvorgang zur Verfügung (Abb. 2.13). Man spricht dann auch von *n*-Leitung, die Elektronen bilden dann die sogenannten Majoritätsladungsträger. Zu beachten ist, dass jetzt *n*- leitende Si-Halbleiter nach außen neutral sind. Es wurden ja elektrisch neutrale Atome in das Halbleitermaterial eingebracht. Die *n*-Leitung wird besonders dann bei Bauelementen eingesetzt, wenn eine hohe Beweglichkeit der Ladungsträger, hier der Elektronen erwünscht ist. Die *p*-Leitung hingegen beruht auf der gerichteten Bewegung von Defektelektronen (Löchern). Die Dotierung des *Siliziums* erfolgt hier mit dreiwertigen Atomen wie z. B. mit *Bor*. Diese verfügen über 3 Außenelektronen, d. h. beim Einbau von *Bor* verbleibt daher ein freier Elektronenplatz, der als sogenanntes *Defektelektron* (*Loch*) für die elektrische Leitung zur Verfügung steht (Abb. 2.14). Diese Defektelektronen sind jetzt die Majoritätsladungsträger, die Elektronen die Minoritätsladungsträger. Die Anzahl der Dotieratome im Si-Kristallgitter ist sehr klein: auf 1 – 10 Millionen *Si*-Atome kommt etwa ein Dotierstoffatom. Bei der Kristallzüchtung aus Schmelzen haben wir gesehen, dass die gewünschten Dotierstoffe einfach der Kristallschmelze zugegeben werden. Eine Dotierung im Festkörper also im Si-Kristall kann durch den Vorgang der Diffusion erreicht werden. Eine Ausbreitung von Dotierstoffen im Kristallgitter durch Diffusion kann z. B. stattfinden, wenn Gitterfehler im Festkörper vorliegen. Eine weitere Voraussetzung für eine Diffusion ist ein Konzentrationsgradient in der Dotierstoffverteilung im Halbleitermaterial.

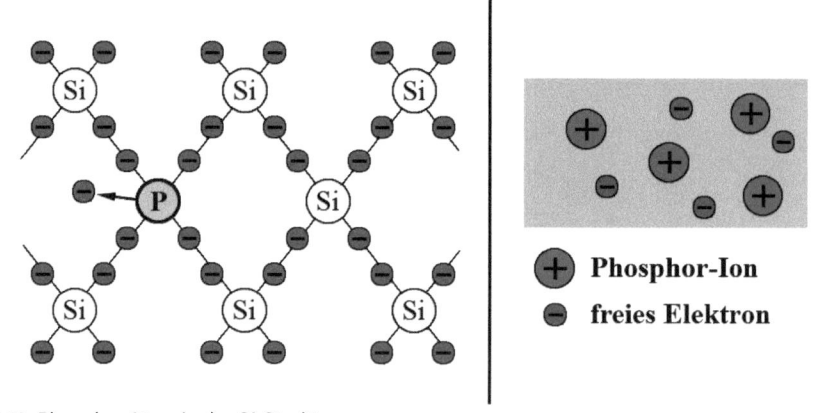

Abb. 2.13: Phosphor Atom in der Si-Struktur.

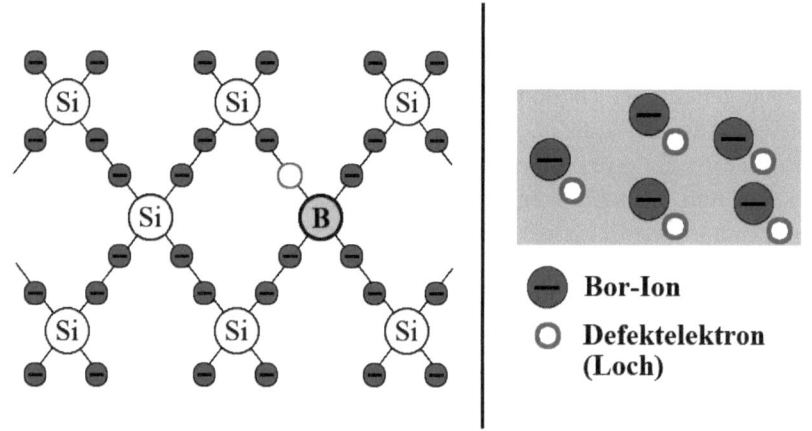

Abb. 2.14: Bor-Atom in der Si-Struktur.

Die Bewegung des Dotierstoffes durch das Kristallgitter kann auf verschiedene Arten bei höheren Temperaturen stattfinden:
- Diffusion über Leerstellen: Die Dotierstoffatome bewegen sich über Leerstellen im Gitter (Abb. 2.15, links).
- Zwischengitterdiffusion: Die Fremdatome, vor allem solche mit kleinen Durchmessern bewegen sich zwischen den Si-Atomen im Kristallgitter hindurch (Abb. 2.15, Mitte).
- Platzwechsel: Gitterplatztausch von Si-Atomen mit Fremdatomen (Abb. 2.15, rechts).

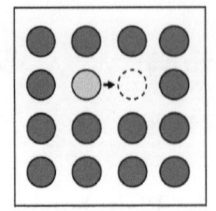

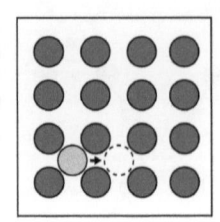

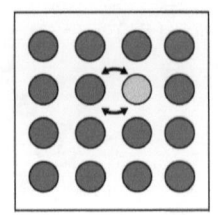

Abb. 2.15: Mögliche Diffusionsvorgänge in kristallinen Festkörpern.

Die Diffusion hält so lange an bis eine Gleichgewichtsverteilung erreicht ist. Die Geschwindigkeit des Ausgleichsprozesses hängt von verschiedenen Größen ab, wie z. B. der Temperatur, der Art des Dotierstoffes oder dem Konzentrationsgradienten des Dotierstoffes.

Die praktische Durchführung der Diffusion erfolgt in einem Reaktionsraum der aus einem hochreinen Quarzrohr besteht in dem die Si-Wafer mit Hilfe einer Widerstandsheizung auf ca. 1000 – 1200 °C aufgeheizt werden. Die Temperaturkontrolle erfolgt sehr genau über Thermoelemente. Die angestrebte Temperaturkonstanz über 50 cm Rohrlänge ist besser als 0,5 °C.

In der Siliziumtechnologie erfolgt die Dotierung hauptsächlich mit gasförmigen Quellen (s. Abb. 2.16). Ein Trägergas, *Argon* oder *Stickstoff* wird mit Dotierstoff angereichert und in den Quarzreaktor eingeleitet. Als gebräuchliche Gasquellen dienen *Phosphin* (**PH$_3$**), *Diboran* (**B$_2$H$_6$**)*,* und *Arsin* (**AsH$_3$**). Diese Stoffe sind leicht entzündlich und stark toxisch. Sie müssen daher besonders sorgfältig entsorgt werden. Soll auf den Si-Wafern nur lokal dotiert werden so muss die Si-Oberfläche entsprechend maskiert werden. Das geschieht mit einem Oxydationsprozess welcher der Diffusion vorgeschaltet ist. Die in der Planartechnik zur Herstellung integrierter Schaltungen benötigten Oxidschichten werden im Wesentlichen durch thermische Oxidation hergestellt. Die sogenannte trockene Oxidation erfolgt in einer reinen Sauerstoffatmosphäre nach der folgenden chemischen Reaktion:

$$Si + O_2 \rightarrow SiO_2$$

Um eine hohe Aufwachsrate des Oxids zu erreichen wird eine Temperatur von etwa 1150 °C eingestellt. Die Aufwachsrate beträgt dann etwa 130 nm pro Stunde. Mit der trockenen Oxidation lassen sich vor allem dünne Oxidschichten mit einer hohen Durchbruchspannung erzielen. Innerhalb Integrierter Schaltkreise (IC's) ist das Verfahren für **M**etall-**O**xid-**S**ilizium **F**eld-**E**ffekt **T**ransistoren (***MOSFET***) von besonderer Bedeutung. Die Darstellung dieser Oxide stellt bei der zunehmenden Miniaturisierung eine wichtige Aufgabe dar.

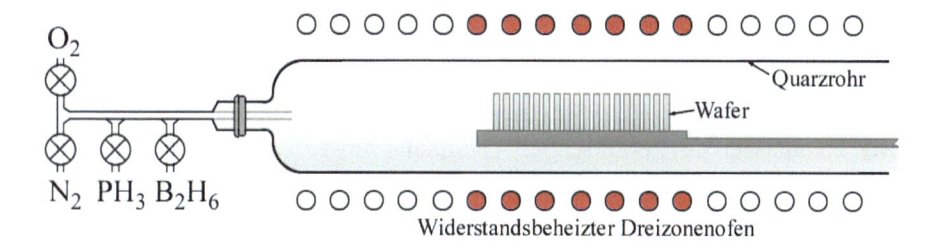

Abb. 2.16: Dotierung von Si mit gasförmiger Dotierstoffquelle.

Bei der nassen Oxidation kommt anstelle von *Sauerstoff* Wasser zum Einsatz. Dabei strömt der *Sauerstoff* durch ein sogenanntes Bubbler-Gefäß, das mit 95 °C heißem Wasser gefüllt ist. Das Trägergas nimmt dabei Wasser auf und reagiert an der Si-Waferoberfläche nach der folgenden Gleichung:

$$Si + 2H_2O \rightarrow SiO_2 + 2H_2$$

Die Aufwachsrate des Oxids ist sehr hoch und beträgt schon bei 900 °C 100 nm pro Stunde (19 nm/h bei der trockenen Oxidation). Die nasse Oxidation ist daher zum Aufbringen dicker Schichten besonders geeignet und wird bei der Technologie Integrierter Schaltkreise als Oxid zum Maskieren verwendet. Dabei wird das Siliziumsubstrat lokal abgedeckt, damit es vor einem nachfolgenden Prozessschritt maskiert ist. Dabei ist die elektrische Stabilität nur von geringer Wichtigkeit. Eine weitere Bedeutung des aufgebrachten Oxids ist, bei mehreren hintereinander stattfindenden Prozessschritten das Ausdiffundieren von Dotierstoffen zu verhindern. Die hier beschriebenen Prozessschritte Dotierung, Oxidation, Diffusion sind eine wichtige Basis zum Aufbau von Halbleiterstrukturen für Integrierte Schaltkreise in Planartechnik. Mit der von *Jean Hoerni* 1958 bei *Fairchild Semiconductor* entwickelten Planartechnik war es erstmals möglich auf einem Si-Wafer (Chip), viele Transistoren, Dioden und Widerstände unterzubringen und miteinander zu verbinden. Damit alles elektrisch funktioniert müssen die einzelnen Bauelementestrukturen mit einer Isolierschicht voneinander getrennt werden. Als Isolierschicht bietet sich das natürliche Oxid von *Silizium*, SiO_2, an. Die Herstellung dieser Schichten wurde bereits weiter oben besprochen. Die zugehörige Technik wird als **MOS-Technologie**, **M**etal-**O**xide-**S**emiconductor, bezeichnet. Die *MOS-Technologie* erlaubt die Herstellung Integrierter Schaltkreise (IC's) großer Komplexität und Packungsdichte.

Das eigentliche Herstellungsverfahren ist die Planartechnik. Auf den 20 – 30 cm kreisförmigen Si – Scheiben, den Wafern, werden zu Beginn die Strukturen der herzustellenden Halbleiterbauelemente aufgebracht. Danach wird der Wafer in einzelne Chips zersägt. Die Beschichtung beginnt mit Schichten von gezielt eingestellter Leitfähigkeit durch *Epitaxie-Verfahren*. Unter **Epitaxie** versteht man die Herstellung dünner Schichten aus Halbleitern, Metallen oder Isolatoren, die orientiert auf einem Substrat aufwachsen. Das Wachstum erfolgt bei der *Epitaxie* in der Regel einkristallin auf einem einkristallinen Substrat, in unserem Fall dem Si-Wafer. Details zu den Epitaxieverfahren werden im nächsten Kapitel beschrieben. Nichtleitende Schichten werden durch die Abscheidung von *Siliziumdioxid* erzeugt. Die oberste Schicht zur Herstellung der eigentlichen Chip-Strukturen erfolgt mittels Fotolithographie. Dabei werden Fotomasken des gewünschten Schaltplans verwendet, die bestimmte Bereiche frei lassen oder abdecken. Die freien Stellen werden mit kurzwelliger Strahlung oder Röntgenstrahlung belichtet; dabei wird der Fotolack löslich und kann später weggeätzt werden (Abb. 2.17). An den unbelichteten Stellen härtet der Fotolack aus. Auf diese Weise lassen sich komplexe Halbleiterstrukturen mit Transistoren, Kondensatoren und Widerständen herstellen und durch aufgedampfte metallische Leiterbahnen miteinander verbinden.

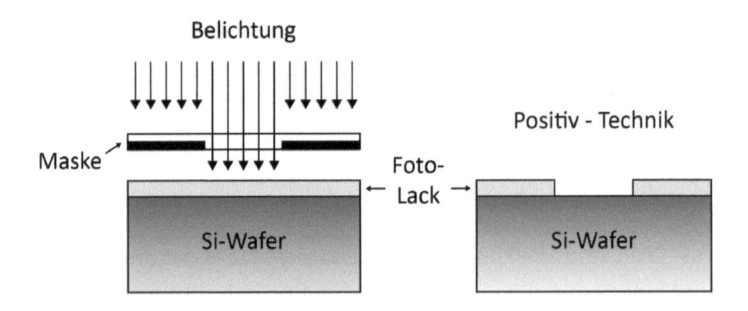

Abb. 2.17: Fotolithographie: An den belichteten Stellen wird der Lack abgelöst.

Bei der Beurteilung von Integrierten Schaltkreisen ist der Integrationsgrad eine wichtige Größe. Er wird durch die *Zahl der Transistoren pro Fläche* angegeben. Diese Zahl wird auch als *Chipdichte* bezeichnet. Bei einer Strukturgröße von etwa 0,150 μm (Jahr 2001) und einer Chipgröße von 450 mm² ergaben sich etwa 124 pro Si-Wafer mit 300 mm Durchmesser.

Die Vergrößerung der Wafer, z. B. auf 450 mm Durchmesser, lässt auch die Vergrößerung der Chipfläche zu und man kann mehr Schaltfunktionen unterbringen.

Man versucht aber auch die Funktionselemente zu verkleinern um das Platzangebot auf der Einheitsfläche zu vergrößern. Heute ist es immerhin möglich, Strukturbreiten von 15 – 20 nm zu erzeugen.

2.2 Hochreines Silizium zur Verwendung als neues Urkilogramm

Seit 1889 wird das internationale Referenznormal für das Gewicht, das *Kilogramm*, in einem Tresor des *internationalen Büros für Maß und Gewicht* in *Sevres* bei *Paris* aufbewahrt. Es besteht aus einem Zylinder gefertigt aus einer Legierung mit 90 %

Platin und 10 % *Indium*. Durchmesser und Höhe des Zylinders betragen jeweils 39mm. Geometrie und hohe Dichte des Materials minimieren die Auswirkung von Oberflächeneffekten. Das Urkilogramm wird durch eine dreifache Glasglocke von äußeren Einflüssen geschützt. Neben dem Urkilogramm als internationaler Kilogrammprototyp wurden 1889 insgesamt *42 Platin/Iridium Prototypen* hergestellt. Diese weichen maximal 1 mg voneinander ab. 30 davon wurden an Mitgliedstaaten der sogenannten *Meterkonvention* weitergegeben. Die internationale *Meterkonvention* ist am 20.05.1875 von 17 Staaten unterzeichnet worden. Der Vertrag hatte die Aufgabe, Maß und Gewicht international zu vereinheitlichen und die dafür notwendigen Organisationsformen zu gründen. *1875 wurde auch die Übernahme des Urmeters und des Urkilogramms als Maßeinheit beschlossen.* Mit den Jahren haben jedoch Vergleichsmessungen zwischen *Urkilogramm* und anderen Duplikaten ergeben, dass die Massenwerte mit der Zeit mit einer Rate von $0{,}5 \cdot 10^{-9}$ kg pro Jahr auseinanderlaufen. Der Grund hierfür konnte nicht eindeutig festgestellt werden. Die Messungen legen jedoch den Verdacht nahe, dass das Urkilogramm nicht stabil ist. Deshalb wird derzeit daran gearbeitet, das Kilogramm so neu zu definieren, dass es von einer Fundamentalkonstanten der Physik abgeleitet werden kann. Hierzu zählen beispielsweise die *Planck-Konstante* **h** oder die Masse eines Atoms oder Elementarteilchens. Diese erlauben eine relative Messunsicherheit von $< 10^{-8}$. Um die Referenzmessungen für ein neu definiertes Kilogramm zu liefern, konkurrierten bis vor einigen Jahren 4 unterschiedliche Methoden:

- Das **Avogadroprojekt** will eine Definition über die *Avogadrokonstante* anstreben.
- Die **Wattwaage** misst die elektromagnetische Lorentzkraft die nötig ist, um das Gewicht einer bestimmten Masse auszugleichen. Werden hier die elektrischen Größen mit Hilfe des *Quanten-Halleffekts* gemessen, so kann man die Einheit **Kilogramm** auf eine Fundamentalkonstante (*Planck-Konstante* **h**) zurückführen.
- Das **Goldionen-Akkumulationsexperiment** verwendet einen Strahl aus *Goldionen*, um zu zählen wieviel Goldatome für ein *Kilogramm* benötigt werden.
- Das **magnetische Schwebeexperiment** misst die magnetische *Flussdichte*.

Letztendlich sollte die Methode ausgewählt werden, die die verlässlichsten, reproduzierbarsten und am wenigsten mit Unsicherheiten behafteten Messergebnisse liefert. Seit dem Jahr 2015 werden aus Gründen der besseren Verlässlichkeit nur noch das **Avogadroprojekt** und die **Wattwaage** verfolgt. Die Arbeiten hierzu sollen bis Juli 2017 abgeschlossen sein. Im Jahr 2018 soll dann über das neue Urkilogramm eine Entscheidung fallen. Wir wollen uns hier dem *Avogadroprojekt* zuwenden, da unser wichtiges Einkristallmaterial Silizium eine besondere Rolle spielt.

Das **Avogadro-Projekt** beschäftigt sich mit der Ermittlung der **Avogadro-Konstante** N_A. Diese Zahl ist eine nach *Lorenzo Romano Amedia Carlo Avogadro* benannte physikalische Konstante. Sie ist als Teilchenzahl N_A pro Stoffmenge definiert.

Avogadro Comte de Quaregna e Cerreto (09.08.1776 – 09.07.1856) aus Turin publizierte 1811 seine Hypothese, dass **gleiche Volumina verschiedener idealer Gase bei gleicher Temperatur und gleichem Druck die gleiche Teilchenzahl enthalten.**

In der **Internationalen Einheit (SI)** ist die Basiseinheit der Stoffmenge das **Mol**. Ein Mol enthält nach Angaben der Physikalisch Technischen Bundesanstalt Braunschweig, **PTB**, derzeit $N_A = 6{,}02214129 \cdot 10^{23}$ Teilchen. Ein Mol ist so definiert, dass 12 g Kohlenstoff mit dem Isotop C–12, ^{12}C, genau einem Mol entsprechen. Isotope sind Atomzahlen mit einer gleichen Ordnungszahl. Isotope erhalten in ihrem Atomkern gleiche Anzahlen von Protonen aber eine verschiedene Anzahl von Neutronen. Wegen der gleichen Anzahl von Protonen haben die Isotope auch die gleiche Anzahl von Elektronen in der Hülle. Wasserstoff z. B. hat 3 in der Natur vorkommende Isotope: Wasserstoff, Deuterium und Tritium. Die meisten Elemente bestehen aus einem Isotopengemisch, wobei die Anteile einzelner Isotope unterschiedlich sein können.

Das *Avogadro-Projekt* in Verbindung mit der *Physikalisch Technischen Bundesanstalt* in Braunschweig hat zum Ziel, den Halbleiterwerkstoff *Silizium* als Basis für das neue *Kilogramm* zu verwenden. Im Rahmen dieses Projektes muss ein Verfahren zur Massebestimmung entwickelt werden, das eine **Genauigkeit von 10^{-8}** (1/10 000 000) aufweist. *Silizium* ist dazu bestens geeignet, da es in der Halbleiterindustrie in höchster Qualität bereits viele Jahre verwendet wird (s. Kap. 2.1). *Silizium* muss für das *Avogadro-Projekt* in höchster Reinheit und kristallograhischer Perfektion gezüchtet werden. Diese Aufgabe wurde vom **Leibniz Institut für Kristallzüchtung**, **IKZ**, *Berlin-Adlershof* wahrgenommen. Kristallographische Perfektion beinhaltet eine nahezu ideale *Kristallstruktur* mit wenigen Versetzungen, Fehlstellen und unerwünschten Dotierstoffen, die für die Ermittlung der *Avogadrozahl* mit der erforderlichen Genauigkeit ($\leq 10^{-8}$) dann keine Rolle mehr spielen.

Um den neuen, genaueren Standard zu schaffen, müssen für das *Silizium* Endprodukt folgende Schritte sehr sorgfältig durchgeführt werden:

- Als Ausgangsmaterial wurde ein *„isotopenreines" Silizium Si-28* hergestellt. ^{28}Si wurde dafür in Russland mit mehr als tausend Ultrazentrifugen angereichert. Das am Schluss dieser Prozesse erzielte **Silizium** bestand aus einem *Rest-Isotopengemisch* von 92,23 % ^{28}Si, 4,67 % ^{29}Si und 3,1 % ^{30}Si.
- Mit dem angereicherten ^{28}Si-Material aus Russland wurde im Leibniz Institut für Kristallzüchtung ein Einkristall nach dem *Float-Zone Verfahren* mit 100 mm Durchmesser gezüchtet (Abb. 2.18 a). Durch mehrfaches Durchziehen der flüssigen Si-Zone durch den Kristall konnte ein weiterer Reinigungseffekt des Einkristalls erzielt werden (sogenanntes *Zonenreinigen*). Die Konzentration der elektrisch aktiven Verunreinigungen (*Bor, Aluminium, Arsen* etc.) konnte unter 0,00001 % gesenkt werden, ähnliche geringe Werte erhielt man für *Kohlenstoff* und *Sauerstoff*.

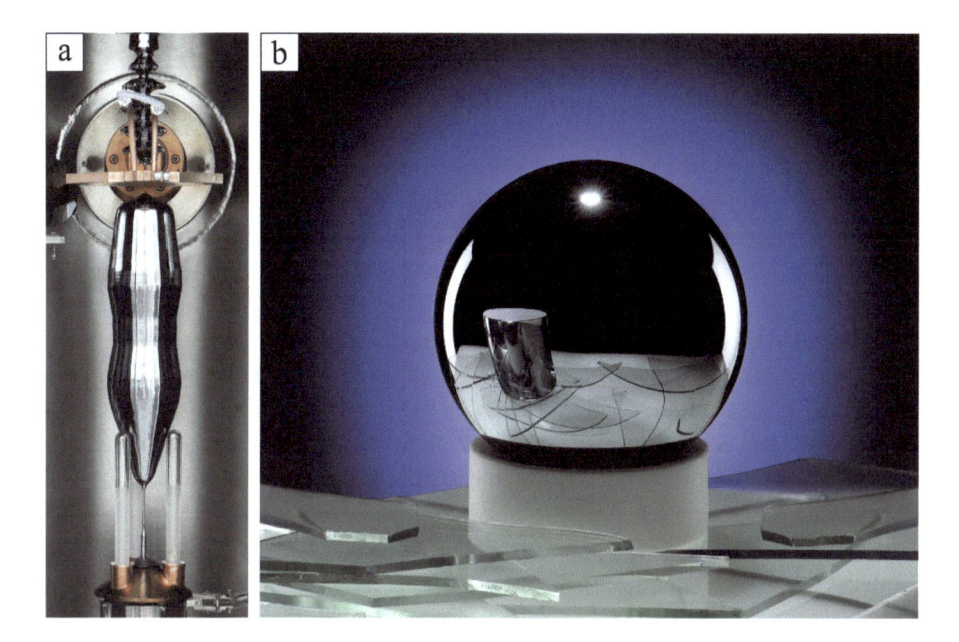

Abb. 2.18: Zum Avogadro-Projekt; a) Si-Einkristall hergestellt nach dem Zonenzieh-Verfahren. Der Einkristall besteht zu mehr als 99 % aus dem Isotop Silizium 28 (©: Leibniz Institut für Kristallzüchtung (IKZ) Berlin, Aufnahme: T. Turschner), b) Si-Kugel, gefertigt aus dem Si-Kristall, zur Bestimmung der Avogadro-Konstante (Quelle: Physikalisch Technische Bundesanstalt (PTB), Braunschweig, Creative Common Lizenz CC-BY 4.0).

Aus dem so gezüchteten Kristall wurden bei der *Physikalisch Technischen Bundesanstalt* zwei *Si-Kugeln* von *1 kg Gewicht* mit extremer Genauigkeit gefertigt (Abb. 2.18 b). Die Kugeln sollen genau so viel wiegen wie das Pariser Urkilogramm, und sie sollen dann der neue Standard für das Urkilogramm werden. Die Abweichung von der Kugelform beträgt dabei weniger als 100 Nanometer. Mit einem Kugelinterferometer kann der gemittelte Kugeldurchmesser bis auf drei Atomdurchmesser bestimmt werden. Über den Abstand der Gitterebenen im Kristall und das Volumen der Kugel wird die Anzahl der Atome bestimmt. Dieses indirekte Auswahlverfahren führt dann zur *Avogadro-Konstante*. Ein Ziel bei dieser Art von Zählen ist es, bei 100 Millionen Atomen sich nur um eines zu verzählen.

Im Jahre 2015 wurde danach die *Avogadrokonstante* mit einer Gesamtunsicherheit von 2×10^{-8} zu $N_A = 6,02214076(12) \times 10^{23}/mol$ neu bestimmt. Die verlangte Genauigkeit wurde damit erreicht. Die Vorschläge *„Wattwaage"* und *„Siliziumkugel"* sollen 2017 eingereicht werden und ein Jahr später ist dann das Jahr der Entscheidung für die Neudefinition des **Urkilogramms**.

2.3 Revolution der Beleuchtung mit Dioden aus Verbindungshalbleitern

Wir haben zu Beginn des Kap. 2 gesehen, dass neben dem Halbleiter *Silizium* auch andere halbleitende Materialien wie *GaAs* als Vertreter der III-V-Verbindungshalbleiter von großem Interesse waren. Insbesondere auch deshalb, weil neben ihren halbleitenden Eigenschaften eine Emission von Licht möglich war. Zunächst aber der Reihe nach: Auf einer wissenschaftlichen Konferenz in *Reading, Großbritannien*, teilte der amerikanische Wissenschaftler *C.A. Hogarth* mit, dass neben *Silizium* Transistoren auch aus natürlichem *Bleiglanz* (**PbS**) hergestellt werden können. **Bleiglanz** (bergmännische Bezeichnung), eine chemische Verbindung aus *Blei* (**Pb**) und **Schwefel** (**S**) ist ein Mineral mit dem Namen *Galenit*. Es kristallisiert im kubischen Kristallsystem. Je nach Herkunft waren die Kristalle *p*-oder *n*-leitend. Die Nachricht über die halbleitenden Eigenschaften des *Bleisulfids* erreichte auch den Festkörperphysiker *Heinrich Welker*. Er stellte systematische Überlegungen zur Supraleitung an, die am Periodensystem der Elemente ausgerichtet waren. Angeregt durch diese Arbeiten dachte Welker nach, welche Verbindungen von Elementen unterschiedlicher Hauptgruppen halbleitende Eigenschaften haben könnten. Er kam dabei zu dem Ergebnis, dass Verbindungen aus Elementen der III. und der V. Hauptgruppe ähnliche halbleitende Eigenschaften aufweisen müssten wie die bekannten Halbleiter *Silizium* und *Germanium* der IV. Hauptgruppe [1-4].

Um diese Hypothese zu überprüfen, züchtete Welker einen *Indiumantimonid* (*InSb*) Kristall. Dabei vermied er es seine Kollegen zu informieren, da die zu erwartenden Ergebnisse nicht zu patentrechtlichen Schwierigkeiten führen sollten. *InSb* ist der III-V-Halbleiter mit dem niedrigsten Schmelzpunkt von 500 °C. Kleinere Einkristalle kann man daher ohne großen Aufwand aus der Schmelze herstellen. Aus einer metallischen *In*-Lösung sogar bei Temperaturen von 300 – 400 °C. Also sogar in einem Schnellversuch auf einer „*Herdplatte in der Küche*". Erste Messungen des spezifischen Widerstandes an den erhaltenen kleinen Kristallstücken überzeugten *Welker* von den Halbleitereigenschaften dieses Vertreters der III-V-Verbindungen. *Welker* hatte diese Arbeiten an *InSb* in Paris durchgeführt und nach erfolgter Demonstration zum Ende 1950 abgeschlossen. *Welker* verließ Paris und übernahm im April 1951 die Leitung der Abteilung „*Festkörperphysik*" im Erlanger Forschungs-Laboratorium der *Siemens-Schuckert-Werke*. Die neue Abteilung richtete er völlig auf die Erforschung dieser neuen III-V- Halbleiter aus.

Welker hat nun herausgefunden, dass die folgenden 9 Verbindungen in der *Zinkblendestruktur* kristallisieren (Abb. 2.19):

Aluminiumphosphid (**AlP**), Aluminiumarsenid, (**AlAs**), Aluminiumantimonid (**AlSb**), Galliumphosphid (**GaP**), Galliumarsenid (**GaAs**), Galliumantimonid (**GaSb**), Indiumphosphid (**InP**), Indiumarsenid (**InAs**) und Indiumantimonid (**InSb**).

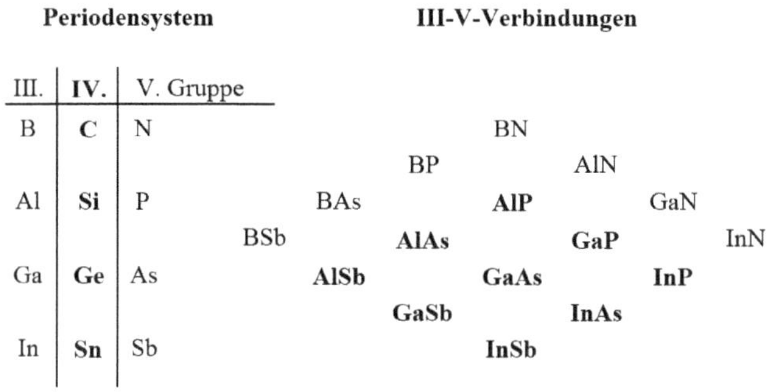

Periodensystem			III-V-Verbindungen				
III.	**IV.**	V. Gruppe					
B	C	N			BN		
				BP		AlN	
Al	**Si**	P		BAs	**AlP**		GaN
			BSb	**AlAs**		**GaP**	InN
Ga	**Ge**	As		**AlSb**	**GaAs**		**InP**
					GaSb	**InAs**	
In	**Sn**	Sb				**InSb**	

Abb. 2.19: Entstehung der III-V-Verbindungen aus den Elementen der III. und V. Hauptgruppe des Periodensystems. Die Elemente der IV. Hauptgruppe und die III-V-Verbindungen mit halbleitendem Charakter sind hervorgehoben (adaptiert von H. Welker [2, 3]).

Betrachten wir die *Zinkblendestruktur* (Abb. 2.20), dann sieht man sofort, dass diese sich aus der *Diamantstruktur* (Abb. 2.6) ableiten lässt. Die Gitterpositionen sind identisch, aber mit zwei Atomsorten besetzt, was eine Symmetrieerniedrigung bewirkt. Wie bei der *Diamantstruktur* kann man die *Zinkblendestruktur* mittels zweier kubischflächenzentrierter Teilgitter beschreiben, die um ¼ der Raumdiagonale der kubischen Elementarzelle gegeneinander verschoben sind und von Gruppe III- bzw. Gruppe V-Atomen besetzt sind.

Beim *Silizium* haben wir gesehen, dass die Leitfähigkeit im Kristall durch Elektronenüberschuss oder Elektronenmangel gezielt geändert werden kann. Dies geschieht durch Einbringen von Dotierstoffen. Die gebundenen Elektronen kann man auch durch ein Energieband im Kristall, dem Valenzband darstellen. Die frei beweglichen Elektronen werden durch das sogenannte Leitungsband repräsentiert. Diese Darstellungsweise gilt natürlich für alle halbleitenden Verbindungen also auch für die von Welker entdeckten III-V-Verbindungshalbleiter. Das ist schematisch in Abb. 2.21 dargestellt.

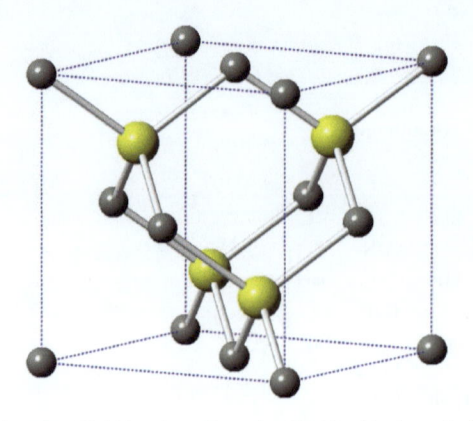

Abb. 2.20: Zinkblendestruktur der III-V-Verbindungshalbleiter.

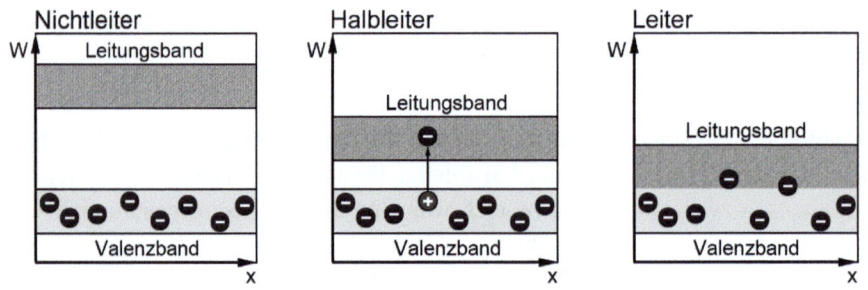

Abb. 2.21: Bänderstruktur von Nichtleitern, Halbleitern und Leitern

Bringt man nun einen **n**-Halbleiter mit einem **p**-Halbleiter zusammen, so entsteht ein **pn-Übergang**. Im Grenzbereich wandern die überzähligen Elektronen vom **n**-dotierten Halbleiter in die *„Löcher"* vom *p-dotierten Halbleiter*. Diese Wanderung der Elektronen wird durch das Bestreben der Atome ausgelöst die Außenschale mit 8 Elektronen aufzufüllen. Wir haben gesehen, dass Bauelemente mit einem **pn-Übergang**, sogenannte *Halbleiter-Dioden* bei Anlegen einer Spannung den elektrischen Strom in einer Richtung leiten und in der anderen sperren. Mit **n**-und **p**-dotierten *Element-* oder *Verbindungshalbleitern* kann man dieses Verhalten erreichen. Wird nun einem Elektron genügend Energie zugeführt, so kann es sein Ursprungsatom verlassen und durch den Kristall wandern so lange bis es ein ionisiertes Atom, ein *Loch* trifft. Mit diesem kann es dann rekombinieren. Durch den Rekombinationsprozess verliert es Energie, die der Energielücke zwischen Leitungs- und Valenzband entspricht. Diese Energie kann in Form eines Lichtquants oder Photons abgegeben bzw. emittiert werden. Der Abstand zwischen den beiden Bändern bestimmt dann die Wellenlänge des ausgesandten Lichts. Verwendet man nun Dioden aus III-V-Verbindungshalbleitern und polt sie in Durchlassrichtung, so kann man abhängig von den

Materialeigenschaften Licht einer bestimmten Wellenlänge erzeugen. Das ist heute die Basis moderner Lichtquellen, der **Licht Emittierenden Dioden (LED)**. Die Möglichkeit des Aussendens von Licht ist in der Bandstruktur der verwendeten Halbleiter begründet. Man unterscheidet zwischen *direkten* und *indirekten Halbleitern*. Die Ladungsträger im Halbleiter lassen sich als Materiewellen mit einem Quasiimpuls verstehen. Als Quasiimpuls bezeichnet man den Betrag, mit den *Quasiteilchen* wie z. B. *Phononen* (Gitterschwingungen) in die Sätze der Impulserhaltung eingehen. Dieser Impuls hat jedoch nichts mit dem klassischen Impulsbegriff einer in Bewegung befindlichen Masse zu tun. Hier handelt es sich bei *Quasiteilchen* um wellenartige Anregungen. In einem direkten Halbleiter kann nun bei der Rekombination ein Lichtquant (*Photon*) ausgesandt werden. Bei einem indirekten Halbleiter wie *Silizium* müsste zum *Photon* für die Energiebilanz noch ein *Phonon* für den Impuls erzeugt werden, und damit wird die strahlende Rekombination weniger wahrscheinlich. Hier finden dann oft nicht strahlende Rekombinationsprozesse statt, z. B. über Zusatzstoffe bzw. Verunreinigungen.

Mit dem Material *Galliumarsenid* (**GaAs**) wurden anfangs der 1960er Jahre erste **LED**'s im Infraroten mit einer Lichtausbeute von etwa 0,1 *Lumen pro Watt* erzeugt. Die Lichtausbeute zeigt an wie viel abgegebene Lumenwerte auf jedes Watt der von der Lichtquelle aufgenommenen elektrischen Leistung entfallen, einschließlich technischer Umwandlungsverluste. Der Lichtstrom ergibt sich aus einer wellenlängenabhängigen Empfindlichkeit des Auges mit der die Strahlung gewichtet wird. Der Umrechnungsfaktor von *Watt* nach *Lumen* ist per Definition festgelegt.

Das Ausgangsmaterial für die lichtemittierenden Dioden ist ein einkristallines Grundmaterial, z. B. *Galliumarsenid*. *GaAs* kann als Einkristall wie das *Silizium* aus der Schmelze nach dem uns bekannten *Czochralski*-Verfahren hergestellt werden. Es hat sich jedoch gezeigt, dass so gezüchtete Kristalle nicht direkt zur Herstellung von Leuchtdioden verwendet werden können. Bei den hohen, über 1000 °C liegenden Herstellungstemperaturen treten eine hohe Zahl von Verunreinigungen und Kristalldefekten auf. Kristalldefekte führen zu nichtstrahlenden Rekombinationen und damit zu einem unerwünschten, niedrigen Wirkungsgrad. Deshalb verwendet man diese Einkristalle nach dem Schneiden in *Wafer* (ähnlich wie beim *Silizium*) als Unterlage für einen weiteren Kristallzüchtungsprozess. Auf diesen präparierten Wafern wachsen mit Hilfe von *Epitaxieverfahren* aufgebrachte, unterschiedlich dotierte Schichten. Sie weisen dann die geforderten Lumineszenzeigenschaften auf. Nach der Herstellung von **pn**-*Übergängen* werden die Wafer in einzelne Dioden-Plättchen zersägt. Diese Plättchen werden dann auf ein Leitermaterial gebracht. Der Oberseitenkontakt wird mit einem Golddraht an einer zweiten Elektrode befestigt. Zum Schutz der Diode wird diese in Kunststoff eingegossen.

Zunächst wollen wir uns aber mit der Herstellung der einkristallinen Substratkristalle sowie der *Epitaxieschichten* befassen.

Als Beispiele werden die binären III-V-Halbleiter *Galliumarsenid (GaAs)* und *Indiumphosphid (InP)* gewählt. Im Gegensatz zum Elementhalbleiter *Silizium* weisen beide Verbindungen am Schmelzpunkt einen erheblichen Dampfdruck auf und zwar den von *Arsen (As)* bzw. den von *Phosphor* (P). Der Schmelzpunkt von *GaAs* beträgt 1238 °C mit einem *Arsen* Dampfdruck von 0,984 Bar. Der Schmelzpunkt beim *InP* ist 1070 °C mit einem dazugehörigen Phosphor Dissoziationsdampfdruck von 27 Bar. Das bedeutet, dass beim Züchten aus der Schmelze, das *As* bzw. *P* Abdampfen verhindert werden muss. Diese Probleme gab es natürlich bei der Kristallzüchtung von *Silizium* aus der Schmelze nicht, da hier der Dampfdruck von *Si* zu vernachlässigen ist. Bedingt durch den messbaren Dampfdruck bei der Schmelzzüchtung ist es entscheidend, das Ausdampfen von *Arsen* bzw. *Phosphor* zu verhindern. Beim *Czochralski*-Verfahren von *GaAs* (s. Abb. 2.4) werden zunächst *Ga* und *As* in einem Quarztiegel zusammen mit einem inerten Material eingebracht. Nach dem Aufschmelzen ist die Schmelze mit dem inerten Material vollständig bedeckt. Inert bedeutend träge oder untätig. Substanzen werden dann als inert bezeichnet, wenn sie unter normalen physikalischen Bedingungen mit anderen Substanzen keine chemische Bindung eingehen. Das Gegenteil von inert ist reaktionsfreudig. Über dem inerten Material wird dann entsprechend dem Dampfdruck der V-er Komponente ein Dampfdruck mit einem inerten Gas aufgebaut, z. B. *Stickstoff* (N_2) oder *Argon (Ar)*. Das inerte Verkapselungsmaterial muss folgende Eigenschaften aufweisen:

- Die Dichte des flüssigen Verkapselungsmaterials muss kleiner sein als die Dichte der Halbleiterschmelze.
- Der Dampfdruck des inerten Materials muss am Schmelzpunkt des Halbleitermaterials vernachlässigbar sein.
- Der Halbleiterwerkstoff darf sich nicht im Verkapselungsmaterial auflösen.
- Das Verkapselungsmaterial darf nicht mit dem Halbleitermaterial reagieren und dieses nicht dotieren.

Die hier geforderten Eigenschaften sind in besonderer Weise von *Bortrioxid* mit der Summenformel B_2O_3 gegeben. Es ist eine farblose, glasartige Masse mit einem Schmelzpunkt von 475 °C. Bedingt durch seine hohe Viskosität kann *Bortrioxid* erst ab 800 °C als Abdeckschmelze verwendet werden. Dies ist aber für den hier betrachteten Verbindungshalbleiter *GaAs* ausreichend. B_2O_3 ist hygroskopisch. Ein Wassergehalt von 200 – 2000 *ppm (parts per million)* kann den Verunreinigungsgehalt im gewachsenen *GaAs*-Kristall stark reduzieren.

Abb. 2.22 zeigt schematisch eine Schmelz-Züchtungsanlage für *GaAs* mit Abdeckschmelze und zusätzlichem *Arsen* Reservoir mit Dampfdruckkontrolle (internationale Bezeichnung dieses Züchtungsverfahrens: **Liquid Encapsulated Czochralski (LEC)** eingekapselte Schmelze). Der Züchtungsvorgang läuft ähnlich wie bei der *Czochralski*-Züchtung von *Silizium* ab, und soll daher hier nicht näher beschrieben werden.

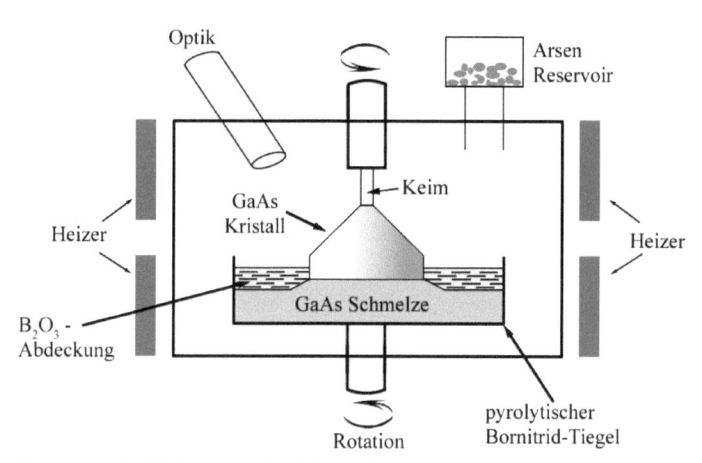

Abb. 2.22: Modifizierte Czochralski-Züchtung von GaAs mit zusätzlicher As-Dampfdruckkontrolle und Bortrioxid Abdeckschmelze (adaptiert von Benz, K.W., Neumann, W.: *Introduction to Crystal Growth and Characterization*, WILEY-VCH, Weinheim, 2014, Seite 231).

GaAs Einkristalle werden bis zu einem Durchmesser von 200 mm und einem Gewicht von 25 kg gezüchtet. Zur weiteren Anwendung werden die Kristalle (ähnlich wie beim *Silizium!*) in Scheiben gesägt, die sogenannten *Wafer*. Die *Wafer* werden dann einem Schleif-, Läpp- und Polierprozess unterzogen. Die Waferoberflächen weisen Kristallfehler bis zu einer Tiefe von 10–20 μm auf und werden deshalb mit einer Ätzlösung weiter abgetragen. Die fertigen Wafer zeigen jedoch bedingt durch den Züchtungsprozess im Volumen restliche Kristallbaufehler, so dass sie nicht direkt zur Fertigung elektronischer Bauelemente, insbesondere von lichtemittierenden Dioden und Hochfrequenzbauelementen herangezogen werden können. Sie dienen daher als Unterlage für weitere Kristallzüchtungsprozesse, die im Vergleich zur Schmelzzüchtung bei einigen 100 Grad tieferen Wachstumstemperaturen liegen. Tiefere Wachstumstemperaturen bedeuten um Größenordnungen reduzierte Rest-Kristallbaufehler und eine höhere Reinheit der hergestellten Kristalle.

Die Aufwachsprozesse hierzu werden unter dem Namen **Epitaxie** zusammengefasst. Unter *Epitaxie* – wie bereits in Kap. 2.1 kurz erwähnt - versteht man die Abscheidung von einkristallinen Schichten auf einem einkristallinen Substrat, z. B. einem vorbereitetem Halbleiter-Wafer. Bei gleicher Materialzusammensetzung spricht man von **Homoepitaxie**, bei unterschiedlicher Zusammensetzung von Schicht und Substrat von **Heteroepitaxie** (Abb. 2.23). Die Atome, die als Schicht aufgebracht werden ordnen sich entsprechend der vorgegebenen Kristallstruktur. Das Wort *Epitaxie* kommt aus dem Griechischen und bedeutet „etwas aufwachsen" z. B. auf einer Unterlage.

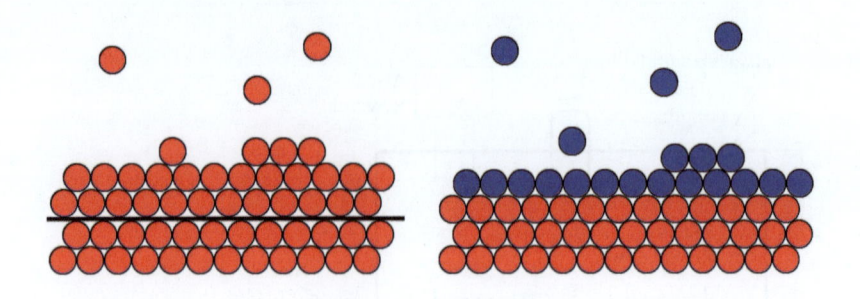

Abb. 2.23: Homoepitaxie   Heteroepitaxie

Eine Art „epitaktischer Verwachsungen" wurde 1827 von dem Mineralogen *Carl Caesar von Leonhard* (1779 – 1862) zwischen *Feldspat* und *Quarz* beobachtet (Abb. 2.24). *Leonhard* führte hier den Begriff *Schriftgranit* oder *Runit* ein, da die **Parallelverwachsungen** an alte Schriftzeichen der Germanen erinnerten (sogenannte *Runen*). Die Quarz- und Feldspatkomponenten durchdringen einander als Kristallindividuen in einer Art Skelettausbildung. Es hat sich aber gezeigt, dass zwischen den beiden Phasen keine Verwachsung im Sinne einer Epitaxie besteht. Durch die sehr unterschiedliche Kristallstruktur zwischen Quarz und Feldspat wäre das auch nicht sehr wahrscheinlich.

Abb. 2.24: Schriftgranit (Runit). Die Quarze stecken in Blickrichtung im Alkalifeldspat. Die Bruchfläche ergibt dann das keilschriftartige Schriftbild (© Foto: KWB).

Der **Begriff Epitaxie**, wie wir ihn heute verstehen, wurde von **Louis Royer** (1895 – 1980) im Jahre 1928 eingeführt. Er fand sogar heraus, dass beim Wachstum von Alkalihalogeniden auf anderen Alkalihalogeniden die Gitterkonstanten sich nur bis 15 % unterscheiden dürfen (*Heteroepitaxie*).

> **Wichtige Epitaxieverfahren**
> **Flüssigphasenepitaxie**, Liquid Phase Epitaxy.
> **LPE**, bei der aus einer metallischen Lösung auf einem einkristallinem Wafer (Substrat) eine einkristalline Schicht abgeschieden wird.
> **Gasphasenepitaxie**, Vapour Phase Epitaxy.
> **VPE** und dabei insbesondere die metallorganische Gasphasenepitaxie, **M**etal **O**rganic **V**apour Phase Epitaxy, **MOVPE**, bei der ein laminarer Strom metallorganischer Verbindungen an einem geheizten einkristallinen Substrat vorbeiströmt und dort sich einkristallin abscheidet.
> **Molekularstrahlepitaxie**, Molecular Beam Epitaxy.
> **MBE**, mit der Bereitstellung von Flüssen in atomarer und molekularer Form. Diese werden auf ein thermisch vorgeheiztes Substrat im Hochvakuum gerichtet und können dort zu Anlagerungsprozessen mit Kristallwachstum führen.

Die *Epitaxie* wurde für die Halbleiterindustrie 1951 bei den *Bell Laboratorien* in den *USA* erstmals genutzt. *Germanium* Gasphasenschichten wurden zur Herstellung von ersten *epitaktischen pn-* Übergängen verwendet.

Im Folgenden sollen die angegebenen *Epitaxieverfahren* im Einzelnen mit ihren Besonderheiten und Anwendungsmöglichkeiten aufgezeigt werden.

Flüssigphasenepitaxie

Im Prinzip ist die *Flüssigphasenepitaxie* ein einfacher und überschaubarer Wachstumsprozess. Sie wurde in den 1960er Jahren (1963 erstmals durch *H. Nelson, RCA, USA*) hauptsächlich für die Darstellung hochreiner und dotierter III-V-Verbindungshalbleiter wie *GaAs* und *InP* angewandt und dann auch auf ternäre und quaternäre Verbindungshalbleiter, wie z. B. *Galliumaluminiumarsenid* $(Ga,Al)As$ bzw. *Galliumindiumarsenidphosphid* $(Ga,In)(As,P)$ ausgedehnt.

Die unterschiedlichen Techniken des *LPE* – Wachstums sind in Abb. 2.25 dargestellt:
- Ein *GaAs*-Substratkristall wird bei etwa 650 °C einer *Ga–As* Lösung ausgesetzt. Dabei wird der Substratkristall in die metallische Lösung eingetaucht (Abb. 2.25 a) oder die Lösung wird auf den Substratkristall gekippt (Abb. 2.25 b) Die Lösung kann aber auch über das Substrat hinweggleiten (Abb. 2.25 c).
- Die mit *As* gesättigte Schmelzlösung wird dann zusammen mit dem Substratkristall in kontrollierter Weise abgekühlt, so dass ein Schicht-Wachstum entstehen kann
- Zum Ende des Wachstumsprozesses wird die Lösung vom Kristall getrennt.

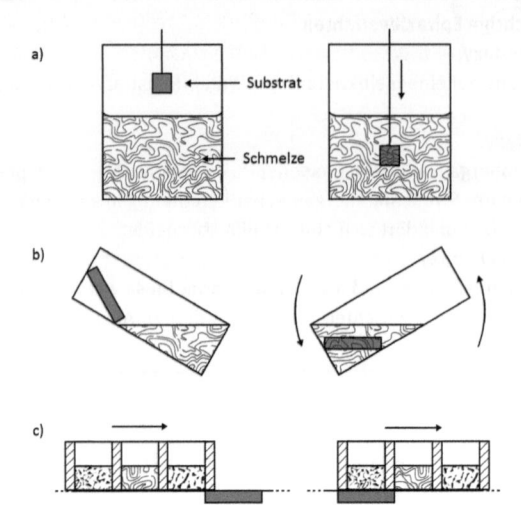

Abb. 2.25: Verschiedene LPE-Techniken: a) Eintauchen, b)Kippen, c)Gleiten.

Sämtliche obigen Einzelschritte müssen sehr sorgfältig ausgeführt werden, um Schichten gleichmäßiger Dicke, wohldefinierter und homogen verteilter Dotierung und einer hohen kristallographischen Perfektion herzustellen. Dotierstoffe werden der metallischen Lösung vor dem Wachstumsprozess zugegeben. Alles unter hochreinen Bedingungen in einer staubfreien Atmosphäre.

Abb. 2.25 c zeigt das Prinzip eines Schiebetiegels (*Graphit*), wie er meist für das Wachstum von aufeinanderfolgenden Schichten benutzt wird. In den Kammern befinden sich Schmelzlösungen unterschiedlicher Zusammensetzung, die über ein festsitzendes Substrat nacheinander geschoben werden. Jede Kammer bleibt solange auf dem Substratkristall bis der entsprechende Wachstumsprozess für die gewünschte Schicht abgeschlossen ist.

LPE-Halbleiterschichten können aber auch im Tauchverfahren hergestellt werden (Abb. 2.25 a). Die Proben werden über ein Stangensystem in einem Vertikalofen in die Schmelzlösung eingebracht. Im Vergleich zur Waferoberfläche ist das Schmelzvolumen hier sehr groß. Daher ist diese Methode besonders geeignet, um dicke Schichten mit hohen Wachstumsraten herzustellen.

Die *Flüssigphasenepitaxie* wird hauptsächlich zur Abscheidung der oben genannten Verbindungshalbleiter verwendet. Das Wachstum der Schichten findet immer in der Nähe des Gleichgewichtszustandes zwischen metallischer Lösung und dem Festkörper, z. B. *GaAs* statt. Das führt zu einer hohen strukturellen Qualität der Schichten, d. h. Schichten, die dann nur noch eine geringe Fehlstruktur aufweisen. Damit sind sie dann geeignet, um Halbleiterbauelemente mit geforderten physikalischen Eigenschaften zu produzieren. Die Abscheidungsraten der Schichten können relativ hoch eingestellt werden, so dass sich die *LPE* als ein ökonomisches *Epitaxieverfahren* für die Massenproduktion eignet. Die *Flüssigphasenepitaxie* kann daher auch als großtechnisches Verfahren für die Herstellung von *Lumineszenzdioden* auf der Basis der Verbindungshalbleiter *GaAs* und *GaP* verwendet werden.

Nachteile bei der *Flüssigphasenepitaxie* ergeben sich durch die Umsetzung von theoretisch oder manchmal auch experimentell ermittelten Prozessparametern. Der *LPE*-Prozess ist empfindlich gegenüber kleinen Änderungen der Wachstumsbedingungen, was sich in Änderungen der Wachstumsgeschwindigkeit und damit der gewünschten Schichtdicke bemerkbar macht. Insbesondere bei Schichtdicken und Schichtdickenfolgen von kleiner 1 µm müssen daher die Abscheidungsbedingungen sehr genau eingestellt werden.

Epitaxie aus der Gasphase
Bei der Epitaxie aus der Gasphase erfolgt die Abscheidung des Kristallmaterials auf dem vorbereiteten Halbleiter-Wafer nicht aus der Schmelze oder der Schmelzlösung sondern aus einer gasförmigen Phase. Der vorbereitete Substratkristall befindet sich dabei in einem zylinderförmigen Quarzreaktor (s. Abb. 2.26) auf einer Temperatur von über 500 °C. Der genaue Temperaturwert hängt vom verwendeten Halbleitermaterial ab, liegt aber meist zwischen 600 °C und 900 °C. Am linken Ende befindet sich ein Gaseinlass, am rechten Ende nach dem Substrat ein Gasauslass. Bei der **metallorganischen Gasphasenepitaxie** (**MOVPE**) wird für die *GaAs*-Epitaxie als *Ga*-Quelle Trimethylgallium **Ga(CH$_3$)** (auch *TMG* oder *TMGa*) in den Reaktor eingeblasen. Es ist bei Raumtemperatur eine klare, farblose Flüssigkeit. *Harold M. Manasevit* (1927 – 2008) publizierte 1968 als Mitarbeiter der *North American Aviation Company*, USA, erstmals die Epitaxie von *GaAs* mit *TMGa*. Der Transport von *TMGa* in den Reaktor erfolgt mit hochgereingtem Wasserstoff. Die noch fehlende V-er Komponente *Arsen* wird als *Arsenwasserstoff* oder *Arsin* (**AsH$_3$**) in den Reaktor miteingeführt. *Arsin* ist ein sehr giftiges, farbloses Gas mit einem unangenehmen Knoblauchgeruch. Es wird ebenfalls mit hochgereingtem Wasserstoff transportiert. In der Gegenwart von *Arsin* zerfällt *TMGa* über dem Substrat im Reaktor nach folgender Reaktionsgleichung:

$$Ga(CH_3)_3 + AsH_3 \rightarrow GaAs + 3\,CH_4$$

Auch vor 1968 waren *Metallalkyle* in der chemischen Industrie sehr bekannt. Hier war es die erste Anwendung in der Epitaxie von Verbindungshalbleitern.
Das *MOVPE- Epitaxiewachstum* kann man in zwei unterschiedliche Bereiche einteilen:
- Materialtransport zum Suszeptor mit darauf befindlichen Substrat (Wafer). Vom Einlassgas her erfolgt eine Diffusion der Reaktionspartner zum Substrat, verbunden mit einer chemischen Reaktion zum Halbleitermaterial (s. Abb. 2.26)
- Einbau des Halbleitermaterials an der Oberfläche des Substratkristalls durch Absorption. Die an der Oberfläche des Substrats wandernden Moleküle können

sich finden und einen Keim bilden (anlagern) Dies führt dann zur Ausbildung einer epitaktischen, einkristallinen Schicht.

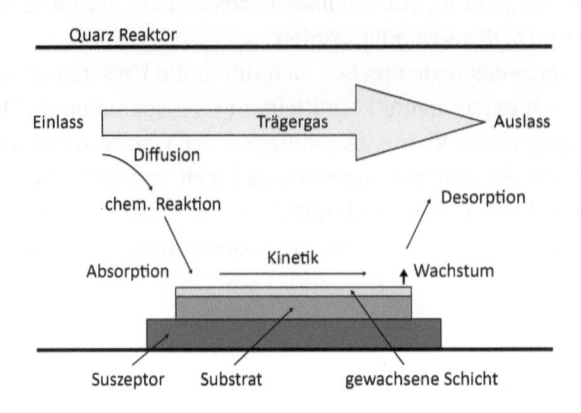

Abb. 2.26: Grundprinzip der Metallorganischen Gasphasen Epitaxie (MOVPE).

Das Wanderungs- und Keimbildungsgeschehen kann durch verschiedene Parameter beeinflusst werden. Dazu zählt die Auftreffrate der Moleküle aus dem Gasstrom, die Temperatur der Substratoberfläche, das Vorhandensein von Fremd-und Dotierstoffen sowie die Beschaffenheit der Substratoberfläche. Die nicht benötigten Reaktionspartner gehen per Diffusion zurück in das Trägergas und verlassen den Reaktionsraum, dargestellt in Abb. 2.26.

Für das Wachstum auf der Substratoberfläche kann man nun 3 Mechanismen unterscheiden (Abb. 2.27):

Volmer-Weber-Wachstum
Die wesentlichen Arbeiten hierzu stammen von *Max Volmer* (1985 – 1965), der sich intensiv mit Kristallflächen und Kristallwachstum beschäftigte. Er war ein deutscher Chemiker und wirkte u. a. an der *Humboldt-Universität zu Berlin*. Das Wachstum erfolgt hier in einzelnen, hohen Inseln, da die Adhäsion der ankommenden Moleküle auf diesen viel höher ist als auf glatten Substratoberflächen. Das Wachstum auf der Substratoberfläche verläuft also 3-dimensional. Die Inseln können dann auch in atomaren Dimensionen eingestellt werden. Man nennt sie dann auch Nanostrukturen.1 nanometer, nm sind 10^{-9} m = 1/1000 µm. Zum Vergleich der Radius eines Na-Atoms beträgt etwa 0,2 nm oder 200 pm, picometer, 10^{-12} m.

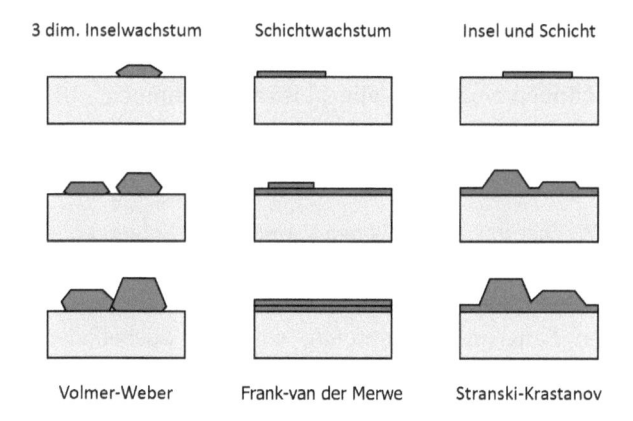

Abb. 2.27: Wachstumsmechanismen.

Frank-van-der-Merwe-Wachstum

Sir Frederick Charles Frank (1911 – 1998) ist sehr bekannt durch seine theoretischen Arbeiten über die Entstehung und das Verhalten von Versetzungen in Kristallen und zur Theorie des Kristallwachstums (**BCF- Theorie**, *Burton, Cabrera, Frank*-Theorie). Er arbeitete u.a. an der Universität von Bristol in Großbritannien als Professor für Physik. *Jan H. van der Merwe* (1922 – 2016) war ein Physiker aus Südafrika. Mit *Sir Charles Frank* arbeitete er lange Zeit zusammen an der *Universität in Bristol*. Das hier beschriebene Wachstum erfolgt 2-dimensional. Die Schichten wachsen Monolage für Monolage. Die Adhäsion der Moleküle aus dem Gasraum entspricht auf der neuen Monolage etwa der auf der Substratoberfläche. Ein solches Wachstum ist beispielsweise für die Schichtenfolge bei LED's erwünscht, da hier meist monoatomare glatte Flächen mit einer Restrauigkeit kleiner 3 nm möglich sind.

Stranski-Krastanov-Wachstum

Beim Wachstum nach *Stranski-Krastanov* ist die Adhäsion der Partikel aus der Gasphase etwa gleich der auf der reinen Oberfläche. Dadurch bildet sich erst eine ganze Monolage als Benetzungsschicht aus. Dann erfolgt das Wachstum auf Inseln in die Höhe. Wir haben also eine Mischform des Wachstums vorliegen.

Ivan Nikolov Stranski (1897 – 1979) war ein bulgarischer Physikochemiker. Seit 1944 wirkte er hauptsächlich in Berlin und beschäftigte sich mit Oberflächenchemie und Kristallwachstum. Er wird oft als „Vater der Kristallwachstumsforschung" bezeichnet.

Ljubomir Krastanov (1908 – 1977) war Professor für Meteorologie und Geophysik an der *Universität Sofia*. Er untersuchte die Physik der Wolkenbildung, die Kondensation sowie Kristallisationsprozesse.

Für die *metallorganische Gasphasenepitaxie* (MOVPE) können folgende Charakteristika festgehalten werden:
- Mit dieser Methode können nahezu alle bisher genannten III-V-Verbindungshalbleiter als Schichten und Schichtenfolgen dargestellt werden. Bestimmte Komponenten wie $(Al,Ga,In)P$ können nur mit Hilfe der *MOVPE* hergestellt werden.
- Durch die beschriebenen Wachstumsmechanismen können auch Schichten und Schichtfolgen im Bereich atomarer Dimensionen realisiert werden. Wachstumsraten der Schichten können in weiten Bereichen variiert werden. Das führte zu neuartigen Bauelementestrukturen, wie z. B. hocheffiziente Halbleiterlaser.
- Die Wachstumsraten sind im *MOVPE*-Strömungsreaktor sowohl für kleine als auch für große Werte hervorragend kontrollierbar.

Eine einfache Abschätzung der minimal erzielbaren Schichtdicken unter Einbeziehung der Strömungsgeschwindigkeiten im Epitaxie-Reaktor zeigt das Potential für die Wachstumskontrolle im atomaren Bereich. Bei einer Wachstumsrate von 10 nm/min. (entspricht 0,6 µm/h) benötigt eine atomare Monoschicht von 0,15 nm Dicke gerade mal 0,9 s Wachstumszeit. Nimmt man eine Strömungsgeschwindigkeit der Reaktionsgase von v' größer 10 cm/s und eine Suszeptorlänge von ca. 5 cm an, so können die Reaktionsgase in weit weniger als 1 s komplett ausgetauscht werden. Damit lassen sich in Folge atomare Schichten unterschiedlicher Zusammensetzung herstellen.

Die *MOVPE*-Schichten zeigen spiegelnde Oberflächen hoher Perfektion sowie eine hohe Uniformität in der Materialzusammensetzung auch über große Waferflächen. Es ist also ein ideales Verfahren zur Herstellung von *LEDs* unterschiedlicher Zusammensetzung für Anwendungen in verschiedenen optischen Wellenlängenbereichen. Kommerzielle *MOVPE*–Anlagen können mehrere Wafer mit Durchmessern über 10 cm beschichten.

Epitaxie mit physikalischen Methoden – Molekularstrahlepitaxie
Neben der Epitaxie aus der Gasphase hat sich als ein physikalisches Verfahren, die *Molekularstrahlepitaxie (MBE)* etabliert. Das Prinzip dieser Methode ist in Abb. 2.28 dargestellt. Die für das Wachstum benötigten Halbleitermaterialien und Dotierstoffe werden in sogenannten Effusionszellen eingebracht und in der *MBE*–Anlage zum Verdampfen hochgeheizt. Sie gelangen dann ohne Stöße mit dem Restgas zum vorgeheizten Substratkristall (Wafer). Damit kann ein geordnetes Aufwachsen einer Epitaxieschicht erfolgen.

John R. Arthur (geb. 1931) und *Alfred Y. Cho* (geb. 1937) von den *Bell Laboratorien, Murray Hill, NJ, USA* entwickelten 1968/69 die erste *MBE*–Anlage zur Züchtung von GaAs Epitaxieschichten. Dafür erhielten beide 1982 den „*IEEE Morris M. Liebmann*

Memorial Award" Dieser Preis wurde ab 1919 zu Ehren von *Colonel Morris M. Liebmann* in den *USA* durch das *„Institute of Radio Engineers"*, **IRE**, (1963 im *„Institute of Electrical and Electronics Engineers* (**IEEE**) aufgegangen) für Beiträge im Bereich von Radiotechnologien verliehen. In der Zeit von 1970 – 1978 wurde die *Molekularstrahlepitaxie* als wichtige Technologie zum Wachstum dünner Schichten im Bereich bis etwa 1–10nm und Schichtstrukturen, *Quantumwellstrukturen*, weiterentwickelt. Ein **Quantumwell** (*Quantentopf*) ist eine Struktur bei der 3-dimensional bewegliche Elektronen und Löcher (beweglich in alle Richtungen) in einen planaren, 2-dimensionalen Bereich gezwungen werden. Die Elektronen und Löcher im *Quantentopf* zeigen eine andere Zustandsdichte als die im dreidimensionalen Kristall.

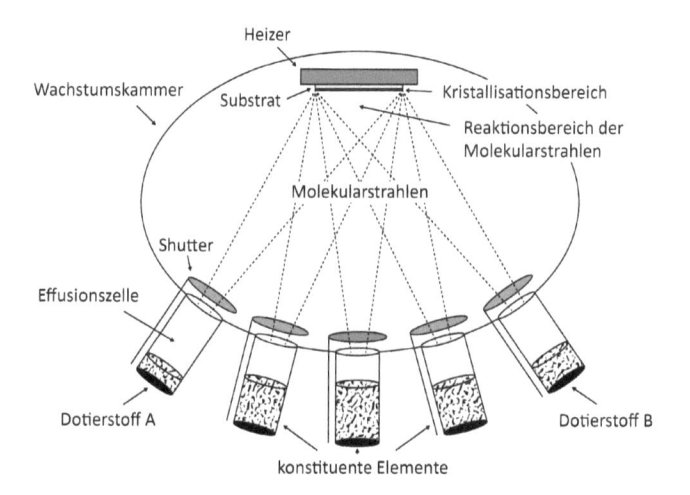

Abb. 2.28: Prinzip der Molekularstrahlepitaxie.

Zum Wachstum der Epitaxieschichten werden die einzelnen Materialien, z. B. *Ga* und *As* für eine *GaAs* Schicht in die Effusionszellen eingebracht und durch Heizen der Zellen verdampft. Die Zellen selbst müssen bis Temperaturen von 1400 °C chemisch und mechanisch stabil sein und dürfen nicht mit dem Tiegelinhalt reagieren. Der Tiegelinhalt darf aus dem Tiegelmaterial keine Zusatzstoffe aufnehmen, die später eventuell die Schicht dotieren könnten. Als Tiegelmaterial wird meist hochreines *Bornitrid* (**BN**) eingesetzt. Der Fluss der Atome und Moleküle zum Substrat hin wird durch eine Blende vor der Öffnung der Zelle geregelt. Da die Wachstumszeiten für eine Monolage bei 1 – 5 Sekunden liegen, muss die Schließzeit der Blende bei ca. 0,1 Sekunden liegen. Das Substrat befindet sich auf einem *Molybdänblock* und wird durch ein Band aus hochreinem *Tantal* beheizt. Das Substrat kann rotiert werden, um eine möglichst homogene Schichtdicke und glatte Oberflächen zu erhalten. Ein besonderer Vorteil der *MBE* ist, dass Substrat und Effusionszellen getrennt geheizt werden können, dies ermöglicht auch ein Aufwachsen bei niedrigen Temperaturen. Ein weiterer Vorteil der *MBE*, besonders gegenüber der *MOVPE* ist, dass viele Materialien in den Effusionszellen verdampft werden können. Die Substrattemperatur muss jedoch so hoch gewählt werden, dass auf der Substratoberfläche eine Migration der ankommenden, adsorbierten Bausteine, z. B. *Ga* und *As* stattfinden kann. Damit das Schichtwachstum erfolgen kann muss ein gerichteter Strahl von den Effusionszellen zum Substrat erzeugt werden. Das geschieht bereits bei einem Hochvakuum von 0,1 Mikrobar. Bei diesem Druck werden jedoch noch zu viele Gasmoleküle und Verunreinigungen in die Schicht mit eingebaut, so dass die Epitaxieschicht für Anwendungen nicht geeignet wäre. Erst bei einem Druck kleiner 0,01 Nanobar lassen sich Schichten einer gewünschten hohen Qualität erzielen. Um überhaupt arbeiten zu können, muss also in der *MBE*-Anlage zuerst ein Ultrahochvakuum erzeugt werden. Damit ergibt sich aber auch ein besonderer Vorteil: Neben den beschriebenen Einrichtungen zum Wachstum der Schichten lassen sich auch einige Analysengeräte an die *MBE*-Anlage anschließen. Man kann dann die Schichten nach dem Wachstum in der Anlage charakterisieren und verschiedene Eigenschaften messen, wie z. B. die Zusammensetzung der gewachsenen Schichten. Mit Hilfe der *Reflexionselektronenbeugung* kann man sogar in der Wachstumskammer den Verlauf des Schichtwachstums direkt verfolgen („*in-situ Charakterisierung*" in Echtzeit). Die genannten Möglichkeiten gibt es bei der Epitaxie aus der flüssigen Phase und der Gasphase nicht. Die hergestellten Epitaxieschichten müssen erst der Anlage entnommen werden bevor man ihre Eigenschaften bestimmen kann. Ein Nachteil der Epitaxie ist, dass die Größe der Proben auf etwa 10 cm Durchmesser begrenzt ist. Es ist schwierig die Atom- bzw. Molekülstrahlen aus den Effusionszellen gleichmäßig auf eine größere Fläche zu richten. Wenn durch das Wachstum der Schichten der Inhalt der Effusionszellen kleiner wird, kann das zu einer Änderung der Wachstumsraten führen. Ein Vorteil gegenüber der Molekularstrahlepitaxie ist, dass beim *MOVPE*-Prozess die Wachstumsraten hingegen gleichmäßig und reproduzierbar sind. Da alle Materialien in den Effusionszellen verdampft werden können, kann man mit Hilfe der *MBE* alle möglichen Materialkombinationen herstellen. Bei der *MOVPE* dagegen müssen die Halbleitermaterialien an meist organische Moleküle gebunden werden, was bei manchen Elementen mit einem hohen Aufwand verbunden sein kann.

Wir haben gesehen, dass sowohl die *Flüssigphasenepitaxie* als auch die *Metallorganische Gasphasenepitaxie* zur großtechnischen Herstellung von lichtemittierenden Dioden herangezogen werden können. Die *Flüssigphasenepitaxie* wird bei Verbindungshalbleitern besonders dann angewandt, wenn die Dampfdruckwerte der Einzelkomponenten weit auseinanderliegen. Dann gestaltet sich die Abscheidung aus der Gasphase schwieriger. Die *LPE* wird beispielsweise für die großtechnische Herstellung von *GaAs*- und *GaP-Lumineszenzdioden* verwendet. Als Lösungsmittel für die *Epitaxie* dient dann *Gallium* (*Ga*). Auch andere Metalle, wie z. B. *Zinn* (**Sn**), können als niedrigschmelzende Lösungsmittel verwendet werden. Allerdings ist dann die gewachsene Epitaxieschicht schon vordotiert, im Falle von *GaAs* erhält man eine **n**- Dotierung.

Lumineszenzdioden – Besonderheiten und Ausführung
Wir haben gesehen, dass die Lichtabgabe einer *Lumineszenzdiode* (*LED*) einer bestimmten Energiedifferenz entspricht, die durch die Bandstruktur der am *pn-Übergang* beteiligten Halbleitersysteme vorgegeben ist und den entsprechenden Quantengesetzen gehorcht. Die **einfachste LED** besteht aus einem **n-GaAs**-*Substratkristall* mit einer **LPE n-GaAs** und einer weiteren **LPE p-GaAs-Schicht**. Die oberste *p*-Schicht ist dabei lichtdurchlässig (Abb. 2.29).

Der aktive Halbleiterkristall des *Lumineszenzbauelements* ist auf dem Boden eines kugelförmigen Metallhalters gelötet und damit mit diesem elektrisch verbunden. Der Metallhalter wirkt für das aus den Seiten des Kristalls austretende Licht als Reflektor. Gleichzeitig dient er als Kontakt für die Kathode. Der Anschluss zur Kathode besteht aus einem verzinnten Stahldraht, damit beim Einlöten der Kristall nicht überhitzt wird. Die Oberseite des Kristalls ist durch einen dünnen Golddraht mit dem zweiten Stahlanschluss, der Anode verbunden.

Die **erste rote Diode** auf der **Basis von (GaAs; GaAsP)** kam 1962 auf den Markt und wurde von dem Amerikaner *Nick Holonyak* entwickelt. **Grüne Dioden** *auf der Basis von GaP* kamen etwa 10 Jahre später. **LEDs** werden in Durchlassrichtung betrieben und haben im Bereich der Lichtentwicklung einen steilen Stromanstieg. Zunächst nimmt die Strahlungsintensität etwa proportional mit dem Strom zu. Durch den gleichzeitigen Anstieg der Verlustleistung erwärmt sich die **LED** und ihre Leitfähigkeit nimmt zu. Gleichzeitig nimmt ihre Strahlungsintensität aber ab. Es besteht daher die Gefahr, dass sich die Diode selbst zerstört. Um dies zu verhindern, baut man einen Vorwiderstand R_V in den Stromkreis ein (Abb. 2.29). Sichtbares Licht wird emittiert, wenn die Energie der Bandlücke im Halbleiter zwischen $1{,}6 < UF < 3{,}2\ eV$ liegt.

Die Entwicklung der **LED** geht nun ab 1971 *von den roten Wellenlängen* mit verbesserten Halbleitermaterialien weiter zu den *Farben Grün, Orange und Gelb*. Bei 20 mA Betriebsstrom kommen folgende binäre, ternäre und quaternäre III – V Verbindungshalbleiter zum Einsatz:

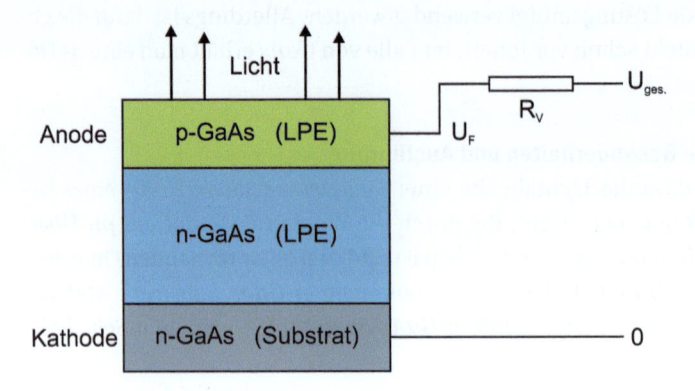

Abb. 2.29: Darstellung eines p-GaAs/n-GaAs Übergangs und LED Schaltung mit Vorwiderstand.

Tab. 1: Beispiele für farbige LEDs

Farbe	Wellenlängenbereich [nm]	Halbleiterverbindungen
rot	610 – 760	(Al,Ga)As; Ga(As,P); (Al,Ga,In)P
orange	590 – 610	Ga(As,P)
gelb	570 – 590	Ga(As,P); (Al,Ga,In)P; (GaP)
grün	500 – 570	(In,Ga)N / (GaN)

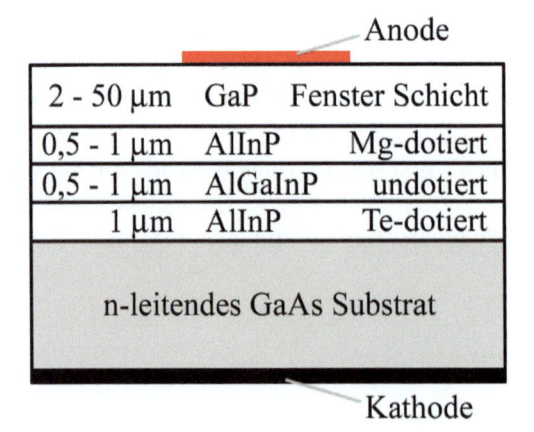

Abb. 2.30: Schematische Darstellung der Struktur einer (AlIn)(GaP) Leuchtdiode.

Abb. 2.30 zeigt eine Mehrschichtstruktur einer *LED* für den gelben bis roten Bereich. Bei der Herstellung dieser im gelben bis roten Bereich des Spektrums emittierenden Diode kommt die *metallorganische Gasphasenepitaxie* zur Anwendung. Bedingt durch die sehr dünnen Einzelschichten von 0,5 – 1,0 µm wird man für den industriellen Herstellungsbereich die metallorganische Gasphasenepitaxie wählen. Um die Effizienz von *LEDs* zu steigern, verwendet man an Stelle der einfachen *pn*-Homostruktur (Abb. 2.29) eine Heterostruktur, bei der zwei verschiedene Halbleiter unterschiedlicher Dotierung aufeinander hergestellt werden (Abb. 2.30). Eine Doppelheterostruktur besteht dann aus einer Halbleiterschicht mit einer kleineren Bandlücke, die sich zwischen zwei Schichten mit einer größeren Bandlücke befindet. Damit können sich sowohl Elektronen als auch Löcher in der mittleren Schicht sammeln. Es kann dann zu mehr Rekombinationsprozessen kommen und die Effizienz lässt sich steigern.

Von Beginn der 1980 Jahre bis zu den frühen 1990 Jahren kommen mit dem neuen Halbleitermaterial **GaN** *Farben von Grün bis Ultraviolett* zum Tragen. Auf dieser Basis entwickelte *Shuji Nakamura, Japan* 1993 die erste hell strahlende, kommerziell erfolgreiche **blaue LED**.

Etwa seit dem Jahr 1995 werden auch **weiße LED** vorgestellt, die dann 2 Jahre später auf den Markt kamen.

Eine erste Ausfertigung wurde 1995 von der *Firma Nichia*, Japan durch additive Farbmischung der 3 Grundfarben Rot/Grün/Blau (RGB) hergestellt. Dabei werden 3 entsprechende Lumineszenzdioden auf einem Chip zusammengefügt und eine weiße Lichtabstrahlung erzeugt. Eine individuelle Farbwiedergabe ist dadurch ebenfalls möglich. Im gleichen Jahr hat *Jürgen Schneider* (1931 – 2012) vom *Fraunhofer Institut für Angewandte Festkörperforschung, Freiburg* einen anderen Weg zur Erzeugung von weißem Licht vorgeschlagen. Er nutzte die Komplementärfarben blauviolett und gelb zur Erzeugung von weißem Licht. *Schneiders* **Lumineszenzkonversions-Verfahren** benötigt nur eine blaue Diode und erzeugt den restlichen Spektralbereich über einen *Lumineszenzfarbstoff*, der vom Licht der blauen Diode angeregt wird (Abb. 2.31). *Schneiders* Verfahren ist daher einfacher und lässt eine hohe Lichteffizienz erwarten.

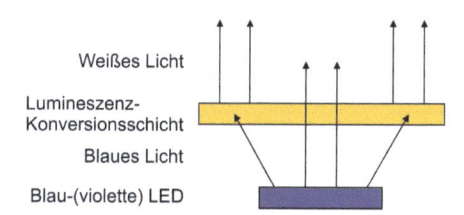

Abb. 2.31: LED für die Emission von weißem Licht (schematisch).

Die ersten Anwendungen der Leuchtdioden nach 1962 erfolgten in Taschenrechnern und Uhren. Der Strombedarf dieser Einzeldioden war jedoch sehr hoch, so dass die Batterien sehr häufig gewechselt werden mussten. Außerdem war die Lichtausbeute solcher Dioden sehr gering. Heute benutzt man für solche Anzeigen Flüssigkristalldisplays mit einem minimalen Energieverbrauch. Die physikalische Größe für den Lichtstrom ist das „Lumen" (lm). Sie macht eine Aussage über die Helligkeit einer Lichtquelle. Eine 60Watt Glühlampe besitzt einen Lichtstrom von etwa 1000 lm, d. h. eine Effizienz von ca. 17 lm/Watt. Durch die Fortentwicklung der LED-Herstellungsverfahren wurde die Effizienz der LEDs alle 10 Jahre um etwa den Faktor 10 gesteigert:

Tab. 2: Zur Effizienz der LEDs

Jahr	Material	Effizienz [lm/W]
1962	GaAs	0,1
1973	GaP:N	1,0
1978	(Al,Ga)As	10
1998	(Al,Ga)(In,P)	80

Heute kann man LEDs mit etwa 120 lm/W -Effizienz erzielen. Wir haben gesehen, dass die Entwicklung der blau leuchtenden eine wesentliche Voraussetzung für die Erzeugung von weißem Licht für Beleuchtungszwecke war. Hierfür bekamen drei japanische Forscher 2014 den Nobelpreis für Physik: *Isamu Akasaki, Hiroshi Amano* und *Shuji Nakamura*.

Die besonderen Vorteile der weißen LEDs für Beleuchtungszwecke sind:
- Die Effizienz dieser LEDs im Vergleich zu Glühlampen und Energiespar-Lampen ist höher und kann auch in den nächsten Jahren noch gesteigert werden.
- Die Leuchtdioden geben gegenüber Glühlampen kaum Wärme ab, die abgeführt werden muss.
- Die Lebensdauer der LEDs und deren Robustheit sind den Glühlampen weit überlegen. Sie hängt vom Halbleitermaterial und den jeweiligen Betriebsbedingungen ab, dabei geht der Lichtstrom nicht schlagartig zurück.
- Zum Betrieb der LEDs benötigt man nur ungefährliche Kleinspannungen.

Ein Nachteil der LEDs ist aber, dass die Energie, die zu ihrer Herstellung benötigt wird, noch relativ hoch ist.

Literatur

[1] Welker, H. Über neue halbleitende Verbindungen, Z. Naturforsch. **A7** (1952) 744.
[2] Welker, H.: Über halbleitende Verbindungen vom Typus $A^{III}B^{V}$, Techn. Rundschau, **50** (1956) 1.
[3] Welker, H., Weiss, H.: Group III group V compounds, in: Solid State Physics (Eds.: F. Seitz, D. Turnbull) Vol. **3** (1956) 1.
[4] Halbleiter und Phosphore (Hrsg. Schon, M., Welker, H.) Vorträge des Internat. Kolloquiums über „Halbleiter und Phosphore", Garmisch-Partenkirchen, Verlag Friedrich Vieweg &Sohn, Braunschweig 1958.

Weiterführende Literatur zum vertieften Studium zu Verfahren der Kristallzüchtung und zu Fragen der Wachstumskinetik:

Benz, K. W., Neumann, W.: Introduction to Crystal Growth and Characterization, WILEY-VCH, Weinheim, 2014.
Capper, P. (Ed.): Bulk Crystal Growth in Electronic, Optical and Optoelectronic Materials, John Wiley & Sons Ltd., 2005.
Ehrentraut, D., Meissner. E., Bockowski, M. (Eds.): *Technology of GaN Crystal Growth*, Springer Series in Materials Science, 2010.
Eranna, G.: Crystal Growth and Evaluation of Silicon for VLSI and ULSI, CRC Press, 2015.
Fornari, R., Paorici, C. (Eds.): *Theoretical and Technological Aspects of Crystal Growth*, Trans Tech Publications Ltd. Switzerland, 1998.
Markov, I. V.: Crystal Growth for Beginners, Fundamentals of Nucleation, Crystal Growth and Epitaxy, 2nd Edition, World Scientific, 2016.
Müller, G., Métois, J.-J., Rudolph, P. (Eds.): *Crystal Growth – From Fundamentals to Technology*, Elsevier, 2004.
Nakajima, K., Noritaka, U. (Eds.): *Crystal Growth of Silicon for Solar Cells*, Springer, 2009.
Pohl, U. W.: Epitaxy of Semiconductors, Introduction to Physical Principles, Springer, 2013.
Scheel, H. J., Fukuda, T. (Eds.): *Crystal Growth Technology*, John Wiley & Sons, 2003.
Scheel, H. J., Capper, P.: Crystal Growth Technology: From Fundamentals and Simulation to Large-scale Production, Wiley-VCH 2008.
Tiller, W. A.: The Science of Crystallization: Microscopic interfacial phenomena, Cambridge University Press, 1991.

Handbücher zur Kristallzüchtung

Wilke, K.-Th., Bohm, J.: *Kristallzüchtung*, VEB Deutscher Verlag der Wissenschaften, Berlin 1988.
Handbook of Crystal Growth (2nd Edition), Elsevier 2014.
Vol. 1A–1B (Ed.: T. Nishinaga) *Fundamentals*,
1A: Thermodynamic and Kinetics   1B: Transport and Stability
Vol. 2A–2B (Ed.: P. Rudolph) *Bulk Crystal Growth*,
2A: Basic Techniques   2B: Growth Mechanisms and Dynamics
Vol. 3A–3B (Ed.: Th. Kuech) *Thin Films and Epitaxy*
3A: Basic Techniques 3B: Growth Mechanisms and Dynamics

Springer Handbook of Crystal Growth (Eds.: Dhanaraj, G., Byrappa, K, Prasad, V., Dudley, M.), Springer Verlag 2010.

3 Nanokristalline Materialien: Neue Werkstoffe mit extremen Eigenschaften

> Willst du dich am Ganzen erquicken;
> So musst du das Ganze im Kleinsten erblicken.
> Johann Wolfgang von Goethe

Die Entwicklung von Materialien und Systemen, welche aus Strukturen im Nanometerbereich aufgebaut sind und im Vergleich zu makroskopischen Strukturen veränderte physikalische, chemische und biologische Eigenschaften aufweisen, ist zentrales Anliegen der Nanostrukturforschung und Nanotechnologie in Physik, Chemie, Biologie, Medizin und Technik. Die Vorsilbe **Nano** (altgriechisch: *nanos* νάνος – Zwerg) kennzeichnet die Dimension 10^{-9}. Ein Nanometer (1 nm = 10 Å) entspricht somit einem Milliardstel Meter bzw. einem Millionstel Millimeter.

> **i** *Materialien, deren Abmessungen mindestens in einer Dimension im Bereich von 1 nm bis maximal 100 nm liegen, werden im Allgemeinen als Nanomaterialien bezeichnet.*

Allerdings existiert keine einheitliche und verbindliche Definition für Nanostrukturen und Nanomaterialien. Die Herstellung und Untersuchung dieser ungeheuer kleinen Strukturen stellt eine immense Herausforderung für die interdisziplinären Felder der Nanowissenschaft dar. Seit langem ist bekannt, dass sich die physikalischen und chemischen Eigenschaften mit kleiner werdenden Dimensionen des Untersuchungsobjektes ändern. So schrieb *Wolfgang Ostwald* (1883 – 1943), der älteste Sohn von *Wilhelm Ostwald* (1853 – 1932)[1], bereits 1914 in seinem bemerkenswerten Buch *„Die Welt der vernachlässigten Dimensionen – eine Einführung in die moderne Kolloidchemie"* folgendes:

---

[1] *Wilhelm Ostwald*, einer der Begründer der Physikalischen Chemie, hatte seine Hauptschaffensperiode an der Universität in Leipzig, wo er als *Professor für Physikalische Chemie* (1887 -1905) wirkte. Im Jahre 1909 erhielt er den *Nobelpreis für Chemie* als Anerkennung für seine Arbeiten über die Katalyse sowie für seine grundlegenden Untersuchungen über chemische Gleichgewichtsverhältnisse und Reaktionsgeschwindigkeiten.
Sein Sohn *Wolfgang* begründete die Kolloidchemie in Deutschland. Nach Studium und Promotion in Leipzig (1904) arbeitete er zwei Jahre als Assistent bei *Jacques Loeb* (1859- 1924), einem Pionier der Kolloidchemie, an der *Universität in Berkeley/USA*. Im Jahre 1923 wurde als außerordentlicher und 1935 als ordentlicher Professor an die Universität in Leipzig berufen.

Erst jetzt wissen wir, dass jedes Gebilde ganz besondere Eigenschaften annimmt und ganz eigentümliche Erscheinungen zeigt, wenn seine Teile gerade so klein sind, dass wir sie nicht mit dem Mikroskop unterscheiden können, aber sie andererseits wieder zu groß sind, um als Moleküle gedeutet zu werden [1].

Heute wissen wir, dass es sich bei einem großen Teil der Kolloide um Dispersionen von Nanopartikeln handelt.

Der amerikanische Physiker *Richard P. Feynman* (1918 – 1988)[2] hielt im Dezember 1959 auf der Jahrestagung der Physikalischen Gesellschaft Amerikas am *CALTEC (California Institute of Technology)* in *Pasadena* einen Vortrag „*There's plenty of room at the bottom (Ganz unten ist genügend Platz)*" mit dem Untertitel „*An invitation to enter a new field of physics (Eine Einladung ein neues Gebiet der Physik zu betreten*" [2]. In seinem visionären Vortrag wies er dabei auf die ungeahnten Möglichkeiten der Synthese von Strukturen auf atomarer Ebene hin, wenn die Wissenschaftler nur in der Lage wären, einzelne Atome und Moleküle gezielt unter Sicht umzuordnen. In vielen Artikeln und Büchern wird *Richard Feynman* wegen dieses Vortrages als geistiger Vater der Nanotechnologie bezeichnet. Viele der Vorhersagen von *Feynman* sind mittlerweile in der Entwicklung der Nanotechnologie Wirklichkeit geworden. Tatsache ist aber, dass sein Vortrag und dessen Publikation in verschiedenen Zeitschriften bis Anfang der neunziger Jahre nur einem kleinen Kreis von Wissenschaftlern bekannt war. Erst durch mehrfachen Wiederholungsdruck des Vortrages nach 1990 in namhaften Zeitschriften und Büchern wurden viele Arbeiten auf dem Gebiet der Nanowissenschaft im Kontext der Ausführungen von *Feynman* gesehen. *Chris Toumey* hat in den Veröffentlichungen „*Plenty of room, plenty of history (Reichlich Platz, reichlich Geschichte*" [3] und „*Reading Feynman into nanotechnology: A text for a new science (Einlesen Feynman in die Nanotechnologie: Ein Text für eine neue Wissenschaft)*" [4] umfassend und kritisch geschildert, in welchem Maße *Feynman*'s Vortrag zur Entwicklung der Nanowissenschaft direkt beitrug. Die zweite Veröffentlichung enthält u. a. eine ausführliche Darstellung der Publikationsgeschichte des Vortrags von *Feynman*.

---

2 Der amerikanische theoretische Physiker *Richard P. Feynman* erhielt 1965, gemeinsam mit *Julian S. Schwinger* (1918 – 1994) und *Shin'ichirō Tomonaga* (1906 – 1979) den *Nobelpreis für Physik für die fundamentalen Leistungen in der Quantenelektrodynamik*. Kultstatus erreichte er auch mit seinem dreibändigen Werk „*Feynman lectures on physics* (Feynman Vorlesungen über Physik, deutsche Ausgabe im Oldenbourg Verlag)", welches in viele Sprachen übersetzt wurde und insgesamt eine Millionenauflage erlebte. Wie humorvoll und vielseitig interessiert ein theoretischer Physiker sein Leben meistert, erfährt man in seinem empfehlenswerten autobiographischen Buch „*Sie belieben wohl zu scherzen, Mr. Feynman! Abenteuer eines neugierigen Physikers*" (deutsche Ausgabe R. Piper Verlag,1985/1988).

Meilensteine in der Entwicklung der Nanowissenschaft waren die wegweisenden Erfindungen des Rastertunnelmikroskops[3] (*STM – scanning tunneling microscope*) durch die Physiker *Gerd Binnig* (geb. 1947) und *Heinrich Rohrer* (1933 – 2013) im Jahre 1981 [5] und des Rasterkraftmikroskops (*AFM – atomic force microscope*) durch *Gerd Binnig, Calvin Quate* (geb. 1923) und *Christoph Gerber* (geb. 1942) im Jahre 1986 [6]. Die Vision *Feynman's* Atome gezielt manipulieren zu können, wurde im Jahre 1990 durch *Don M. Eigler* und *Erhard K. Schweizer* verwirklicht, indem es ihnen gelang, mittels eines STM mit 35 Xenon-Atomen den Schriftzug IBM auf einer Nickeloberfläche zu formen [7].

Erste Konzepte für eine molekulare Nanotechnologie wurden von *Kim Eric Drexler* (geb. 1955) entwickelt, der wegen seiner bahnbrechenden Ideen zu Recht als „*Gründungsvater der Nanotechnologie*" angesehen wird. Der Begriff „*Nanotechnologie*" als solcher wurde erstmalig von *Norio Taniguchi* (1912 – 1999) im Jahre 1974 verwendet [8]. *K. Eric Drexler's* Arbeiten und Visionen haben wesentlich zur Entwicklung und vor allem zur Popularisierung der Nanotechnologie beigetragen. Seine erste zukunftsweisende Arbeit „*Molecular engineering: An approach to the development of general capabilities for molecular manipulation* (*Molekulares Engineering: Ein Lösungsansatz zur Entwicklung allgemeiner Einsatzmöglichkeiten für die molekulare Manipulation*)" erschien 1981 [9]. Seine Ideen, die anfänglich auch noch *Science fiction Visionen* enthielten, sind in seinen ersten Büchern dokumentiert (s. [10 – 12]). Sein bisher letztes Buch "*Radical Abundance: How a Revolution in Nanotechnology Will Change Civilization* (*Entscheidender Reichtum: Wie eine Revolution in der Nanotechnologie unsere Zivilisation verändern wird*)" erschien 2013 [13].

Die Entwicklung nanostrukturierter Materialien mit definierten, maßgeschneiderten physikalischen und chemischen Eigenschaften ist verbunden mit neuen Anforderungen an die festkörperphysikalischen und festkörperchemischen Analyseverfahren. Die gegenwärtig verfügbaren Methoden der modernen Elektronenmikroskopie, insbesondere der *Transmissionselektronenmikroskopie* (TEM) und der *Raster-Transmissionselektronenmikroskopie* (STEM), nehmen bei der Aufklärung des Zusammenhanges zwischen Struktur und Eigenschaften von nanokristallinen Materialien eine besondere Stellung ein. Der Vorteil der Elektronenmikroskopie ist, dass die Information über die Struktur einerseits direkt aus der Abbildung mit atomarer Auflösung (Strukturabbildung) bzw. aus dem Elektronenbeugungsdiagramm gewonnen werden kann. Zum anderen besteht durch die Kombination von abbildenden und spektroskopischen Verfahren die Möglichkeit einer quantitativen chemischen Ana-

---

[3] Im Jahre 1986 wurde der *Nobelpreis für Physik* zu einer Hälfte an *Ernst Ruska* (1906 – 1988) *für sein fundamentales Werk in der Elektronenoptik und für die Konstruktion des ersten Elektronenmikroskops* und zur anderen Hälfte an *Gerd Binnig* (geb. 1947) und *Heinrich Rohrer* (1933 – 2013) *für ihre Konstruktion des Rastertunnelmikroskops* verliehen.

lyse der nanokristallinen Materialien bei gleichzeitiger Beobachtung der interessierenden Objektbereiche. Bei der analytischen Elektronenmikroskopie wird die Information über das nanokristalline Objekt entweder aus der durch das Elektronenbündel angeregten charakteristischen Röntgenstrahlung gewonnen (*energie-* oder *wellenlängendispersive Röntgenspektroskopie*) oder andererseits durch spektroskopische Messung der beim Durchgang durch das Objekt erlittenen Energieverluste der Primärelektronen erzielt (*Elektronen-Energieverlustspektroskopie*). Spezielle Abbildungstechniken sind die *Lorentz-Mikroskopie* und die *Elektronenholographie*, die zur Untersuchung von Struktur und Eigenschaften von ferroelektrischen und magnetischen Eigenschaften eingesetzt werden. Die *Elektronenholographie* kann auch als alternative Methode zur dreidimensionalen Rekonstruktion der äußeren Gestalt von Nanostrukturen herangezogen werden. Die Abbildungen in einem Durchstrahlungsmikroskop sind zweidimensionale Projektionen von dreidimensionalen Objekten. Für eine umfassende Charakterisierung eines dreidimensionalen Objektes ist in vielen Fällen die genaue Kenntnis von Struktur und Zusammensetzung in allen drei Dimensionen erforderlich. Deshalb wurden verschiedene Methoden der *Elektronentomographie* entwickelt, um aus einem Satz von zweidimensionalen Projektionen die gewünschte dreidimensionale Information über Struktur und Zusammensetzung zu erhalten.

In Kapitel 1.4 wurde gezeigt, dass die Eigenschaften von Kristallen sowohl von der strukturellen Beschaffenheit als auch von ihrer chemischen Zusammensetzung abhängig sind. Für die Eigenschaftsänderungen beim Übergang von makroskopischen Materialien zu Nanomaterialien spielen zwei Faktoren eine wesentliche Rolle.

Strukturen, die eine hohe spezifische Oberfläche besitzen, d. h. bei denen die Anzahl der Oberflächenatome wesentlich größer ist als die der Volumenatome, zeigen spezifische Oberflächeneffekte. Oberflächenatome haben im Vergleich zu Volumenatomen eine erhöhte Energie, was bei einem Volumenkristall zu einer veränderten Atomanordnung in der Oberfläche führen kann (*Rekonstruktion der Oberfläche*). Bei Nanomaterialien, wo die Anzahl der Oberflächenatome die Anzahl der Volumenatome beträchtlich übersteigt, kann dies sowohl zu einer Änderung der Kristallstruktur als auch der Morphologie führen. Damit verbunden sind Änderungen der physikalischen und chemischen Eigenschaften.

Sind Nanostrukturen so klein, dass bei ihnen die Bewegungsfreiheit von freien Ladungsträgern in einer oder mehreren Raumrichtungen eingeschränkt ist, dann weisen sie im Vergleich zu makroskopischen Kristallen veränderte Eigenschaften auf. Diese Eigenschaftsänderung ist ein *Quanteneffekt* (*quantum confinement*). Deshalb werden Nanostrukturen mit Einschränkungen der Ladungsträgerbeweglichkeit auch als **Quantenstrukturen** bezeichnet. In Abhängigkeit von der Dimension (d) der Bewegungsfreiheit der freien Ladungsträger werden diese Strukturen als *Quantenfilme* (2d), *Quantendrähte* (1d) und *Quantenpunkte* (0d) bezeichnet.

Die wichtigsten Aufgaben der Materialcharakterisierung von Nanostrukturen in einem Transmissionselektronenmikroskop sind in Abb. 3.1 skizziert. Im oberen Teil der Abbildung ist jeweils ein Materialbeispiel für n-dimensionale (n = 0 – 3) Halbleiternanostrukturen angegeben. Das Bild der dreidimensionalen Nanostruktur zeigt die Anordnung von (Si, Ge)-Inseln auf einem (100) orientierten Siliziumsubstrat. Mittels Flüssigphasenepitaxie wurde eine (Si,Ge)-Schicht auf dem Si-Substrat abgeschieden. Die Gitterfehlpassung zwischen dem Substrat und der aufwachsenden Schicht verursacht ein selbstorganisiertes dreidimensionales Inselwachstum (*Stranski-Krastanov*-Wachstumsmodus, s. Kap. 2) der (Si,Ge)-Schicht. Mit Hilfe der Elektronenholographie wurde die Gestalt der Inseln rekonstruiert. Sie weisen eine durchschnittliche Höhe (h) von 60 nm und eine Breite (b) von 30 nm auf (Aspektverhältnis $h : b \approx 2$). Es handelt sich um abgeschnittene Pyramiden mit {111} Seitenflächen und einer (001) Dachfläche [14].

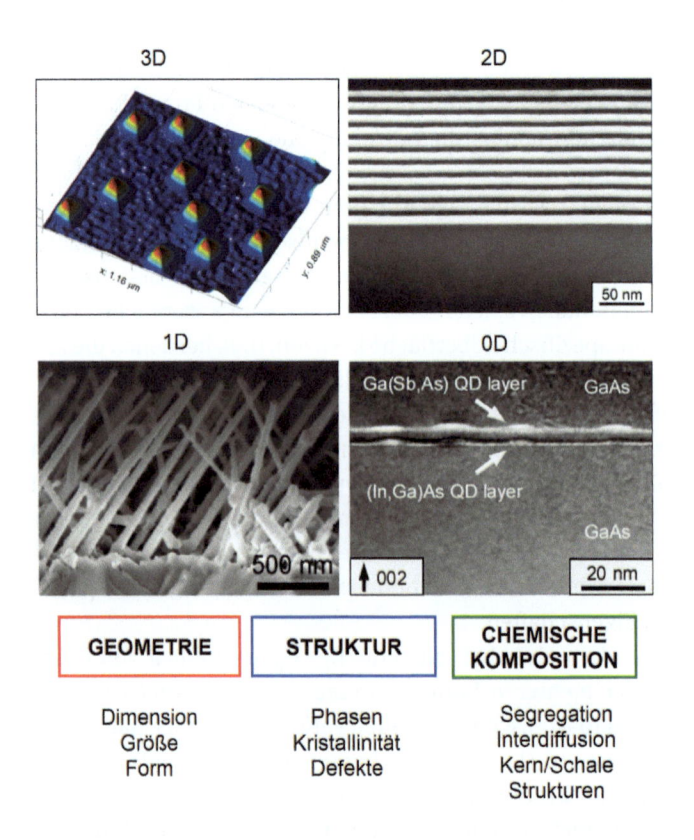

Abb. 3.1: Zur Materialcharakterisierung von Nanostrukturen im Transmissionselektronenmikroskop.

Als Anschauungsbeispiel für eine zweidimensionale Nanostruktur dient eine Querschnittsabbildung einer Mehrfach-Quantenfilmstruktur, aufgenommen mit der Methode des Beugungskontrastes. Ein typisches Beispiel für eindimensionale Quantenstrukturen sind die im Rasterelektronenmikroskop abgebildeten ZnTe-Nanodrähte. Quantenpunkte sind nulldimensionale Nanostrukturen, bei denen die Beweglichkeit der Ladungsträger in allen Raumrichtungen reduziert ist. Die Beugungskontrastabbildung zeigt ein gekoppeltes Quantenpunktsystem von (In,Ga)As und Ga (Sb,As) im Querschnitt.

Das Ziel einer umfassenden Materialcharakterisierung in einem TEM besteht darin, durch geeignete Methodenkombination von Abbildung, Beugung und Spektroskopie alle notwendigen Informationen über die Geometrie, innere Struktur und chemische Zusammensetzung des Nanomaterials zu gewinnen.

Im Folgenden soll an ausgewählten Beispielen gezeigt werden, welche Einblicke in Nanostrukturen die modernen Methoden der **Elektronenmikroskopie** gestatten und welche Möglichkeiten der Materialanalyse damit verbunden sind.

Nanopartikel sind dreidimensionale Nanostrukturen, die sowohl anorganischer als auch organischer Natur sein können und ein breites Materialspektrum umfassen. Dies reicht von Elementen (z. B. Gold, Silber, Kupfer, Platin, Kohlenstoff), Oxiden (z. B. TiO_2, SiO_2, Al_2O_3), Sulfiden (z. B. ZnS, CdS, Fe_2S_3) bis hin zu Polymeren und Biomolekülen. *Nanopartikel* sind ebenso Bestandteile von Aerosolen (Gasphase), Kolloiden (Flüssigphase) und Kompositen (Festkörper). Für die synthetische Herstellung von Nanostrukturen gibt es zwei prinzipielle Konzepte:

Top-down und **bottom-up.**

Im ersten Fall geht man von oben nach unten, d. h. man beginnt mit einem Volumenmaterial und zerkleinert dieses derart, dass man als Endergebnis eine Vielzahl von Teilen mit einer Größe im Nanometerbereich hat. Ein klassisches *top-down Verfahren* zur Herstellung von metallischen Nanopartikeln ist das Pulverisieren des Ausgangsmaterials in Hochenergie-Kugelmühlen. Es lassen sich dabei in Abhängigkeit vom Ausgangsmaterial Nanopartikel bis zu einer Größe von 3 nm erzielen. Nachteilig bei diesem Verfahren ist jedoch, dass die so hergestellten Partikel hinsichtlich ihrer Größenverteilung eine große Schwankungsbreite aufweisen. Durch den thermischen Prozess neigen die Partikel zu Agglomeration, d. h. es kommt zu einer Kompaktierung der Partikel.

Ein weiteres top-down Verfahren zur Herstellung von Nanopartikeln ist die Laserablation in Flüssigkeiten. Das Target, aus welchem die Nanopartikel durch den gepulsten Laserstrahl abgetragen werden, befindet sich in einer Flüssigkeit. Als Ergebnis liegt dann ein Kolloid vor, das aus dispergierten Nanopartikeln besteht.

Im zweiten Fall geht man von unten nach oben, d. h. der Startpunkt findet auf atomarer bzw. molekularer Ebene statt. Mit diesen Verfahren (z. B. chemische Gasphasenabscheidung, Sprayverfahren, Plasmaverfahren, Sol-Gel Prozesse) ist ein kontrolliertes Wachstum der Nanopartikel aus den Atomen und Molekülen hinsichtlich Partikelgröße und Form möglich.

Die Abb.3.2 zeigt die elektronenmikroskopische Hochauflösungsabbildung von TiO_2-Nanopartikeln. Das Partikel im Zentrum ist so orientiert, dass für die vorliegenden Abbildungsbedingungen die atomare Struktur des TiO_2 gut erkennbar ist. Die Orientierung der kleineren Nanopartikel dahingegen ermöglicht nur die Abbildung von Netzebenen. Sowohl bei dem großen Nanopartikel, dessen Durchmesser ca. 60 nm beträgt, als auch bei den wesentlich kleineren Nanopartikeln sieht man sehr gut die Facetten unterschiedlicher Flächen. Nanoskalige TiO_2-Partikel[4] , vorwiegend der *Rutil-Modifikation*, werden u.a. als Wirkstoff in Sonnenschutz- und Hautcremes, in Textilfasern und in Putzmitteln eingesetzt. TiO_2-Nanopartikeln der *Anatas-Modifikation* sind Bestandteile der Pflastersteine *AirClean®* der Firma *FCN* in Fulda. Hier wird die photokatalytische Eigenschaft von TiO_2 ausgenutzt, durch die Stickoxide der Luft (Autoabgase) abgebaut werden.

Nanopartikel finden wir in vielfältiger Form auch in der Natur. Bei der Behandlung der Biomineralisation in Kap. 1 hatten wir Beispiele für Nanokristalle angeführt (z. B. Nanokristallite von Magnetit und Greigit in den Magnetosomen der magnetotaktischen Bakterien). Schauen wir uns Proteine und Viren an, so finden wir zahlreiche Beispiele für nanoskalige Strukturen. In den Dieselabgasen der Fahrzeuge sind Nanopartikel enthalten, ebenso im Feinstaub der Luft.

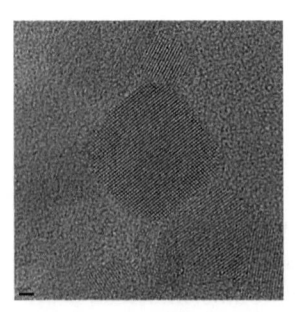

Abb. 3.2: Elektronenmikroskopische Hochauflösungsabbildung von TiO_2-Nanopartikeln (© TEM-Aufnahme: R. Schneider, Labor für Elektronenmikroskopie, KIT Karlsruhe).

Ein klassisches Beispiel für Quantendrähte, d. h. eindimensionale Quantenstrukturen, bei denen die freie Beweglichkeit der Ladungsträger auf eine Dimension reduziert ist, sind *Nanoröhren*. Die wohl bekanntesten und am meisten untersuchten Nanoröhren sind die *Kohlenstoffnanoröhren* (*CNTs – carbon nanotubes*). Die Existenz der

---

4 Von TiO_2 gibt es drei polymorphe Modifikationen: *Rutil* (tetragonal), *Anatas* (tetragonal) und *Brookit* (orthorhombisch).

CNTs wurde erstmals mittels Hochauflösungselektronenmikroskopie vom japanischen Physiker und Elektronenmikroskopiker *Sumio Iijima* (geb. 1939) im Jahre 1991 nachgewiesen [15]. Die Kohlenstoffnanoröhren sind Hohlzylinder, deren Wände aus einer einlagigen Graphitschicht, dem *Graphen*, bestehen. Die Enden der Zylinder sind jeweils bedeckt mit einem halben *Fullerenmolekül*. Diese Kappen lassen sich im Ultraschallbad in einer Säuresuspension entfernen. Es gibt ein- und mehrwandige Nanoröhren, die sowohl leer als auch gefüllt sein können. Die Kohlenstoffnanoröhren weisen Durchmesser im Bereich von 1 nm bis 50 nm und Längen von einigen Mikrometern bis einigen Zentimetern auf. Zur Synthese der Röhren werden hauptsächlich die Methoden der Lichtbogenverdampfung, der Laserverdampfung und der chemischen Gasphasenabscheidung angewandt. Das große Interesse an *Kohlenstoffnanoröhren* ist vor allem auf die außergewöhnlichen elektrischen und mechanischen Eigenschaften zurückzuführen. Die Zugfestigkeit von *Kohlenstoffnanoröhren* liegt im Bereich von 10 – 60 GPa. Im Vergleich dazu weist Hochgeschwindigkeitsstahl eine Zugfestigkeit von ca. 4 GPa auf.

Wird eine einzelne Graphenschicht aufgerollt, dann wird je nach gewähltem Rollwinkel einer der *drei Strukturtypen* erzeugt [16]:
– **Sesselstruktur (armchair)** (n, n)
– **Zickzackstruktur (zigzag)** (n, 0)
– **Chiralstruktur (chiral)** (n, m).

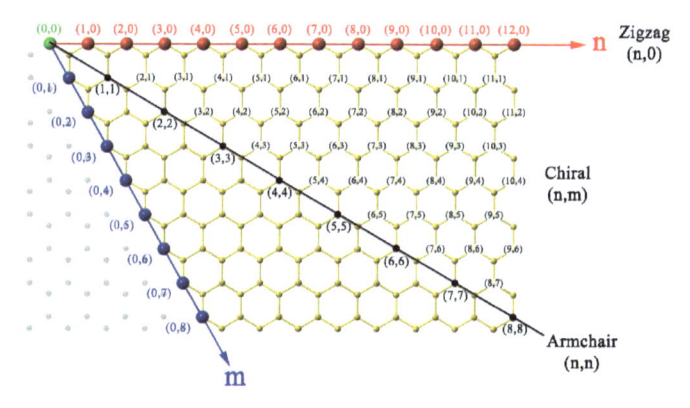

Abb. 3.3: Illustration zur Erzeugung der verschiedenen Arten von Kohlenstoffnanoröhren.

Das Erzeugungsverfahren ist in Abb. 3.3 illustriert. Die Aufrollrichtung ergibt sich aus der Richtung des resultierenden Vektors der Vektorsumme der *Graphengittervektoren* **n** und **m**. Nach dem Aufrollen der *Graphenschicht* liegen der Startpunkt (0, 0) und der Endpunkt (n, m) des resultierenden Vektors direkt übereinander auf dem Netz.

Neben den Kohlenstoffnanoröhren gibt es noch weitere Kohlenstoffnanomaterialien wie die **nanocones**, **nanohorns**, **nanobuds** und **nanopeapods**.

> **Die Vielfalt der Kohlenstoffnanomaterialien – eine Auswahl**
>
> **Carbon nanocones** (Kohlenstoffnanokegel): Um aus einem *Graphennetz* bestehend aus Hexagons einen Kohlenstoffkegel mit geschlossenem spitzen Ende zu formen, bedarf es der Hinzufügung von Pentagons. In Abhängigkeit von der Zahl der Pentagons (n = 1, ...5) sind Nanokegel mit folgenden Öffnungswinkeln möglich: 112.9°, 83.6°, 60.0°, 38.9°, 19.2°. Diese Kegelformen wurden auch experimentell nachgewiesen.
>
> **Carbon nanohorns** (Kohlenstoffnanohörner): Es handelt sich um 3 nm – 25 nm hornartig geformte Kohlenstoffnanoröhren (Durchmesser: 3 nm -25 nm, Länge: 20 nm – 150 nm) mit einem Nanokegelscheitel am geschlossenen runden Ende.
>
> **Carbon nanobuds** (Kohlenstoffnanoknospen): An der Außenwand einer Kohlenstoffnanoröhre docken ein oder mehrere Fullerenmoleküle an.
>
> **Carbon nanopeapods:** *Peapods* sind im Englischen die Erbsenschoten. Die Kohlenstoffnanoröhre ist mit Fullerenmolekülen gefüllt, vergleichbar mit einer Erbsenschote gefüllt mit Erbsen.

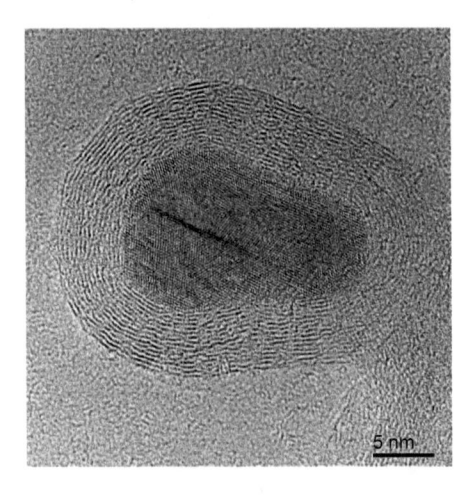

Abb. 3.4: Hochauflösungsabbildung einer mehrwandigen Kohlenstoffnanoröhre, gefüllt mit einem Ni-Nanoteilchen (© TEM-Aufnahme: R. Schneider, Labor für Elektronenmikroskopie, KIT Karlsruhe).

Die elektronenmikroskopische Hochauflösungsabbildung einer mehrwandigen Kohlenstoffnanoröhre, die mit einem Nanopartikel aus Nickel gefüllt ist, zeigt Abb. 3.4. Aus der Aufnahme ist die Anzahl der schalenförmig angeordneten Graphenschichten klar erkennbar. Zum anderen sieht man, dass das Ni-Teilchen verzwillingt ist.

Eine wichtige Klasse der Nanodrähte sind die Halbleiterdrähte. Sie werden wegen ihrer nanoskaligen Dimension in Verbindung mit der Reduktion der freien Ladungsträger auf eine Dimension als die Bauteinheiten für zukünftige nanoskalige elektronische und photonische Bauelemente angesehen. Ein häufig angewandtes Verfahren

zur Züchtung von Nanodrähten ist das sogenannte **Vapour-Liquid-Solid (VLS)** Verfahren, bei welchem kleine Metalltröpfchen als Katalysator wirken. Erstmalig wurde dieses Verfahren zum Whisker-Wachstum von Silizium von *Wagner* und *Ellis* im Jahre 1964 angewandt, wobei der Durchmesser der Whisker im Mikrometerbereich lag [17]. Die Züchtung der *ZnTe Nanodrähte* erfolgte ebenso mittels *VLS*-Verfahren, wobei als Katalysator *Gold* verwendet wurde [18]. Auf dem GaAs Substrat wird mittels Molekularstrahlepitaxie eine 1 nm dicke Goldschicht abgeschieden. Durch Temperung entsteht zunächst eine flüssige *Au/Ga-Legierung*, aus der sich nanoskalige Tröpfchen bilden. Das aus der Gasphase abgeschiedene *Zn* und *Te* kondensiert auf der Substratoberfläche, wird teilweise in den Tröpfchen gelöst und kristallisiert an der Grenzfläche zum *GaAs* Substrat. Die weitere Zufuhr von *Zn* und *Te* führt zu einer Übersättigung in den Goldtröpfchen mit anschließendem Wachstum des Nanodrahtes. Die den Nanodraht bildenden Elemente durchlaufen beim Züchtungsprozess die Aggregatzustände *gasförmig-flüssig-fest*, weshalb das Verfahren kurz als *VLS-Verfahren* bezeichnet wird. Die Nanodrähte wachsen entlang der vier <111> Richtungen auf der (001) Oberfläche des GaAs Substrates. Einen Einblick in das Wachstumsgeschehen liefert die rasterelektronenmikroskopische Aufnahme (Abb. 3.4, rechts unten). Die geometrischen Parameter eines Nanodrahtes (Länge, Durchmesser, Form) können anhand der Beugungskontrastabbildung (Abb. 3.4, rechts oben) bestimmt werden. An der Spitze der *ZnTe*-Nanodrähte sitzt ein Goldtröpfchen. Der Durchmesser dieser abgeschnittenen Kugel beträgt im vorliegenden Bild *70 nm*. Die Durchmesser der Nanodrähte variieren von *30 nm* bis *70 nm*, ihre Längen belaufen sich auf *1* bis *2 μm*.
Um die innere Struktur des Nanodrahtes aufzuklären, wurden Hochauflösungsaufnahmen aufgenommen (Abb. 3.4 links). Der Nanodraht wurde so orientiert, dass die [011]- Richtung parallel zum Elektronenstrahl liegt. Damit werden zwei verschiedene {111} Netzebenenstapel aufgelöst [19]. *ZnTe* kristallisiert in der *Zinkblendestruktur*. Im ungestörten Kristall liegt somit in [111]-Richtung eine Stapelsequenz der Zn-Te Doppelschichten von **AαBβCγ** vor. In der Hochauflösungsaufnahme sieht man, dass diese Sequenz häufig durch das Vorhandensein von Stapelfehlern und Zwillingen geändert wird. Im Falle eines Stapelfehlers wird die Stapelfolge zu **Aα Bβ Cγ Aα Cγ Bβ Cγ Aα Bβ Cγ** verändert. Man sieht, dass die normale Stapelfolge durch das Einfügen einer Doppelschicht **Cγ** fehlgestapelt wird. Die Aufklärung der Struktur und die Analyse der vorhandenen Kristallbaufehler sind wichtig, da die Baufehler die elektronischen Eigenschaften der *ZnTe*-Drähte beeinflussen.

Abb. 3.5: Zur Struktur von ZnTe-Nanodrähten (links: Hochauflösungsabbildung eines Bereiches des Nanodrahtes, rechts oben: Beugungskontrastabbildung eines ZnTe-Nanodrahtes mit einem Goldtröpfchen an der Spitze, rechts unten: Rasterelektronenmikroskopische Übersichtsaufnahme von ZnTe-Nanodrähten auf einem (001) GaAs-Substrat.

Betrachtet man den Randbereich des Nanodrahtes, so unterscheidet sich der Kontrast deutlich vom Kernbereich des Drahtes. Es sind Netzebenen in unterschiedlicher Orientierung zu erkennen. Die Auswertung der Netzebenenabstände ergab, dass es sich nicht um *ZnTe* sondern um *ZnO* handelt. Um diesen Befund zu verifizieren, wurden im Kern- und im Randbereich des Drahtes Elektronen-Energieverlustspektren (EELS) aufgenommen. Die EELS-Spektren vom Kern- und Randbereich zeigen markante Unterschiede im Peak der K-Kante für Sauerstoff. Die Auswertung der Hochauflösungsaufnahme und der EELS-Spektren bestätigten übereinstimmend, dass der *ZnTe*-Draht aus einem *ZnTe*-Kern und einer ZnO-Schale besteht.

Am Beispiel von *Ga(As,Sb) Quantenpunkten in GaAs* werden im Folgenden die wesentlichen Merkmale dieser nulldimensionalen Quantenstrukturen veranschaulicht. Die Eigenschaften von Quantenpunkten hängen wesentlich von Faktoren wie strukturelle Perfektion, Größe, Gestalt, Anordnung auf der Unterlage, Verspannung der Punkte und ihrer Umgebung ab. Für die elektronischen und optischen Eigenschaften sind in gleicher Weise die chemische Zusammensetzung und die Elementverteilung im Bereich der Quantenpunkte von Bedeutung. Während des Wachstums der Quantenpunkte können durch Diffusionsprozesse Abweichungen von der für die Erzeugung der Quantenpunkte geplanten Zusammensetzung auftreten, welche eine

Änderung der Eigenschaften bewirken. Deshalb ist es erforderlich, dass neben der Analyse der geometrischen Parameter (Größe, Form, laterale Ausdehnung, Orientierung zur Unterlage) und der Struktur der Quantenpunkte auch deren chemische Zusammensetzung bestimmt wird. Für die Analyse der chemischen Zusammensetzung der Quantenpunkte werden bevorzugt die energiedispersive Röntgenspektroskopie (EDXS) und die Elektronenenergieverlustspektroskopie (EELS) angewandt. Da hierbei feinste Sonden (0,2 – 1 nm) verwendet werden, erfolgt die Durchstrahlung der Probe mit hoher Intensität, was je nach Probenzusammensetzung eine Strahlenschädigung verursachen kann. Zum anderen wird durch eine mögliche Probendrift während der mehrere Sekunden dauernden Messungen die räumliche Auflösung verringert. Ein für die Konzentrationsbestimmung von Quantenpunkten ternärer Halbleiter entwickeltes alternatives Verfahren wird am Beispiel von Ga (Sb,As) Quantenpunkten in GaAs erläutert [20, 21]. Ein Ausschnitt aus dem Probenaufbau ist im linken Teilbild von Abb.3.6 skizziert. Ein nahezu ideales Wachstum der Quantenpunkte gelingt, wenn mittels metallorganischer Gasphasenepitaxie (*MOCVD – metal organic chemical vapour deposition, siehe auch MOVPE, Kap. 2*) auf einem (001) orientierten *GaAs*-Schichtpaket 5,4 Monolagen *Ga (Sb,As)* abgeschieden werden. Nach einer Wachstumsunterbrechung von 5 sec bilden sich durch Selbstorganisation innerhalb dieser Schichten kleine Inselchen, die Quantenpunkte. Treibende Kraft dafür ist das durch die Gitterfehlpassung von 7,2 % zwischen GaSb und GaAs bedingte Verspannungsfeld. Der Bildungsmechanismus der Quantenpunkte verläuft nach dem *Stranski-Krastanov*-Wachstumsmodus (siehe Kap. 2).

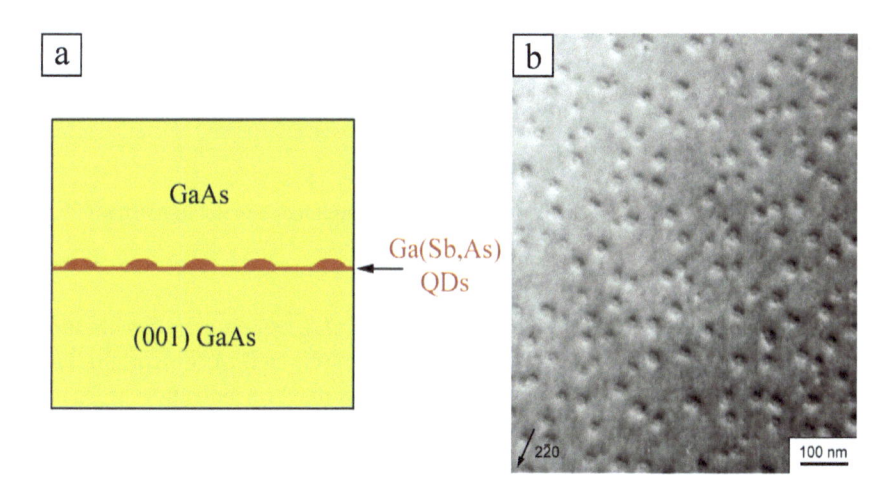

Abb. 3.6: Ga(Sb,As)-Quantenpunkte in GaAs; links: Skizze zum Probenaufbau; rechts: Dunkelfeld-Beugungskontrastabbildung in Draufsicht [20].

Nach einer Wachstumsunterbrechung wird das Ga (Sb, As) mit einem GaAs-Schichtpaket bedeckt. Eine Dunkelfeld-Beugungskontrastabbildung der Quantenpunkte in Draufsicht zeigt das rechte Teilbild von Abb. 3.6. *Die laterale Ausdehnung der kleinsten Quantenpunkte beträgt **7 nm**, die der größten **20 nm**.*

Die für die quantitative Bestimmung der chemischen Zusammensetzung der Quantenpunkte benötigten Informationen werden durch eine kombinierte Analyse von Dunkelfeldabbildung und Hochauflösungsabbildung gewonnen. Das Verfahren ist immer dann anwendbar, wenn für das Materialsystem die Bedingungen für eine Dunkelfeldabbildung mit einem chemisch sensitiven Beugungsreflex gegeben sind. Für *GaAs$_{1-x}$Sb$_x$* ist der *002 Reflex* ein chemisch sensitiver Reflex, der zur chemischen Analyse genutzt werden kann. Die Strukturamplitude für den *002 Reflex* für die Zinkblendestruktur, in welcher *GaAs* und *GaSb* kristallisieren, beträgt $F_{hkl} = 4(f_1 - f_2)$, wobei f_1 und f_2 die Atomstreuamplituden für die Atomsorten (Kat- und Anionen) der binären Verbindungen sind. Die relativen Intensitäten der Reflexe sind direkt proportional zum Quadrat der Strukturamplitude F_{hkl}. Dies bedeutet, dass eine im *GaAs* eingebettete *GaAs$_{1-x}$Sb$_x$* Schicht heller als die umgebende *GaAs* Matrix in einer 002 Dunkelfeldabbildung abgebildet wird (s. Abb. 3.7). Um die Intensitäten von experimentellen 002 Dunkelfeldaufnahmen auswerten zu können, wurde zunächst die Intensität für das verspannte Schichtsystem *GaAs$_{1-x}$Sb$_x$* in Abhängigkeit von der *Sb* Konzentration x $(0 \leq x \leq 1)$ berechnet.

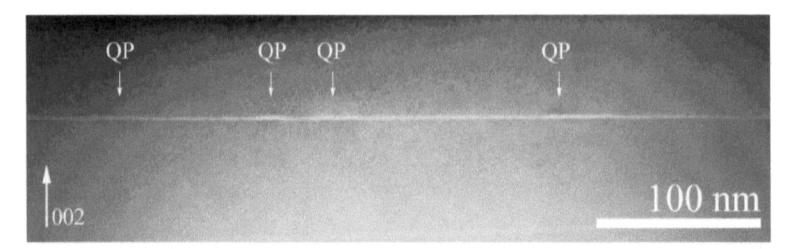

Abb. 3.7: Chemisch sensitive 002 Beugungskontrast-Dunkelfeldabbildung von Ga(Sb,As)/GaAs Quantenpunkten im Querschnitt [20]..

Zwischen der Antimonkonzentration x und der Intensität I_{002} besteht eine direkte Proportionalität mit einem Minimum für $x = 0$, welches dem reinen *GaAs* entspricht. Für eine Eichung der *002* Dunkelfeldintensitäten bezüglich der Konzentration muss einem weiteren Intensitätswert im Bild eine Antimonkonzentration zugeordnet werden können. Um diese Information zu erhalten, wurde aus einer aberrationskorrigierten Hochauflösungsabbildung (Abb. 3.8) mittels digitaler Bildverarbeitung das Verzerrungsfeld in Wachstumsrichtung gemessen und mit deren Hilfe die Antimonkonzentration in der *Ga(As,Sb)*-Benetzungsschicht bestimmt (eine ausführliche theoretische Beschreibung des sehr aufwändigen Verfahrens ist in [20, 21] gegeben).

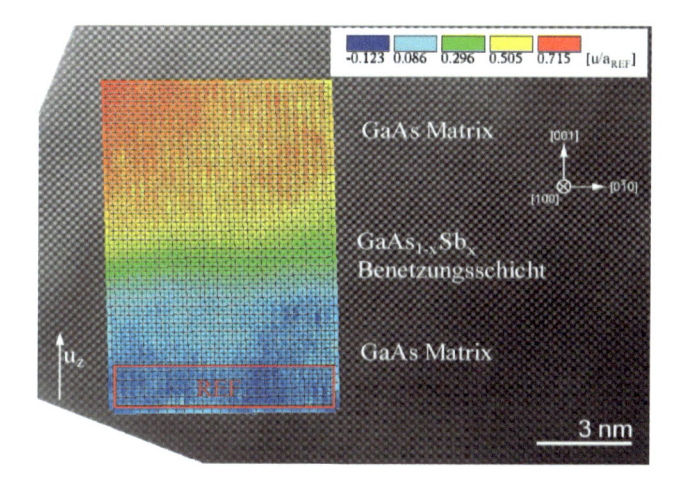

Abb. 3.8: Aberrationskorrigierte Hochauflösungsaufnahme einer $GaAs_{1-x}Sb_x$ Benetzungsschicht mit farbcodiertem zweidimensionalen Verschiebungsfeld (REF – das in der GaAs Matrix liegende Referenzgebiet) [20].

Die Sb-Konzentrationen innerhalb der $GaAs_{1-x}Sb_x/GaAs$-Quantenpunkte wurden aus den parallel zur Wachstumsrichtung aufgenommenen Grauwertprofilen berechnet. Dafür war u.a. eine Korrektur der Dunkelfeldprofile bezüglich der Kristalldicke und eine Skalierung der Intensitäten $I_{002} = 0$ (GaAs) und $I_{002} = 1$ (Sb- Benetzungsschicht) erforderlich. Die berechnete Sb-Konzentration für die ausgewerteten Quantenpunkte betrug maximal *85 at %* im Zentrum des Punktes und *70 at %* am Rande.

Für die Entwicklung neuer magnetischer Werkstoffe spielen weichmagnetische nanokristalline Materialien eine wichtige Rolle. Weichmagnetische Materialien sind ferromagnetische Werkstoffe, die im Vergleich zu hartmagnetischen Werkstoffen eine viel kleinere *Koerzitivfeldstärke* besitzen (s. Kap. 1.4) und damit viel leichter in einem Magnetfeld magnetisiert werden können. Im Folgenden werden Untersuchungen zur Struktur und den magnetischen Eigenschaften von *(Fe,Co)B*-basierten nanokristallinen weichmagnetischen Legierungen der Zusammensetzung $(Fe_{0.5}Co_{0.5})_{80}Nb_4B_{13}Ge_2Cu$ beschrieben. Diese Legierungen wurden mittels Schmelzspinnverfahren und anschließender Wärmebehandlung hergestellt.

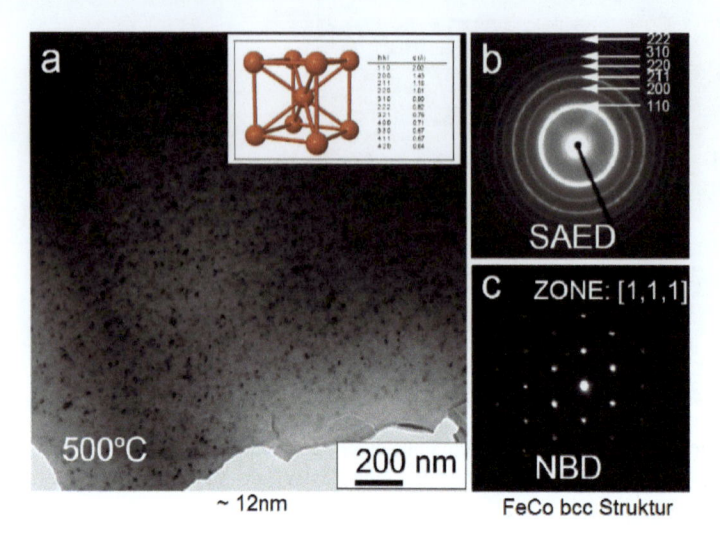

Abb. 3.9: Strukturuntersuchungen einer $(Fe_{0.5}Co_{0.5})_{80}Nb_4B_{13}Ge_2Cu$-Legierung; a) Hellfeld-Beugungskontrastabbildung; b) Feinbereichsbeugungsdiagramm; c) Nanostrahl-Elektronenbeugungsdiagramm eines einzelnen Kristallits [22].

Die Hellfeld-Beugungskontrastabbildung einer bei 500 °C getemperten Probe zeigt, dass feine Partikel (dunkle Punkte) in der Matrix eingelagert sind (Abb. 3. 9 a). Das Feinbereichselektronenbeugungsdiagramm (Abb. 3.9 b), welches einen Bereich mit vielen Partikeln erfasst, besteht aus *Debye-Scherrer-Ringen* und liefert den Beweis für eine regellose Orientierung der Partikel. Das Nanostrahl-Elektronenbeugungsdiagramm eines einzelnen Partikels dokumentiert, dass es sich um ein einkristallines Nanopartikel handelt (Abb. 3.9 c). Die Hochauflösungsaufnahme (Abb. 3.10) offenbart klar die Zweiphasenstruktur, bestehend aus der amorphen Matrix und den eingelagerten Nanokristalliten. Die Nanokristallite liegen durchgängig in der kubisch innenzentrierten α-*FeCo*-Struktur (Gitterparameter $a = 2.0$ Å) vor, wie die Auswertung der Beugungsdiagramme und der in den Partikeln abgebildeten Netzebenen ergab. Die Größe der Nanokristallite hängt stark von der Temperatur der Wärmebehandlung ab. Die mittlere Partikelgröße beträgt *12 nm* für bei 500 °C wärmebehandelte Legierungen, wohingegen eine Temperung bei 610 °C zu einem drastischen Anstieg der mittleren Partikelgröße auf *90 nm* führte.

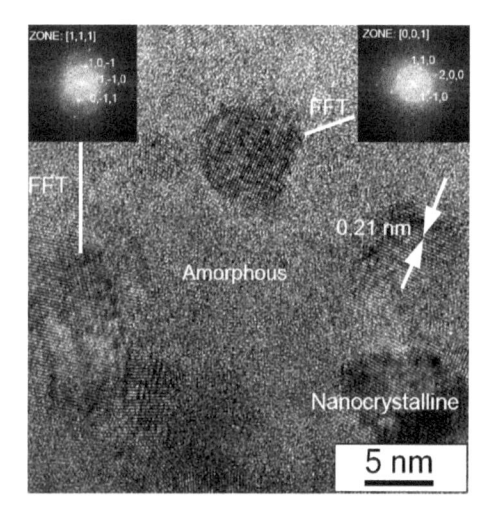

Abb. 3.10: Hochauflösungsabbildung einer $(Fe_{0.5}Co_{0.5})_{80}Nb_4B_{13}Ge_2Cu$-Legierung [22].

Die magnetische Domänenstruktur der Legierungen wurde mit Hilfe der *Lorentz-Elektronenmikroskopie* mit der *Fresnel-Methode* und der *Elektronenholographie* untersucht. Mit dem *Fresnel*-Verfahren können die magnetischen Domänen nur sichtbar gemacht werden, wenn die Probe defokussiert wird (Abb. 3.11 a). Die Domänenwände erscheinen als helle und dunkle Linien im unterfokussierten Bild. Beim Übergang zum überfokussiertem Bild tritt ein Kontrastwechsel der Linien von hell zu dunkel auf. Das zu Abb. 11 a entsprechende rekonstruierte Phasenbild des Elektronenhologramms ist in Abb. 3.11 b dargestellt. Die hellen Linien kennzeichnen die magnetischen Flusslinien. Die magnetischen Domänen der bei 500°C getemperten Legierung liegen in einem Größenbereich von einigen Hundert Nanometern bis zu einigen Mikrometern. Die *Domänenwandstärken* wurden aus Defokussierungsserien bestimmt und betragen *ca. 30 nm* und sind damit erheblich größer als die mittlere Nanokristallitgröße von *12 nm*. Ausführliche Untersuchungen der Korrelation zwischen Struktur und magnetischen Eigenschaften, der bei unterschiedlichen Temperaturen wärmebehandelten Proben zeigen, dass die Legierungen mit kleineren Nanokristalliten bessere softmagnetische Eigenschaften aufweisen [21, 22].

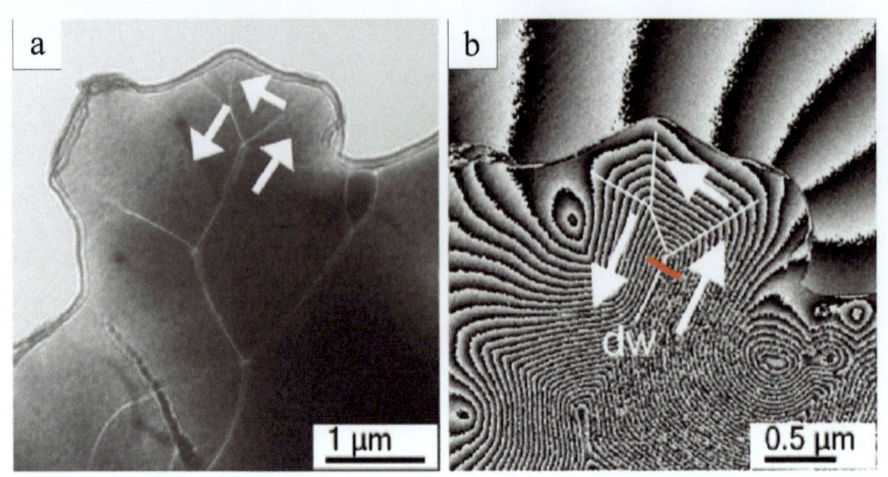

Abb. 3.11: Magnetische Domänenstruktur von $(Fe_{0.5}Co_{0.5})_{80}Nb_4B_{13}Ge_2Cu$; a) unterfokussierte Lorentzmikroskopie-Abbildung (*Fresnel-Verfahren*); b) rekonstruiertes Phasenbild des Elektronenhologramms [22].

Im Jahre 1959 formulierte *Feynman* in seinem Vortrag „*There's plenty of room at the bottom*" seine Vorstellungen zur Materialanalyse und Materialentwicklung auf atomarer Ebene folgendermaßen [2]:

> Es wäre sehr einfach, jede komplizierte chemische Substanz zu analysieren; alles, was man tun müsste, wäre sie anzuschauen und zu sehen, wo die Atome sind. Die einzige Schwierigkeit ist, dass das Elektronenmikroskop Einhundert mal zu schwach ist. Gibt es nicht einen Weg, das Elektronenmikroskop leistungsfähiger zu machen?

Mit der *aberrationskorrigierten Elektronenmikroskopie* ist der Durchbruch zu einer Elektronenmikroskopie mit atomarer Auflösung mit *minimaler Delokalisierung* der wahren Atompositionen in der Struktur gelungen. So konnten kleinste Atomverschiebungen, wie sie beispielsweise bei einem Phasenübergang von $BaTiO_3$ von der *paraelektrischen (zentrosymmetrischen)Phase* zur *ferroelektrischen (azentrischen) Phase* stattfinden und den Wegfall des Symmetriezentrums bewirken, erstmalig mit dem aberrationskorrigierten Elektronenmikroskop direkt beobachtet werden [23]. Darüber hinaus sind durch die Kombination von abbildenden TEM- und STEM-Techniken mit spektroskopischen Verfahren wie die *energiedispersive Röntgenspektroskopie (EDXS)* und die *Elektronen-Energieverlustspektroskopie (EELS)* zusätzliche Möglichkeiten einer quantitativen chemischen Analyse bei gleichzeitiger Beobachtung der interessierenden Objektbereiche mit einer Ortsauflösung < 1 nm gegeben. Die Entwicklung von *Niederspannungs-Transmissionselektronenmikroskopen* (**Projekt SALVE** - (Sub- Å

Low-Voltage Electron Microscopy)), mit denen die Untersuchung von strahlempfindlichen Proben mit atomarer Auflösung ermöglicht werden soll [24] und andererseits Projekte zur Weiterentwicklung von leistungsfähigen **dynamischen Transmissionselektronenmikroskopen (DTEM)**, mit welchem schnell ablaufende Prozesse (z. B. Phasenübergänge) und chemische Reaktionen in-situ analysiert werden können [25] eröffnen neue Möglichkeiten der Untersuchung von Nanomaterialien.

Unverzichtbar für die Untersuchung von Nanomaterialien sind ebenso die die Vielzahl der Untersuchungsverfahren mit Röntgen- und Neutronenstrahlen. Besonders die Entwicklung neuer brillanter Strahlungsquellen (*Synchrotron, freier Elektronenlaser, Spallations-Neutronenquelle*) erweitern das Untersuchungsspektrum von Nanomaterialien erheblich.

Literatur

[1] Ostwald, Wo. : *Die Welt der vernachlässigten Dimensionen – eine Einführung in die moderne Kolloidchemie*, 7. u.8. Auflage, Theodor Steinkopff Verlag., Dresden, Leipzig 1922.
[2] Feynman, R. P.: *There's plenty of room at the bottom*, Engineering and Science, **23**, 5 (1960) 22.
[3] Toumey, C.: *Plenty of room, plenty of history*, Nature Nanotechnology 4 (2009) 783.
[4] Toumey, C.: *Reading Feynman into nanotechnology: A text for a new science*, Techné: Research in Philosophy and Technology, **12**, 3 (2008) 133.
[5] Binnig, G. Rohrer, H, Gerber, Ch., Weibel, E.: *Tunneling through a controllable vacuum gap*, Appl. Phys. Lett. **40**, 2 (1982) 178.
[6] Binnig, G., Quate, C. F., Gerber, Ch.: *Atomic Force Microscope*, Phys. Rev. Letters. **56**, 9 (1986) 930.
[7] Eigler, D. M., Schweizer, E. K.: Positioning single atoms with a scanning tunneling microscope, Nature 344 (1990) 524.
[8] Taniguchi, N.: *On the Basic Concept of Nano-Technology*, Proceedings of the International Conference on Production Engineering, part II, Tokyo: Japan Society of Precision Engineering (1974) 18–23.
[9] Drexler, K. E.: Molecular engineering: An approach to the development of general capabilities for molecular manipulation, Proc. Natl. Acad. Sci. (USA) **78**, 9 (1981) 5275.
[10] Drexler, K. E.: Engines of Creation: The Coming Era of Nanotechnology, Anchor Books, New York 1986.
[11] Drexler, K. E.: Engines of Creation 2.0: The Coming Era of Nanotechnology — Updated and Expanded, WOWIO Books 2007.
[12] Drexler, K. E.: Nanosystems, *Molecular Machinerie, Manufacturing and Computation*, John Wiley & Sons 1998.
[13] Drexler, K. E.: Radical Abundance: How a Revolution in Nanotechnology Will Change Civilization, PublicAffairs 2013.
[14] Zheng, C. L., Scheerschmidt, K., Kirmse, H., Häusler, I,. Neumann, W.: *Imaging of three-dimensional (Si,Ge) nanostructures by off-axis electron holography*, Ultramicroscopy, **124** (2013) 108.
[15] Iijima, S.: *Helical microtubules of graphitic carbon*. Nature **354** (1991) 56.
[16] Dresselhaus, M. S., Dresselhaus, G., Eklund, P. C., *Science of fullerenes and carbon nanotubes*, Academic Press, San Diego, 1996
[17] Wagner, R. S., Ellis, W. C.: *Vapor-liquid-solid mechanism of single crystal growth*, Appl. Phys. Letters, **4**, 5 (1964) 89.

[18] Janik, E., Dłuzewski ,P., Kret, S., Presz,A., Kirmse, H., Neumann,W., Zaleszczyk,W., Baczewski,L.T., Petroutchik, A., Dynowska, E., Sadowski, J., Caliebe, W., Karczewski, G., Wojtowicz, T.: *Catalytic growth of ZnTe nanowires by molecular beam epitaxy: structural studies*, Nanotechnology **18**, (2007) 475606

[19] Kirmse, H., Neumann, W., Kret, S., Dłuzewski, P., Janik, E., Karczewski, G., Wojtowicz, T.: *TEM characterization of VLS-grown ZnTe nanowires*. phys. stat. sol. (c) **5**, 12 (2008) 3780.

[20] Häusler, I.: Transmissionselektronenmikroskopische Untersuchungen niederdimensionaler Halbleiter zur Charakterisierung von Struktur und chemischer Zusammensetzung, Dissertation Humboldt-Universität zu Berlin, mensch und buch verlag Berlin 2007.

[21] Häusler. I., Kirmse, H., Neumann, W.: Composition analysis of ternary semiconductors by combined application of conventional TEM and HRTEM, phys. stat. sol. (a) **205**, 11 (2008) 2598.

[22] Zheng, Ch.: *Investigation of magnetic materials and semiconductor nanostructures by electron holography*, Dissertation Humboldt-Universität zu Berlin, Cuvillier Verlag Göttingen 2009.

[22] Zheng, Ch., Kirmse, H., Long, J., Laughlin, D. E., McHenry, M. E., Neumann, W.: *Investigation of (Fe,Co)NbB-based nanocrystalline soft magnetic alloys by Lorentz microscopy and off-axis electron holography*, Microsc. Microanal. (2014) doi:10.1017/S14319276614013592.

[23] Jia, C.-L., Mi, S.-B., Urban, K. W., Vrejoiu I., Alexe, M., Hesse, D., *Atomic-scale study of electric dipoles near charged and uncharged domain walls in ferroelectric films*, Nature materials, **7**, (2008) 57.

[24] Kaiser, U., Chuvilin, A., Meyer, J., Biskupek, J.: *Microscopy at the bottom*, Proc. MC2009, Microscopy Conf. **3** (2009) 1.

[25] Lagrange, Th., Campbell, G. H., Reed, B-W., Taheri, M., J. B. Pesavento, Kim, J.S., Browning, N.D.: *Nanosecond time-resolved investigations using the in situ of dynamic transmission electron microscope (DTEM)*, Ultramicroscopy **108** (2008) 1441.

4 Die Bedeutung der Kristallographie und ihre wissenschaftliche Entwicklung

In diesem Kapitel soll in einem kurzen Überblick gezeigt werden, welche Entwicklung die Kristallographie bis in die Gegenwart genommen hat und welche Bedeutung sie als eine stark interdisziplinär ausgerichtete Wissenschaft hat. Zu den wissenschaftlichen Meilensteinen der Kristallographie haben Frauen einen bedeutenden Beitrag geleistet, was anhand von sechs Biographien illustriert wird. Welche Möglichkeiten und Grenzen sich für die Kristallographie im 21. Jahrhundert abzeichnen, wird in einem kurzen Überblick aufgezeigt.

4.1 Kristallographie: national und international

In Kap. 1 haben wir ausführlich beschrieben wie sich die Kristallographie im 18. und 19. Jahrhundert sehr stark aus der Mineralogie entwickelt hat. Etwa seit 1850 war die Kristallographie darüber hinaus wesentlich von der Physik geprägt. Grundlegende Untersuchungen zur Kristalloptik wurden bereits in den ersten Jahrzehnten des 19. Jahrhunderts durchgeführt. *William Hyde Wollaston* (1766 – 1828), der wohl hauptsächlich mit der Entwicklung seines Reflexionsgoniometers (1809) zur Messung der Flächenwinkel in Verbindung gebracht wird, hat im Jahre 1802 ein Refraktometer zur Bestimmung der Brechungsindizes von Kristallen gebaut, welches das Prinzip der Totalreflexion ausnutzt. *Étienne Louis Malus* (1775 – 1812) entdeckte im Jahre 1808 am *Calcit* die lineare Polarisation von Lichtwellen. Drei Jahre später beobachtete *Francois Arago* (1786 – 1853) am Quarz die Drehung der Schwingungsebene des polarisierten Lichtes, was als *optische Aktivität* bezeichnet wird. Bei systematischen Untersuchungen an Quarzplättchen unterschiedlicher Dicke fand *Jean-Baptiste Biot* (1744 – 1862) heraus, dass es links- und rechtsdrehenden Quarz gibt. Er wies nach, dass die Glimmerminerale doppelbrechend sind[1]. *David Brewster* (1781 – 1868) formulierte die Gesetzmäßigkeiten für die lineare Polarisation des Lichtes durch Reflexion und Brechung. Er war es auch, der zeigte, dass sich die Kristalle je nach Anzahl der optischen Achsen in drei Gruppen einteilen lassen, die wir heute als *optisch isotrop*, *optisch ein-* und *optisch zweiachsig* bezeichnen. Umfassende theoretische Arbeiten zur Deutung der kristalloptischen Phänomene lieferte *Augustin Jean Fresnel* (1788 – 1827) mit seiner *„vektoriellen elastischen Lichttheorie"*.

---

[1] Um die umfassenden Untersuchungen der optischen Eigenschaften der Glimmer durch *Jean-Baptiste Biot* zu würdigen, benannte 1847 der deutsche Mineraloge *Johann Friedrich Ludwig Hausmann* (1782 – 1859) das Mineral K(Mg, Fe^{2+})$_3$(Si$_3$Al)O$_{10}$(OH,F)$_2$ der Glimmergruppe *„Biotit"*.

Die fundamentalen Beiträge in Forschung und Lehre von *Franz Ernst Neumann* auf vielen Gebieten der Kristallphysik wurden ausführlich in Kap. 1.1 beschrieben. Aus dem Teilgebiet der Kristallphysik zu den elektrischen Eigenschaften von Kristallen wurden der pyroelektrische und der piezoelektrische Effekt in Kap. 1.4 abgehandelt. Eine zusammenfassende Darstellung des Standes der Kristallphysik im ausgehenden 19. Jahrhundert liefern die Bücher von *Theodor Liebisch* (1852 – 1922) „*Physikalische Krystallographie*"[1, 2]. Die wohl grundlegendste mathematische Abhandlung der Kristallphysik seiner Zeit ist das „*Lehrbuch der Kristallphysik (mit Ausschluss der Kristalloptik)* von *Woldemar Voigt* (1850 – 1919), einem Schüler von *Franz Ernst Neumann*, welches 1910 erschien und bis in die Jetztzeit Nachauflagen erlebt hat [3]. *Woldemar Voigt* hatte bewusst die Kristalloptik in seinem Buch nicht mit behandelt, da nur vier Jahre zuvor das „*Lehrbuch der Kristalloptik*" von *Friedrich Pockels* (1865 – 1913) in Leipzig erschienen war [4].

Die Entdeckung der Röntgenstrahlen im Jahr 1895 durch *Wilhelm Conrad Röntgen* (1845 – 1923) ermöglichte es, dass man Strukturen von Festkörpern zerstörungsfrei beobachten kann. Zu diesem Zeitpunkt waren die theoretischen Grundlagen zur Beschreibung des strukturellen Aufbaus eines Kristalls durch die Ableitung der 230 Raumgruppentypen durch *Fedorov* und *Schönflies* im Jahre 1891 bereits gelegt. Aufbauend auf den Arbeiten von *Leonhard Sohncke* hatten sie mit ihren systematischen Ableitungen gezeigt, dass es nur 230 verschiedene mögliche Kombinationen der strukturellen Symmetrieelemente (Dreh- und Schraubenachsen, Drehinversionsachsen, Symmetriezentrum, Spiegel- und Gleitspiegelebenen) mit den 14 Translationsgittertypen, den *Bravais*-Gittertypen, geben kann.

Grau, teurer Freund, ist alle Theorie,
Und grün des Lebens goldener Baum.
Faust, 1. Teil, Johann Wolfgang von Goethe

Was fehlte, war eine experimentelle Bestätigung der Theorie des Raumgitterkonzepts. Es dauerte noch weitere 11 lange Jahre bis dies geschah. Angeregt durch das wissenschaftliche Umfeld in München – wie ausführlich in Kapitel 1.1 beschrieben – hatte der junge Privatdozent *Max Laue* die geniale Idee zu dem von *Walter Friedrich* und *Paul Knipping* durchgeführten Experiment mit Röntgenstrahlen einen *Kupfervitriolkristall* zu durchstrahlen. Das am 21. April 1912 erzielte Beugungsdiagramm war der Beweis, dass Röntgenstrahlen Wellencharakter haben und Kristalle gitterförmig aufgebaut sind. Man kann dieses erfolgreiche Experiment als Geburtsstunde der modernen Kristallographie ansehen. *Albert Einstein* (1879 – 1955), damals Professor in Prag, schrieb am 10. Juni 1912 an *Max Laue* eine Postkarte mit dem Inhalt:

> Lieber Herr Laue, ich gratuliere Ihnen herzlich zu diesem wunderbaren Erfolg. Ihr Experiment gehört zu dem schönsten, was die Physik erlebt hat.

Den praktischen Nutzen des Beugungsverfahrens, dass man aus der Lage und Intensität der Beugungspunkte die räumliche Anordnung von Atomen und Molekülen in Festkörpern bestimmen kann, erkannte als Erster *William Lawrence Bragg*. Er und sein Vater *William Henry Bragg* haben dann gemeinsam Kristallstrukturen mit Hilfe der Laue-Technik und dem vom Vater Bragg entwickelten Röntgenspektrometer bestimmt. Sie haben das wichtige Gebiet der Röntgenkristallstrukturanalyse begründet (s. Kapitel 1.1).

100 Jahre später proklamierten die *Vereinten Nationen* (*United Nations-UN*) das Jahr **2014 zum Internationalen Jahr der Kristallographie (IYCr2014)** in Anerkennung, dass unser Verständnis über die Natur der Materialien unserer Welt auf kristallographischem Wissen beruht. Das Jahr der Kristallographie wurde gemeinsam von der **UNESCO** und der **Internationalen Vereinigung für Kristallographie (IUCr**, www.iucr.org**)** organisiert.[2] Feierlich eröffnet wurde das Jahr der Kristallographie am 20. und 21. Januar 2014 am Sitz der UNESCO in Paris. Im Anschluss an die Eröffnungszeremonie fand am 22. Januar ein Workshop „*Crystallography – a key to knowledge* (*Kristallographie – ein Schlüssel zum Wissen*)" statt, in welchem der aktuelle Stand der Kristallographie auf den Gebieten der Biologie, Chemie, Physik und Geowissenschaften ausführlich dargestellt wurde. Um den Wissensstand über die Entwicklung der Kristallographie und deren Anwendung in den genannten Wissenschaftsdisziplinen einer breiten Öffentlichkeit zu erschließen, publizierte die UNESCO die Broschüre **„Crystallography matters – International Year of Crystallography 2014"**.

Die deutschsprachige Übersetzung dieser Broschüre mit dem Titel „**Kristallographie, na klar! – Internationales Jahr der Kristallographie 2014**" wurde von einem Redaktionskollegium der *Deutschen Gesellschaft für Kristallographie (DGK)* vorgenommen und ist über die Internetseite der *DGK* **(http://dgk-home.de/)** öffentlich zugänglich. Mit der Wahl des Jahres 2014 als *Internationales Jahr der Kristallographie* sind drei Jubiläen verbunden. Vor 100 Jahren wurde *Max von Laue* der *Nobelpreis für Physik* für die Entdeckung der Beugung von Röntgenstrahlen an Kristallen verliehen (s. Kap. 1.1). Die Jahre 1913 und 1914 markieren den Beginn der Röntgenkristallstrukturanalyse durch Vater und Sohn *Bragg*, die dafür 1915 mit dem *Nobelpreis in Physik* ausgezeichnet wurden (s. Kap. 1.1). Es ist ebenso der 50. Jahrestag der Verleihung des *Nobelpreises für Chemie* an *Dorothy Crowfoot Hodgkin*, deren Leben und Werk ausführlich in Kap. 5.2 gewürdigt wird. Eines der Hauptziele des *IYCr 2014* war es, die Kristallographie als interdisziplinäre Wissenschaft mehr in das Blickfeld der Öffentlichkeit zu rücken und insbesondere junge Leute und Wissenschaftler unterschiedlichster Fachdisziplinen für sie zu begeistern.

---

2 **UNESCO** – **U**nited **N**ations **E**ducational, **S**cientific and **C**ultural **O**rganizations (Organisation der Vereinten Nationen für Bildung, Wissenschaft und Kultur)
IUCr – International Union of **Cr**ystallography (Internationale Vereinigung für Kristallographie)

Seit *Wilhelm Conrad Röntgen* 1901 den ersten Nobelpreis für Physik erhielt wurden seither weitere Nobelpreise aus den Bereichen *Physik, Chemie* und *Medizin oder Physiologie* verliehen, die einen engen oder weiteren Bezug zur Kristallographie hatten. Dies verdeutlicht ganz besonders den *interdisziplinären Charakter der Kristallographie*. Die folgende Tabelle gibt einen Überblick hierzu.

Tab. 1: Nobelpreise mit Bezug zur Kristallographie

Jahr	Gebiet	Person	Wissenschaftliche Leistung
1901	Physik	Wilhelm Conrad Röntgen	Entdeckung der nach ihm benannten Strahlen.
1914	Physik	Max v. Laue	Entdeckung der Beugung von Röntgenstrahlen beim Durchgang durch Kristalle.
1915	Physik	William Henry Bragg, William Lawrence Bragg	Kristallstrukturbestimmung mittels Röntgenstrahlen.
1917	Physik	Charles Glover Barkla	Entdeckung der charakteristischen Röntgenstrahlung der Elemente.
1929	Physik	Louis de Broglie	Entdeckung der Wellennatur der Elektronen.
1936	Chemie	Peter Debye	Beiträge zur Kenntnis von Molekülstrukturen durch Untersuchungen von Dipolmomenten sowie durch Röntgen- und Elektronenbeugung an Gasen
1937	Physik	Clinton J. Davisson, George P. Thompson	Elektronenbeugung an Kristallen.
1946	Chemie	James Batcheller Sumner	Entdeckung der Kristallisierbarkeit von Enzymen.
		John Howard Northrop Wendell Meredith Stanley	Darstellung von Enzymen und Virus-Proteinen in reiner Form.
1954	Chemie	Linus Pauling	Natur der chemischen Bindung und Struktur komplexer Verbindungen.
1958	Chemie	Frederick Sanger	Arbeiten zur Struktur der Proteine, insbesondere des Insulins.
1962	Chemie	Max Ferdinand Perutz John Cowdery Kendrew	Strukturbestimmung globulärer Proteine (Myoglobin und Hämoglobin).
1962	Medizin	James Watson, Francis Crick, Maurice Wilkins	Bestimmung der Struktur der DNS und ihrer Bedeutung für den genetischen Code.
1964	Chemie	Dorothy Crowfoot Hodgkin	Strukturbestimmung wichtiger biochemischer Verbindungen mittels Röntgenbeugung.
1976	Chemie	William Lipscomb	Untersuchungen zur Struktur der Borane.
1982	Chemie	Aaron Klug	Entwicklung der kristallographischen Elektronenmikroskopie und die Ermittlung der Struktur biologisch wichtiger Aminosäure-Protein-Komplexe.
1985	Chemie	Herbert Hauptmann, Jerome Karle	Entwicklung der direkten Methoden zur Kristallstrukturbestimmung.

Jahr	Gebiet	Person	Wissenschaftliche Leistung
1986	Physik	Ernst Ruska, Gerd Binning, Heinrich Rohrer	Erfindung des Elektronenmikroskops Erfindung des Rastertunnelmikroskops.
1987	Physik	J. Georg Bednorz, K. Alexander Müller	Entdeckung der Hochtemperatursupraleitung in keramischen Materialien.
1988	Chemie	Johann Deisenhofer, Robert Huber, Hartmut Michel	Erforschung des Reaktionszentrums der Photosynthese bei einem Purpurbakterium.
1991	Physik	Pierre-Gilles de Gennes	Arbeiten über Ordnungsprozesse in Flüssigkristallen und Polymerlösungen.
1994	Physik	Bertram Brockhouse, Clifford Shull	Entwicklung von Techniken zur Streuung der ungeladenen Kernteilchen (Neutronenbeugung).
1996	Chemie	Robert F. Crull. Harold Kroto, Richard E. Smalley	Entdeckung der Fullerene.
1997	Chemie	Paul D. Boyer, John E. Walker, Jens Christian Skou	Klärung der Synthese des energiereichen Moleküls Adenosintriphosphat (ATP). Entdeckung des ionentransportierenden Enzyms Natrium-Kalium-ATPase.
2000	Physik	Zhores I. Alferov, Herbert Krömer	Entwicklung von Halbleiterheterostrukturen für Hochgeschwindigkeits- und Optoelektronik.
2002	Chemie	John B. Fenn, Kuichi Tanaka	Entwicklung von weichen Desorptions/Ionisations-Methoden für massenspektrometrische Analysen von biologischen Makromolekülen.
		Kurt Wüthrich	Entwicklung der kernmagnetischen Resonanzspektroskopie zur Bestimmung der dreidimensionalen Struktur von biologischen Makromolekülen in Lösungen.
2003	Chemie	Roderick MacKinnon	Strukturelle und mechanische Studien von Ionenkanälen in Zellmembranen.
2006	Chemie	Roger D. Kornberg	Arbeiten über die molekularen Grundlagen der Gentranskription in eukaryotischen Zellen.
2007	Physik	Albert Fert, Peter Grünberg	Entdeckung des Riesenmagnetwiderstands (GMR).
2007	Chemie	Gerhard Ertl	Studien von chemischen Verfahren auf festen Oberflächen (Oberflächenkristallographie).
2009	Chemie	Venkatraman Ramakrishnan, Thomas A. Steitz, Ada E. Yonath	Studien zur Struktur und Funktion des Ribosoms.
2010	Physik	Andre Geim Konstantin Novoselov	Grundlegende Experimente mit dem zweidimensionalen Material Graphen.
2011	Chemie	Dan Shechtman	Entdeckung der Quasikristalle.
2012	Chemie	Robert Lefkowitz, Brian Kobilka	Studien zu G-Protein-gekoppelten Rezeptoren.

Jahr	Gebiet	Person	Wissenschaftliche Leistung
2013	Chemie	Martin Karplus, Michael Levitt	Entwicklung von multiskalen Modellen für komplexe chemische Systeme.
2014	Physik	Isami Akasaki, Hiroshi Amano, Shuji Nakamura	Erfindung effizienter, blaues Licht ausstrahlender Dioden, die helle und energiesparende Lichtquellen ermöglicht haben.
2017	Chemie	Jacques Dubochet, Joachim Frank, Richard Henderson	Entwicklung der Kryo-Elektronenmikroskopie für die hochauflösende Strukturbestimmung von Biomolekülen in Lösung.

Die **Internationale Vereinigung für Kristallographie** (**IUCr**) ist die Interessenvertretung von weltweit mehr als 10000 Wissenschaftlern, die auf dem Gebiet der Kristallographie tätig sind. Mitglieder der IUCr sind die *Adhering Bodies* (Körperschaften), die Kristallographen eines Landes oder einer Region vertreten. Die **Deutsche Gesellschaft für Kristallographie (DGK)** ist Mitglied der *IUCr* und wird dort durch ihr Nationalkomitee vertreten. *„Ziel der DGK ist es, alle auf dem Gebiet der Kristallographie Tätigen zusammenzuführen, um den wissenschaftlichen Erfahrungs- und Gedankenaustausch sowie die Weiterbildung im nationalen und internationalen Rahmen zu pflegen und die Kristallographie in Lehre, Forschung und industrieller Praxis sowie in der Öffentlichkeit zu fördern"* (www.dgk-home.de.). Die DGK verleiht für herausragende Leistungen auf dem Gebiet der Kristallographie folgende Preise:

Max-von-Laue-Preis: Für hervorragende wissenschaftliche Arbeiten von Nachwuchswissenschaftlerinnen und –wissenschaftlern aus dem Gebiet der Kristallographie im weitesten Sinne.

Carl-Hermann-Medaille: Auszeichnung für das wissenschaftliche Lebenswerk herausragender Forscherpersönlichkeiten auf dem Gebiet der Kristallographie.

Will-Kleber-Gedenkmünze[3]: Ehrung für herausragende Leistungen auf ausgewählten Gebieten der Kristallographie.

---

3 *Will Kleber* (1906 – 1970) studierte in seiner Heimatstadt Karlsruhe Naturwissenschaften (Mathematik und Physik). Nach seinen Abschlüssen für das Lehramt studierte er Mineralogie in Heidelberg (Promotion 1931, Habilitation 1936). Von *1940 – 1952* war *Will Kleber* am *Mineralogischen Institut* der *Universität in Bonn* tätig, wo er 1943 zum außerordentlichen Professor ernannt wurde und den Bereich *„Strukturelle Kristallographie"* leitete. Von 1953 wirkte *Will Kleber* als ordentlicher Professor für Mineralogie und Direktor des *Instituts für Mineralogie, Kristallographie, Petrographie und Lagerstättenkunde* und des *Mineralogischen Museums* an der *Humboldt-Universität zu Berlin*. In seiner Berliner Zeit hat er sich bleibende Verdienste beim Aufbau des Fachgebietes Kristallographie, das zukunftsorientiert materialwissenschaftlich ausgerichtet war, erworben. Sein erfolgreiches Lehrbuch *„Einführung in die Kristallographie"* wird seit über sechzig Jahren verlegt [5]. Im Jahre 1966 gründete er gemeinsam mit *Hermann Neels* (1913 – 2002) die *„Zeitschrift für Kristall und Technik"*, die seit 1982 als *„Crystal Research and Technology"* erscheint.

Waltrude- und Friedrich-Liebau[4]-Preis zur Förderung der Interdisziplinarität der Kristallographie: Es werden Arbeiten ausgezeichnet, in denen entweder Methoden und Betrachtungsweisen der Kristallographie auf Probleme einer andern Wissenschaft (Partnerwissenschaft) oder Methoden und Betrachtungsweisen einer Partnerwissenschaft auf Probleme der Kristallographie erfolgreich angewendet wurden.

Neben der „*Deutschen Gesellschaft für Kristallographie*", *DGK*, fördert seit mehr als 40 Jahren die „**Deutsche Gesellschaft für Kristallwachstum und Kristallzüchtung (DGKK)**" Forschung, Lehre und Technologie auf den Gebieten Kristallwachstum, Kristallzüchtung und Epitaxie (www.dgkk.de). Ein besonderes Anliegen der *DGKK* ist die Förderung des wissenschaftlichen Nachwuchses durch Ausbildungs- und Fortbildungsveranstaltungen, durch Reiseunterstützung und Schulprojekte. Für herausragende Leistungen auf den Gebieten *Kristallwachstum*, *Kristallzüchtung* und *Epitaxie* verleiht die Gesellschaft den „*Preis der DGKK*" und den „*DGKK-Nachwuchspreis*". Die **DGKK** ist Mitglied der „**Internationalen Gesellschaft für Kristallwachstum und Kristallzüchtung**", **IOCG**, („*International Organisation of Crystal Growth*")

4.2 Bedeutende Frauen in der Kristallographie

Definition des Ruhms
Aus dem Französischen
Worin besteht der Ruhm auf Erden, der die wenigen von den vielen trennt?
Von lauter Leuten gekannt zu werden, die man selber gar nicht kennt.
Erich Kästner, Kurz und Bündig (1950)

Bedeutende Frauen in den Naturwissenschaften? Nach wie vor hört man die despektierliche Frage: Gab es überhaupt welche? Der Alltag von Frauen und ihre besonderen Leistungen sind selten ein Thema.

---

4 *Friedrich Liebau* (1926 – 2011) studierte an der Humboldt-Universität zu Berlin Chemie (Diplom 1951 und Promotion 1956 bei dem Silikatchemiker *Erich Thilo* (1898 – 1977)). Von 1960 arbeitete er am *Max-Planck-Institut für Silikatchemie* in Würzburg und habilitierte sich mit einer Arbeit zur Kristallchemie der Silikate 1964 an der Universität Würzburg. Von 1965 – 1991 war *Friedrich Liebau* ordentlicher Professor für Mineralogie und Kristallographie an der *Christian-Albrechts-Universität zu Kiel*. Mit seinen Arbeiten zur Aufklärung der Kristallstruktur von Silikaten und dem von ihm entwickelten Klassifikationsschema erlangte er internationale Anerkennung. Sein Buch „*Structural Chemistry of Silicates*" ist das wohl umfassendste Lehrbuch zur Strukturchemie von Silikaten [6]. Das Ehepaar *Liebau* stiftete anonym der DGK eine Summe, die den Grundstock für die Vergabe des Preises zur Förderung der Interdisziplinarität der Kristallographie bildete. Nach Ableben von *Friedrich Liebau* wurde dieser Preis zu Ehren des Stifterpaares als **Waltrude- und Friedrich-Liebau**[4]**-Preis zur Förderung der Interdisziplinarität der Kristallographie** benannt.

Frauen wurden über Jahrhunderte hinweg als körperlich und geistig minderwertig betrachtet. Ihnen sind immer wieder Möglichkeiten der Bildung vorenthalten und die Fähigkeiten zu intellektueller Arbeit abgesprochen worden. Jene, denen es trotz der gesellschaftlichen Beschränkungen gelang, wissenschaftlich tätig zu sein, ihnen wurden ihre Leistungen abgewertet oder Männern zugeschrieben und sie selbst vergessen. In früheren Epochen fanden sie manchmal sogar häufiger Anerkennung, als in den letzten Jahrhunderten, in denen ihre Leistungen nicht dem bürgerlichen Frauenideal entsprachen. Anfang des 19.Jahrhunderts wurden die Ideen von verschiedenen Lebenssphären entwickelt. Die Zuständigkeit der Frau für den häuslichen und religiösen Bereich steht der Zuständigkeit des Mannes für den öffentlichen und intellektuellen Bereich gegenüber. Aus diesem Gedanken leiten sich die unterschiedlichen Erziehungskonzepte für Jungen und Mädchen ab, die unterschiedliche Lerninhalte und Schul-bzw. Ausbildungszeiten beinhalteten. Eine Schulbildung für Frauen, die den Zugang zur Universität ermöglichte, gab es nicht. Die höheren Töchterschulen, die sich nur die wohlhabenden Familien leisten konnten, führten nicht zur Hochschulreife, sondern höchstens zum Eintritt in das Lehrerinnenseminar. Frauen, die als erste die Universität besuchten, haben sich privat vorbereitet oder mit einer Ausnahmegenehmigung die letzte Klasse des Jungengymnasiums besucht, um die Reifeprüfung abzulegen.

Die Zielstellung der höheren Mädchenschulen verdeutlicht die *Denkschrift* der im Sommer 1872 in Weimar einberufenen *Töchterlehrerversammlung*, wo in der Mehrzahl männliche Pädagogen vertreten waren. Darin heißt es:

> Es gilt, dem Weibe eine der Geistesbildung des Mannes in der Allgemeinheit der Art und der Interessen ebenbürtige Bildung zu ermöglichen, damit der deutsche Mann nicht durch die geistige Kurzsichtigkeit und Engherzigkeit seiner Frau an dem häuslichen Herde gelangweilt und in seiner Hingabe an höhere Interessen gelähmt werde, dass ihm vielmehr das Weib mit Verständnis dieser Interessen und der Wärme des Gefühles für dieselben zur Seite stehe (zitiert in [7]).

Diese Ausführungen belegen, dass die ebenbürtige Bildung der Frau nicht zu ihrer Selbstverwirklichung oder gar zur Aufnahme eines Studiums gedacht war sondern mehr als schmückendes Beiwerk des Mannes verstanden wurde. Im Jahre 1890 gründete die Pädagogin und Frauenrechtlerin *Helene Lange* (1848 – 1930) den *Allgemeinen Deutschen Lehrerrinnenverein (ADLV)*. Bereits 1888 hatte sie ihre Schrift „*Die höhere Mädchenschule und ihre Bestimmung*"[7], in der sie die Zulassung für Frauen zu einer akademischen Ausbildung einforderte, mit einer Petition beim Preußischen Abgeordnetenhaus und dem Unterrichtsministerium eingereicht. Ihre Bemühungen blieben zunächst erfolglos. Im Jahre 1896 konnten 6 Schülerinnen der von ihr in Berlin ins Leben gerufenen Gymnasialkurse als Externe am *Luisengymnasium* ihr Abitur ablegen.

In seiner Rede im März 1902 vertrat der preußische Kulturminister noch die Auffassung, dass die Mädchengymnasien ein Experiment seien, weil befürchtet wurde, dass die durch die Natur gegebenen und durch die Kultur entwickelten Unterschiede zwischen Mann und Frau durch den Gymnasiums-und Universitätsbesuch leiden könnten. Längst hatten Frauen in anderen Ländern angefangen, für ihre Rechte zu kämpfen. Die englische Frauenbewegung am Anfang des 19.Jahrhunderts war ein Vorbild für die Gleichberechtigungsbestrebungen in anderen europäischen Ländern. Der Kampf gegen ein Frauenstudium war in der Medizin am erbittertsten. Es gab große zeitliche Unterschiede in der Öffnung der europäischen Universitäten für das Frauenstudium sowie für die Erlangung der Hochschulreife. Wenn es in ihrem Land nicht möglich war, entschlossen sich viele Frauen im Ausland zu studieren.

1865 nahm die Universität Zürich als erste eine Frau als Studentin auf. Als erstes europäisches Land ermöglichte es die Schweiz, den Frauen einen Studienabschluss zu erlangen. Russinnen waren die ersten Studentinnen, da ihnen der Zugang zur Universität in ihrer Heimat bis 1876 nicht erlaubt war. Das Medizinstudium war in Russland 1876 ermöglicht worden, aber von 1881 – 1905 wieder verboten. An den Universitäten Preußens wurde durch einen Erlass des Kulturministers Frauen ab 1895 gestattet als Gasthörerinnen an den Veranstaltungen teilzunehmen. Eine Immatrikulation für Frauen war allerdings erst zum Wintersemester 1908/1909 möglich. *Else Neumann* (1872 – 1902) war die erste Frau, die an der Berliner *Friedrich-Wilhelms-Universität* mit einer Ausnahmegenehmigung am 18. Februar 1899 mit der Dissertationsschrift „*Über die Polaritätscapacität umkehrbarer Elektroden*" in Physik promoviert wurde. Eine Anstellung als Wissenschaftlerin an der Universität war undenkbar. Drei Jahre nach ihrer Promotion verstarb sie nach einem tragischen Unfall im Chemielabor. *Else Neumann* war die zweite Frau, die nach *Dorothea Christiane Erxleben* (1715 – 1762), der ersten promovierten deutschen Ärztin an der preußischen Universität in Halle im Jahre 1754, ermöglicht durch Genehmigung von König Friedrich II. (Friedrich der Große), promovieren durfte.

Erst 1920 erhielten Frauen das Recht, sich an einer deutschen Universität zu habilitieren. *Lise Meitner* (1878 – 1968) habilitierte sich an der Berliner Universität 1922 und war damit die erste Frau, die in Deutschland auf dem Gebiet der Physik habilitierte. Sie hatte in ihrer Heimatstadt Wien von 1902 – 1906 Physik studiert und 1906 promoviert. Bis 1932 gab es nur zwei weitere Habilitationen von Physikerinnen in Deutschland. Es war dies *Hertha Sponer* (1895 – 1968) in Göttingen (1925) und *Hedwig Kohn* (1887 – 1964) in Breslau (1930). Alle drei Wissenschaftlerinnen mussten Deutschland während des nationalsozialistischen Regimes verlassen. Von 1933 bis 1945 gab es keine weitere Habilitation einer Frau in Physik an einer deutschen Universität.

In diesem Kapitel wollen wir eine Reihe von Wissenschaftlerinnen mit ihren Lebensläufen herausstellen, die sich um die Kristallographie besonders verdient gemacht haben. Hierzu zählen:

Kathleen Lonsdale, Helen Dick Megaw, Dorothy Crowfoot Hodgkin, Rosalind Elsie Franklin, Katharina Boll – Dornberger und Ada E. Yonath.

Kathleen Lonsdale (28.1.1903 – 1.4. 1971)

Kathleen Yardley wurde am 28. Januar 1903 in *Newbridge* in der Grafschaft (County) *Kildare* in Irland geboren. Sie war das jüngste von zehn Kindern und wuchs in einer streng gläubigen Familie auf. Von 1908 lebte die Mutter mit den Kindern allein in *Seven Kings, Essex* in England. Schon früh begeisterte sich *Kathleen* für Mathematik und Naturwissenschaften. Um in diesen Fächern unterrichtet werden zu können, musste sie von der High-School für Mädchen auf eine Schule für Jungen wechseln. Ihren ersten akademischen Grad, den *„Bachelor"* (B.Sc. – Bachelor of Science) in Physik, erhielt sie mit 19 Jahren am *Bedford College* für Frauen der Universität London. Sie war eine ausgezeichnete Schülerin und hatte die besten Abschlussnoten der letzten 10 Jahre erreicht. Beeindruckt von ihren Leistungen lädt der Nobelpreisträger *Sir William Henry Bragg*, der zu dieser Zeit *Quain Professor für Physik* am *University College* in *London* war, sie zu einem Interview ein und bietet ihr ein jährliches Stipendium von 180 £ an und damit die Gelegenheit mit ihren Forschungsarbeiten den Abschluss als *Master of Science* zu erwerben. *Kathleen Yardley* arbeitete in der Forschungsgruppe von Bragg von 1922 bis 1927, zunächst am *University College* und ab 1923 am „*The Royal Institution*" in London. Im Jahre 1924 erwarb sie den akademischen Grad „Master" (M. Sc – Master of Science) in Physik am University College London. Nach ihrer Heirat 1927 mit *Thomas Lonsdale* lebte das Paar bis 1930 in *Leeds*, wo *Kathleen Lonsdale* als Teilzeitbeschäftigte an der Universität arbeitete. Im Zeitraum von 1929 bis 1934 wurden ihre drei Kinder geboren, und sie nutzte jede erdenkliche freie Zeit, um auch zu Hause wissenschaftlich arbeiten zu können. Dies gelang ihr, weil sie die notwendige Unterstützung durch ihren Mann erfuhr. Im Sommer 1932 kehrte *Kathleen Lonsdale* – abgesehen von einer kurzzeitigen Unterbrechung wegen der Geburt ihres dritten Kindes im Jahre 1934 - wieder an die *„Royal Institution"* in London in die Gruppe ihres Förderers *Sir William Henry Bragg* zurück. Erst im Jahre 1946 – vier Jahre nach dem Tod von *W.H. Bragg*- beginnt sie im Alter von 43 Jahren zunächst als *„Reader"* und dann als *„Professorin für Chemie"* am *University College* in *London* mit Lehrtätigkeit und baut ihre eigene Forschergruppe auf, die sie bis zu ihrer Emeritierung im Jahre 1968 leitet. Aber auch danach forscht und arbeitet sie wissenschaftlich bis zu ihrem Tod am 1. 4. 1971 weiter.

Ihr umfangreiches wissenschaftliches Werk weist ein vielfältiges Forschungsspektrum auf. Die wichtigsten Schwerpunkte sind:
- *Mathematische Kristallographie und Raumgruppentheorie mit Bezug auf die Strukturanalyse von Kristallen.*
- *Röntgenkristallstrukturanalysen von organischen aromatischen Verbindungen.*
- *Messungen der magnetischen Anisotropie von Kristallen und Molekülen, insbesondere von aromatischen Verbindungen.*
- *Untersuchungen zu thermisch diffuser Streuung und atomaren und molekularen Schwingungen in Kristallen.*

– *Strukturuntersuchungen von synthetischen und natürlichen Diamanten, der Diamant- Graphit-Umwandlung und von Bornitriden.*
– *Röntgenographische Untersuchungen von Phasentransformationen.*
– *Bestimmung der chemischen Zusammensetzung von Harn- und Gallensteinen.*

Kathleen Lonsdale vereinigte in sich die seltene Gabe, dass sie mathematisch begabt war und gleichermaßen ein ausgeprägtes experimentelles Geschick besaß, was gepaart mit der ihr eigenen Hartnäckigkeit und Zielstrebigkeit der Schlüssel ihrer wissenschaftlichen Erfolge war.

Aus der Vielzahl ihrer wissenschaftlichen Untersuchungen sollen im Folgenden einige besonders erwähnt werden.

Kathleen Lonsdale hatte beim Studium der Arbeiten zur Ableitung der 230 Raumgruppentypen von *Schönflies* und *Fedorov* sofort erkannt, dass für die experimentelle Strukturbestimmungen es notwendig ist zu wissen, welche Punktlagen in jedem Raumgruppentyp von Atomen, Molekülen etc. überhaupt besetzt werden können. Sie hat die möglichen Punktlagen für die 230 Raumgruppentypen gemeinsam mit ihrem Kollegen *Thomas William Astbury* (1898 – 1961) abgeleitet, graphisch dargestellt und in einer umfangreichen Arbeit 1924 publiziert [8][5]. Sie stellte einige Jahre später für alle Raumgruppen vereinfachte Formeln für die Strukturfaktoren und Elektronendichte auf, die sie dann 1936 in einem Buch veröffentlichte [11]. Diese Daten waren für die Röntgenstrukturanalyse von Kristallen von großer Wichtigkeit. *Kathleen Lonsdale* gehörte mit zu den Mitgliedern des Komitees um den verantwortlichen Herausgeber *Carl Hermann*, die sich 1930 in Zürich trafen, um die Herausgabe der zwei Bände „*Internationale Tabellen zur Bestimmung von Kristallstrukturen*" vorzubereiten [12]. Die Bände erschienen 1935. Nach der Gründung der *IUCr* im Jahre 1947 war es dann *Kathleen Lonsdale*, die für eine erweiterte Neuauflage als „*International Tables for X-ray Crystallography*" in 3 Bänden die verantwortliche Herausgeberin war (Vol. 1, 1952 „Symmetry groups"), (Vol. 2, 1959 „Mathematical tables") (Vol. 3, 1962 „Physical and chemical tables).

Im Jahre 1928 bestimmte sie mittels Röntgenbeugung die Struktur von *Hexamethylbenzol*-Kristallen. Dies war weltweit die erste Röntgenstrukturanalyse einer aromatischen Verbindung. Sie konnte als Erste damit experimentell bestätigen, dass der *Benzolring* hexagonal und planar ist [13]. Bei ihrer Röntgenkristallstrukturanalyse von *Hexachlorbenzol* (1931) war sie die Erste, welche die Fouriersynthese als Lösungsverfahren anwandte [14]. Dies war eine immense Leistung, da die aufwändigen Berechnungen dafür manuell bewältigt werden mussten.

Bei ihren umfangreichen Untersuchungen von natürlichen und synthetischen *Diamanten* fand sie heraus, dass es zwei verschiedene Grundtypen gibt (*Diamant I* und

---

[5] Vergleichbare Aufstellungen wurden von *Paul Niggli* (1919) [9] und *Ralph W. G. Wyckoff* (1921) [10] durchgeführt, die zum Zeitpunkt ihrer Ableitungen *Kathleen Lonsdale* nicht bekannt waren.

II). Später stellte man fest, dass es sich um stickstoffarme bzw. stickstoffreiche Diamanten handelt.

Im Jahre 1962 begann sie mit Mitarbeitern ein umfassendes Projekt zur röntgenographischen Bestimmung der chemischen Zusammensetzung von Harn- und Gallensteinen. Anfang 1971 lagen Daten von mehr als tausend Steinanalysen vor. Einen letzten umfassenden Bericht über diese Untersuchungen verfasste sie noch im Krankenhaus wenige Tage vor ihrem Ableben.

Kathleen Lonsdale hat mehr als 200 wissenschaftliche Arbeiten publiziert.

Mit ihren wissenschaftlichen Leistungen und den dafür erhaltenen Ehrungen erreichte sie eine Vorbildwirkung für viele junge Frauen, sich den Naturwissenschaften zu widmen.

Kathleen Lonsdale und die Mikrobiologin *Marjory Stephenson* (1885 – 1948) waren die ersten Frauen, die 1945 als Mitglieder der *Royal Society,* 285 Jahre nach Gründung dieser ehrwürdigen Wissenschaftsgesellschaft, gewählt wurden.

Im Jahre 1949 ist sie die erste weibliche Professorin des *University College London*. Von 1949 bis zu ihrer Emeritierung im Jahre 1968 lehrt sie dort als *Professorin für Chemie* und leitet das *Department für Kristallographie*.

Im Jahre 1956 verlieh ihr die englische *Königin Elisabeth* II. die zweite Stufe „*Dame Commander*" des britischen Verdienstordens „*Order of the British Empire*". Damit durfte sie sich fortan „*Dame Lonsdale*" nennen.

Ein Jahr später ehrt sie die Royal Society für ihre wissenschaftlichen Leistungen mit der „*Davy Medal*".

Acht Universitäten würdigten ihre Leistungen mit einem Ehrendoktorat.

Von 1959 – 1964 war sie für die *British Association for Advancement of Science* (Britische Gesellschaft zur Förderung der Wissenschaften) als Generalsekretärin tätig. Im Jahre 1967 wird sie die erste weibliche Präsidentin der Gesellschaft.

Von 1960-1966 war *Kathleen Lonsdale* Vizepräsidentin der *International Union of Crystallography (IUCr)*. Noch vor Beginn des 7. IUCr-Kongresses in Moskau im Jahre 1966 musste *John Desmond Bernal* (1901 – 1971) wegen seiner schweren Erkrankung als Präsident der IUCr zurücktreten. Als Vizepräsidentin übernahm sie satzungsgemäß das Präsidentenamt und gehörte damit dem Leitungsgremium der IUCr drei weitere Jahre bis 1969 als Altpräsidentin an.

Für ihre umfangreichen röntgenstrukturanalytischen Untersuchungen von natürlichen und künstlichen *Diamanten* wurde ihr zu Ehren die hexagonale Modifikation von Diamant, die als extrem seltenes meteorisches Mineral vorkommt, aber auch durch Schockwellensynthese (erstmals 1965) künstlich erzeugt werden kann, mit dem Namen „**Lonsdaleit**" bezeichnet.

Ihr war es sehr wichtig, die Bildung von jungen Wissenschaftlerinnen, wie z. B. der späteren Nobelpreisträgerin *Dorothy Hodgkin*, zu fördern. Sie war eine sehr aktive Wissenschaftlerin, die zahlreiche Einladungen als Vortragende zu Kongressen erhielt und zu vielen Wissenschaftlern aus aller Welt wissenschaftliche und private Kontakte pflegte.

Darüber hinaus waren sie und ihr Mann seit 1935 aktive Mitglieder der *religiösen Gesellschaft der Freunde (Quäker)*. Aus ihrem Glauben resultierte ihre pazifistische Weltanschauung. *Kathleen Lonsdale* wurde Mitglied eines Gremiums, welches die Gefängnisse besuchte, um die Lebensbedingungen der Gefangenen zu verbessern

Kathleen Lonsdale war auch die Präsidentin der Englischen Sektion der Internationalen Frauenliga für Frieden und Freiheit. Sie besuchte mit den Quäkern erstmals 1951 Moskau, um sich für normale Beziehungen zwischen den Großmächten einzusetzen. Sie war Teilnehmerin mehrerer *Pugwash Konferenzen*[6] und schrieb im Jahre 1957 das *Penguin Special „Is peace possible"* (Ist Frieden möglich)[7].

Helen Dick Megaw (1.6.1907 – 26.2.2002)

Helen Dick Megaw wurde am 1. Juni 1907 in Dublin als erstes Kind der Familie *Megaw* geboren. *Helen* wuchs mit 4 Schwestern und zwei Brüdern auf. Ihr Vater, *Robert Dick Megaw*, war Rechtsanwalt, gehörte ab 1921 dem ersten nordirischen Parlament an und war ab 1932 Richter am Obersten Gerichtshof Irlands. In der Familie wurde Wert auf Bildung und Ausbildung gelegt, wobei ein Abschluss mit nur guten Noten in der Familie *Megaw* kein Anlass war auf den man stolz sein durfte. Ihre schulische Ausbildung erhielt *Helen Megaw* am *Alexandra College, Dublin* (1916 – 1921) und an der bekannten *Rodean School* in *England* (1922 – 1925). Danach studierte sie ein Jahr an der *Queen's University* in *Belfast* und wechselte danach mit einem Stipendium an das *Girton College* in *Cambridge*, welches 1869 als erstes Frauencollege in Großbritannien gegründet worden war. Im Jahre 1930 schloss sie dort ihren *Bachelor* mit der Spezialisierung in Chemie, Physik und Mineralogie ab. In den nächsten vier Jahren arbeitete *Helen D. Megaw* an ihrer Doktorarbeit als Forschungsstudentin bei *John Desmond Bernal* (1901 – 1971), einem der Pioniere der Röntgenkristallstrukturanalyse. *Helen Megaw* führte Strukturuntersuchungen an Eis durch. *William Howard Barnes* (1903 – 1980) hatte 1929 die Struktur von Eis im Temperaturbereich von 0 °C bis – 183 °C bestimmt. Dabei konnte er zeigen, dass eine hexagonale Struktur aus parallel angeordneten Schichten vorliegt. In jeder Schicht bilden die Sauerstoffatome ein Hexagon mit

---

6 Die „*Pugwash Konferenzen*", benannt nach dem ersten Tagungsort, einem Dorf in *Nova Scotia/Kanada*, finden seit 1957 jährlich statt. Auslöser für die Konferenzen war das *Russell-Einstein Manifest*, welches vom britischen Philosophen und Mathematiker *Bertrand Russell* (1872 – 1970) 1955 verfasst wurde und auf die Folgen eines nuklearen Krieges hinweist. Auf den *Pugwash Konferenzen* auf nationaler und internationaler Ebene erarbeiten seitdem Wissenschaftler Vorschläge zur Erhaltung des Weltfriedens, zur Vermeidung von militärischen Konflikten, atomarer Abrüstung, Erhaltung der Umwelt, Klimaschutz etc. und leiten diese an Regierungen und internationale Gremien weiter.
7 *Penguin books* ist ein britisches Verlagshaus, welches 1935 gegründet wurde und mittlerweile weltweit agiert. Als Serie wurden *Penguin specials* 1937 eingeführt.

dazwischenliegenden Wasserstoffatomen. *Helen Megaws* Aufgabe bestand zunächst darin, Messungen der thermischen Ausdehnung in unterschiedlichen Richtungen an Eiskristallen vorzunehmen. Für ihre röntgenographischen Messungen stellte sie Eiskristalle in dünnen Kapillarröhrchen her. Von *Ernest Rutherford* (1871 – 1937) erhielt sie schweres Wasser (D_2O), so dass sie vergleichende Strukturuntersuchungen an H_2O-Eis (normales Eis) und D_2O-Eis (schweres Eis) durchführen konnte [15]. Dank eines *Hertha Marks Ayrton* –Forschungsstipendiums [8] konnte *Helen D.* Megaw 1934 – 1935 an der Universität in Wien in der Gruppe des Polymerchemikers *Prof. Hermann Franz Mark*[9] arbeiten und dann ein weiteres Jahr in der Arbeitsgruppe des Physikochemikers und Tieftemperaturphysikers *Prof. Franz Eugen Simon*[10] am *Clarendon Labor* in *Oxford* forschen.

Von 1936 – 1943 arbeitete sie als Gymnasiallehrerin an der *Bedford High School* und der *Bradford Girl's Grammar School*. Danach folgten zwei Jahre Industrieforschung bei *Philips Lamps Ltd.* in *Mitcham*, einer Gemeinde in der englischen Grafschaft Surrey (heute ist Mitcham ein Stadtteil von London). Hier untersuchte sie mit Hilfe des *Debye-Scherrer-Verfahrens* (Röntgenbeugung an einem Pulver) die Keramik $BaTiO_3$ und bestimmte deren Struktur (Strukturtyp Perowskit) [16][11]. Sie konnte dabei zeigen, dass $BaTiO_3$ in Abhängigkeit von der Temperatur Phasenübergänge von der kubischen paraelektrischen Phase zu den ferroelektrischen Phasen mit tetragonaler, orthorhombischer und rhomboedrischer Symmetrie aufweist.

Im Jahre 1945 wechselte sie ans *Birkbeck College* in *London* zu *John D. Bernal*, der dort seit 1937 Professor für Physik war. Ein Jahr später begann Helen D. Megaw's längste und erfolgreichste Forschungstätigkeit. Sie ging zurück nach *Cambridge*, wo ihre wissenschaftliche Karriere begann und wirkte am *Cavendish Laboratory in Cambridge*, wo *William Lawrence Bragg* Direktor war. Sie fungierte als stellvertretende Forschungsdirektorin für Kristallographie und wirkte als Hochschullehrer

---

8 *Hertha Marks Ayrton* (1848 – 1923) war eine englische Mathematikerin und Elektroingenieurin. Sie durfte als erste Frau 1905 einen Vortrag in der Royal Society halten. Dies war ihr 1902 noch untersagt worden, so dass ihr Mann, der Physiker *William Edward Ayrton*, an ihrer Stelle vortrug. Seit 1908 setzte sie sich neben ihren wissenschaftlichen Tätigkeiten aktiv für das Frauenwahlrecht in England ein, welches dann 1918 eingeführt wurde.

9 *Hermann Franz Mark*, später *Herman Francis Mark* (1895 – 1992) ist einer der Begründer der Polymerwissenschaften. Nach der Flucht aus Österreich 1938 forschte er über alle Maßen erfolgreich in den USA (Begründer und Direktor des ersten Instituts für Polymerforschung in den USA).

10 *Franz Eugen Simon*, später *Sir Francis E. Simon* (1893 – 1956) war bis zu seiner Emigration nach England im Sommer 1933 Professor für Physikalische Chemie an der Technischen Hochschule in Breslau. Er wurde 1938 britischer Staatsbürger. Sein Forschungsgebiet war die Tieftemperaturphysik. Während des 2. Weltkrieges entwickelte er eine Methode zur Isotopentrennung von ^{235}Uran.

11 Das namensgebende Mineral der *Perowskitgruppe* ist $CaTiO_3$ und wurde erstmalig von *Gustav Rose* 1839 beschrieben. *Rose* benannte das Mineral nach dem russischen Mineralogen *Lew Alexejewitsch Perowski* „**Perowskit**" Es kristallisiert nicht in der idealen kubischen *Perowskitstruktur* sondern weist eine orthorhombische Symmetrie auf.

(Lecturer). Gleichzeitig war sie Mitglied, „Lecturer" und Studiendirektorin für Physik am *Girton* College. Strukturuntersuchungen von Verbindungen der Strukturfamilie der *Perowskite* haben sie lebenslang begleitet. Sie lieferte fundamentale Beiträge über *Ferroelektrizität* und die Natur der Phasenübergänge „paraelektrisch- ferroelektrisch". Im Jahre 1957 erschien ihr Buch „ *Ferroelectricity in Crystals*"(Ferroelektrizität in Kristallen), die erste umfassende Darstellung der Zusammenhänge von chemischer Bindung, Kristallstruktur und physikalischen Eigenschaften ferroelektrischer Materialien [17]. Ihr Werk war für lange Zeit ein Standardwerk über *Ferroelekrizität*.

Eine weitere Gruppe von Materialien, deren Strukturen *Helen D. Megaw* intensiv untersucht hat, waren die monoklinen und triklinen *Feldspäte*. Sie hat zahlreiche Arbeiten zu *Ordnungs – Unordnungsphänomenen* **(order – disorder)** und deren Auswirkung auf die Beugungsdiagramme publiziert.

Ihre umfangreichen Kenntnisse über *Kristallstrukturen*, *Kristallchemie* und die *Klassifizierung von Kristallstrukturen* findet man in ihrem zweiten Buch „*Crystal Structures – A Working Approach*" (1973) wieder [18]. Sie prägte u.a. den Begriff „*Aristotyp*" für die Struktur mit der höchsten Symmetrie in einer *Strukturfamilie*. Die aus dem Aristotyp durch Symmetrieerniedrigung entstehenden Strukturen bezeichnete sie als „Hettotypen".

Nach ihrer Emeritierung im Jahre 1972 lebte *Helen Megaw* in der kleinen nordirischen Stadt *Ballycastle* in der Grafschaft *Antrim*. In den ersten Jahren pendelte sie sie immer zwischen *Cambridge*, wo sie auch im Unruhestand noch wissenschaftlich tätig war, und *Ballycastle*. Sie hatte viel Freude am Fotografieren und liebte das Gärtnern. Besonders erfreute sie sich am Blühen der *Perovskia atriplicifolia* (Blauraute) in ihrem Garten und fühlte sich dabei weiterhin mit ihren geliebten *Perowskiten* verbunden.

Für ihre wissenschaftlichen Leistungen erhielt sie zwei Ehrendoktorate, 1967 von der *Universität Cambridge* und 2000 von der *Queen's Universität* in *Belfast*.

Für ihr herausragendes wissenschaftliches Lebenswerk verlieh ihr die Mineralogische Gesellschaft von Amerika im Jahre 1989 die **Roebling Medaille**. Sie war die erste Frau, die mit der *Roebling Medaille* geehrt wurde.

Bereits im Jahre 1962 wurden ihre Strukturuntersuchungen von „normalen" und „schweren" Eis gewürdigt, indem eine Insel in der Antarktis (Lage: 66.9 ° S, 67.7 ° W) den Namen **Helen D. Megaw Insel** erhielt.

Helen Dick Megaw starb am 26. Februar 2002 nach einem erfüllten Forscherleben in ihrem Haus in *Ballycastle* im Alter von 94 Jahren. Ein Jahr später fand während der 21. Europäischen Kristallographiekonferenz in Durban/Südafrika im August 2003 eine „*Megaw Memorial Session*" statt, auf welcher in Vorträgen von Wissenschaftlern, die mit ihren Arbeiten eng verbunden waren, ihrer gedacht wurde.

Im Jahre 2010 wurde ihr zu Ehren für ihre umfangreichen Strukturuntersuchungen von natürlichen und synthetischen Perowskiten das **Mineral $CaSnO_3$**, ein Mineral der Strukturfamilie der Perowskite, **Megawit** benannt.

Dorothy Crowfoot Hodgkin (12.5.1910 – 29.7.1994)

Dorothy Mary Crowfoot wurde am 12. Mai 1910 in Kairo, Ägypten geboren. Sie wuchs mit drei jüngeren Schwestern auf. Ihr Vater, *John Winter Crowfoot*, war Archäologe und Historiker und arbeitete im Ägyptischen Bildungsministerium. Später siedelte die Familie nach *Khartum* in den Sudan über, wo ihr Vater Direktor des Gordon College war und als Leiter für das Bildungswesen und Altertümer fungierte. Ihre Mutter, *Grace May Crowfoot*, war Hobbybotanikerin und hatte ein Buch über Blütenpflanzen des Sudan geschrieben. Sie interessierte sich sehr für die Technik des Webens, und durch die Tätigkeit ihres Mannes hatte sie sich zu einer international anerkannten Spezialistin für antike Webstoffe entwickelt. Nach dem jährlichen Besuch bei den Großeltern in England blieben *Dorothy* und ihre beiden jüngeren Schwestern im Jahre 1914 wegen des Ausbruchs des 1. Weltkrieges in England und wurden von den Großeltern betreut. *Dorothy* wurde in den ersten Jahren an einer kleinen Privatschule unterrichtet und besuchte von 1921 – 1927 die *Sir John Leman* Schule in *Beccles* in der Grafschaft *Suffolk*. Ihr Interesse für Naturwissenschaften, insbesondere für Chemie war schon früh durch einen Nachbarn ihrer Eltern im Sudan, dem Chemiker Dr. *A. F. Joseph*, geweckt worden. Onkel Joseph, wie sie ihn nannte, hatte ihr ein kleines transportables Chemielabor geschenkt und ihr gezeigt, wie man damit Mineralien bestimmen konnte. An der *Leman* Schule war es Mädchen nicht erlaubt, einen Chemiekurs zu besuchen. Durch Hartnäckigkeit erreichte *Dorothy*, dass sie und ihre Schulfreundin den Chemiekurs besuchen durften. Ihr Abschlusszeugnis wies die Note „ausgezeichnet" in 6 Fächern aus. Für ihr Studium in Oxford erweiterte sie ihre Kenntnisse in Latein, Mathematik und Botanik. Sie bestand die Aufnahmeprüfung mit Bravour und begann 1928 am *Sommerville College* ihr Chemiestudium, welches sie mit einem „Bachelor of Art (B.A.)" mit Auszeichnung und einem „Bachelor of Science (B.S.)" 1932 abschloss. Während ihres Studiums besuchte sie verschiedene Kristallographiekurse. Im letzten Jahr ihres Studiums begann sie unter der Anleitung von *Herbert Marcus Powell* (1906 – 1991) mit ihren ersten Strukturuntersuchungen mittels Röntgenbeugung. *Powell* hatte sich das Rüstzeug für die Röntgenkristallstrukturanalyse während eines Forschungsaufenthaltes im Jahre 1930 am Mineralogischen Institut der Universität Leipzig angeeignet und war dabei ein entsprechendes Röntgenlabor in Oxford aufzubauen. *Dorothy Crowfoot* begann mit Strukturuntersuchungen von *Thalliumdialkylhalogeniden*. Die Ergebnisse erschienen 1932 in „*Nature*"[19].

Von 1932 bis 1936 arbeitete sie bei *John Desmond Bernal* in *Cambridge* an ihrer Doktorarbeit. Zwischenzeitlich war sie wieder in Oxford am *Somerville College*, wo sie zunächst Forschungsmitarbeiterin und ab 1936 Mitglied des Lehrkörpers (Tutor) war. In Cambridge untersuchte sie die Struktur einer Vielzahl von Verbindungen. Darunter waren *Cholesterin, Ergosterin, Testosteron, Androsteron,* von denen sie die Raumgruppe, Zelldimensionen und das Molekulargewicht bestimmte. Im Jahre 1934 führte sie gemeinsam mit *Bernal* Strukturuntersuchungen an dem Protein *Pepsin* durch. An dem Tag als *Bernal* erstmals ein Beugungsbild von *Pepsin* gelang, wurde bei einer medizinischen Untersuchung in London bei *Dorothy Crowfoot* Gelenkrheumatismus (rheumatoide Arthritis) diagnostiziert, welcher mit fortschreitendem Alter bei *Dorothy Crowfoot* zu einer Verkrüppelung der Hände führte. Der Bildhauer *Henry Moore* (1898 – 1986), mit dem Dorothy befreundet war, hat von den verkrüppelten Händen mehrere Zeichnungen angefertigt.

Dorothy Crowfoot hat zahlreiche Untersuchungen an *Pepsin* vorgenommen. Die Arbeit „*X-rays photographs of crystalline pepsin*" (Röntgenfotos von kristallinem Pepsin) von *Bernal* und *Crowfoot* erschien 1934 in „*Nature*"[20]. Bereits ein Jahr später veröffentlichte *Dorothy Crowfoot* die erste Arbeit zu Strukturuntersuchungen von Insulin [21]. Ihren Doktortitel erhielt sie 1937 von der *Universität Cambridge* für ihre Doktorarbeit „*The crystallographic properties of some alkyl thallium compounds*"(Die kristallographischen Eigenschaften einiger Alkylthalliumverbindungen).

Im Dezember 1937 heiratete *Dorothy Crowfoot* den Historiker *Thomas Lionel Hodkin* (1910 – 1982). Zwischen 1938 und 1946 wurden ihre drei Kinder, zwei Söhne und eine Tochter, geboren. Sie sah keine unüberwindbaren Hindernisse in der Vereinbarkeit von Beruf und Familie und ermutigte junge Frauen zu einem naturwissenschaftlichen Studium. *Dorothy Crowfoot Hodgkin* besaß das außergewöhnliche Talent bei der Bewältigung aller anstehenden Aufgaben, dass sie ohne Schwierigkeiten, sehr schnell und konzentriert, zwischen familiären Pflichten und wissenschaftlicher Tätigkeit umschalten konnte. *Dorothy Crowfoot Hodgkin* hat lebenslang in Oxford geforscht, unterrichtet und dabei zahlreiche Studenten, Doktoranden und Postdoktoranden aus vielen Ländern betreut.

Anfang der Vierzigerjahre war es gelungen, *Penicillin* aus einem Schimmelpilz (*Penicillium chrysogenum*) zu isolieren. Die Aufgabe bestand nun darin, die chemische Konstitution des Moleküls aufzuklären. Es gelang *Dorothy Crowfoot Hodgkin* und ihren Mitarbeitern Kristalle von *Natrium-, Kalium-* und *Rubidiumbenzylpenicillin* herzustellen und daran die Röntgenstrukturanalyse erfolgreich vorzunehmen. Eine ausführliche Publikation der Strukturbestimmung erfolgte erst 1949, da diese eminent wichtigen Ergebnisse vor allem hinsichtlich einer synthetischen Herstellung von Penicillin während des Krieges geheim gehalten wurden [22].

Ihr Strukturmodell des Penicillinmoleküls wies u.a. einen Viererring mit drei Kohlenstoffatomen und einem Stickstoffatom auf. Dieser Ring entspricht der organischen Verbindung des *β-Lactams*, welche instabil ist, wohingegen das *Penicillin* eine gewisse Stabilität aufweist. Als *Dorothy* ihr Modell den Experten der organischen Chemie 1945 vortrug, war die Ablehnung groß. *John Cornforth* (1917 – 2013) verstieg sich zu der Äußerung:

> Wenn dies die Formel des Penicillin ist, dann gebe ich die Chemie auf und züchte Pilze.

Die Struktur und Formel war richtig. Alle Chemiker, die bisher daran gearbeitet hatten die Konstitution des *Penicillins* zu bestimmen, waren gescheitert. Ausgerechnet eine junge, dazu noch gutaussehende Frau hatte mit einer damals bei Chemikern noch suspekten Methode der Röntgenkristallstrukturanalyse das Problem gelöst. *John Cornforth* hat die Chemie nicht aufgegeben, er erhielt 1975, dreißig Jahre später, den *Nobelpreis für Chemie* gemeinsam mit *Vladimir Prelog* (1906 – 1998) für seine Arbeiten zur Stereochemie von *Enzym-Katalase Reaktionen*.

Die nächste große Aufgabe begann *Dorothy Hodgkin* 1948, die Strukturbestimmung von Vitamin B_{12} ($C_{63}H_{88}CoN_{14}O_{14}P$). Die endgültige Strukturbestimmung war erst 1955 abgeschlossen [23]. Für die Auswertung der immens großen Anzahl von Beugungsdaten wurden erstmalig Computerprogramme angewandt. Die Rechnungen wurden an Elektronenrechnern in England (Universität Manchester, Nationales Physiklabor Teddington) und in den USA (Universität Kalifornien, Los Angeles) durchgeführt.

Nach dem erfolgreichen Einsatz von Computerprogrammen reaktivierte *Dorothy Hodgkin* ihre 1935 begonnenen Strukturarbeiten am *Insulin*. Nach 34 Jahren war es dann soweit, die Insulinstruktur mit atomarer Auflösung (2, 8 Å) war bestimmt und konnte veröffentlicht werden [24].

Die Liste ihrer zahlreichen wissenschaftlichen Auszeichnungen und Ehrungen ist ein Ausdruck der Wertschätzung für ihre bahnbrechenden wissenschaftlichen Pionierleistungen auf dem Gebiet der Röntgenkristallstrukturanalyse von biologischen Makromolekülen. Im Alter von 37 Jahren wird sie als Mitglied in die *Royal Society* gewählt. Zwei Jahre nach der Wahl von *Kathleen Lonsdale* und *Marjory Stephenson* ist sie die dritte Frau, die Mitglied der *Royal Society* wurde. Jahre später würdigt die *Royal Society* ihre wissenschaftlichen Leistungen mit der Verleihung der **„Royal Society Medal"** (1956) und der **„Copley Medal"** (1976). Die *Royal Society* verlieh ihr für ihre verdienstvolle Forschungstätigkeit 1960 die **Wolfson Forschungsprofessur**, mit der sie und ihre Forschergruppe von der *Royal Society* bis zu ihrer Emeritierung 1977 finanziell unterstützt wurde.

Im Jahre **1964** erhielt sie den **Nobelpreis für Chemie** für *„ihre Strukturbestimmung biologisch wichtiger Substanzen mit Röntgenstrahlen"*. Sie war damit nach *Marie Curie* (Nobelpreis 1911) und ihrer Tochter *Iréne Joliot-Curie* (Nobelpreis 1935) gemeinsam mit ihrem Mann *Frédéric Joliot-Curie*) die dritte Frau, deren wissenschaftliche Leistungen mit diesem Preis gewürdigt wurden.

Ein Jahr später verlieh ihr Königin Elisabeth II. den „**Order of Merit**"[12]. Sie war nach *Florence Nightingale* (1820 – 1910), die zweite Frau, welche diese Auszeichnung erhielt.

Die sowjetische Akademie der Wissenschaften ehrte sie 1982 mit der Verleihung der **Lomonosov Medaille in Gold** für ihre herausragenden Leistungen auf den Gebieten der Biochemie und Kristallchemie.

Mehr als 20 Universitäten haben sie mit einem Ehrendoktorat ausgezeichnet. Sie war auswärtiges Mitglied von mehr als 20 Wissenschaftsakademien, u.a. auch Mitglied der **Deutschen Akademie der Naturforscher Leopoldina** (Wahljahr 1968) und der **Bayrischen Akademie der Wissenschaften**.

Dorothy Crowfoot Hodgkin hat sich nach der Gründung der IUCr dafür eingesetzt, dass auch zu Zeiten des kalten Krieges osteuropäische Länder oder China Mitglieder der IUCr werden konnten. Deshalb reiste sie mehrmals nach China. Von 1972 – 1975 war sie Präsidentin der IUCr. Von 1977 – 1978 wirkte sie als Präsidentin der Britischen Gesellschaft zur Förderung der Wissenschaften *(British Association for Advancement of Science)*. Sie nahm regelmäßig an den *Pugwash Konferenzen* teil und trat dort als Vermittlerin zwischen den unterschiedlichen Interessen der verschiedenen Blöcke auf. Von 1975 – 1988 war sie Präsidentin der *Pugwash Konferenz für Wissenschaft und Weltgeschehen*. Sie genoss ein hohes Ansehen in den sozialistischen Ländern, besonders in der Sowjetunion, da sie und ihr Mann an den Sozialismus glaubten und dabei die diktatorischen Seiten des Systems ausblendeten. So wurde ihr 1987 von der Sowjetunion in Moskau der *internationale Leninpreis für die Festigung des Friedens zwischen den Völkern* verliehen. Sie trug durch ihr Ansehen einerseits und ihre vermittelnde Art andererseits wesentlich mit dazu bei, dass ein Wissenschaftleraustausch zwischen Ost und West stattfand. Ebenso setzte sie sich für die Lösung humanitärer Probleme in diesen Ländern ein.

Dorothy Hodgkin war eine rastlose Arbeiterin auf vielen Gebieten. Von 1970 – 1988 war sie Kanzlerin der Universität Bristol. Sie nahm an den Fakultätsversammlungen teil, besuchte regelmäßig die Studentenvertretung. Unter ihrer Leitung wurden viele neue Projekte auf den Weg gebracht. Dazu zählte auch die Einführung eines *Thomas Hodgkin-Stipendiums* und *Thomas Hodgkin-Hauses* für ausländische Studenten aus wirtschaftlich unterentwickelten Ländern, benannt nach ihrem 1982 verstorbenen Mann.

Dorothy Hodgkin wurde mit 67 Jahren offiziell emeritiert, hat aber bis zu ihrem Lebensende am wissenschaftlichen Leben teilgenommen. Im Sommer 1993 reiste sie

---

[12] Der „Order of Merit" ist ein britischer Verdienstorden, der von der Königin bzw. König verliehen wird, welche/r auch alleinig die Entscheidung über die Ordensverleihung trifft. Der Orden wird an Personen verliehen, die herausragende Leistungen in Wissenschaft, Kunst, Literatur etc. und beim Militär erbracht haben. Die Anzahl der lebenden Mitglieder des Ordens beträgt maximal 24 (maximal je 12 für die zivile und militärische Abteilung).

noch zum IUCr-Kongress in Peking. Sie starb umgeben von ihrer Familie und Freunden am 29. Juli 1994 in ihrem Landhaus in *Crab Mill, Illmington*, in der Nähe von *Shipston-on-Stour, Warwickshire*, England.

Wohl treffender als *Max F. Perutz* (1914 – 2002) die Lebensleistung von *Dorothy Hodgkin* in seinem Nachruf zusammenfassend darstellte, kann man es wohl nicht ausdrücken:

> Dorothy Hodgkins außergewöhnliche Gabe zur Lösung schwieriger Kristallstrukturen entstand aus einer Kombination manueller Geschicklichkeit, mathematischer Fähigkeit und tiefer Kenntnis von Kristallographie und Chemie. Diese allein führten sie oft zur Enträtselung der ersten, verschwommenen, aus der Röntgenanalyse gewonnenen Elektronendichtekarten. Man wird ihrer gedenken wegen ihrer grundlegenden Beiträge zur Biochemie, ihrer selbstlosen, sanften und duldsamen Menschenliebe und ihrer unermüdlichen Arbeit für den Frieden.

Die Leistungen von Dorothy Hodgkin wurden mit einer Sonderbriefmarke (Ausgabe 6. August 1996) in der Serie „Berühmte Frauen" des Vereinigten Königreichs Großbritannien und Nordirland gewürdigt. Anlässlich des *350. Geburtstages der Royal Society* gab die *Royal Mail* am 25. Februar 2010 einen Satz *von* 10 Sondermarken mit den Porträts berühmter Mitglieder der *Royal Society* heraus. Als einzige Frau wurde *Dorothy Hodgkin* mit einer Sonderbriefmarke geehrt.

Rosalind Elsie Franklin (25.7.1920 – 16.4.1958)

Rosalind Elsie Franklin wurde am 25.Juli 1920 in London als zweites Kind von *Ellis Arthur Franklin* und *Muriel Frances Franklin*, geb. *Waley*, geboren. Sie wuchs mit drei Brüdern und einer jüngeren Schwester in einer gebildeten, wohlhabenden und einflussreichen jüdischen Familie auf. Ihr Vater setzte die *Franklin'sche* Familientradition als angesehener Banker fort. Ferner unterrichtete er ehrenamtlich als Lehrer am „Working Man College", der ältesten Bildungseinrichtung für Erwachsene in Europa. Die Eltern waren sehr sozialbewusst und vielseitig ehrenamtlich tätig. *Rosalind* besuchte die *St. Pauls* Mädchenschule, wo sie eine ausgezeichnete Ausbildung in Mathematik und Naturwissenschaften erhielt. Die Aufnahmeprüfung für die Universität in *Cambridge* bestand sie mit Bravour. Von den zwei Colleges für Frauen in *Cambridge, Girton* und *Newnham*, entschied sie sich für letzteres und begann 1938 ihr Studium für Chemie im Rahmen des in *Cambridge* üblichen „Natural Sciences Tripos", welches sie 1941 erfolgreich abschloss Ihr Notendurchschnitt berechtigte sie, sich bei Bewerbungen „Bachelor" zu nennen.[13]

---

[13] Die akademischen Grade *Bachelor of Art* (B.A.) und *Master of Art* (M.A.) wurden an Frauen erst ab 1947 in Cambridge verliehen.

Für ihren erfolgreichen Abschluss erhielt sie vom *Newnham College* ein Forschungsstipendium für ein Jahr. Dies ermöglichte ihr die Arbeit im Institut des Physikochemikers *Ronald G. W. Norrish* (1897 – 1978), die sie im Nachhinein als nicht sehr befriedigend empfand. Von 1942 – 1946 führte sie kriegswichtige Forschungsarbeiten an der „*British Coal Utilisation Research Association*" durch, wo sie die Mikrostruktur und die physikalisch-chemischen Eigenschaften verschiedener Kohlen und Kohlenstoffe untersuchte. Ihre grundlegenden Arbeiten ermöglichten eine genaue Klassifizierung der Kohlen. Sie konnte nachweisen, dass die Poren in der Kohle feine Verengungen auf molekularer Ebene aufweisen, deren Größe abhängig vom Kohlenstoffgehalt und der Temperatur ist. Ihre Arbeiten waren Grundlage ihrer Doktorarbeit „*The physical chemistry of solid organic colloids with special reference to coal (Die physikalische Chemie fester organischer Kolloide mit speziellem Bezug zu Kohle)*", für die sie 1945 an der *Universität in Cambridge* promoviert wurde. Auf der Suche nach einer neuen Arbeitsstelle nach Ende des 2. Weltkrieges half ihr ihre Freundin, die französische Physikerin *Adrienne Weil*, eine Schülerin von *Marie Curie*, die während der Besetzung Frankreichs durch die Deutschen nach England emigriert war und welche Rosalind in Cambridge kennengelernt hatte. Von 1947 – 1950 forschte *Rosalind E. Franklin* am „*Laboratoire Central des Services Chimiques de L'Etat*" in Paris bei *Jacques Mering* (1904 – 1973), bei dem sie sich das Rüstzeug für die Röntgenkristallstrukturanalyse aneignete. Ihre Röntgenbeugungsuntersuchungen an Kohle und an graphitischen und nichtgraphitischen Kohlenstoffen führten zu international beachteten Publikationen. Die Jahre in Frankreich hat sie sehr genossen. *Rosalind* sprach perfekt Französisch (ohne englischen Akzent), sie liebte den französischen Lebensstil, die freundschaftliche und kollegiale Atmosphäre im Institut. In dieser Zeit reiste sie viel und machte ausgedehnte Bergwanderungen.

Nur zögerlich kam sie dem Wunsch ihrer Familie nach und kehrte nach England zurück, wo sie im Januar 1951 am *Kings College* in *London* ihre Stelle als wissenschaftliche Mitarbeiterin bei *John Randall* (1905 – 1984) in der Biophysik antrat. Sie wurde von *Randall* beauftragt Desoxyribonukleinsäure *(DNS)-Fasern* mittels Röntgenbeugung zu untersuchen. Zur Unterstützung der Beugungsexperimente wurde ihr *Raymond Gosling* (1926 – 2015) als Doktorand zugewiesen. Dieser hatte schon erste Beugungsexperimente unter der Anleitung des Laborleiters *Maurice Wilkins* (1916 – 2004) durchgeführt. *Wilkins* wiederum war von *Randall* nicht über die neue Zuordnung der Forschungsaufgaben informiert worden und nahm an, dass *Rosalind Franklin* seine technische Assistentin und nicht eine gleichgestellte Wissenschaftlerin sei. Zusätzlich erschwerend für eine gemeinsame Zusammenarbeit und den gegenseitigen Austausch von Informationen und Ergebnissen war, dass beide Charaktere unterschiedlicher nicht hätten sein können. *Rosalind Franklin* war in ihrer Art sehr direkt, liebte schnelle Entscheidungen, war bestimmend und machte keinerlei Kompromisse. *Maurice Wilkins* hingegen war ausgesprochen schüchtern, eher bedächtig in seiner Art und nicht sehr entscheidungsfreudig. Für die Beugungsexperimente an den DNS-

Fasern hatte *Rosalind Franklin* die Aufnahmetechnik entsprechend verfeinert, so dass ihr Doktorand *Raymond Gossling* damit exzellente Beugungsdiagramme aufnehmen konnte. Sie konnten damit nachweisen, dass in Abhängigkeit vom Wassergehalt in den Proben zwei Formen der DNS (A- und B-Form) auftreten können. *Rosalind Franklin* begann dann mit der Auswertung der Beugungsdiagramme, um die Struktur der B-Form zu bestimmen. Ihr war bekannt, dass in *Cambridge Francis Crick* und der amerikanische Postdoktorand *Jim Watson* an einem Modell für die DNS arbeiteten. Diese führten jedoch dafür selbst keinerlei Experimente durch. Im Dezember 1952 hatten *Crick* und *Watson* ihr Modell *Rosalind Franklin* und *Maurice Wilkins* in Cambridge vorgestellt, welches *Rosalind* sofort als fehlerhaft diagnostizierte. Im Januar 1953 besuchte *Jim Watson Maurice Wilkins* im *Kings College*, wo dieser ihm eine Kopie des besten Beugungsdiagrammes der B-Form, *die Aufnahme Nr. 51*, von *Rosalind Franklin* und *Raymond Gossling* zeigte. Sowohl die Anfertigung der Kopie als auch die Übergabe an *Jim Watson* geschah ohne Wissen und ohne Zustimmung von *Rosalind Franklin*. Diese Aufnahme war es, die recht schnell eine Korrektur des falschen Modells ermöglichte und so zum Strukturmodell der DNS führte. Am 25. April 1953 erschienen in „*Nature*" drei Arbeiten zur Struktur der DNS. Die Arbeit von *Watson* und *Crick* beinhaltete eine kurze Beschreibung ihres Strukturmodells. Experimentelle Daten zur Struktur der DNS enthielten die beiden nachfolgenden Arbeiten von *Wilkens* und seinen Mitarbeitern, und von *Rosalind Franklin* und *Raymond Gossling* [25 – 27]. Das schlechte Arbeitsklima am *Kings College* bewog *Rosalind Franklin* zu einem Wechsel der Arbeitsstätte, dem *Randall* nur unter der Bedingung zustimmte, dass sie die Arbeiten zur DNS-Struktur nicht fortsetzt.

Im März 1953 wechselte sie vom *Kings College* ans *Birkbeck College* zu *John Desmond Bernal*, der das Physik Department leitete. Sie erhielt ihre eigene Forschergruppe, ihre Aufgabe bestand in der Strukturaufklärung von Pflanzenviren mittels Röntgenbeugung. Neben ihren recht schnell international Anerkennung findenden röntgenstrukturanalytischen Arbeiten am *Tabakmosaikvirus* (TMV) führte sie die früheren Untersuchungen zur Graphitisierung von Kohlen fort. Ferner betreute sie weiterhin *Raymond Gossling* bis zum Abschluss seiner Doktorarbeit. Anfang 1954 stieß *Aaron Klug* (geb. 1926) zur Gruppe, mit welchem *Rosalind Franklin* bis zu ihrem Lebensende eine enge und freundschaftliche Zusammenarbeit verband. Sowohl 1954 als auch 1956 war sie zu längerfristigen Aufenthalten in den USA, wo sie Vorträge hielt und die wichtigen Virus Forschungslabors besuchte. Kein Geringerer als der Direktor der *Royal Institution*, *Sir Lawrence Bragg*, anerkannte ihre wissenschaftlichen Leistungen, indem er sie 1956 bat, für den Britischen Pavillon auf der *Expo 58* in Brüssel jeweils ein Modell des *Tabakmosaikvirus* und des *Poliovirus* anzufertigen.

Im Herbst 1956 wurde bei *Rosalind Franklin* eine Krebserkrankung diagnostiziert. Sie musste sich mehreren Operationen und chemotherapeutischen Behandlungen unterziehen. In den Remissionsphasen zwischen den Behandlungen arbeitete sie tapfer weiter im Labor. Am 16. April 1958 starb sie in London im Alter von 37 Jahren. In ihrer wissenschaftlichen Karriere, die nur 16 Jahre währte, hat sie 35 Arbeiten publiziert, davon 19 zur Thematik Kohlen und Kohlenstoffe, 5 zur DNS und 11 zur Struktur von Viren. Ein Tag nach ihrem Tod wurde in Brüssel die Weltausstellung mit ihren beiden Virusmodellen eröffnet. Ihre letzte Arbeit, gemeinsam mit *Donald L. D. Caspar* (geb 1926) und *Aaron Klug* „The structure of viruses as determined by X-ray diffraction (Die Struktur von Viren bestimmt mittels Röntgenbeugung)" erschien posthum in einem Band über Pflanzenpathologie [28]. Kein Geringerer als der Virusforscher *Wendell M. Stanley* (1904 – 1971, Nobelpreis in Chemie 1946) würdigte in dem Buch mit seinem Beitrag „A tribute to Dr. Franklin" das wissenschaftliche Werk von *Rosalind Elsie Franklin* in einem Anhang zur Arbeit von Rosalind Franklin.

Im Jahre 1962 erhielten Francis Crick (1916 – 2004), James Watson (geb. 1928) und Maurice Wilkins (1916 – 2004) den Nobelpreis für Medizin oder Physiologie für ihre „Entdeckungen über die Molekularstruktur der Nukleinsäuren und ihre Bedeutung für die Informationsübertragung in lebender Materie". In den Nobelpreisvorträgen von Crick und Watson wird weder ihr Name erwähnt noch in irgendeiner Form Bezug genommen, dass ihre experimentellen Daten zur Aufstellung des richtigen Modells beitrugen. Maurice Wilkins hat 12 Jahre an der Thematik der Aufklärung der Struktur der Nukleinsäuren gearbeitet. Am Ende seines Nobelpreisvortrages bedankt er sich auch bei seiner

> verstorbenen Kollegin Rosalind Franklin, die mit ihrer großen Sachkenntnis und ihren Erfahrungen in der Röntgenbeugung so viel bei den Anfangsuntersuchungen der DNS geholfen hat.

Welche Bedeutung die Arbeiten von *Rosalind Franklin* für die Lösung der DNS-Struktur hatten und wie nah sie selbst an der Lösung war, hat *Aaron Klug* in 2 Artikeln, die in „Nature" 1968 und 1974 erschienen, dargelegt [29, 30]. Für ihn, der nach ihrem Tod auch ihre bisher unveröffentlichten Aufzeichnungen eingesehen hatte, war es absolut klar, dass sie für die Strukturlösung entscheidende Beiträge geliefert hat. In seinem *Nature*-Artikel von 1968 schreibt er [29]:

> Sie entdeckte die B-Form der DNS, erkannte, dass zwei Zustände der DNS und definierte Bedingungen für den Übergang existieren. Von Anfang an realisierte sie, dass bei einem korrekten Modell die Phosphatgruppen an der Außenseite des Moleküls liegen müssen. Sie schuf die Grundlagen für die quantitative Analyse der Beugungsdiagramme und nach der Aufstellung des Watson-Crick-Modells zeigte sie, dass eine Doppelhelix konsistent ist mit den Beugungsbildern sowohl der A-Form als auch der B-Form.

Im Jahre 1968 erschien *Jim Watson*'s Buch „Die Doppelhelix" (erste deutsche Ausgabe 1969 im Rowohlt Verlag), in dem er aus seiner Sicht die Entdeckungsgeschichte der DNS in amüsanter und unterhaltsamer Weise beschreibt [31]. Ein Sachbuch, das in viele Sprachen übersetzt wurde und viele Auflagen erlebte. Es brachte Watson aber auch harsche Kritik ein, da er *Rosalind Franklin* völlig verzerrt als „unmodischen Blaustrumpf" beschrieb. In diesem Buch gibt Watson unumwunden zu, dass er durch

Maurice Wilkins Einsicht in die Arbeit von *Rosalind Franklin* bekam und die Aufnahme Nr. 51 zur Lösung des Problems führte. Dieses Buch war für die amerikanische Schriftstellerin *Anne Sayre* (1923 – 1998) der Anlass das Gegenbuch „ *Rosalind Franklin and the DNA*"(1975) zu schreiben, um damit eine objektivere Darstellung von Person und Werk von *Rosalind Franklin* zu geben [32]. *Anne Sayre* kannte *Rosalind* seit 1949 und war mit ihr sehr eng befreundet. Sie lebte mit ihrem Mann *David* (1924 -2012) einige Zeit in Oxford, da er bei *Dorothy Crowfoot-Hodgkin* bis 1951 seine Doktorarbeit anfertigte. Im Laufe der Zeit erschienen weitere Bücher über *Rosalind Franklin*. Die amerikanische Schriftstellerin *Brenda Maddox* (geb. 1932) veröffentlichte 2002 ihr Buch: „*Rosalind Franklin: The Dark Lady of DNA*"[33]. Das Buch „*My Sister Rosalind Franklin*" von *Jenifer Glynn*, der 9 Jahre jüngeren Schwester von *Rosalind*, erschien im Jahre 2012 [34]. Die berühmte *Aufnahme 51*, mit der *Watson* und *Crick* ihr Modell entwickeln konnten, hat es mittlerweile auf die Theaterbühne geschafft. *Photograph 51* ist der Originaltitel des Theaterstücks der amerikanischen Dramatikerin *Anna Ziegler* (geb.1979), das sie 2008 schrieb und welches in den USA uraufgeführt wurde. Die deutschsprachige Erstaufführung als „*Foto 51*" hatte am 19. Januar 2017 am *Ernst Deutsch Theater* in Hamburg Premiere.

Für ihr wissenschaftliches Werk wurden *Rosalind Franklin* posthum zahlreiche Ehrungen zuteil.

Katharina Boll-Dornberger (2.11.1909 – 27.7.1981)

Katharina Schiff wurde am 2. November 1909 in Wien geboren. Sie wuchs mit zwei älteren Schwestern und einem älteren Bruder auf. Ihr Vater, *Walter Karl Schiff* (1866 – 1950) war Statistiker und Nationalökonom und lehrte als ordentlicher Universitätsprofessor für Politische Ökonomie an der Universität Wien. Zusätzlich arbeitete er in verschiedenen leitenden Funktionen im Handelsministerium. Er war sozial sehr engagiert, Mitglied der Sozialdemokratischen Arbeiterpartei Österreichs (SPÖ), und ab 1934 Mitglied der illegalen Kommunistischen Partei Österreichs (KPÖ). Durch das soziale und politische Engagement ihres Vaters wurde *Katharina* frühzeitig geprägt. Sie war Schülerin an der Gymnasialen Mädchenschule des Vereins für Erweiterte Frauenbildung und legte die Matura 1928 ab. *Katharina Schiff* studierte zunächst Physik und Mathematik an der Universität in Wien (1928/1929) und setzte das Studium an der Universität in Göttingen (1929 – 1933) fort. Zu ihren akademischen Lehrern gehörten *Hans Thirring* (1888 – 1976) in Wien und *Max Born* (1882 – 1970), *James Franck* (1882 – 1964) und *Victor Moritz Goldschmidt* (1888 – 1947) in Göttingen. Die politischen Zustände in Deutschland waren es, die *Katharina Schiff* als Jüdin und Kommunistin[14] dazu zwangen Göttingen 1933 zu verlassen und nach Wien zurückzukehren.

---

14 *Katharina Schiff* war seit 1927 Mitglied der SPÖ und ab 1931 Mitglied der KPD in Göttingen.

Die unter der Betreuung von *V. M. Goldschmidt* in Göttingen angefertigte Doktorarbeit zum Thema *„Zur Struktur des wasserfreien Zinksulfats"* reichte sie in Wien ein und promovierte 1934 mit Auszeichnung. Von 1934 – 1937 war sie wissenschaftliche Assistentin an der Universität in Wien bei dem Chemiker *Philipp Gross* (1899 – 1974). Ein Teil der Großfamilie *Schiff* konnte sich der Verfolgung der Nazis durch Flucht nach England entziehen. *Dora Schimanko* (geb. 1932), die Nichte von *Katharina Boll-Dornberger*, hat die bewegende Familiengeschichte in ihrem im Jahre 2006 erschienenem Buch *„Warum so und nicht anders. Die Schiffs: Eine Familie wird vorgestellt"* beschrieben [35]. *Katharina Schiff* emigrierte 1937 nach England. Sie arbeitete zuerst an der Universität in Birmingham im kernphysikalischen Labor von *Marcus Oliphant* (1901 – 2000). Von 1938 – 1939 war sie dann wissenschaftliche Mitarbeiterin bei *John Desmond Bernal* (1901 – 1971) in London, wo sie ihre während ihrer Doktorarbeit in Göttingen gewonnenen Kenntnisse auf dem Gebiet der Röntgenkristallstrukturanalyse vertiefen konnte. Ein weiteres Jahr führte sie Röntgenuntersuchungen in der Gruppe von *Nevill Francis Mott* (1905 – 1996) an der *Universität in Bristol* durch. Von 1940 – 1943 konnte sie als *Rockefeller-Stipendiatin* in der Gruppe von *Dorothy Crowfoot-Hodgkin* (1910 – 1994) in Oxford weiterhin auf dem Gebiet der Röntgenkristallstrukturanalyse arbeiten. Danach unterrichtete sie ein Jahr Physik und Mathematik an einer High School für Mädchen in Oxford. Während ihres Aufenthaltes in Oxford lernte sie den deutschen politischen Emigranten *Paul Dornberger* (1901 – 1978), ihren späteren Ehemann, kennen. Von 1944 – 1946 war sie wieder am *Birkbeck College* in London als Forschungsmitarbeiterin bei *John Desmond Bernal* tätig. Im Jahre 1946 kehrte *Katharina Dornberger-Schiff* mit ihrem Mann und den in England geborenen Söhnen *Walter* (geb. 1943) und *Peter Dornberger* (geb. 1945) nach Deutschland zurück. Von 1946 – 1948 lebte die Familie in Weimar, wo *Katharina Dornberger-Schiff* von 1947 als *Dozentin für Mathematik und Physik* an der Hochschule für Baukunst und bildende Künste tätig war. Ihr weiterer wissenschaftlicher Werdegang fand in Berlin statt. Am 1. September 1948 übernahm sie die Leitung des Laboratoriums für Kristallstrukturanalyse der Abteilung Biophysik im *Institut für Medizin und Biologie der Deutschen Akademie der Wissenschaften (DAW)* in Berlin-Buch. Mit großer Beharrlichkeit und der ihr eigenen Zähigkeit kämpfte sie für die Gründung eines Instituts für Strukturforschung. Sie erreichte zunächst, dass im Jahre 1954 aus dem von ihr geleiteten Labor eine eigenständige *Arbeitsstelle für Kristallstrukturanalyse* wurde. Nach der Trennung von ihrem Mann heiratete sie 1952 den Mathematiker *Ludwig Boll* (1911 – 1985). *Katharina Boll-Dornberger*[15] habilitierte sich 1953 an der Humboldt-Universität zu Berlin mit der Arbeit *„Zur Röntgenstrukturanalyse von Kristallen aus Makromolekülen"*. Ein Jahr später erhielt sie eine nebenamtliche Dozentur und wurde 1956 Professor mit Lehrauftrag

---

15 Alle wissenschaftlichen Publikationen von *Katharina Boll-Dornberger* erschienen zunächst weiterhin unter den Namen *Dornberger-Schiff*, um Verwechselungen der Autorenschaft zu vermeiden.

für Spezialgebiete (Kristallstrukturanalyse) und ab 1960 Professor mit vollem Lehrauftrag an der Mathematisch-Naturwissenschaftlichen Fakultät der Humboldt-Universität zu Berlin. Aus der Arbeitsstelle für Kristallstrukturanalyse wurde 1958 ein *Institut für Strukturforschung der DAW*. *Katharina Boll-Dornberger* war die erste Frau in der DDR, die ein Akademieinstitut als Direktorin leitete. Vier Jahre später wurde am 27. März 1962 in Berlin-Adlershof ein neues und gut ausgestattetes Institutsgebäude eingeweiht. Aus diesem Anlass fand ein internationales Kolloquium statt, an dem sowohl *Dorothy Crowfoot-Hodgkin* als auch *John Desmond Bernal* Vorträge hielten. Mit beiden Wissenschaftlern war *Katharina Boll-Dornberger* lebenslang freundschaftlich verbunden und stand mit ihnen im wissenschaftlichen Austausch. *Katharina Boll-Dornberger* war von 1958 – 1968 Direktorin des Instituts für Strukturforschung. Sie und ihre Mitarbeiter trugen durch verschiedene Spezialvorlesungen zur Röntgenkristallstrukturanalyse, aber insbesondere durch die Röntgenpraktika, die im Institut für Strukturforschung durchgeführt wurden, wesentlich dazu bei, dass Generationen von Studenten, speziell der Mineralogie und Kristallographie an der Humboldt-Universität zu Berlin, die theoretischen und experimentellen Grundlagen der Röntgenkristallstrukturanalyse erlernen konnten. Wissenschaftliches Neuland betrat sie mit der Entwicklung des Konzeptes der *OD-Strukturen*, womit sie große internationale Anerkennung erreichte. Die Arbeiten von *Katharina Boll-Dornberger* und ihren Mitarbeitern zur Theorie und Strukturaufklärung von **Ordnungs-Unordnungsstrukturen (OD-Strukturen)** führten zu einer Erweiterung und Revision grundlegender Vorstellungen der klassischen Kristallographie. Die erste Arbeit zu dieser Thematik mit dem Titel „*On order-disorder structures*" erschien 1956 in der „*Acta Crystallographica*"[36]. Dreidimensional periodische Kristalle liefern Beugungsdiagramme mit scharfen Punktreflexen (s. Kap. 1.4). Fehlt die Periodizität beispielsweise in einer Richtung, so führt dies zum Auftreten von stäbchenförmigen diffusen Reflexen. Erste Untersuchungen zur Interpretation der beobachteten Fehlordnung wurden am *Maddrellschen Salz* (($NaPO_3)_x$) und am *β-Wollastonit* ($Ca_3[Si_3O_9]$) durchgeführt. In der Struktur des *β-Wollastonit* liegen Doppelschichten aus SiO_4-Tetraederketten vor, die in unterschiedlicher Stapelfolge vorkommen können. Eine *OD-Struktur* liegt dann vor, wenn die Stapelfolge nicht periodisch erfolgt. Zur geometrischen Beschreibung solcher Strukturen hat *Boll-Dornberger* den Begriff der *Nachbarschaftsbedingung* eingeführt. Diese besagt, dass *OD-Strukturen* aus geometrisch äquivalenten Bauteilen und geometrisch äquivalenten Paaren benachbarter Bauteile bestehen (für eine ausführliche Einführung in das Gebiet der OD-Strukturen s. [37 – 39]. In solchen Strukturen existieren Symmetrieoperationen (Deckoperationen), die wenigstens ein Bauteil in ein anderes überführen, aber nicht die gesamte Struktur in sich abbilden. Bauteile einer *OD-Struktur* können *Schichten*, *Stäbe*, *Blöcke*, aber auch *dreidimensional periodische Teilstrukturen* sein. Da diese Symmetrieoperationen sich nur auf Teile der Struktur beziehen, heißen sie *partielle Symmetrieoperationen*. Die Gesamtheit der **partiellen Symmetrieoperationen** bildet im mathematischen Sinn keine Gruppe sondern ein **Gruppoid**[16]. *Katharina Boll-Dornberger* hat diesen Begriff erstmalig in die Kristallographie eingeführt. Die *OD-Theorie* wurde von *Boll-Dornberger* und ihren Mitarbeitern soweit entwickelt, dass eine entsprechende Klassifizierung und Einteilung der *OD-Strukturen* gegeben ist. So lassen sich beispielsweise *OD-Strukturen*, die aus einer Art von Schichten bestehen in 400 **OD-Gruppoidfamilien** einteilen. Ein wichtiges Anwendungsgebiet der *OD-Theorie* ist die Beschreibung der Symmetrie von polytypen Strukturen, d. h. von Strukturen, die in unterschiedlichen Stapelfolgen von Schichten vorkommen.

Die Arbeiten zur OD-Theorie hat *Katharina Boll-Dornberger* bis zu ihrem Tode im Jahre 1981 fortgesetzt. Im Jahre 1968 wurde das Institut für Strukturforschung aufgelöst und als Bereich in das neugegründete *Zentralinstitut für physikalische Chemie* der AdW der DDR überführt. *Katharina Boll-Dornberger* wirkte noch ein Jahr als Bereichsleiterin am Zentralinstitut und musste nach Erreichen des Rentenalters, das für Frauen in der DDR das 60. Lebensjahr war, die Leitung ihres Bereiches abgeben. Sie arbeitete aber im Institut als wissenschaftliche Mitarbeiterin weiterhin an ihren geliebten *OD-Strukturen*. *Katharina Boll-Dornberger* starb am 27. Juli 1981 in Berlin. Sie war eine international anerkannte und geachtete Wissenschaftlerin auf dem Gebiet der Röntgenkristallstrukturanalyse mit einer großen Ausstrahlungskraft. Bei wissenschaftlichen Diskussionen konnte man erleben, dass sie leidenschaftlich diskutierte und ihre wissenschaftlichen Vorstellungen vehement vertrat.

Für ihre herausragenden wissenschaftlichen Leistungen auf dem Gebiet der Kristallographie verlieh ihr die *Vereinigung für Kristallographie* (*VfK*)[17] im Jahre 1978 die Ehrenmitgliedschaft. Sie hat sich dafür eingesetzt, dass die Kristallographie der DDR auch international Anerkennung erlangte. Für ihre wissenschaftlichen Verdienste wurde ihr 1959 der Vaterländische Verdienstorden in Silber und 1960 der Nationalpreis der DDR 2. Klasse für Wissenschaft und Technik verliehen.

Am Wissenschaftsstandort Adlershof (WISTA) gibt es seit dem 11. September 2002 die *Katharina Boll-Dornberger Straße*, eine posthume Anerkennung ihrer wissenschaftlichen Arbeit, die sie unweit von dieser Straße im Institut für Strukturforschung in Berlin Adlershof geleistet hat.

---

16 Im Gegensatz zur Gruppe bei der das Produkt aus zwei Elementen wieder ein Element der Gruppe ist, ist das Produkt zweier Elemente eines Gruppoids manchmal nicht definiert.
17 Am 23. April 1965 wurde in Berlin die *Deutsche Vereinigung für Kristallographie* (DVK) gegründet, die organisatorisch in die Gesellschaft für Geologische Wissenschaften (GGW) der DDR eingebunden war. Eine Umbenennung der *DVK* in *VfK* aus politischen Gründen wurde zum 1.Januar 1973 wirksam. Auf Beschluss der Mitgliederversammlung während der gemeinsamen Tagung der *Arbeitsgemeinschaft Kristallographie* (AgKr) und der VfK in München vom 10. – 13. März 1991 wurde die VfK aufgelöst.

Ada Yonath (geb. 22.06.1939)

Ada Yonath, geb. *Lifshitz*, wurde am 22.06.1939 in Jerusalem geboren. Sie wuchs mit ihrer jüngeren Schwester *Nurit* auf. Ihre Eltern *Hillel und Esther Lifshitz* stammten aus *Zduńska Wola* einer Stadt in der Woiwodschaft Łódź in Polen und waren als streng gläubige Juden im Jahre 1933 nach *Palästina* ausgewandert. Nach ihrem Pflichtwehrdienst in der israelischen Armee studierte *Ada Jonath* von 1959 – 1962 Chemie an der *Hebräischen Universität Jerusalem* und schloss mit dem Bachelor Examen ab. Ab 1962 studierte sie Biochemie und Biophysik und wechselte nach Erhalt des Mastertitels in Biochemie an das *Weizmann-Institut*, wo sie von 1964 – 1968 ihre Doktorarbeit über Strukturuntersuchungen des Faserproteins Collagen (s. z. B. [40]) mittels Röntgenbeugung unter Professor *Wolfie Traub* (1927 – 2013) anfertigte.

Danach ging sie als Postdoktorand an das *Carnegie Mellon Institute* in Pittsburgh und anschließend an das *Massachusetts Institute of Technology* (MIT) in *Boston*. An beiden Einrichtungen führte sie Strukturuntersuchungen an Proteinen durch. Ende1970 kehrte sie nach Israel zurück, initiierte und gründete am *Weizmann-Institut* das erste *Laboratorium für Biokristallographie* in Israel. Von 1974 an war sie in der Abteilung für Strukturchemie tätig und wurde dort 1984 zur außerordentlichen Professorin ernannt. Im Jahre 1988 wurde sie zur *Professorin für Strukturbiologie* berufen und leitet seit 1989 als Direktorin „The Helen and Milton A. Kimmelmann Center for Biomolecular Assemblies" am Weizmann-Institut.

Neben ihrer Arbeit am *Weizmann – Institut* war sie innerhalb und außerhalb Israels an verschiedenen Instituten und Universitäten tätig. Ende der 70ziger Jahre reifte in *Ada Jonath* der Entschluss den Prozess der *Proteinbiosynthese* aufzuklären. Da bei der Proteinbiosynthese die *Ribosomen* eine Schlüsselrolle spielen, ist es notwendig, die atomare Struktur von *Ribosomen* aufzuklären, was damals nach Meinung der Experten als aussichtslos erschien. Bisher war es nicht gelungen *Ribosomenkristalle* herzustellen. *Ribosomen* sind in allen Lebewesen vorkommende Zellorganellen. Ein Zellorganell ist ein strukturell abgegrenzter Bereich in der Zelle. *Ribosomen* sind kugelförmige Granula mit einem Durchmesser von ca. 20 – 25 nm. Die *Ribosomen* aller Organismen weisen zwei unterschiedliche Untereinheiten auf und bestehen aus *Proteinen* und *Ribonukleinsäure*-Molekülen. Die *70 S-Ribosomen* aus *Prokaryonten* (Zellen ohne Zellkern, z. B. Bakterien) bestehen aus einer großen 50 S- und einer kleinen 30 S-Untereinheit. Die *80 S-Ribosomen* aus *Eukaryonten* (Zellen mit Zellkern, z. B. Pflanzen, Tiere, Menschen) weisen eine 60 S- und eine 40 S-Untereinheit auf.[18].

Ein wichtiger Abschnitt für die Forschungen an *Ribosomen* war der Aufenthalt von *Ada Jonath* als Gastprofessorin und Leiterin einer Arbeitsgruppe am „Max-

---

[18] Die Trennung der Ribosomen Partikel von den Zellbestandteilen erfolgt in einer Ultrazentrifuge. Dabei kann die Masse der Ribosomen aus dem Sedimentationskoeffizienten S (Svedberg) bestimmt werden (1 S $\equiv$ 1·10^{-13} s).

Planck-Institut für molekulare Genetik" in der Abteilung "*Ribosomen und Proteinbiosynthese*" bei *Heinz Günter Wittmann* (1927 – 1990) in *Berlin-Dahlem* von 1979 bis 1983. Professor *Wittmann* war zu dieser Zeit einer der renommiertesten Forscher auf dem Gebiet der *Ribosomen*. Bei der Suche nach geeigneten Ribosomen wurde *Ada Jonath* durch einen Artikel über Winterschlaf haltende Bären angeregt. Die Natur ermöglicht das Überleben der *Ribosomen* unter dieser Extremsituation, indem sie die *Ribosomen* periodisch in Monoschichten auf der Innenseite der Zellmembranen stapelt. Deshalb verwendete *Ada Jonath* für ihre Kristallisationsversuche Bakterien, die unter extremen Bedingungen überlebensfähig sind. Für die Kristallisationsexperimente wurden die Bakterien *Haloarcula marismortui*, die im Roten Meer bei hohen Temperaturen und hohen Salzgehalt überlebensfähig sind, herangezogen. Als weitere thermophile Bakterien wurden *Thermus thermophiles* und *Bacillus stearothermophilus* verwendet. Ebenso wurden Versuche mit dem polyextremophilen Bakterium *Deinococcus radiodurans* durchgeführt, welches auch hohe Dosen ionisierender Strahlung überlebt. *Ada Yonath* begann zuerst mit der Herstellung von *Ribosomen-Kristallen* in ausreichender Größe, eine wichtige Voraussetzung für die Strukturanalyse mit Röntgenstrahlen. 1980 gelang ihr die Züchtung ausreichend großer Kristalle, die aber noch verunreinigt waren. Die dreidimensionalen Mikrokristalle mit Größen von 10 µm bis 100 µm wurden sowohl röntgenographisch als auch elektronenmikroskopisch charakterisiert [41 – 43]. Die in Berlin begonnenen Arbeiten wurden im *Weizmann-Institut* als auch von 1986 – 2004 in Hamburg fortgesetzt, wo *Ada Jonath* die Max-Planck-Arbeitsgruppe "*Ribosomenstruktur*" am *Deutschen Elektronen-Synchrotron (DESY)* in Hamburg leitete. Um die Strahlenschädigung der Ribosomenkristalle durch die Röntgenstrahlung zu minimieren, wurden die Proben bei Stickstofftemperatur von -185°C untersucht.

Als 2001 die Gruppe um Ada Jonath die Kristallstruktur der S30-Untereinheit mit einer Auflösung von 3,3 Å und ein Jahr später die Struktur der S50-Einheit mit einer Auflösung von 3,1 Å publizierte, war dies für sie der endgültige Durchbruch in der Ribosomenforschung [44, 45].

Im Jahre 2009 wurde **Ada Yonath**, gemeinsam mit **Thomas A. Steitz** und **Venkatraman Ramakrishnan**, der **Nobelpreis für Chemie** für ihre **Studien zur Struktur und Funktion des Ribosoms** zuerkannt.

Der amerikanische Biochemiker und Molekularbiologe *Thomas Arthur Steitz* (geb. 1940 in Milwaukee, Wisconsin) von der *Yale Universität* in *New Haven/Connecticut* publizierte als Erster 1998 die Kristallstruktur der großen *50 S-Untereinheit* des Ribosoms aus dem *Halobakterium Haloarcula halosmortui* mit einer Auflösung von 9 Å. Damit war die Auflösung einzelner Atome noch nicht gegeben. Doch bereits 2 Jahre später veröffentlichte die Gruppe um *Steitz* die atomare Struktur des 50-S Ribosoms mit einer Auflösung von 2,4 Å.

Zeitgleich erschienen die Arbeiten zur Strukturaufklärung der kleinen S 30-Untereinheit von *Ramakrishnan* und – wie bereits erwähnt – von Ada *Yonath*. Auf diese

Weise konnte man die die Struktur und Funktion des gesamten 70 S-Ribosoms auf atomarer Ebene verstehen.

Der Strukturbiologe *Venkatraman Ramakrishnan* (geb.1952 in Chidambaram, Tamil Nadu einem indischen Bundesstaat) war zum Zeitpunkt der Preisverleihung am Laboratorium für Molekularbiologie des Medizinischen Forschungszentrums der Universität Cambridge in Großbritannien tätig. Seit 1. Dezember 2015 ist er Präsident der *Royal Society*.

Letztendlich war es die Pionierarbeit von *Ada Jonath*, die zeigte wie man stabile Kristalle von *Ribosomen* gewinnen kann und damit die Voraussetzungen für die Strukturanalyse von *Ribosomen* schaffte. *Ada Jonath* ist nach *Marie Curie* (Nobelpreis 1911), ihrer Tochter *Irène Joliot-Curie* (Nobelpreis 1935) und *Dorothy Crowfoot-Hodgkin* (Nobelpreis 1964) die vierte Frau, die den *Nobelpreis für Chemie* erhielt. Die Liste ihrer zahlreichen wissenschaftlichen Auszeichnungen und Ehrungen ist ein Ausdruck der Wertschätzung für ihre bahnbrechenden wissenschaftlichen Pionierleistungen zur Aufklärung von Struktur und Funktion des *Ribosoms*. *Ada Jonath* ist Mitglied von 13 wissenschaftlichen Akademien, seit 2013 ist sie Mitglied der *Nationalen Akademie der Wissenschaften Leopoldina*. Die Ehrendoktorwürde wurde ihr von 32 Universitäten, in Deutschland von der *Universität Hamburg* (2012) und der *Technischen Universität Berlin* (2014) verliehen. Bisher wurde sie für ihre herausragenden wissenschaftlichen Arbeiten mit 50 Preisen ausgezeichnet. Darunter sind u.a.: Der *Israel-Preis* (2002), der *Massry-Preis* (2004), der *Louisa Gross Horwitz*-Preis (2005), der *Paul-Ehrlich-und-Ludwig-Darmstaedter-Preis* (2007), *der Wolf-Preis* (2007), der Albert Einstein World Award of Science (2008) und für ihr Lebenswerk der *UNESCO-L'Oréal-Preis für Frauen in der Wissenschaft* (2008). Von der Europäischen Gesellschaft für Kristallographie (*ECA- European Crystallographic Association*) wurde Ada Jonath der erste *Europäische Kristallographie Preis* (2000) in *Nancy* verliehen. Sie war und ist Mitglied zahlreicher nationaler und internationaler Komitees und wissenschaftlicher Beiräte. So gehört sie seit 2013 dem wissenschaftlichen Beratungsgremium des Generalsekretärs der UNO an. Die Stadt *Tel Aviv* verlieh ihr die Ehrenbürgerschaft. Nach wie vor forscht *Ada Jonath* mit ihrer Ribosomengruppe im „*The Helen and Milton A. Kimmelman Center for Biomolecular Structure and Assembly*" am *Weizmann Institut* in Rehovot, einer Stadt ca. 20 km südlich von *Tel Aviv*. Ihr gegenwärtiger Forschungsschwerpunkt ist dabei die Aufklärung der Wirkung von Antibiotika auf *Ribosomen*. In den letzten Jahren wurden von ihr und ihren Mitarbeitern die Wirkungsmechanismen von mehr als 20 Antibiotika aufgeklärt. Wenn Antibiotika an den *Ribosomen* von Bakterien andocken, dann werden diese blockiert. Es zeigt sich jedoch, dass die Zahl der Resistenzen von Antibiotika zunimmt. *Ada Jonath* und ihre Mitarbeiter suchen die Wirkmechanismen des Andockens der Antibiotika aufzuklären und damit die Grundlage für die Entwicklung neuer Wirkstoffe zu schaffen, die effizienter die *Ribosomen* von Bakterien blockieren und weniger Resistenzen bewirken.

4.3 Kristallographie im 21. Jahrhundert

Kristallographie in den Geowissenschaften, in Chemie, Physik, den Materialwissenschaften, Molekularbiologie und Pharmazie hat für diese Disziplinen einen hohen Stellenwert und erfordert in Abhängigkeit ihrer fachspezifischen Aufgabenstellungen die Anwendung von Verfahren und Methoden der mathematischen Kristallographie, der Kristallchemie, der physikalisch-chemischen Kristallographie, der Kristallphysik und der Strukturanalyse. Nachfolgend sind einige Schwerpunkte der kristallographischen Forschung in diesen Fachgebieten aufgeführt.

Kristallographie in den Geowissenschaften (Mineralogie, Geologie)

Gegenstand kristallographischer Forschung sind Strukturuntersuchungen an Mineralen, Meteoriten und Gesteinen. Ziel dieser Untersuchungen ist es, dabei Informationen zur geschichtlichen Entwicklung der Erde zu erhalten. Ein wichtiges kristallographisches Forschungsgebiet in den Geowissenschaften ist die Hochdruckkristallographie. Dabei werden in Diamantstempelhochdruckzellen Minerale extrem hohen Drücken und Temperaturen ausgesetzt und nachfolgend deren atomare Struktur mit einem Beugungsexperiment bestimmt. Damit lassen sich wichtige Rückschlüsse auf die Mineralbildung im Erdinneren ziehen. Ein hochaktuelles Forschungsfeld betrifft das Gebiet der Biomineralisation und die Untersuchungen zu Struktur und Eigenschaften von Biomaterialien.

Neben den klassischen Beugungsverfahren werden zur Charakterisierung von Mineralen und Gesteinen in zunehmenden Maße Methoden der Elektronenmikroskopie eingesetzt. So können damit die chemische Fehlordnung, Nichtstöchiometrien, Stapelfehlordnungen (Polytypismus) in Mineralen nachgewiesen werden. Ferner ist Analyse von Deformationszuständen und den bei Phasentransformationen entstandenen Domänen in Geomaterialien möglich.

Ein aktuelles Forschungsbiet betrifft die Untersuchung von Gashydraten, wozu auch die Untersuchungen von Eis zählen, was bei extrem hohen Drücken und tiefen Temperaturen entstanden ist.

Kristallographie in der Chemie

Zentrale Aufgabe kristallographischer Forschung in der Chemie ist die Strukturaufklärung der synthetisierten kristallinen anorganischen und organischen Verbindungen. Dieses Anwendungsgebiet der Kristallstrukturanalyse, oft als „**Chemische Kristallographie**" bezeichnet, beinhaltet mehr als die Strukturaufklärung einer statischen Struktur. Wichtige Aufgaben sind dabei unter anderem: Aufklärung von Reaktionsmechanismen, von Struktur-/Eigenschaftsbeziehungen, Erfassung von zeitlichen Strukturveränderungen in Abhängigkeit von Temperatur und Druck. Eine wichtige Grundlage für die Untersuchungen anorganischer Kristalle sind die Strukturdatenbanken (**ICSD- Inorganic Structure Database**, **PCD – Pearson's Crystal**

Data) und für kleine Moleküle, organische und metallorganische Verbindungen die Strukturdatenbank **CSD** (***Cambridge Structural Database***). In der Festkörperchemie spielt die Materialentwicklung (Kristallzüchtung) und die damit verbundene strukturelle Charakterisierung eine große Rolle.

Ein wichtiges Anwendungsfeld der mathematischen Kristallographie ist die Darstellung der Symmetriebeziehungen zwischen den Raumgruppen verwandter Kristallstrukturen. Eine besondere Rolle spielen hierbei Gruppe-Untergruppe-Beziehungen bei Phasenumwandlungen der Kristalle.

Ein wichtiges Feld kristallographischer Forschung betrifft *„crystal engineering"*, d. h. die Konstruktion und Synthese molekularer Festkörperstrukturen mit gezielten Eigenschaften. Klassische Beispiele hierfür sind die metallorganischen Gerüststrukturen (*MOFs – metal organic frameworks*) und eine Vielzahl organischer polymorpher Verbindungen.

Die Entwicklung und Anwendung von Algorithmen und Computerprogrammen zur Vorhersage von Kristallstrukturen ist ein weiteres hochaktuelles Forschungsgebiet.

Kristallographie in der Molekularbiologie

Der Schwerpunkt der kristallographischen Forschung in der Molekularbiologie ist zweifelsohne die Strukturanalyse von *Nucleinsäuren* (*DNS*), *Proteinen* (*Eiweiße*) und *Viren*, um über die Kenntnis der dreidimensionalen atomaren Struktur Zugang zur Funktion der Makromoleküle zu erhalten. Voraussetzung für die Mehrzahl der Strukturanalyseverfahren ist, dass Kristalle von guter Qualität und in Abhängigkeit von der verwendeten Strahlungsquelle auch in ausreichender Größe vorliegen. Dies erfordert die Entwicklung geeigneter Kristallisationstechniken und den Einsatz von Kristallisationsrobotern. Eine wichtige Rolle bei der Lösung der Forschungsaufgaben spielen die Protein- und Proteinkristallisationsdatenbanken.

Nach der erfolgreichen Sequenzierung des menschlichen *Genoms* ist die Untersuchung des *Proteoms*, d. h. die Gesamtheit der in einem Organismus vorkommenden Proteine, eine komplexe Aufgabe.

Die Strukturanalyse von biologischen Makromolekülen und kleinen Molekülen ist ebenso eine wichtige Voraussetzung für das struktur- und computergestützte Design neuer Wirkstoffe für die Entwicklung von Arzneimitteln in der **Pharmazie**.

Kristallographie in der Festköperphysik und Materialwissenschaft

Für die umfassende Untersuchung der Struktur/Eigenschaftsbeziehungen von kristallinen Materialien sind i. allg. große Einkristalle von hoher Qualität erforderlich. Damit sind die **Kristallzüchtung** und die **Charakterisierung der Kristalle** wichtige Aufgaben kristallographischer Forschung. Das Materialspektrum der Einkristallzüchtung reicht dabei von Halbleiterkristallen, Szintillationskristallen, optischen, akkusto-optischen, nichtlinear-optischen Kristallen, Laserkristallen, Metallen und Legierungen bis hin zu Kristallen der Schmuckindustrie (z. B. Diamant, Sapphir, Topas, Spinell). Ein weiteres Aufgabengebiet betrifft die Untersuchung von Schichten und Schichtsystemen. Ferner gilt es, die Struktur und Eigenschaften polykristalliner, nanokristalliner und amorpher Materialien aufzuklären. Generell ist die Realstrukturanalyse, d. h. der Bestimmung der Kristalldefekte hinsichtlich Art, Anzahl und Lage unabdingbar, da die Realstruktur wesentlich die Eigenschaften des Materials beeinflusst. Für viele Anwendungen der Materialien ist es erforderlich, die richtungsabhängigen physikalischen Eigenschaften zu messen (spezielle Aufgabe der Kristallphysik).

Die mathematische Kristallographie (Theorie der Raumgruppen) ist ein unentbehrliches Hilfsmittel für die theoretische Behandlung von Phasenübergängen. Es kann damit die Art der Domänenstruktur (Zwillinge oder Antiphasengrenzen) und deren Anzahl bestimmt werden.

Eine Schlüsselstellung innerhalb der kristallographischen Forschung nimmt die **Kristalstrukturanalyse** ein, denn nur über die Kenntnis der Anordnung der atomaren Bausteine im kristallinen Festkörper werden die Eigenschaften und Wirkungsweisen der Materialien zugänglich. Die Mehrzahl der Strukturen wird mittels Röntgen-, Neutronen- und Elektronenbeugung gelöst. Zur Bestimmung der dreidimensionalen Struktur von biologischen Makromolekülen in Lösungen findet auch die kernmagnetische Resonanzspektroskopie (*NMR- nuclear magnetic resonance*) Anwendung. Dabei werden die Beugungsverfahren nicht nur zur Bestimmung der Idealstruktur angewandt, sondern es gibt eine Vielzahl von Techniken und Verfahren mit denen die Realstruktur kristalliner und nichtkristalliner Materialien untersucht wird. Neben ein- und polykristallinen Materialien werden ebenso Pulver, Schichten, Schichtsysteme, Oberflächen etc. charakterisiert. Zum anderen existieren für die unterschiedlichen Strahlen abbildende und spektroskopische Verfahren.

Ein wesentlicher Fortschritt bei der Strukturbestimmung mittels Röntgen- und Neutronenstrahlen wurde durch die Entwicklung brillanter Strahlungsquellen (*Synchrotron*, *freier Elektronenlaser*, *Spallations-Neutronenquelle*) erreicht.

Das Grundprinzip eines freien Elektronenlasers besteht darin, dass in einem linearen Teilchenbeschleuniger ein Elektronenstrahl auf nahezu Lichtgeschwindigkeit beschleunigt wird. Dieser durchläuft anschließend eine spezielle Anordnung von Magneten (Undulatoren), welche die Elektronen auf eine Slalombahn bringen und dabei eine gebündelte Strahlung aussenden.

Der erste freie Elektronenlaser für harte Röntgenstrahlung, der *LCLS (Linac Coherent Light Source)* wurde am *Stanford Linear Accelerator Centre (SLAC)/USA* 2009 in Betrieb genommen und sehr erfolgreich zur Strukturuntersuchung von Proteinen eingesetzt. Der weltgrößte freie Elektronenlaser für harte Röntgenstrahlung ist der im September 2017 in Betrieb genommene *European XFEL* in *Hamburg*. Die 3,4 km lange

Anlage beginnt bei *DESY* (*Deutsches Elektronen-Synchrotron*) in Hamburg-Bahrenfeld. Der lineare Beschleuniger befindet sich in einem Tunnel 6m – 38 m unter der Erde. Der *European XFEL* ist eine extrem starke Röntgenquelle deren Brillanz 100 Millionen bis zu 1 Milliarde stärker als die einer Synchrotronquelle ist. Die extrem kurze Pulsdauer liegt im Bereich von 1 – 100 Femtosekunden (1 Femtosekunde = 1 Milliardstel Sekunde). Pro Sekunde werden 27000 Röntgenblitze ausgesandt, die im Wellenlängenbereich von 0,05 nm – 50 nm erzeugt werden können. Mit diesen ultrakurzen Röntgenlaserpulsen, die kohärent sind, kann die Struktur von Clustern, biologischen Makromolekülen und Viruspartikel mit atomarer Auflösung bestimmt werden. Ein weiteres Anwendungsfeld betrifft die Strukturbestimmung von Nanokristallen und Nanosystemen. Die ultrakurzen Laserpulse ermöglichen ferner die Untersuchung zeitlicher Abläufe in Festkörpern. Der Vorteil dieser hochenergetischen kohärenten Strahlung ist, dass damit sehr viel kleinere Kristalle als mit Synchrotronstrahlung untersucht werden können. Für die Strukturanalyse von Proteinen bedeutet dies, dass Kristalle mit einer Größe < 1 µm ausreichend sind, um Strukturdaten zu erhalten Ein nicht zu vernachlässigendes Problem bei den Experimenten betrifft die Strahlenschädigung der Probe. Beträgt die Pulsfrequenz nur wenige Femtosekunden, so lassen sich Beugungsdaten aufnehmen bevor die Probe vollständig zerstört wird. Um ausreichend Beugungsdaten für die Strukturbestimmung zu erhalten, wurde eine neue Untersuchungstechnik, die *„serielle Femtosekunden Röntgenkristallographie (SFX)"* entwickelt [46, 47]. Es wird nicht ein einzelner, hinreichend großer im Strahl rotierender Kristall untersucht, sondern mit Hilfe eines Flüssigkeitsstrahls werden submikroskopische Kristallite durch eine Düse nacheinander in den Röntgenlaserstrahl injiziert. Bei dem SFX-Verfahren können Daten von Tausenden bis zu Hunderttausenden Beugungsbildern einzelner Kristallite unterschiedlicher Größe, Form und Orientierung anfallen, die durch geeignete Computerprogramme ausgewertet werden müssen. Dafür wurde **CrystFEL** –eine Sammlung von Computerprogrammen zur Auswertung der SFX-Daten entwickelt und den Nutzern zur Verfügung gestellt [48].

Neutronen sind elektrisch neutral und ihre Wellenlänge liegt im Bereich der Atomabstände in Kristallen. Da Neutronen ein magnetisches Moment besitzen, eignen sie sich besonders zur Strukturanalyse magnetischer Strukturen. Zum anderen können mit Neutronen die Positionen leichter Elemente, wie Wasserstoff, Lithium, und Sauerstoff bestimmt werden, was mit Röntgenstrahlen nicht möglich ist. Neutronen ermöglichen die Untersuchung des Volumens von Materialien. Das Spektrum der Strukturforschung mit Neutronen reicht von Nanostrukturen bis zu Volumenmaterialien, von organischen Verbindungen und komplexen Molekülen bis hin zu Superlegierungen. Im materialwissenschaftlichen Bereich wird die Neutronenstreuung beispielsweise zur Phasenanalyse, Texturbestimmung, Messung von Eigenspannungen und Bestimmung der Dynamik von Phasenübergängen angewandt.

In zunehmendem Maße werden Methoden der **Elektronenkristallographie** zur Strukturbestimmung eingesetzt. Ganz allgemein versteht man unter Elektronenkristallographie alle Methoden der Elektronenstreuung und Abbildung mit Elektronen, die für Strukturuntersuchungen zielgerichtet eingesetzt werden können. Mit der Verfügbarkeit der aberrationskorrigierten Transmissions- und Rastertransmissionselektronenmikroskopen (TEM und STEM) ist man heute in der Lage, sowohl die Atomsorte als auch deren Lage mit hoher Genauigkeit in einer Strukturabbildung zu bestimmen (Nachweis von Objektdetails bis 0,05 nm = 0, 5 Å). Für die Strukturaufklärung von biologischen Makromolekülen spielt hierbei die **Kryo-Elektronenmikroskopie** eine wichtige Rolle, bei der die Probe auf die Temperatur von flüssigem Stickstoff heruntergekühlt wird, um einerseits die Strahlenschädigung zu minimieren und andererseits um das biologische Makromolekül in Lösung zu untersuchen. Die Ergebnisse der Strukturanalysen mittels Kryo-Elektronenmikroskopie zeigen, dass damit Proteinstrukturen mit einer Auflösung im 2 Å-Bereich bestimmt werden können.

Literatur

[1] Liebisch, Th.: *Physikalische Krystallographie*, Veit & Comp., Leipzig 1891.
[2] Liebisch, Th.: *Grundriss der physikalischen Krystallographie*, Veit & Comp., Leipzig 1896.
[3] Voigt, W.: *Lehrbuch der Kristallphysik (Mit Ausschluss der Kristalloptik)*, Verlag B. G. Teubner, Leipzig u. Berlin, 1910.
[4] Pockels, *Lehrbuch der Kristalloptik*, Verlag B. G. Teubner, Leipzig 1906.
[5] Kleber, W.: *Einführung in die Kristallographie*, Verlag Technik, Berlin 1956 (19. Aufl. Kleber, W., Bautsch, H.-J., Bohm, J. Klimm, D. DeGruyter Oldenbourg Verlag, Berlin 2010).
[6] Liebau, Fr.: *Structural Chemistry of Silicates: Structure, Bonding and Classification*. Springer-Verlag Berlin, Heidelberg, New York, Tokyo 1985.
[7] Lange, H.: *Die höhere Mädchenschule und ihre Bestimmung* (Begleitschrift zu einer Petition an das preußische Unterrichtsministerium und das preußische Abgeordnetenhaus), L. Oehmigkes Verlag, Berlin 1887.
[8] Astbury, W.T., Yardley, K.: *Tabulated data for the examination of the 230 space groups by homogeneous X-rays*, Phil. Trans. Roy. Soc. **A224** (1924) 221.
[9] Niggli, P.: *Geometrische Kristallographie des Diskontinuums*, Gebrüder Bornträger, Leipzig 1919.
[10] Wyckoff, R. W. G.: *An outline of the application of the theory of space groups to the studies of the structures of crystals*, Am. J. Science **1** (1921) 127.
[11] Lonsdale, K.: *Simplified Structure Factor and Electron Density Formulae for the 230 Space Groups of Mathematical Crystallography*, publ. for the Royal Institution, Bell & Sons, London 1936.
[12] *Internationale Tabellen zur Bestimmung von Kristallstrukturen*. Band 1: *Gruppentheoretische Tafeln*; Band 2: *Mathematische und physikalische Tafeln* (Eds.: Bragg, W.H.; von Laue, M.; Hermann, C.) Gebrüder Borntraeger Verlag, Berlin 1935.
[13] Lonsdale, K.: The *structure of the benzene ring in hexamethylbenzene*, Nature **122** (1928) 810.
[14] Lonsdale, K.: *An X-ray analysis of the structure of hexachlorobenzene using the Fourier method*, Proc. Roy. Soc. **A133** (1931) 436.

[15] Megaw, H-D.: *Cell dimensions of ordinary and heavy ice*, Nature **134** (1934) 900.
[16] Megaw, H-D.: *Crystal structure of barium titanite*, Nature **155** (1945) 484.
[17] Megaw, H-D.: *Ferroelectricity in Crystals*, Methuen, London 1957.
[18] Megaw, H-D.: *Crystal Structures: A Working Approach*, W.B. Saunders Co., Philadelphia 1973.
[19] Powell, H. M., Crowfoot, D. M.: *Layer chain-structures of thallium dialkyl halides*, Nature **130** (1932) 131.
[20] Bernal, J. D., Crowfoot, D.: *X-ray photographs of crystalline pepsin*, Nature **133** (1934) 794.
[21] Crowfoot, D.: *X-ray single-crystal photographs of insulin*, Nature **135** (1935) 591.
[22] Crowfoot, D, Bunn, C. W., Rogers-Low, B.W., Turner-Jones, A.: *X-ray crystallographic investigation of the structure of penicillin*. In: Chemistry of penicillin, (Eds.:larke, H. T., Johnson, J. R., Robinson, R.), Princeton University Press, Princeton, New Jersey, 1949, 310.
[23] Hodgkin, D. C., Pickworth, J., Robertson, J.H., Trueblood, K. N., Prosen, R. J., White, J. G., *The crystal structure of the hexacarboxylic acid derived from B12 and the molecular structure of the vitamin*, Nature **176** (1955) 325.
[24] Adams, M. J., Blundell, T.L., Dodson,E.J., Dodson,G.G., Vijayan, M., Baker,E.N., Harding, M.M., Hodgkin, D. C., Rimmer, B., and Sheat, S.: *Structure of rhombohedral 2-zinc insulin crystals*. Nature **224** (1969) 491.
[25] Watson, J. D., Crick, F. H. C.: A structure for deoxyribose nucleic acid, Nature 171 (1953) 737.
[26] Wilkins, M. H. F., Stokes, A. R., Wilson, H. R.: *Molecular structure of deoxypentose nucleic acids*, Nature **171** (1953) 738.
[27] Franklin, R. E., Gossling, R. G.: *Molecular configuration in sodium thymonucleate*, Nature **171** (1953) 740.
[28] Franklin, R. E., Caspar, D. L. D., Klug, A.: *The structure of viruses as determined by X-ray diffraction*, in: Plant Pathology: Problems and Progress, 1908–1958 (Eds.: Holton, C.C. et al.) University of Wisconsin Press, (1959) 447.
[29] Klug, A.: 'Rosalind Franklin and the discovery of the structure of DNA, Nature **219** (1968) 808., 883.
[30] Klug, A.: 'Rosalind Franklin and the double helix', Nature **248** (1974) 787.
[31] Watson, James, D.: *Die Doppelhelix*, Rowohlt-Verlag, 1. Aufl. 1969, 20. Auflage 2007.
[32] Sayre, Anne: *Rosalind Franklin and DNA*,W. W. Norton & Co., New York, 1975.
[33] Maddox, Brenda: *Rosalind Franklin: The dark lady of DNA*, HarperCollins, London, 2002.
[34] Glynn, Jenifer: *My sister Rosalind Franklin*, Oxford University Press 2012.
[35] Schimanko, Dora: Warum so und nicht anders. Die Schiffs: Eine Familie wird vorgestellt, Wien: Theodor Kramer Gesellschaft 2006.
[36] Dornberger-Schiff, K.: *On order-disorder structures*, Acta Cryst. **9** (1956) 593.
[37] Dornberger-Schiff, K.: *Grundzüge einer Theorie der OD-Strukturen aus Schichten*, Abhandlungen der Deutschen Akademie der Wissenschaften zu Berlin, Klasse für Chemie, Geologie und Biologie, **3** (1964) 1.
[38] Dornberger-Schiff, K.: *Lehrgang über OD-Strukturen*, Akademie Verlag, Berlin 1966.
[39] Dornberger-Schiff, K.: *OD structures – a game and a bit more*, Kristall und Technik **14** (1979) 1027.
[40] Traub, W., Yonath, A., Segal, D. N.: On the molecular structure of collagen, Nature **221** (1969) 914.
[41] Yonath, A., Muessig, J., Tesche, B., Lorenz, S., Erdmann, V. A., Wittmann, H. G.: *Crystallization of the large ribosomal subunit from B. stearothermophilus*, Biochem. Int., **1** (1980) 315.
[42] Yonath, A., Khavitch, G., Tesche, B., Muessig, J., Lorenz, J., Erdmann V.A., Wittmann, H.G.: The nucleation of crystals of large ribosomal subunits from B. stearothermophilus, Biochem Int, **5** (1982) 629.

[43] Yonath, A., Muessig, J., Wittmann, H.G.: Parameters for crystal growth of ribosomal subunits, J Cell Biochem. **19** (1982) 145.
[44] Schluenzen, F., Tocilj, A., Zarivach, R., Harms, J., Gluehmann, M., Janell, D., Bashan, A., Bartels, H., Agmon, I., Franceschi, F., Yonath, A. Structure of functionally activated small ribosomal subunit at 3.3 angstroms resolution, Cell **102** (2000) 615.
[45] Harms, J., Schluenzen, F., Zarivach, R., Bashan, A., Gat, S., Agmon, I., Bartels, H., Franceschi, F., Yonath, A. High resolution structure of the large ribosomal subunit from a mesophilic eubacterium, Cell **107** (2001) 679.
[46] Chapman, H.N.: Serial femtosecond crystallography, J. Synchrotron Radiation News **28** 6 (2015) 20.
[47] Schlichting, I.: Serial femtosecond crystallography: the first five years, IUCrJ **2** (2015) 246.
[48] White, T. A., Kirian, R. A., Martin, A. V., Aquila, A., Nass, K., Barty, A. Chapman, H. N.: *CrystFEL*: a software suite for snapshot serial crystallography, J. Appl. Cryst. **45** (2012), 335.

5 Anhang: Tabellen und Darstellungen zur Symmetrie von Kristallen

In diesem Kapitel werden einige wichtige Grundlagen zur Beschreibung von Kristallen, die in den Kapiteln 1.1 und 1.2 allgemein erörtert wurden, zusammenfassend und vertiefend dargestellt.

Tab. 1: Kristallfamilien, Kristallsysteme, Achsensysteme

Kristallfamilie	Symbol	Kristallsystem	Kristallographisches Koordinatensystem (Achsensystem)
triklin (anorthisch)	a	triklin	$a \neq b \neq c$ $\alpha \neq \beta \neq \gamma \neq 90°$
monoklin	m	monoklin	$a \neq b \neq c$ $\alpha = \gamma = 90°\ \beta \neq 90°$ (b-Achse - monokline Richtung)
			$a \neq b \neq c$ $\alpha = \beta = 90°\ \gamma \neq 90°$ (c-Achse - monokline Richtung)
orthorhombisch	o	orthorhombisch	$a \neq b \neq c$ $\alpha = \beta = \gamma = 90°$
tetragonal	t	tetragonal	$a = b \neq c$ $\alpha = \beta = \gamma = 90°$
hexagonal	h	trigonal	$a = b \neq c$ $\alpha = \beta = 90°\ \gamma = 120°$ (hexagonale Achsen)
			$a = b = c$ $\alpha = \beta = \gamma \neq 90°$ (rhomboedrische Achsen)
		hexagonal	$a = b \neq c$ $\alpha = \beta = 90°\ \gamma = 120°$
kubisch	c	kubisch	$a = b = c$ $\alpha = \beta = \gamma = 90°$

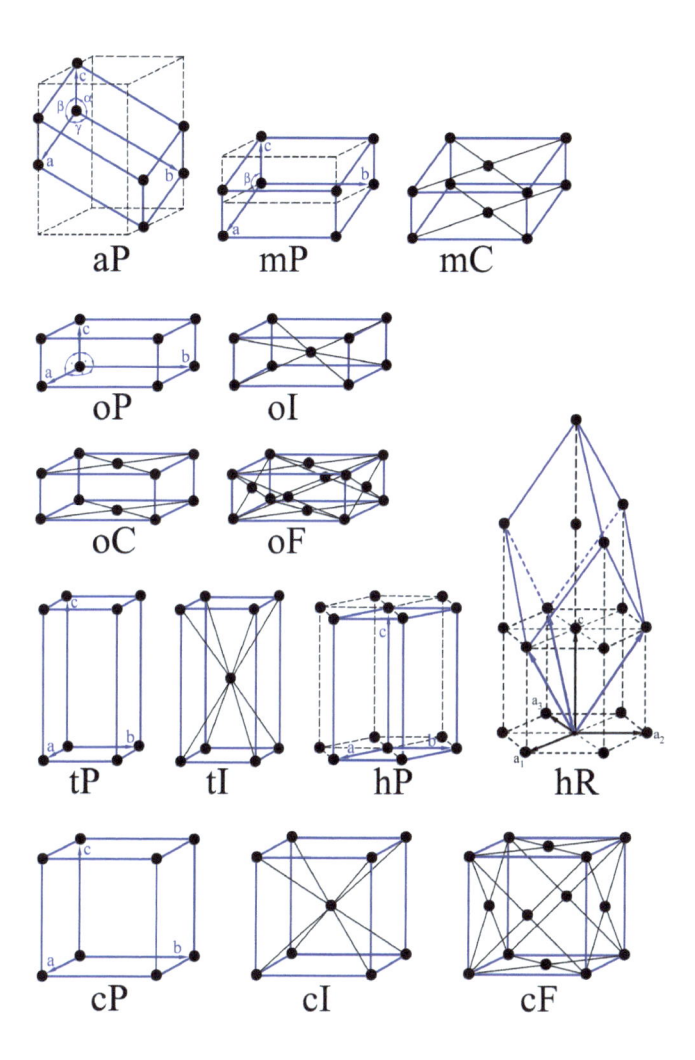

Abb. 5.1: Die 14-Bravaisgittertypen.

In den 6 Kristallfamilien mit den 7 Kristallachsensystemen sind aus Symmetriegründen insgesamt 14 Translationsgittertypen möglich. Der Kleinbuchstabe kennzeichnet die Zugehörigkeit zur Kristallfamilie. Der nachfolgende Großbuchstabe gibt den Zentrierungstyp an (**P** - primitives Gitter, **I** – innenzentriertes Gitter, **F**- allseitsflächenzentriertes Gitter, **A**, **B**, **C** – basisflächenzentriertes Gitter, **R** – rhomboedrisches Gitter). Das rhomboedrische Gitter kann als ein dreifach primitives hexagonales Gitter dargestellt werden. Umgekehrt gilt, dass das hexagonale Gitter als ein *dreifach primitives rhomboedrisches Gitter* dargestellt werden kann (s. Bildbeispiel oben).

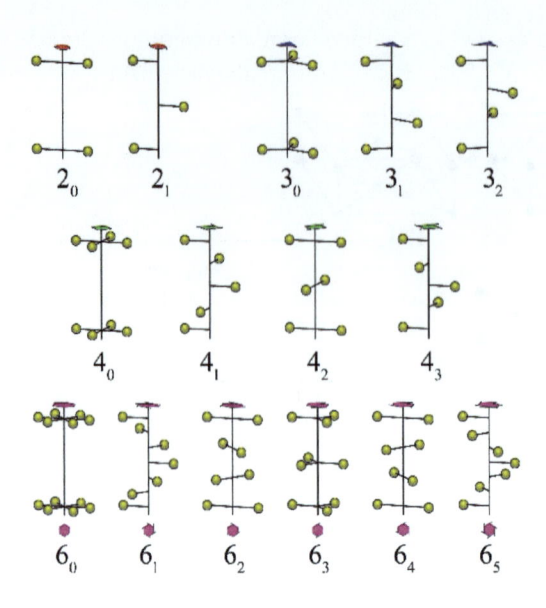

Abb. 5.2: Wirkungsweise der Symmetrieachsen (Dreh- und Schraubenachsen) in einer Kristallstruktur.

Jeder translationsperiodische Kristall lässt sich hinsichtlich seiner makroskopischen Symmetrie mit einer der 32 geometrischen Kristallklassen beschreiben. Die allgemeine Bezeichnung einer Kristallklasse beinhaltet die Angabe der Punktgruppe und *Nennung der allgemeinen Form*. So gehören kubische Kristalle (z.B. NaCl, PbS, Cu, Spinell) mit der Punktgruppe $m\bar{3}m$ zur **hexakisoktaedrischen Kristallklasse**. Gips kristallisiert in der **monoklin-prismatischen Kristallklasse 2/m**. Wie bereits in Kap. 1.2. erwähnt, haben alle zu einer geometrischen Kristallklasse zugehörigen Kristalle die gleiche Punktgruppensymmetrie, die in Tabelle 2 in Kurz- und Langform der internationalen Symbolik für die 32 Kristallklassen aufgeführt ist. Die Lage der im *Hermann-Mauguin-Symbol* enthaltenen Symmetrieelemente ist für die 7 Kristallsysteme aus Tabelle 3 ersichtlich. Die höchstsymmetrische Kristallklasse eines Kristallsystems (in Tab. 2 mit rot gekennzeichnet) wird als **Holoedrie** bezeichnet, die zugehörige allgemeine Kristallform mit der für das Kristallsystem maximalen Zähligkeit wird **Holoeder** (Vollflächner) genannt. Jedes Bravais-Gitter einer Kristallfamilie weist die Symmetrie der Holoedrie auf. Damit ergeben sich für die 14 Bravais-Gittertypen (Translationsgruppen) folgende Symmetrien: $P\bar{1}$, **P2/m, C2/m, Pmmm, Immm, Cmmm, Fmmm, P4/mmm, I4/mmm, P6/mmm,** $R\bar{3}m$, $Pm\bar{3}m$, $Im\bar{3}m$, $Fm\bar{3}m$.

In den nachfolgenden Abbildungen sind die 32 Kristallklassen geordnet nach den erzeugenden Symmetrieelementen aufgeführt. Zu jeder Kristallklasse sind folgende

Anhang: Tabellen und Darstellungen zur Symmetrie von Kristallen — 267

Informationen aufgeführt: Name der allgemeinen Form, Punktgruppensymbol, Symmetriegerüst der Kristallklasse (Punktgruppe) mit Angabe der Anzahl der Symmetrieelemente, Zeichnung der allgemeinen Form.

Tab. 2: Die 32 geometrischen Kristallklassen

Kristallsystem		Internationales Symbol nach *Hermann-Mauguin*		Allgemeine Kristallform (Zähligkeit)
		Kurzsymbol	Vollständiges Symbol	
triklin		1		Pedion (1)
	**	$\bar{1}$		Pinakoid (2)
monoklin		2		Sphenoid oder Dieder (2)
		m		Doma oder Dieder (2)
	**	2/m		monoklines Prisma (4)
orthorhombisch		222		rhombisches Disphenoid (4)
		mm2		rhombische Pyramide (4)
	**	mmm	2/m 2/m 2/m	rhombische Dipyramide (8)
tetragonal		4		tetragonale Pyramide (4)
		$\bar{4}$		tetragonales Disphenoid (4)
	**	4/m		tetragonale Dipyramide (8)
		422		tetragonales Trapezoeder (8)
		4mm		ditetragonale Pyramide (8)
		$\bar{4}2m$		tetragonales Skalenoeder (8)
	**	4/mmm	4/m 2/m 2/m	ditetragonale Dipyramide (16)
trigonal		3		trigonale Pyramide (3)
	**	$\bar{3}$		Rhomboeder (6)
		3m		ditrigonale Pyramide (6)
		32		trigonales Trapezoeder (6)
	**	$\bar{3}m$	$\bar{3}\,2/m$	ditrigonales Skalenoeder (12)
hexagonal		6		hexagonale Pyramide (6)
		$\bar{6}$		trigonale Dipyramide (6)
	**	6/m		hexagonale Dipyramide (12)
		622		hexagonales Trapezoeder (12)
		6mm		dihexagonale Pyramide (12)
		$\bar{6}2m$		ditrigonale Dipyramide (12)
	**	6/mmm	6/m 2/m 2/m	dihexagonale Dipyramide (24)

kubisch		23		tetraedrisches Pentagondodekaeder (12)
**		m$\bar{3}$	2/m$\bar{3}$	Disdodekaeder (24)
		432		Pentagonikositetraeder (24)
		$\bar{4}$3m		Hexakistetraeder (24)
**		m$\bar{3}$m	4/m$\bar{3}$ 2/m	Hexakisoktaeder (48)

Die mit ** gekennzeichneten Kristallklassen weisen ein Symmetriezentrum auf. Die Zähligkeit gibt die Anzahl der Flächen der allgemeinen Form an.

Tab. 3: Symmetrierichtungen in den 7 Kristallsystemen

Kristallsystem	Symmetrierichtung (Blickrichtung) Position im *Hermann-Mauguin* Symbol		
	1.	2.	3.
triklin	keine	--	--
monoklin	[010] b-Achse	--	--
	[001] c-Achse	--	--
orthorhombisch	[100]	[010]	[001]
tetragonal	[001]	{[100], [010]}	{[110],[1$\bar{1}$0]}
trigonal (hexagonale. Achsen)	[001]	{[100], [010], [$\bar{1}\bar{1}$0]}	--
trigonal (rhomboedrische Achsen)	[111]	{[1$\bar{1}$0], [01$\bar{1}$], [$\bar{1}$01]}	--
hexagonal	[001]	{[100], [010], [110]}	{[1$\bar{1}$0], [210], [120]}
kubisch	{[100], [010], [001]}	{[111], [$\bar{1}$11], [1$\bar{1}$1],], [11$\bar{1}$], }	{[110],[1$\bar{1}$0], [01$\bar{1}$], [011], [$\bar{1}$01], [101]}

Die in geschweiften Klammern zusammengefassten Richtungen sind symmetrieäquivalente Richtungen.

Tab. 4: Die sechs mit dem Gitterbau der Kristalle verträglichen Kombinationen von drei Drehachsen X_1, X_2, X_3.

X_1	X_2	X_3	$\angle (X_1, X_2)$	$\angle (X_1, X_3)$	$\angle (X_2, X_3)$
2	2	2	90°	90°	90°
3	2	2	90°	90°	60°
4	2	2	90°	90°	45°
6	2	2	90°	90°	30°
2	3	3	54° 44′ 08″	54° 44′ 08″	70° 31′ 08″
4	3	2	35° 15′ 52″	45°	54° 44′ 08″

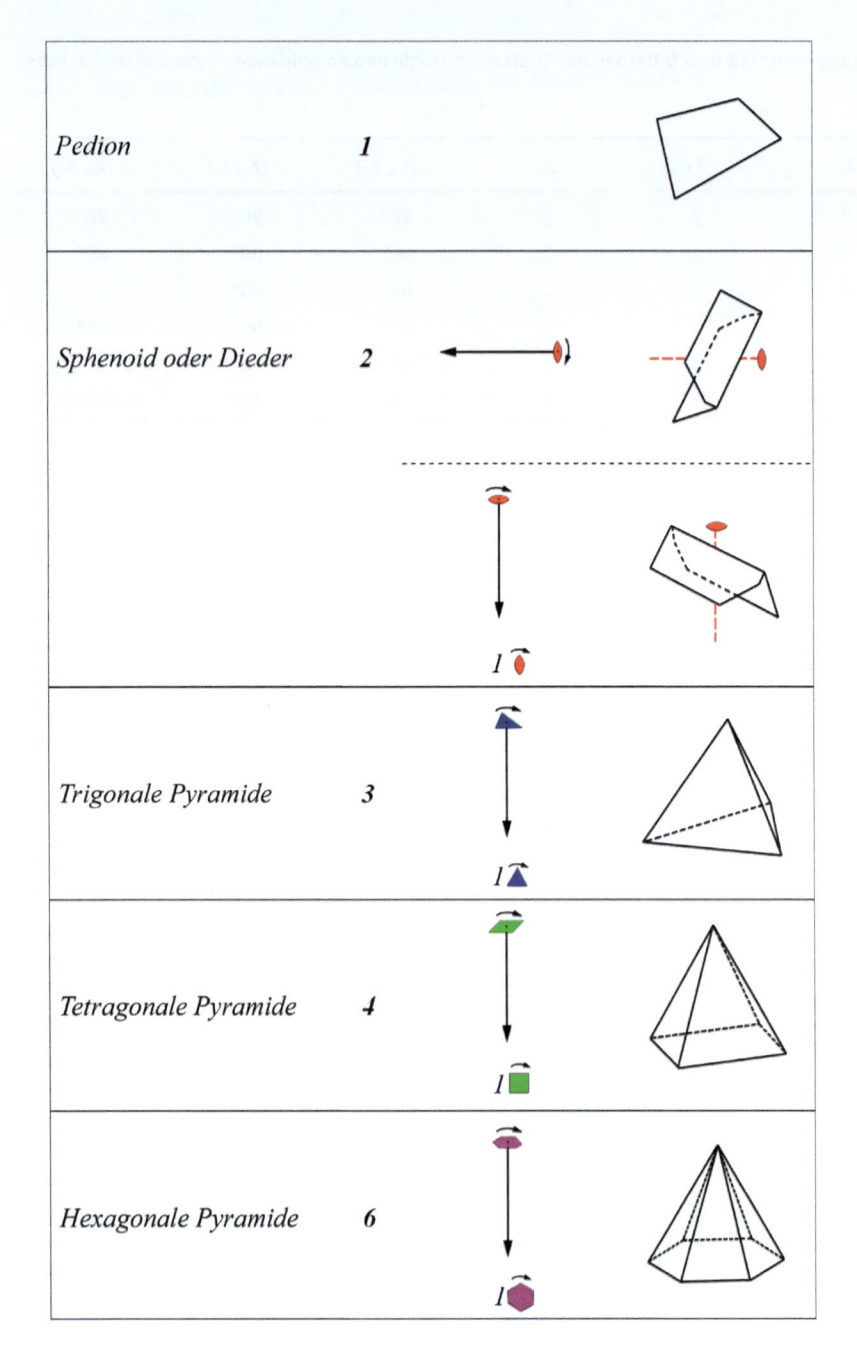

Pedion	1	
Sphenoid oder Dieder	2	
Trigonale Pyramide	3	
Tetragonale Pyramide	4	
Hexagonale Pyramide	6	

Abb. 5.3: Geometrische Kristallklassen mit einer n-zähligen Drehachse (X).

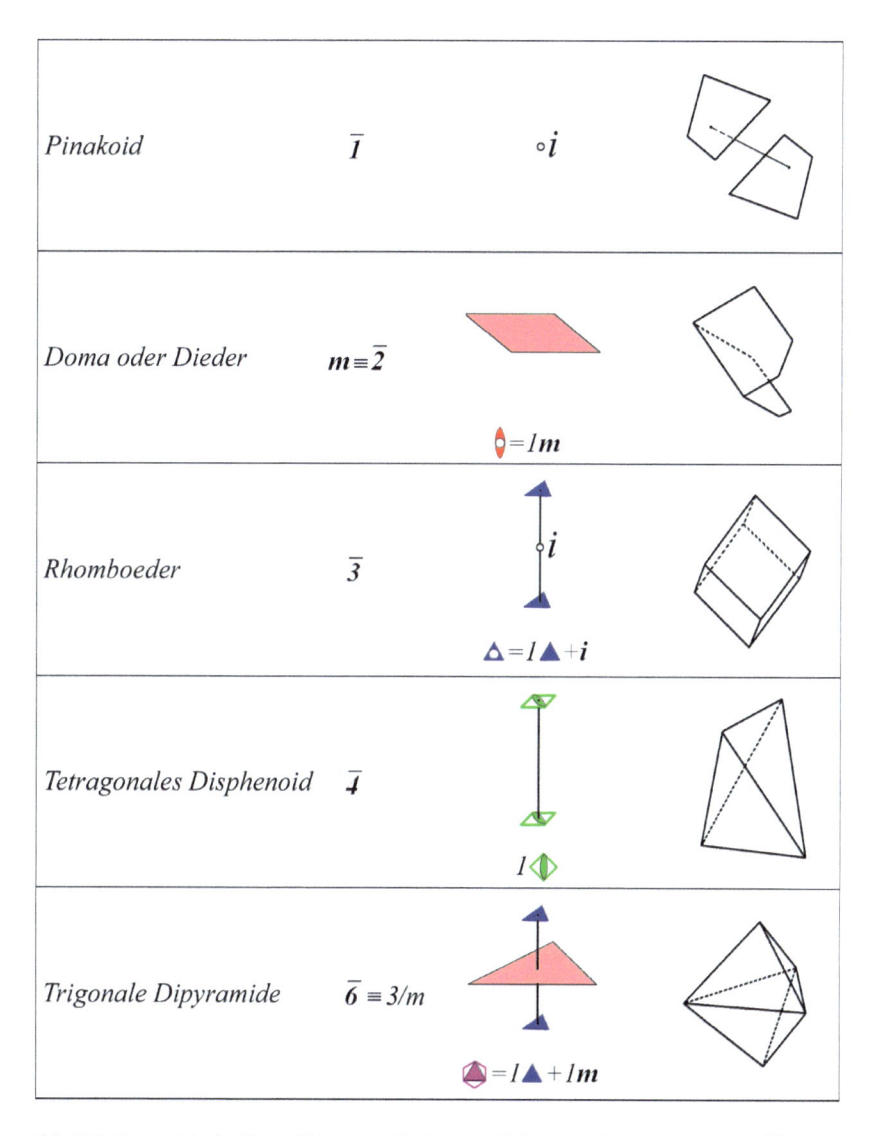

Pinakoid	$\bar{1}$	∘i	
Doma oder Dieder	$m \equiv \bar{2}$	= $1m$	
Rhomboeder	$\bar{3}$	i = $1\blacktriangle + i$	
Tetragonales Disphenoid	$\bar{4}$	1	
Trigonale Dipyramide	$\bar{6} \equiv 3/m$	= $1\blacktriangle + 1m$	

Abb. 5.4: Geometrische Kristallklassen mit einer n-zähligen Drehinversionsachse ($\bar{X}$).

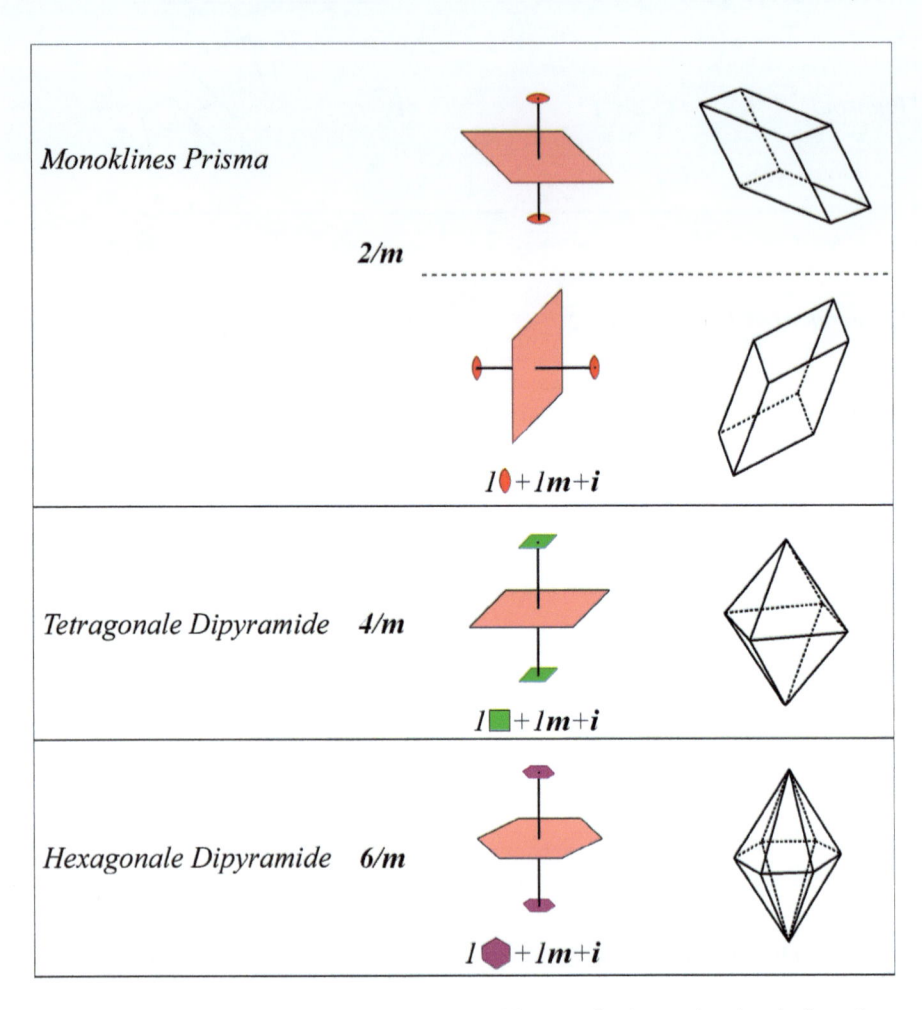

Monoklines Prisma	**2/m**		
		$1●+1m+i$	
Tetragonale Dipyramide	**4/m**	$1■+1m+i$	
Hexagonale Dipyramide	**6/m**	$1●+1m+i$	

Abb. 5.5: Geometrische Kristallklassen mit einer n-zähligen Drehachse und senkrecht dazu einer horizontalen Spiegelebene (Kombination X/m).

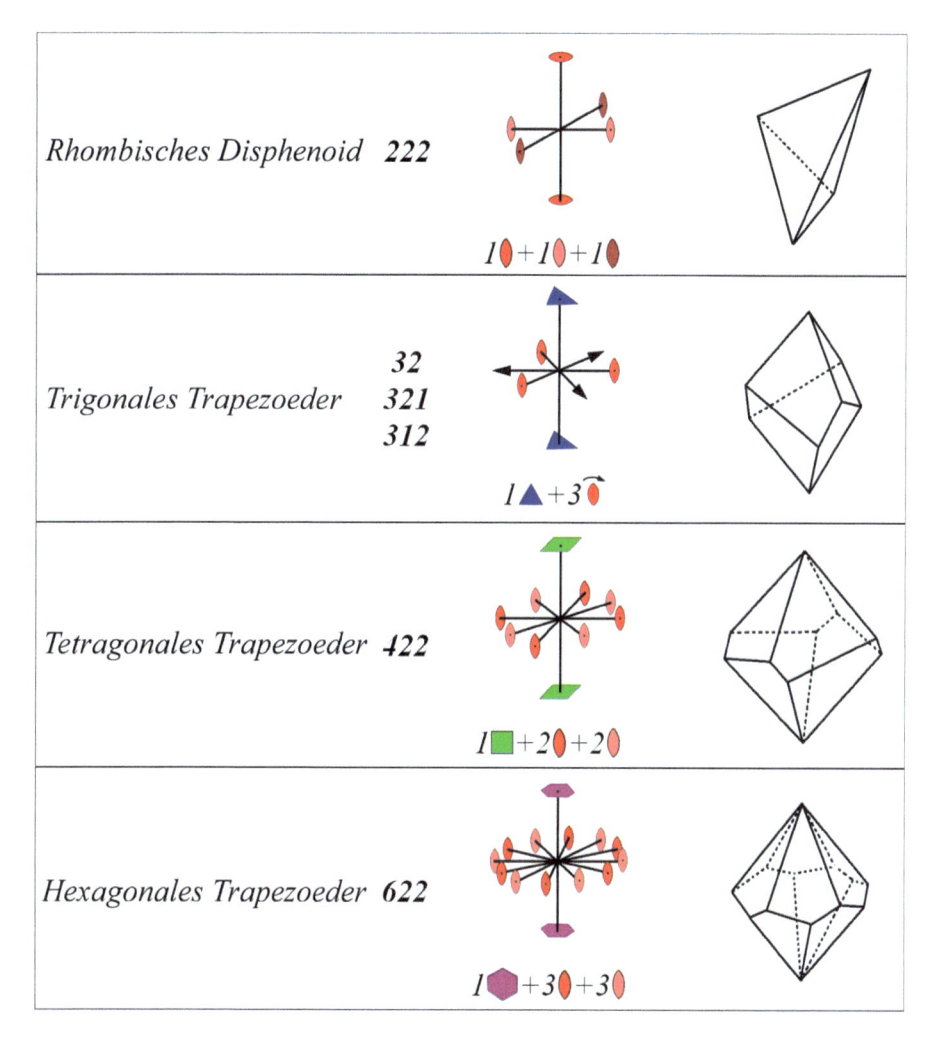

Rhombisches Disphenoid	222	$1\bullet + 1\bullet + 1\bullet$	
Trigonales Trapezoeder	32 321 312	$1\blacktriangle + 3\bullet$	
Tetragonales Trapezoeder	422	$1\blacksquare + 2\bullet + 2\bullet$	
Hexagonales Trapezoeder	622	$1\bullet + 3\bullet + 3\bullet$	

Abb. 5.6: Geometrische Kristallklassen mit einer n-zähligen Drehachse und senkrecht dazu n 2-zählige Drehachsen (Kombination X2).

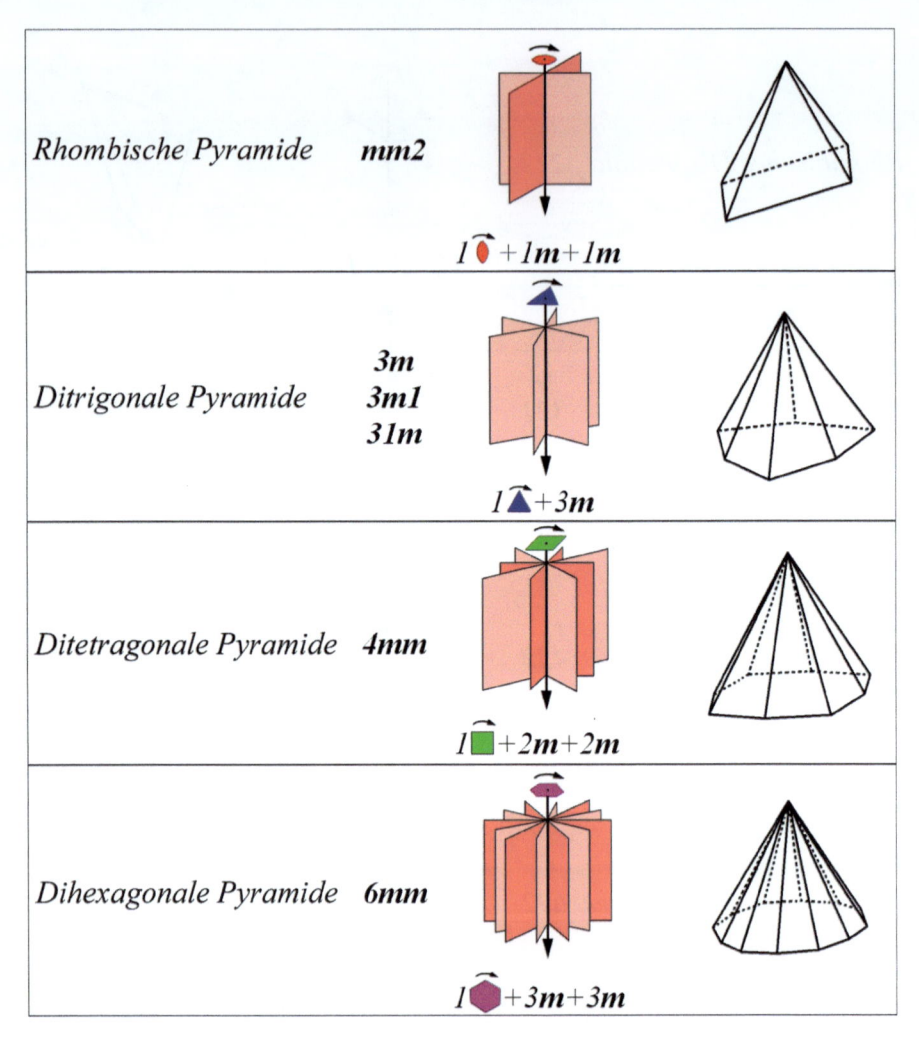

Rhombische Pyramide	mm2	$1\overset{\curvearrowright}{\bullet}+1m+1m$	
Ditrigonale Pyramide	3m 3m1 31m	$1\overset{\curvearrowright}{\blacktriangle}+3m$	
Ditetragonale Pyramide	4mm	$1\overset{\curvearrowright}{\blacksquare}+2m+2m$	
Dihexagonale Pyramide	6mm	$1\overset{\curvearrowright}{\hexagon}+3m+3m$	

Abb. 5.7: Geometrische Kristallklassen mit einer n-zähligen Drehachse und parallel dazu n vertikalen Spiegelebenen (Kombination Xm).

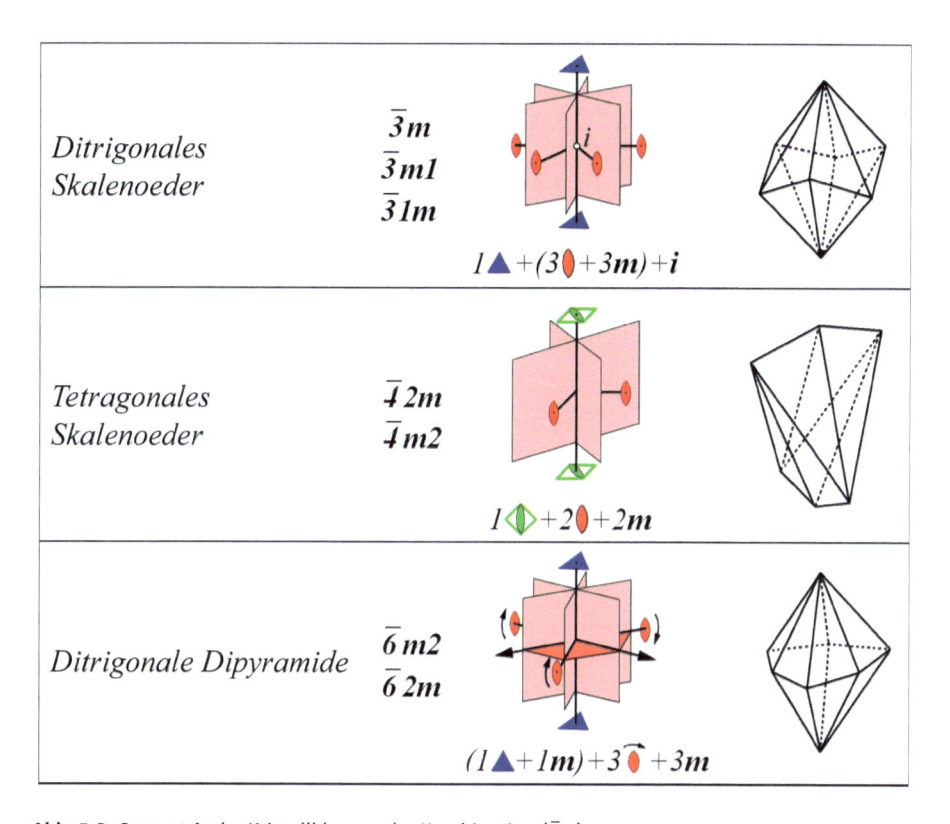

Ditrigonales Skalenoeder	$\bar{3}m$ $\bar{3}m1$ $\bar{3}1m$		
	$1\blacktriangle + (3\bullet + 3m) + i$		
Tetragonales Skalenoeder	$\bar{4}2m$ $\bar{4}m2$		
	$1\diamondsuit + 2\bullet + 2m$		
Ditrigonale Dipyramide	$\bar{6}m2$ $\bar{6}2m$		
	$(1\blacktriangle + 1m) + 3\bullet + 3m$		

Abb. 5.8: Geometrische Kristallklassen der Kombination ($\bar{X}$m).

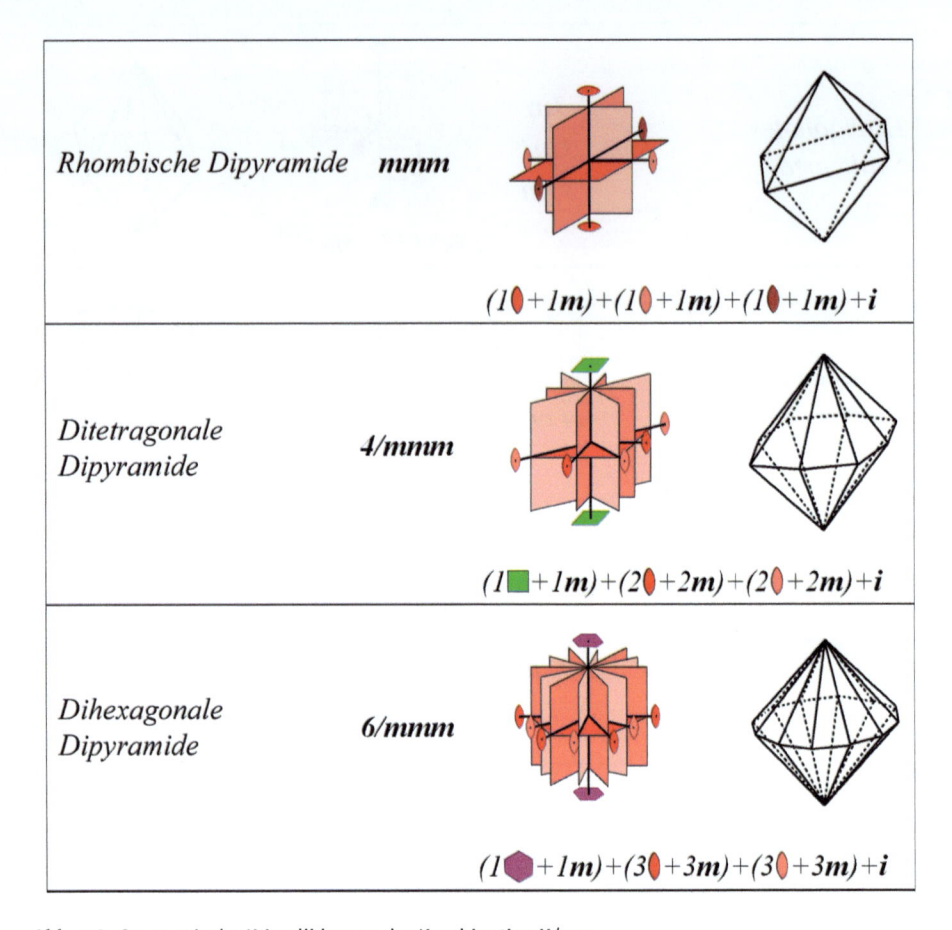

Rhombische Dipyramide	**mmm**		
		$(1\bullet+1m)+(1\bullet+1m)+(1\bullet+1m)+i$	
Ditetragonale Dipyramide	**4/mmm**		
		$(1\blacksquare+1m)+(2\bullet+2m)+(2\bullet+2m)+i$	
Dihexagonale Dipyramide	**6/mmm**		
		$(1\hexagon+1m)+(3\bullet+3m)+(3\bullet+3m)+i$	

Abb. 5.9: Geometrische Kristallklassen der Kombination X/mm.

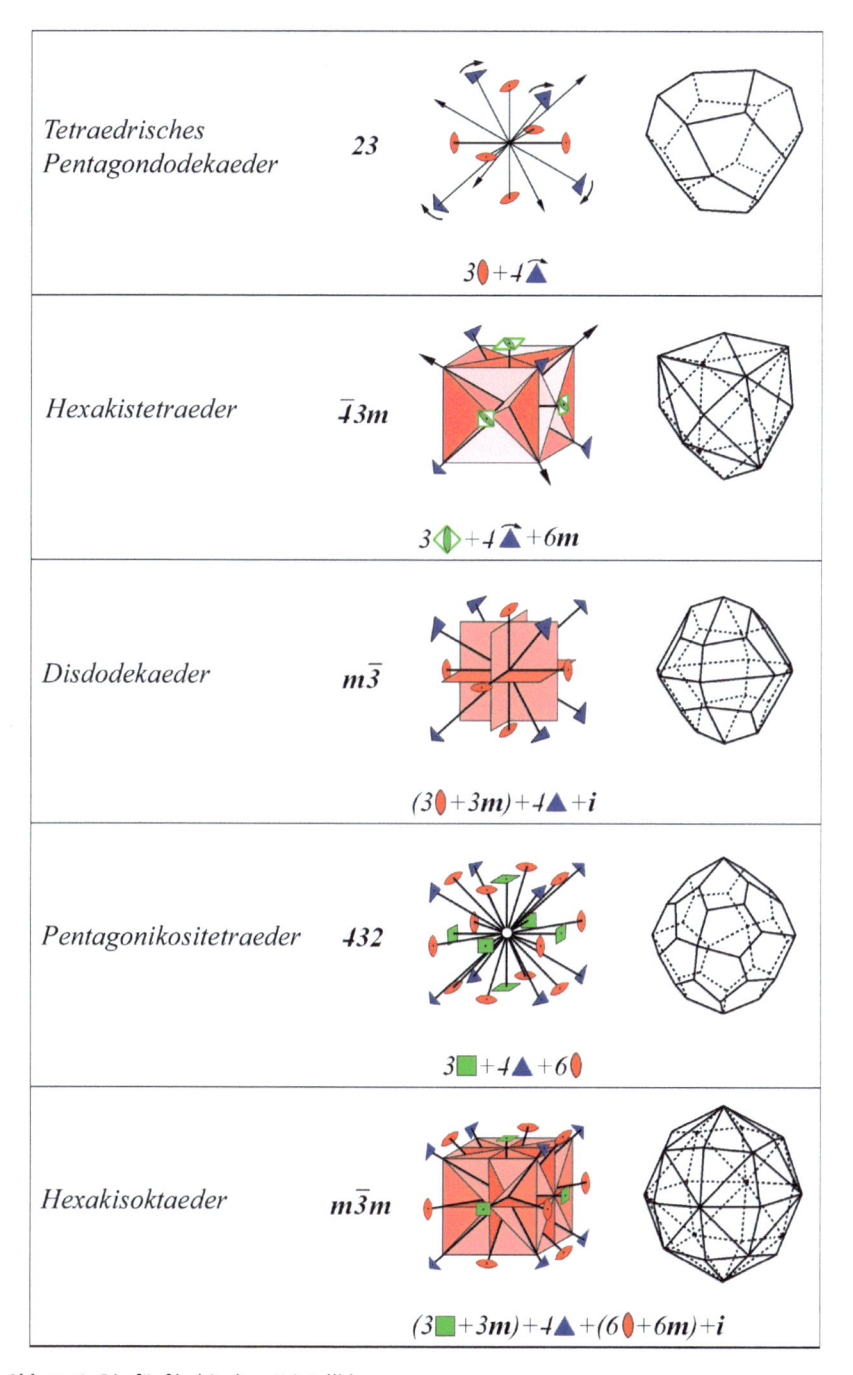

Tetraedrisches Pentagondodekaeder	23		
		$3⬬+4▲$	
Hexakistetraeder	$\bar{4}3m$		
		$3◆+4▲+6m$	
Disdodekaeder	$m\bar{3}$		
		$(3⬬+3m)+4▲+i$	
Pentagonikositetraeder	432		
		$3■+4▲+6⬬$	
Hexakisoktaeder	$m\bar{3}m$		
		$(3■+3m)+4▲+(6⬬+6m)+i$	

Abb. 5.10: Die fünf kubischen Kristallklassen

Index

Akzeptoren 179
allgemeine Kristallform 93
Anisotropie 7, 59, 84f.
Anlegegoniometer 37f.
Antiphasengrenze 146
aperiodische Kristalle 79, 119
Apoferritin 16
Ausscheidungen 132, 135, 137f., 141, 149f.
Avogadroprojekt 185

Bändermodell 167
Biomineralisation 11, 13f.
Biotit 1, 6, 18
Bleiglanz 5, 39, 188
Bornitrid 201
Bravais-Gitter 78, 100f., 266
Bravais-Gittertyp 99
Burgersvektor 136, 138ff.

CurieTemperatur 122
Czochralski-Verfahren 172, 191

Dahllit 13f.
Debye-Scherrer Verfahren 71
Defektelektron (Loch) 180
Dekreszenz 36, 42f., 45f., 50
Desoxyribonukleinsäure (DNS) 247
Diamantstruktur 189
Diffusion 180ff., 197f.
Donatoren 179
Dotierstoff 179, 182
Dotierstoffatome 172, 181
Dotierung 167, 177, 180, 182f., 196, 203, 205
Drehachse 49, 67, 89, 91ff., 95, 97, 106f., 109f., 112, 115, 117f., 120, 141f., 148, 270, 273f.
Drehinversion 91
Drehinversionsachse 271f.
Drehspiegelung 59, 91f.
Dünnhals 174

Einschlüsse 132, 134, 149
Eisenmeteorite 3
Elektronen-Energieverlustspektroskopie 211, 224

Elektronenholographie 211f., 223
Elektronenkristallographie 261
Elektronenleitung 179
Elektronentomographie 211
Elektronikzeitalter 166
Elementarzelle 76, 78, 80, 94, 98ff., 111f., 120, 125, 143f.
Enantiomorphie 92, 96, 120
Endflächen 39, 88
Epitaxie 183, 193ff., 197, 200, 202
Epitaxieschichten 168, 191, 200f.
Epitaxieverfahren 184, 191, 195, 197
Ewald-Kugel 70

Farbzentren 134f.
Ferekristalle 81, 141
Ferritin 131
Ferroelektrizität 121f.
ferroische Kristalle 123
Flächensymmetrie 89f., 93
Flats 177
Flüssigkristalle 83
Flüssigphasenepitaxie 195ff., 202
Fossil 23
Frank-van-der-Merwe-Wachstum 199
freier Elektronenlaser 259
Fremdatome 172, 181
Fullerene 76

Galliumarsenid 168, 188, 191f.
Galliumindiumnitrid 168
Germanium 166f., 176, 188, 195
Gerüstsilikate 126, 129
Gesetz der Winkelkonstanz 33, 38, 86
Gesteinsstruktur 2
Gesteinstextur 2
Gitterkomplex 74
Gleitspiegelung 59, 94f.
Gleitsysteme 138, 140
Glimmer 1, 47
Glühkathodenröhre 166
Granit 1, 4f.
Graphen 215
Greigit 12, 14, 214

Habitus 85f.
Halit 5
Hämoglobin 15, 102f., 130
Hemieder 56
Heteroepitaxie 193f.
Hohlräume 129, 132, 149f.
Holoeder 266
Holoedrie 266
Homoepitaxie 193f.

Idealkristall 78
Idealstruktur 79, 120, 131
Impfkristall 172f., 177
Indiumphosphid 168, 188, 192
inkommensurable Kompositkristalle 81
Inselsilikate 126
Inversionszentrum 90, 147
Isomorphie 49

Keimkristall 173
Keplersche Vermutung 31
Koerzitivfeldstärke 221
Kohlenstoffnanoröhren 214ff.
Koinzidenzgitter 142f.
Kollagen 13, 15, 131
Kolloid 213
Korngrenze 141ff.
Kristallchemie 73ff., 120, 127, 158, 163
Kristallelemente 46
Kristallfamilie 264ff.
Kristallform 6, 37, 49, 55, 58, 86f., 89, 93, 154f.
Kristallklasse 53f., 93f., 96, 121, 146f., 149, 266
Kristallphysik. 120
Kristallstruktur 18, 22, 49, 55, 59, 62, 71, 76ff., 94f., 97, 99f., 120, 124, 128f., 131f., 140, 144, 150, 156, 160
Kristallsysteme 50f., 53f., 56, 91, 99, 264, 266
Kryo-Elektronenmikroskopie 17, 232, 261
Kugelpackung 30f., 34, 62, 138ff., 144f.
Kugelpackungstyp 33, 62, 144

LED 168, 191, 199, 203ff.
Leitungsband 167, 189
Lichtbogenofen 169f.
Liniendefekte 132, 135, 150
Löcherleitung 179
Lonsdaleit 238
Lorentz-Mikroskopie 211
Lumineszenzdiode (LED) 203

Lumineszenzkonversions-Verfahren 205

magnetische Domänenstruktur 223
Magnetit 12f., 214
Megawit 241
Mehrfachverzwillingung 107, 109, 111, 148
Metallorganische Gasphasenepitaxie 202
Millersche Indizes 58, 88
Mineraloid 6
Misfitschichtverbindungen 81, 141
Mohssche Härteskala 51
Molekularstrahlepitaxie 195, 200ff., 217
MOS-Technologie 183

n- Leitung 180
nanobuds 215f.
nanocones 215f.
nanohorns 215f.
Nanopartikel 213f., 216, 222
nanopeapods 215f.
Neumannsches Prinzip 58
Notches 177

Oberflächenspannung 177
Obsidian 1, 3, 6, 19
OD-Strukturen 252f., 262

partielle Symmetrieoperationen 252
Penicillin 243f.
Penrose Parkettierung 114
Pepsin 243
Piezoelektrizität 121, 147
Plagioklas 2, 5
plastische Kristalle 83
p-Leitung 180
pn-Übergang 167, 190, 203
Polymorphie 49
Polysilizium 171f.
Polytypie 145
Primitivformen 36, 38, 50
Prismenflächen 88
Proteinkristalle 15
Pseudosymmetrie 107, 109
Punktdefekte 132ff., 137, 139
Punktgruppe 77, 93, 100f., 120, 123, 126, 146
Punktsymmetrieelemente 93
Punktsymmetrieoperationen 92, 94
Pyramidenflächen 88
Pyroelektrizität 44, 121f.

Quantendrähte 211, 214
Quantenfilme 211
Quantenpunkte 211, 213, 218ff.
Quantenstrukturen 211, 213f., 218
Quarz 1, 5ff., 11, 17, 23, 96f., 121, 147ff.
Quasigitter 114f.
Quasikristalle 82, 105f., 110ff., 115, 118f.

Raster-Transmissionselektronenmikroskopie (STEM) 210
Rationalitätsgesetz 43, 47, 55, 57, 86f., 117
Raumgitter 54f., 59, 65, 70, 90, 99
Raumgruppe 49, 61, 73, 96ff.
Realkristall 79
Realstruktur 79f., 120, 132, 163, 172
reziproke Gitter 70, 78
Ribosomen 254, 256
Röntgenbeugung 16, 63, 65, 67f., 70f., 102, 104, 111, 165
Röntgenkristallstrukturanalyse 229, 237, 239, 242, 244, 247, 251, 253
Röntgenspektroskopie 211, 219, 224

Schichtsilikate 126f.
Schraubenachse 95ff.
Schriftgranit 194
Selenit 8
serielle Femtosekunden Röntgenkristallographie 260
Silikate 1, 126
Silizium 14, 20, 22, 83, 99, 125, 128, 140f., 150, 166ff., 176, 179f., 182ff., 191ff.
Sohncke-Gruppen 59ff.
spezielle Kristallform 93
Spiegelebene 272
Spiegelung 59, 90f., 94f., 147
Spinell 5, 101, 137
Spitzentransistor 166
Stapelfehler 132, 135, 143ff.
Steineisenmeteorite 3
Steinmeteorite 3
Stranski-Krastanov-Wachstum 199
Streifenprojektionsmethode 114

Strukturberichte 74
Struvit 14
Symmetrieelement 89f., 93, 147
Symmetriegesetz 44, 52, 147
Symmetrieoperation 89f., 147
Symmetrierichtung (Blickrichtung) 268
Symmetriezentrum 77, 91f., 148

Tabakmosaikvirus 16, 103f., 248
Tetartoeder 56
Textur 79
Tiegelziehverfahren 172
Tracht 85f.
Transistor 167
Translation 59, 76, 94f., 97
Transmissionselektronenmikroskopie (TEM) 210

uneigentliche Kristalle 35
Urkilogramm 184f., 187

Valenzband 167, 189f.
Versetzungen 132, 134ff., 143, 145, 150
Versetzungsdichte 137, 139
Vielkristall 79
Vitamin B_{12} 244
VLS-Verfahren 217
Volmer-Weber-Wachstum 198

Wafer 175, 177ff., 182ff., 191, 193, 195, 197, 200
Weddellit 12, 14
Weisssche-Koeffizienten 47
Whewellit 12, 14

Zeolithe 126, 129f.
Zinkblende 5
Zinkblendestruktur 188ff.
ZnTe Nanodrähte 217
Zonenachse 47, 57, 87
Zonenverbandsgesetz 47
Zonenziehen 172, 175ff.
Zwilling 147f.
Zwillingsindex 149